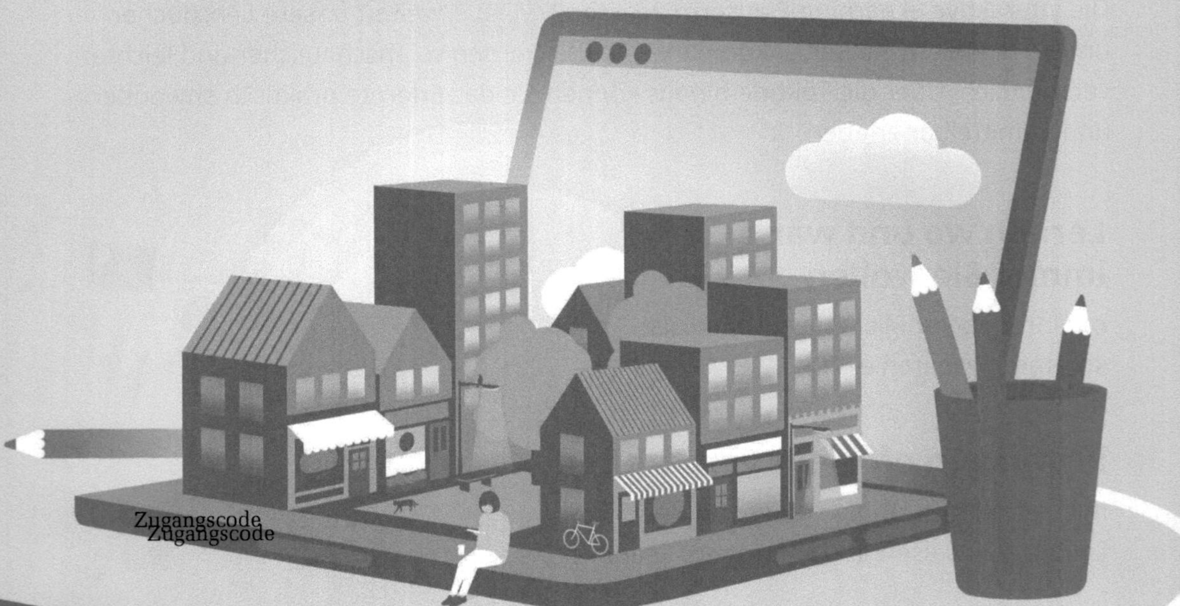

Zugangscode

Nutzungsdauer 12 Monate

N84NKLU8

https://www.pearson-studium.de/mylab/elektrotechnik2

Elektrotechnik 2

Periodische und nicht periodische Signalformen

3., aktualisierte Auflage

Manfred Albach

Pearson

Bibliografische Information der Deutschen Nationalbibliothek

Die Deutsche Nationalbibliothek verzeichnet diese Publikation in der Deutschen Nationalbibliografie; detaillierte bibliografische Daten sind im Internet über *http://dnb.dnb.de* abrufbar.

ISBN 978-3-86894-400-6 (Buch)
ISBN 978-3-86326-896-1 (E-Book)

Zugangscode einlösbar bis 30.09.2027

Programmleitung: Birger Peil, bpeil@pearson.de
Korrektorat: Katharina Pieper
Coverabbildung: © Siemens AG, Munich/Berlin
Herstellung: Philipp Burkart, pburkart@pearson.de
Satz: mediaService, Siegen (www.mediaservice.tv)

Inhaltsübersicht

Inhaltsverzeichnis

Vorwort

Die Aufgabe der Elektrotechnik besteht in der technischen Nutzbarmachung der aus der Physik gewonnenen Erkenntnisse über die elektromagnetischen Erscheinungen und deren Gesetzmäßigkeiten. Von dem in diesem Arbeitsumfeld tätigen Ingenieur wird unabhängig von der speziellen Studienrichtung, z.B. Informations- und Kommunikationstechnik, Mikroelektronik, Leistungselektronik, Automatisierungstechnik oder auch Energie- und Antriebstechnik, ein fundamentales Verständnis der grundlegenden Zusammenhänge erwartet. Selbst in der Mechatronik und im Maschinenbau ist dieses Grundwissen unerlässlich.

Didaktische Besonderheiten

Die vielfältigen Erscheinungen des Elektromagnetismus stellen die Studierenden zunächst vor erhebliche Probleme. Während die Gesetze der Mechanik oft sehr anschaulich sind und viele Begriffe aus dem alltäglichen Bereich zur Beschreibung der physikalischen Zusammenhänge verwendet werden, ist die Situation bei den elektrischen und magnetischen Vorgängen völlig anders. Zur mathematischen Formulierung der physikalischen Beobachtungen werden neue Begriffe wie z.B. der Begriff des *elektromagnetischen Feldes* oder der Begriff des *Dipols* eingeführt, für die es keine Entsprechung aus dem Erfahrungsschatz des Alltags gibt. Der Überwindung dieser Anfangsschwierigkeiten wird besondere Aufmerksamkeit geschenkt.

Das vorliegende Lehrbuch stellt das notwendige Fachwissen in einer leicht verständlichen und klar strukturierten Form zusammen. Es richtet sich an Studenten der eingangs genannten Fachrichtungen an Fachhochschulen und Universitäten und basiert auf den Erfahrungen einer mehrjährig durchgeführten Vorlesung an der Universität Erlangen-Nürnberg.

Das Lehrwerk ist so aufgebaut, dass es auch zum autodidaktischen Lernen geeignet ist. Aus der Mathematik der gymnasialen Oberstufe sollte die Differential- und Integralrechnung bekannt sein. Die Vektorrechnung und die grundlegenden Koordinatensysteme werden im Anhang ausführlich behandelt. Die bei den Feldberechnungen immer wiederkehrenden Begriffe eines Linienintegrals und eines Hüllflächenintegrals werden ebenfalls im Anhang an zwei einfachen Beispielen auf anschauliche Weise erläutert.

Um die Vorgehensweise bei der Berechnung von Netzwerken möglichst übersichtlich zu gestalten, sind die etwas längeren mathematischen Betrachtungen in den Anhang verlagert. Das betrifft einerseits die Beweise der bei der Inversion von Ortskurven geltenden Gesetzmäßigkeiten und andererseits die Konvergenzbetrachtungen bei der Fourier-Entwicklung.

Die wichtigsten Erkenntnisse aus den einzelnen Abschnitten sind als Zusammenfassungen und Merksätze besonders hervorgehoben. Durch Referenzen in den Formeln auf vorhergehende Gleichungen wird das Nachvollziehen der Ableitungen wesentlich erleichtert. Ausgewählte Beispiele, die zu einem tieferen Verständnis der Zusammenhänge beitragen, sind im Text integriert.

Vorwort zur 3. Auflage

Die wesentlichen Änderungen gegenüber der 2. Auflage sind die inhaltlichen Erweiterungen im Kapitel 8. Sie betreffen die erweiterten Ersatzschaltbilder für Spulen und Kondensatoren sowie Fragen zur Fehlanpassung zwischen Quelle und Verbraucher. Ein sehr umfangreiches Unterkapitel widmet sich der Behandlung von Zweitorschaltungen bis hin zu deren Anwendung auf die grundlegenden Filterstrukturen.

Einige Aufgaben zu diesen Themen an dem jeweiligen Ende der Kapitel runden die Erweiterungen ab. Die Lösungen zu diesen Aufgaben sind im Ressourcenbereich des Buches im **MyLab | Elektrotechnik 2** (Siehe Abschnitt dazu) unter *http://www.pearson-studium.de/mylab/elektrotechnik* abrufbar oder zusammen mit weiteren Aufgaben im zugehörigen Übungsbuch (*Elektrotechnik Aufgabensammlung*, 2., aktualisierte Auflage) enthalten.

Erlangen M. Albach

Inhaltlicher Aufbau

Nach einer kurzen Betrachtung über die Zulässigkeit der Verfahren zur Berechnung von Netzwerken bei zeitlich veränderlichen Vorgängen **im 7. Kapitel** werden die aus technischer Sicht wichtigen Netzwerke mit zeitlich sinusförmigen Strom- und Spannungsverläufen **im 8. Kapitel** ausführlich behandelt. Die Netzwerkanalyse mithilfe der komplexen Wechselstromrechnung basiert auf einer Transformation der Netzwerke aus dem Zeitbereich in einen Bildbereich (komplexe Ebene), in dem das entstehende komplexe algebraische Gleichungssystem auf einfache Weise gelöst werden kann. Die Rücktransformation in den Zeitbereich ist anschließend mit elementaren Rechnungen durchführbar.

Netzwerke mit periodischen, aber nicht mehr sinusförmigen Größen treten z.B. auf, wenn die Quelle eine Rechteckspannung liefert oder wenn in einem Netzwerk mit einer Gleichspannungsquelle ein Schalter periodisch geöffnet und geschlossen wird. Mithilfe der Fourier-Entwicklung können diese zeitlich periodischen Vorgänge als Überlagerung von einem Gleichanteil mit einer gegebenenfalls unendlichen Summe von Sinus- und Kosinusfunktionen unterschiedlicher Frequenzen dargestellt werden. Die Zerlegung einer periodischen Funktion in eine Fourier-Reihe und die Analyse des Netzwerks für diesen Fall werden **im 9. Kapitel** behandelt.

Ausgleichsvorgänge entstehen insbesondere im Zusammenhang mit einmaligen Schaltvorgängen, wenn z.B. eine Spannungsquelle erstmalig mit einem Netzwerk verbunden wird oder wenn eine im Netzwerk eingebaute Sicherung ausgelöst wird und einen Stromkreis unterbricht. Einfache Beispiele werden **im 10. Kapitel** berechnet, indem die auftretenden Differentialgleichungen mit elementaren Verfahren gelöst werden.

Im 11. Kapitel wird zunächst gezeigt, dass einmalige Vorgänge als Sonderfall eines periodischen Vorganges mit unendlich langer Periodendauer aufgefasst werden können. Die Fourier-Reihe in Kapitel 9 geht für diesen Sonderfall in das Fourier-Integral über. Die Konvergenzprobleme im Zusammenhang mit dem Fourier-Integral lassen sich durch Einführung einer komplexen Frequenz vermeiden. Durch diese Verallgemeinerung geht das Fourier-Integral in das Laplace-Integral über, mit dessen Hilfe Netzwerke mit zeitlich beliebigen Verläufen der Quellenströme und -spannungen mit begrenztem Aufwand analysiert werden können.

Der Anhang enthält neben einer kleinen mathematischen Formelsammlung zu den Koordinatensystemen und einigen bei der Fourier-Entwicklung häufig auftretenden Integralen auch eine Tabelle zu den Fourier-Reihen. Die bei der Laplace-Transformation benötigten Korrespondenzen für den Übergang zwischen Zeit- und Bildbereich sind im Anhang ebenfalls tabellarisch zusammengestellt.

Handhabung des Buches

Dozent*innen Der vorliegende Band enthält das Lehrmaterial für die vierstündige Vorlesung „Grundlagen der Elektrotechnik I“, in der die Kapitel 1 bis 8 behandelt werden. Die folgenden Kapitel sind Vorlesungsstoff in den anschließenden Semestern.

Die in einer zusätzlichen zweistündigen Übung behandelten Aufgaben stehen komplett mit Lösungen im Downloadbereich bei der entsprechenden Vorlesung auf der Lehrstuhl-Homepage zur Verfügung. Die im Buch verwendeten Abbildungen sind zum Einsatz in eigenen Vorlesungen auf der Companion Website verfügbar.

Student*innen Jedes Kapitel beginnt mit einer kurzen themenbezogenen Einleitung und mit einer Liste der zu erreichenden Lernziele. Am Ende der Kapitel werden die Kernaussagen und die wichtigsten Gedankengänge noch einmal in einer Übersicht zusammengestellt.

MyLab | Elektrotechnik

Zur Vertiefung des Stoffes und zur Vorbereitung auf die Klausur endet jedes Kapitel mit einer kleinen Aufgabensammlung. Es wird dringend empfohlen, diese Aufgaben weitestgehend eigenständig zu lösen. Die Lösungen finden Sie im Ressourcenbereich des Buches auf MyLab | Elektrotechnik.

Eine umfangreiche Sammlung von Klausuraufgaben und Übungsbeispielen zusammen mit einer ausführlichen Beschreibung des Lösungswegs ist als Übungsbuch Elektrotechnik, ISBN: 978-3-86894-397-9, erschienen. In diesem Buch sind auch die ausführlichen Lösungen der am Ende der jeweiligen Kapitel zusammengestellten Aufgaben enthalten.

Ohne Hilfe geht es nicht

Herrn Birger Peil vom Pearson-Verlag sei an dieser Stelle für die gute Zusammenarbeit gedankt.

Hinweise auf eventuelle Fehler und Verbesserungsvorschläge werden jederzeit dankbar entgegengenommen.

Ein Buch zu den Grundlagen der Elektrotechnik stellt eine besondere Herausforderung dar, einerseits soll ein solides Fundament für das weitere Studium gelegt werden, andererseits darf die Vielfalt an neuen Problemstellungen und zugehörigen Lösungsverfahren nicht als Abschreckung empfunden werden. Der Autor hofft, dass dieser Kompromiss mit dem vorliegenden Buch gelungen ist.

MyLab | Elektrotechnik 2 – *Learn a little...do a little*

Ebenfalls neu, ist die Umsetzung des bei Studierenden bewährten didaktischen Konzepts der digitalen Arbeitsblätter *Learn a little do a little*. Hier werden mit Ihnen im zum Buch gehörigen MyLab | Elektrotechnik 2 (Zugangscode für 12 Monate vorne im Buch) interaktive Aufgaben mit Schritt-für-Schritt-Lösungen, mit Zwischenergebnissen und Herleitungen durchgearbeitet. Sie können diese Aufgaben solange üben und mit neuen Zahlenwerten wiederholen, bis es wirklich sitzt. Knapp **80 Aufgaben** mit unterschiedlichen Schwierigkeitsgraden helfen Ihnen dabei, Spaß am Verständnis der Elektrotechnik zu haben.

Mit in MyLab | Elektrotechnik 2 enthalten ist ein *Klausurtrainer*, mit dem Sie sich diese Aufgaben als Übungsklausur generieren lassen können, und der Ihnen als Auswertung Empfehlungen zur Wiederholung von Kapiteln des Lehrbuches gibt.

Das *Gradebook* in MyLab | Elektrotechnik 2 gibt Ihnen eine Übersicht der Aufgaben, die sie absolviert haben, so dass Sie stets das Gelernte im Überblick haben. Eine detaillierte Anleitung finden Sie auf der Startseite zum MyLab | Elektrotechnik 2.

MyLab | Elektrotechnik 2 – Learning to go

In MyLab | Elektrotechnik 2 kann Mensch sich mit jedem Browser, der JavaScript aktiviert hat einloggen. Wir empfehlen ein Laptop oder Tablet. Zusätzlich können Sie das Lehrbuch als eBook offline zum lesen überall mitnehmen. Link zur App unter den Ressourcen auf MyLab | Elektrotechnik 2.

Nutzen Sie diese einzigartige Möglichkeit zur Wiederholung des Stoffes und (Klausur-) Vorbereitung. Lernen Sie damit im Team, an der Uni oder im Rahmen des Selbststudiums. Fordern Sie bei Fragen die Hilfen der Tutoren ein, die helfen Ihnen gerne. Lassen Sie sich nicht durch kleine Rückschläge entmutigen, sondern bleiben Sie dran. Dafür haben wir das MyLab | Elektrotechnik 2 entwickelt, dass Ihnen in kleinen *Learn a little do a little* - Schritten zur Seite steht.

Bei technischen Fragen zu MyLab | Elektrotechnik 2 können Sie sich jederzeit an unseren Support wenden.

Wir wünschen Ihnen viel Erfolg.

Ihr Pearson Team

Der Übergang zu den zeitabhängigen Strom- und Spannungsformen

7

ÜBERBLICK

Einführung

» Im Gegensatz zu den Gleichstromnetzwerken treten bei den zeitabhängigen Vorgängen zusätzliche Effekte auf, die im Rahmen der Schaltungsanalyse nicht außer Acht gelassen werden dürfen. Zum einen beeinflussen sowohl die parasitären Eigenschaften der Bauelemente als auch die induktiven und kapazitiven Kopplungen innerhalb der Schaltungen mit zunehmenden Frequenzen mehr und mehr das Schaltungsverhalten. Zum anderen führt die endliche Ausbreitungsgeschwindigkeit der elektromagnetischen Felder bei schnellen zeitlichen Änderungen dazu, dass diese Änderungen an unterschiedlichen Stellen einer Schaltung nicht mehr gleichzeitig auftreten.

Das folgende Kapitel diskutiert diese Situationen im Detail und führt gleichzeitig die notwendigen Kenngrößen ein, die für die Beschreibung zeitlich periodischer Signalformen notwendig sind. «

LERNZIELE

Nach Durcharbeiten dieses Kapitels und dem Lösen der Übungsaufgaben werden Sie in der Lage sein,

- abzuschätzen, ob ein Netzwerk mit zeitabhängigen Strömen und Spannungen mithilfe der quasistationären Rechnung behandelt werden darf,
- den formelmäßigen Zusammenhang zwischen zeitabhängigen Strömen und Spannungen an passiven Netzwerkelementen anzugeben,
- die verschiedenen Kenngrößen für zeitlich periodische Ströme und Spannungen zu berechnen.

7.1 Vorbetrachtungen

In diesem zweiten Teil aus der Reihe *Grundlagen der Elektrotechnik* werden wir uns mit der Analyse von Schaltungen mit zeitabhängigen Strömen und Spannungen beschäftigen. Die Berechnung der Gleichstromnetzwerke mit den zeitlich konstanten Größen U und I haben wir bereits im ersten Teil kennen gelernt. Eine besondere technische Bedeutung kommt den zeitlich periodischen Vorgängen zu, die ihrerseits entsprechend ▶Abb. 7.1 in sinusförmige und nicht sinusförmige Signalformen unterteilt werden. Nicht periodische Strom- und Spannungsverläufe entstehen insbesondere bei Schaltvorgängen, z.B. beim erstmaligen Anschließen eines elektronischen Geräts an die Spannungsversorgung.

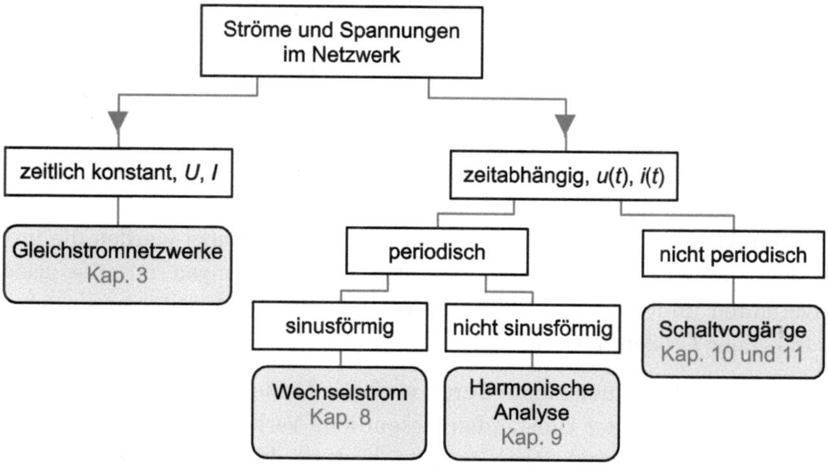

Abbildung 7.1: Übersicht zu den möglichen Strom- und Spannungsformen in einem Netzwerk

Wir werden in den folgenden Kapiteln sehen, dass zu der Vielzahl möglicher Zeitabhängigkeiten bei den Strömen und Spannungen auch eine entsprechende Anzahl mathematischer Verfahren existiert, die in besonderer Weise für die Lösung der jeweiligen Problemstellung geeignet sind.

Die komplexe Wechselstromrechnung (*symbolische Methode*) ist eine sehr effiziente Methode zur Berechnung sinusförmiger Vorgänge. Wir werden sie in Kapitel 8 ausführlich behandeln. Die nicht sinusförmigen Vorgänge in Kapitel 9 werden mithilfe der harmonischen Analyse (*Fourier-Entwicklung*) zurückgeführt auf eine Überlagerung von sinusförmigen Vorgängen unterschiedlicher Frequenzen. Bei der Analyse der Schaltvorgänge entstehen üblicherweise Systeme von Differentialgleichungen, die in einfachen Fällen direkt gelöst werden können (Kapitel 10) oder mithilfe der *Laplace-Transformation* zunächst in einen *Bildbereich* übertragen werden, in dem die entstandene algebraische Form des Gleichungssystems auf einfachere Weise gelöst werden kann (Kapitel 11). Die anschließende Rücktransformation liefert dann ebenfalls die gesuchte zeitabhängige Lösung.

Bevor wir mit der eigentlichen Netzwerkanalyse beginnen, müssen wir zunächst noch die Voraussetzungen diskutieren, unter denen diese Verfahren zu praktisch sinnvollen Ergebnissen führen. Eine oft unterschätzte Ursache für die Abweichungen zwischen berechneten und den an einer realen Schaltung gemessenen Signalverläufen ist die unzureichende Modellierung der Schaltung. Die Diskrepanz zwischen dem Schaltungsaufbau und dem verwendeten Ersatzschaltbild führt zwangsläufig zu fehlerhaften Resultaten. Bei den zeitabhängigen Vorgängen spielt außerdem die Geschwindigkeit, mit der sich die Ströme und Spannungen abhängig von der Zeit ändern, eine begrenzende Rolle.

7.2 Modellbildung

Der erste Schritt bei der Analyse einer realen Schaltung besteht in der Aufstellung eines geeigneten **Ersatzschaltbildes**, in dem die realen Bauelemente durch einfache Schaltsymbole repräsentiert werden. Die Ableitung der Modellparameter für die einzelnen Komponenten haben wir bereits im ersten Teil für einfache geometrische Anordnungen, z.B. bei der Berechnung der Kapazität eines Plattenkondensators oder bei der Berechnung der Induktivitäten eines Übertragers, kennen gelernt. Dabei wurden die im allgemeinen Fall komplizierten dreidimensionalen Feldverteilungen mithilfe geeigneter Rechenverfahren und unter Zuhilfenahme vereinfachender Annahmen zurückgeführt auf die integralen Größen R, L und C.

Die Beschreibung der Bauelemente durch einfache Modelle ist aber in vielen Fällen nicht ausreichend, da unter Umständen wesentliche Verhaltensweisen der Schaltung nicht hinreichend gut beschrieben werden können. Je nach Anforderung an die Genauigkeit der Resultate muss bereits jede einzelne Komponente durch ein umfangreiches Netzwerk modelliert werden, das alle relevanten parasitären Eigenschaften berücksichtigt.

Als Beispiel beinhaltet ein einfaches Ersatzschaltbild für eine Spule neben der Induktivität auch einen Widerstand zur Erfassung der Verluste und eine Kapazität, deren Wert vom Wickelaufbau abhängt, vgl. Abb. 5.42. Beim Kondensator kann der Verlustmechanismus im Dielektrikum oder die Induktivität der Anschlussdrähte von Bedeutung sein. Die parasitären Eigenschaften der realen Komponenten werden auf diese Weise durch zusätzliche ideale Komponenten erfasst. Insgesamt lässt sich feststellen, dass die aus realen Bauelementen aufgebauten Schaltungen durch Schaltbilder beschrieben werden können, die ausschließlich aus den Basiskomponenten R, L und C sowie den eventuell vorhandenen Koppelinduktivitäten M bestehen. Auf die gleiche Weise können auch nichtideale Strom- und Spannungsquellen durch ideale Quellen und zusätzliche ideale Komponenten ersetzt werden. Eine Modellierung nichtlinearer Zusammenhänge, wie sie z.B. infolge nichtlinearer Materialeigenschaften entstehen (vgl. die Hysteresekurve in Abb. 5.21), wird in diesem Band nicht behandelt.

Bei den zeitabhängigen Spannungs- und Stromverläufen kommt aber noch ein weiterer Aspekt hinzu. Nicht nur die Bauelemente müssen entsprechend modelliert werden, auch der Aufbau der Schaltung kann eine große Rolle spielen. Jede leitende Verbindung zwischen den Bauelementen besitzt einen ohmschen Widerstand, eine Masche des Netzwerks besitzt eine Induktivität und zwischen verschiedenen Maschen bestehen Gegeninduktivitäten, d.h., ein sich zeitlich ändernder Strom in einer Masche induziert Spannungen in den anderen Maschen des Netzwerks. Zusätzlich existieren Teilkapazitäten zwischen den unterschiedlichen Schaltungsteilen. Während diese induktiven und kapazitiven Effekte bei Gleichstrom keine Rolle spielen, werden sie das Verhalten der Schaltung mit zunehmender Frequenz immer stärker beeinflussen. Bei der Modellierung müssen diese zusätzlich in der Schaltung auftretenden Effekte durch geeignete Erweiterung des Schaltbildes gegebenenfalls berücksichtigt werden.

7.3 Quasistationäre Rechnung

Die Übereinstimmung zwischen den berechneten Strom- und Spannungsverläufen in einer Schaltung und den in der realen Anordnung auftretenden Kurvenformen hängt neben der möglichst genauen Modellierung sowohl der Einzelkomponenten als auch des Schaltungsaufbaus noch von einer weiteren Voraussetzung ab. Die Änderungsgeschwindigkeit der Ströme und Spannungen muss nämlich so klein sein, dass trotz der endlichen Ausbreitungsgeschwindigkeit der elektromagnetischen Felder die gesamte Schaltung praktisch gleichzeitig von den Änderungen betroffen ist. Die entlang der räumlichen Ausdehnung der Schaltung infolge der Laufzeiten auftretenden Phasenverschiebungen bei zeitlich periodischen Signalen können unter dieser Voraussetzung vernachlässigt werden, wir sprechen dann von einem **quasistationären Zustand**.

Zur Verdeutlichung betrachten wir die ▶Abb. 7.2, in der eine einfache Schaltung an eine hochfrequente Wechselspannungsquelle angeschlossen ist. Von dem sich mit Lichtgeschwindigkeit $c \approx 3 \cdot 10^8$ m/s ausbreitenden elektromagnetischen Feld ist ebenfalls eine Periode in der Abbildung dargestellt. Es ist unmittelbar zu erkennen, dass die innerhalb der Schaltung auftretenden Phasendifferenzen umso größer werden, je höher die Frequenz $f = 1/T$, d.h., je kleiner die Wellenlänge $\lambda = cT$ ist.

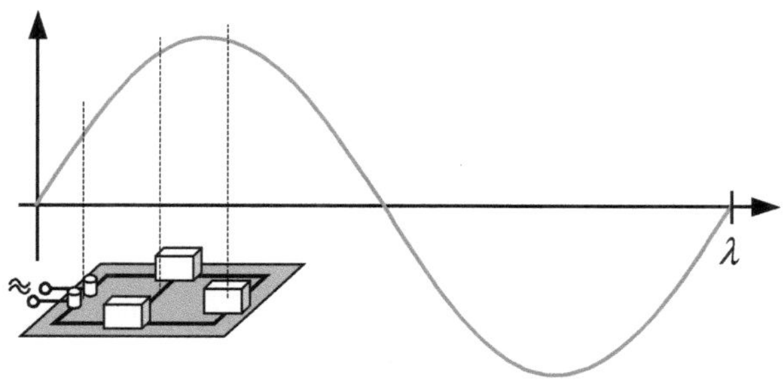

Abbildung 7.2: Zur Gültigkeit der quasistationären Rechnung

Beispiel 7.1: Zahlenbeispiel

Die maximale Abmessung einer Schaltung beträgt l = 20 cm. Wie hoch darf die Frequenz werden, damit die Phasenunterschiede innerhalb der Schaltung nicht größer als 5° werden?

$$\frac{l}{\lambda} = \frac{l}{cT} = \frac{fl}{c} \le \frac{5}{360} \quad \rightarrow \quad f \le \frac{5}{360} \frac{3 \cdot 10^8 \text{m/s}}{0{,}2\,\text{m}} = 20{,}8\,\text{MHz} \tag{7.1}$$

Wir wollen vereinbaren, dass bei allen in den nachstehenden Kapiteln analysierten Schaltungen die beiden folgenden Voraussetzungen erfüllt sind:

1. Alle zur hinreichend genauen Beschreibung der realen Schaltung benötigten Komponenten *R*, *L*, *C* und *M*, insbesondere die parasitären Eigenschaften der einzelnen Bauteile sowie die besonderen Eigenschaften infolge des Aufbaus, sind im Ersatzschaltbild erfasst.
2. Die zeitlichen Änderungen der Ströme und Spannungen finden überall in der Schaltung praktisch gleichzeitig statt.

Daraus ergeben sich die folgenden Konsequenzen:

- Die Vorgänge können als ortsunabhängig betrachtet werden.
- Die Netzwerkelemente *R*, *L*, *C* werden weiterhin als konzentrierte Elemente aufgefasst.
- Die Schaltungsanalyse bezieht sich ausschließlich auf die Komponenten im Schaltbild. Das reale Verhalten der Schaltung wird dadurch hinreichend gut beschrieben.
- Die Kirchhoff'schen Gesetze (Maschenregel und Knotenregel) dürfen weiterhin verwendet werden. Daraus folgt, dass auch die Gesetzmäßigkeiten für die Zusammenfassung der Komponenten bei Reihen- und Parallelschaltungen weiterhin gelten.
- Da die betrachteten Netzwerke aus linearen Elementen zusammengesetzt sind, gilt weiterhin der Überlagerungssatz, d.h., mehrere im Netzwerk vorhandene Quellen dürfen unabhängig voneinander betrachtet werden. Als Gegenbeispiel sei nochmals auf die Verlustberechnung in Kapitel 3.9 hingewiesen.

7.4 Die Netzwerkanalyse

Von der Betrachtung der Gleichstromnetzwerke in Kapitel 3 wissen wir, dass bei einem aus z Zweigen bestehenden Netzwerk insgesamt $2z$ Unbekannte vorliegen, nämlich z Spannungen und z Ströme. Unter Berücksichtigung der Zusammenhänge zwischen Strom und Spannung an den Komponenten kann die Anzahl der Unbekannten auf die Hälfte reduziert werden. Zur Aufstellung der verbleibenden z linear unabhängigen Gleichungen stehen uns die Kirchhoff'schen Sätze, nämlich die Maschenregel und die Knotenregel, zur Verfügung.

Stellen wir zunächst noch einmal die an den Netzwerkelementen geltenden Beziehungen in einer kleinen Übersicht zusammen. Am Widerstand gilt das Ohm'sche Gesetz (2.29) zu jedem Zeitpunkt, d.h. auch für allgemein zeitabhängige Größen. Unabhängig von dem zeitlichen Verlauf der Ströme und Spannungen gilt bei den Induktivitäten immer die Gl. (6.28). Die entsprechende Beziehung bei den Kapazitäten kann ausgehend von der Definition des Stromes (2.3) und unter Berücksichtigung der integralen Beziehung (1.74) leicht abgeleitet werden:

$$i(t) \overset{(2.3)}{=} \frac{\mathrm{d}q(t)}{\mathrm{d}t} \overset{(1.74)}{=} C\frac{\mathrm{d}u(t)}{\mathrm{d}t}. \tag{7.2}$$

Mit dem bei allen Komponenten verwendeten Verbraucherzählpfeilsystem gelten die in der Tab. 7.1 zusammengestellten Gleichungen.

Tabelle 7.1

Zusammenhang zwischen Strang- und Außenleitergrößen

Komponente	Spannung	Strom	Gleichung
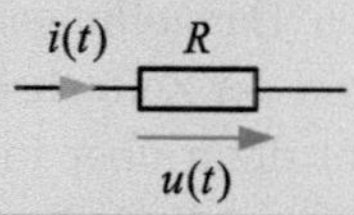	$u(t) = R\,i(t)$	$i(t) = \frac{1}{R}\,u(t)$	(7.3)
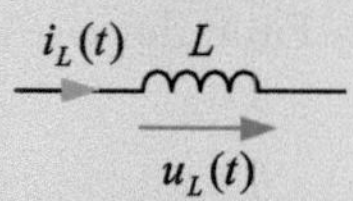	$u_L(t) = L\,\frac{\mathrm{d}i_L(t)}{\mathrm{d}t}$	$i_L(t) = \frac{1}{L}\int u_L(t)\,\mathrm{d}t$	(7.4)
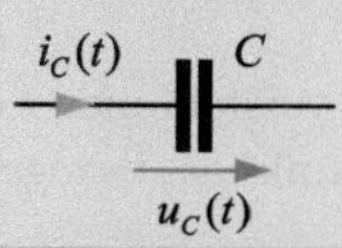	$u_C(t) = \frac{1}{C}\int i_C(t)\,\mathrm{d}t$	$i_C(t) = C\,\frac{\mathrm{d}u_C(t)}{\mathrm{d}t}$	(7.5)

Besitzt das Netzwerk k Knoten, dann können $k - 1$ linear unabhängige Knotengleichungen aufgestellt werden, wobei die spezielle Auswahl der Knoten keinen Einfluss auf das Ergebnis hat. Zwei prinzipielle Möglichkeiten zur Aufstellung der noch benötigten $m = z - (k - 1)$ linear unabhängigen Maschengleichungen wurden bereits in Kapitel 3 gezeigt.

7.5 Kurvenformen und ihre Kenngrößen bei zeitlich periodischen Vorgängen

In den Kapitel 8 und 9 werden wir uns ausschließlich mit den zeitlich periodischen Vorgängen beschäftigen. Zur Charakterisierung der Signalformen werden wir einige Begriffe benötigen, die an dieser Stelle definiert werden sollen.

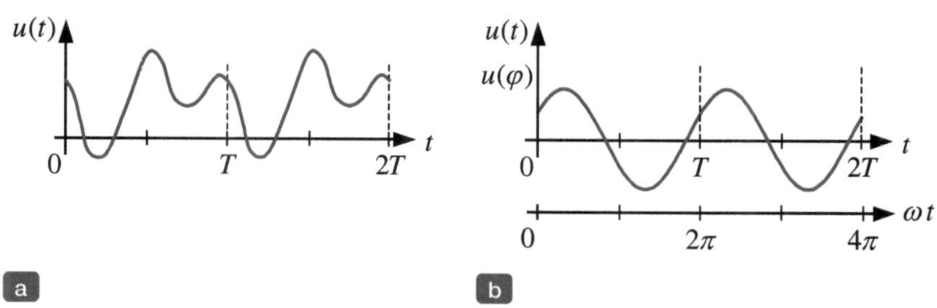

Abbildung 7.3: a) Beliebige periodische Signalform b) Sinusförmige periodische Signalform

Wir betrachten zunächst die beiden Signalverläufe in ▶Abb. 7.3. Beliebige periodische Signale können zwar innerhalb der Periodendauer T einen zeitlich beliebigen Verlauf aufweisen, nach jeder Periodendauer wiederholen sich die Kurvenformen aber auf die exakt gleiche Weise, d.h., für jede ganze Zahl k gilt die Beziehung

$$u(t + kT) = u(t). \tag{7.6}$$

Die sinusförmigen Signale[1] in Abb. 7.3b) bilden einen Sonderfall der periodischen Signale. Sie werden vielfach nicht als Funktion der Zeit, sondern als Funktion des Winkels $\varphi = \omega t$ dargestellt. Der Übergang zwischen den beiden Darstellungsarten erfolgt durch einfache Umskalierung, nämlich durch Multiplikation der Zeitachse mit der Kreisfrequenz ω. Die Periodendauer T auf der Zeitachse geht dann über in den Winkel $\omega T = 2\pi$ auf der ωt-Achse (vgl. Abb. 7.3b)). Die in Gl. (7.6) formulierte Periodizität für eine als Funktion der Zeit gegebene Funktion nimmt im Falle der ωt-Achse die folgende Form an:

$$u(\omega t + k2\pi) = u(\omega t). \tag{7.7}$$

Mittelwert

Unter dem Mittelwert einer zeitabhängigen periodischen Funktion versteht man definitionsgemäß das über eine Periodendauer genommene Integral der Funktion, bezogen auf die Periodendauer

$$\overline{u} = \frac{1}{T}\int_{t=t_0}^{t_0+T} u(t)\,\mathrm{d}t = \frac{1}{2\pi}\int_{\varphi=\varphi_0}^{\varphi_0+2\pi} u(\varphi)\,\mathrm{d}\varphi = \frac{1}{2\pi}\int_{\omega t=\varphi_0}^{\varphi_0+2\pi} u(\omega t)\,\mathrm{d}(\omega t). \tag{7.8}$$

Die Fläche unterhalb der Kurve ist also identisch zum Flächeninhalt eines Rechtecks mit den Seitenlängen $\overline{u}$ und T. Zur Kennzeichnung des Mittelwertes wird ein übergesetzter Querstrich verwendet. Als Integrationsvariable kann entweder die Zeit t mit dem zugehörigen Integrationsbereich $t_0 \le t \le t_0 + T$ oder der Winkel $\varphi = \omega t$ mit dem Integrationsbereich $\varphi_0 \le \varphi \le \varphi_0 + 2\pi$ verwendet werden.

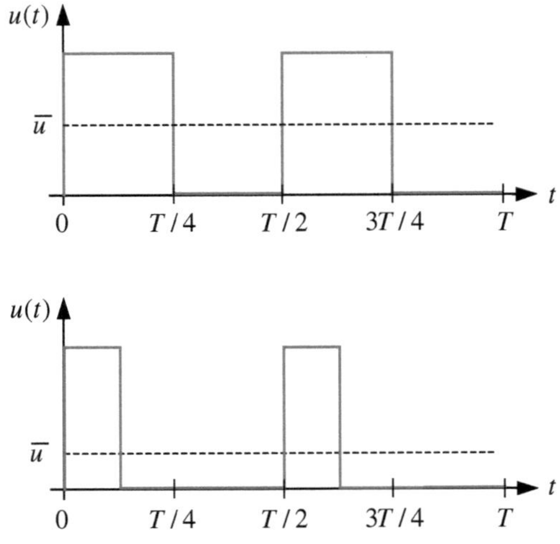

Abbildung 7.4: Mittelwerte von Rechteckfunktionen

1 Der Begriff *sinusförmige Signale* steht stellvertretend sowohl für die Sinus- als auch für die Kosinusfunktionen mit beliebigem Phasenwinkel.

Die Wahl der Integrationsgrenzen t_0 bzw. φ_0 ist wegen der Periodizität der Funktionen beliebig. Die ▶Abb. 7.4 zeigt als Beispiel zwei Rechteckfunktionen mit ihrem Mittelwert. Bei reinen Sinus- oder Kosinusfunktionen ist der arithmetische Mittelwert gleich null.

Gleichrichtwert

Zur Berechnung des Gleichrichtwertes bildet man zunächst den Betrag der Funktion. Von diesem Ausdruck wird dann mit der Formel (7.8) der Mittelwert berechnet:

$$\overline{|u|} = \frac{1}{T}\int_{t=t_0}^{t_0+T} |u(t)|\,\mathrm{d}t = \frac{1}{2\pi}\int_{\varphi=\varphi_0}^{\varphi_0+2\pi} |u(\varphi)|\,\mathrm{d}\varphi = \frac{1}{2\pi}\int_{\omega t=\varphi_0}^{\varphi_0+2\pi} |u(\omega t)|\,\mathrm{d}(\omega t). \tag{7.9}$$

Beispiel 7.2: Gleichrichtwert

Für den sinusförmigen Spannungsverlauf $u = \hat{u}\sin(\omega t)$ ist der Gleichrichtwert zu berechnen.

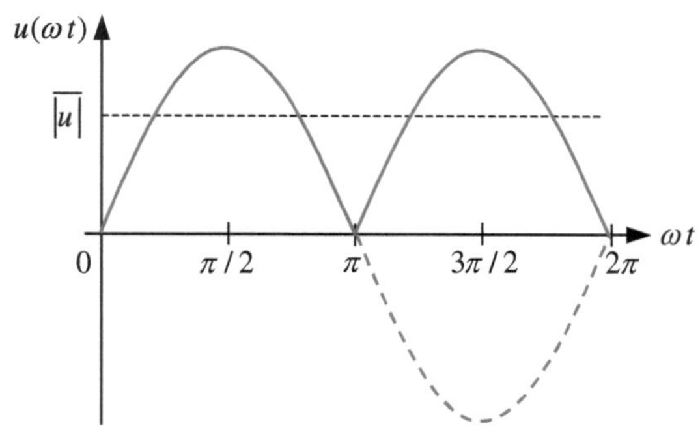

Abbildung 7.5: Gleichrichtwert einer sinusförmigen Funktion

Infolge der Betragsbildung wird der untere Kurventeil nach oben geklappt, sodass man das folgende Ergebnis erhält

$$\overline{|u|} = \frac{\hat{u}}{2\pi}\int_0^{2\pi} |\sin(\omega t)|\,\mathrm{d}(\omega t) = \frac{\hat{u}}{\pi}\int_0^{\pi} \sin(\omega t)\,\mathrm{d}(\omega t) = \frac{-\hat{u}}{\pi}\cos(\omega t)\Big|_0^{\pi} = \frac{2}{\pi}\hat{u}\,. \tag{7.10}$$

Auch der Gleichrichtwert ist ein arithmetischer Mittelwert, allerdings für den Betrag einer Funktion. Er gewinnt Bedeutung im Zusammenhang mit Gleichrichterschaltungen.

Effektivwert

In vielen Zusammenhängen treten Strom und Spannung nicht linear, sondern quadratisch auf. Ein einfaches Beispiel ist die Berechnung der Verluste an einem ohmschen Widerstand. Wegen der besonderen Bedeutung definiert man daher den Effektivwert der Spannung in der folgenden Form:

$$U_{eff} = \sqrt{\frac{1}{T}\int_{t=t_0}^{t_0+T} u^2(t)\,\mathrm{d}t} = \sqrt{\frac{1}{2\pi}\int_{\omega t=\varphi_0}^{\varphi_0+2\pi} u^2(\omega t)\,\mathrm{d}(\omega t)}\,. \tag{7.11}$$

Das Quadrat der Spannung wird über eine Periodendauer integriert und auf die Periodendauer bezogen. Die Wurzel aus diesem Ausdruck nennt man **quadratischen Mittelwert** oder **Effektivwert** der Spannung. Bei anderen zeitabhängigen Größen, z.B. beim Strom, wird der Effektivwert nach der gleichen Vorschrift berechnet.

Für eine beliebige zeitabhängige Signalform $u(t)$ bzw. $i(t)$ ist der **Momentanwert** der Verluste an einem ohmschen Widerstand durch die Momentanwerte von Strom und Spannung, d.h. durch die Beziehung

$$p(t) = u(t)\,i(t) = i^2(t)\,R = \frac{u^2(t)}{R} \tag{7.12}$$

gegeben. Den zeitlichen Mittelwert der Verluste findet man also mithilfe der Effektivwerte:

$$\overline{P} = \frac{1}{T}\int_{t=t_0}^{t_0+T} p(t)\,\mathrm{d}t = \frac{1}{T}\int_{t=t_0}^{t_0+T} i^2(t)\,R\,\mathrm{d}t = I_{eff}{}^2 R = \frac{1}{R}U_{eff}{}^2 = I^2 R = \frac{1}{R}U^2\,. \tag{7.13}$$

Durch Vergleich mit der Beziehung (2.49) gelangt man zu folgender Aussage:

> **Merke**
>
> Der Effektivwert eines beliebigen zeitabhängigen Stromes gibt denjenigen Wert des Stromes an, den ein Gleichstrom haben muss, der im zeitlichen Mittel an einem ohmschen Widerstand die gleichen Verluste verursacht.

Diese Aussage liefert auch die Begründung für die gleiche Bezeichnungsweise von Gleichstromgrößen und Effektivwerten durch Großbuchstaben.[2]

2 Der Index *eff* ist gemäß Norm nur erforderlich bei möglicherweise auftretenden Verwechslungen. Wir werden ihn daher in den folgenden Kapiteln, sofern nicht gleichzeitig zeitunabhängige Größen auftreten, generell weglassen.

Beispiel 7.3: Effektivwert

Für den sinusförmigen Stromverlauf $i = \hat{i}\sin(\omega t)$ ist der Effektivwert zu berechnen.

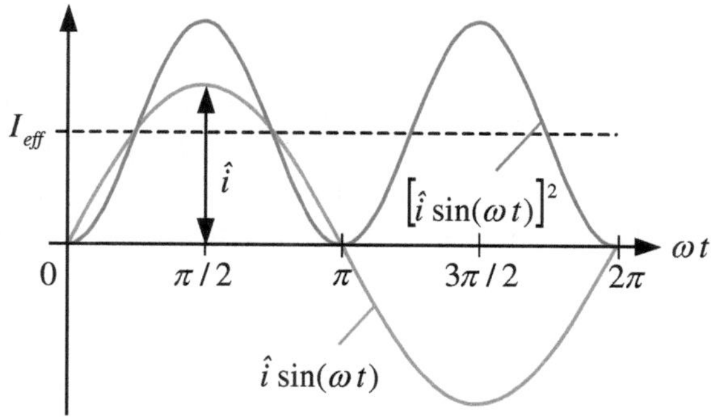

Abbildung 7.6: Effektivwert einer sinusförmigen Funktion

Ausgehend von Gl. (7.11) und mit dem Integral (H.11) im Anhang nimmt der Effektivwert der sinusförmigen Größe den resultierenden Ausdruck

$$I_{eff} = \sqrt{\frac{1}{2\pi}\int_0^{2\pi}\left[\hat{i}\sin(\omega t)\right]^2 \mathrm{d}(\omega t)} = \sqrt{\frac{\hat{i}^2}{2}} = \frac{\hat{i}}{\sqrt{2}} \tag{7.14}$$

an. Ein Gleichstrom der Größe $I = I_{eff}$ und ein sinusförmiger Strom der Amplitude $\hat{i} = \sqrt{2}\,I$ rufen an einem Widerstand im zeitlichen Mittel die gleichen Verluste hervor.

Damit gilt die Aussage:

Merke

Der Effektivwert einer sinusförmigen Funktion entspricht dem durch $\sqrt{2}$ dividierten Spitzenwert. Bei anderen Kurvenformen gelten andere Faktoren (vgl. Kapitel H.4 im Anhang).

Maximalwert, Spitzenwert

Unter dem Maximalwert einer zeitabhängigen Größe $\hat{u} = |u|_{\max}$ wird der betragsmäßig größte Augenblickswert verstanden. Bei einer reinen Sinusfunktion entspricht der Maximalwert der Amplitude. Von Spitzenwert spricht man, wenn der Maximalwert nur kurzzeitig innerhalb einer Periodendauer auftritt.

Spitze-Spitze-Wert, Schwingungsbreite

Als Spitze-Spitze-Wert u_{ss} oder auch als Schwingungsbreite wird die Differenz zwischen dem Maximal- und dem Minimalwert einer zeitabhängigen Funktion bezeichnet. Bei einer zwischen $\hat{u}$ und $-\hat{u}$ verlaufenden Sinusfunktion entspricht der Spitze-Spitze-Wert dem Abstand zwischen dem positiven und dem negativen Scheitelwert $u_{ss} = 2\hat{u}$.

ZUSAMMENFASSUNG

- **Zeitabhängige Vorgänge** können eingeteilt werden in die Gruppen „zeitlich periodisch" mit den Untergruppen *sinusförmig* und *nicht sinusförmig* sowie „zeitlich nicht periodisch", z.B. Schaltvorgänge.
- Bei den zeitabhängigen Vorgängen erhalten die parasitären Eigenschaften der Bauelemente eine mit wachsender Frequenz zunehmende Bedeutung. Das gleiche gilt für die induktiven und kapazitiven Kopplungen innerhalb der Baugruppen.
- Die den Schaltungsanalysen zugrunde gelegten **Ersatzschaltbilder** sollten das reale Verhalten einer Schaltung möglichst genau beschreiben, d.h., alle relevanten frequenzabhängigen Einflüsse müssen in den Ersatzschaltbildern mit erfasst werden.
- Zur Charakterisierung der zeitlich periodischen Signalformen werden verschiedene **Kenngrößen** definiert, deren Nutzen aber erst bei den Berechnungen in späteren Kapiteln deutlich wird.

MyLab | Elektrotechnik

Viele Aufgaben mit wechselnden Zahlenwerten, Schritt-für-Schritt-Lösungen, Klausurtrainer und Empfehlungen finden Sie unter **MyLab | Elektrotechnik.**

Zugangsdaten vorne im Buch.

Übungsaufgaben

Aufgabe 7.1 Parasitäre Eigenschaft

Die Messung einer Spule mithilfe eines Impedanzanalysators ergab, dass sie durch das Ersatzschaltbild in ▸Abb. 7.7 beschrieben werden kann.

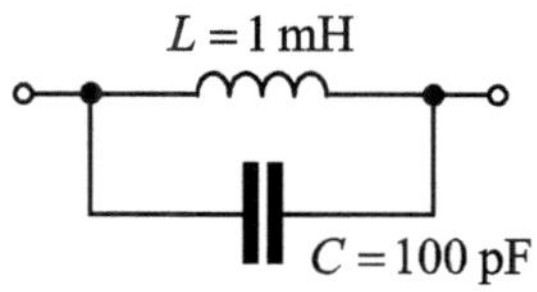

Abbildung 7.7: Einfaches Ersatzschaltbild für eine Spule

1. Berechnen Sie die beiden Teilströme durch L und durch C, wenn an die Anschlussklemmen eine Spannung $u(t) = \hat{u}\sin(\omega t)$ angelegt wird.
2. In welchem Frequenzbereich dominiert der Einfluss der parasitären Kapazität?

Aufgabe 7.2 Kenngrößen

Die ▸Abbildung 7.8a) zeigt den prinzipiellen Aufbau einer **Phasenanschnittschaltung** (Dimmschaltung). Die Glühlampe R_L ist über einen Halbleiterschalter (Thyristor) mit der 50-Hz-Netzwechselspannung $u(t) = \hat{u}\sin(\omega t) = 230\sqrt{2}\,\text{V}\sin\omega t$ verbunden. Der Schalter wird so angesteuert, dass er in jeder Netzhalbwelle während der Zeit $0 \le t \le \alpha T/2$ mit $0 \le \alpha \le 1$ geöffnet bleibt. In der übrigen Zeit ist der Schalter geschlossen. Zur Vereinfachung soll davon ausgegangen werden, dass der Lampenwiderstand R_L unabhängig von der Lampenleistung und damit von der Temperatur den konstanten Wert $R_L = 529\,\Omega$ aufweist.

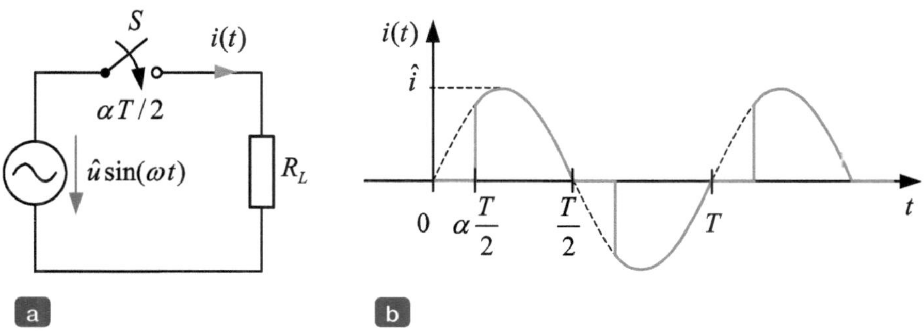

Abbildung 7.8: Phasenanschnittsteuerung, a) Prinzipschaltbild, b) mögliche Form des Netzstromes

1. Berechnen Sie die maximal mögliche mittlere Leistung an der Lampe.
2. Berechnen Sie für den in ▶Abb. 7.8b) dargestellten Lampenstrom die folgenden Größen:
   1. den Mittelwert,
   2. den Gleichrichtwert,
   3. den Effektivwert,
   4. den Spitze-Spitze-Wert und
   5. die mittlere Leistung an der Lampe, bezogen auf die maximal mögliche mittlere Leistung bei $\alpha = 0$

   in Abhängigkeit des Parameters α. Stellen Sie diese Größen als Funktion des Parameters α grafisch dar.

Wechselspannung und Wechselstrom

8

ÜBERBLICK

Einführung

» Dem jetzt folgenden Kapitel kommt eine ganz besondere Bedeutung zu. Nicht nur bei den üblicherweise mit 50/60 Hz arbeitenden Energieversorgungsnetzen, sondern auch bei sehr vielen Hochfrequenzanwendungen werden Schaltungen mit sinusförmigen Strom- und Spannungsformen betrieben. Mit der symbolischen Methode werden wir ein Verfahren kennen lernen, das die bei den Zeitbereichsanalysen auftretenden Differentialgleichungen vermeidet.

Die Anwendung dieser Methode wird es uns erlauben, wichtige Begriffe einzuführen und die damit verbundenen Netzwerke zu analysieren. Dazu gehören erste Vierpolschaltungen mit Hochpass- oder Tiefpasscharakter, Schwingkreise und Brückenschaltungen. Zur übersichtlichen Darstellung der Ströme und Spannungen als Folge der Änderung einzelner Netzwerkparameter werden wir die Ortskurven kennen lernen. Ein weiteres wichtiges Thema sind die Leistungsbetrachtungen sowohl im einphasigen Wechselspannungsnetz, als auch beim Drehstromsystem. «

LERNZIELE

Nach Durcharbeiten dieses Kapitels und dem Lösen der Übungsaufgaben werden Sie in der Lage sein,

- lineare Netzwerke mit zeitlich sinusförmigen Strom- und Spannungsverläufen mithilfe der symbolischen Methode zu berechnen,
- den Amplituden- und Phasengang einfacher frequenzabhängiger Spannungsteiler zu berechnen und deren Eckfrequenzen zu bestimmen,
- Schwingkreise zu analysieren und die Kenngrößen zu deren Charakterisierung wie z.B. deren Resonanzfrequenz und Güte zu bestimmen,
- Ortskurven zu erstellen, um die Abhängigkeiten der Ströme, Spannungen oder Impedanzen von der Frequenz oder von den Werten einzelner Netzwerkelemente zu visualisieren,
- die Begriffe Wirkleistung, Blindleistung, Scheinleistung und komplexe Leistung zu erklären,
- Schaltungen zur Leistungsanpassung an Quellen mit frequenzabhängigen Innenwiderständen zu dimensionieren und Fehlanpassungen zu beurteilen,
- Schaltungen zur Kompensation von Blindströmen zu entwerfen und
- einfache Leistungsbetrachtungen beim Drehstromsystem durchzuführen.

Wegen der besonderen technischen Bedeutung werden wir uns in diesem Kapitel ausschließlich mit zeitlich periodischen Signalformen beschäftigen, die sich in Form einer Sinus- bzw. Kosinusfunktion mit einer konstanten Kreisfrequenz ω ändern (vgl. Abb. 7.3b). Dabei werden wir uns auf den eingeschwungenen Zustand beschränken, der sich nach dem Abklingen aller Einschaltvorgänge einstellt. In diesen Fällen können die Ströme und Spannungen in der allgemeinen Form

$$\begin{aligned} u(t) &= \hat{u}\cos(\omega t+\varphi_u) = \hat{u}\sin(\omega t+\varphi_u+\pi/2) = U\sqrt{2}\sin(\omega t+\varphi_u+\pi/2) \\ i(t) &= \hat{i}\cos(\omega t+\varphi_i) = \hat{i}\sin(\omega t+\varphi_i+\pi/2) = I\sqrt{2}\sin(\omega t+\varphi_i+\pi/2) \end{aligned} \tag{8.1}$$

mit den Amplituden $\hat{u}$, $\hat{i}$ und den Phasenverschiebungen φ_u, φ_i gegenüber einem willkürlich gewählten Bezugswert $u(0)$ bzw. $i(0)$ dargestellt werden. Die zeitabhängigen Ströme und Spannungen können sowohl durch Kosinusfunktionen als auch durch Sinusfunktionen ausgedrückt werden, der Unterschied besteht lediglich in einer zusätzlichen Phasenverschiebung um $\pi/2$.

8.1 Das Zeigerdiagramm

Zur Analyse der Wechselstromschaltungen steht mit der komplexen Wechselstromrechnung eine sehr effiziente mathematische Methode zur Verfügung, mit deren Hilfe umfangreiche Netzwerke unter gewissen Voraussetzungen auf relativ einfache Weise berechnet werden können. Als Einstieg in diese Methode wollen wir zunächst das **Zeigerdiagramm** kennen lernen, mit dessen Hilfe die Strom- und Spannungsverhältnisse in einem Netzwerk übersichtlich nach Betrag und Phase dargestellt werden können.

Auf der linken Seite der ▶Abb. 8.1 ist ein Zeiger der Länge (Amplitude) $\hat{i}$ dargestellt, der sich mit der konstanten Winkelgeschwindigkeit ω in Richtung wachsender φ-Werte dreht. Zum Zeitpunkt $t = 0$ befindet er sich an der mit 0 gekennzeichneten Stelle. Für eine volle Umdrehung $\varphi = 2\pi$ wird die Periodendauer T benötigt. Die Projektion des Zeigers auf die vertikale Achse wird durch die Funktion $\hat{i}\sin\varphi = \hat{i}\sin\omega t$ beschrieben. Diese Projektion ist an der Position 1 durch einen Doppelpfeil markiert. Stellt man diese Projektion, wie auf der rechten Seite der Abbildung gezeigt, als Funktion des Winkels $\varphi = \omega t$ dar, dann erhält man die bereits erwähnte Funktion $\hat{i}\sin\omega t$. Beide Darstellungsarten, sowohl der Stromverlauf in dem konventionellen Diagramm als Funktion der Zeit oder als Funktion des Winkels als auch die Darstellung des Stromes durch den rotierenden Zeiger beinhalten alle Informationen bezüglich der vorgegebenen Funktion.

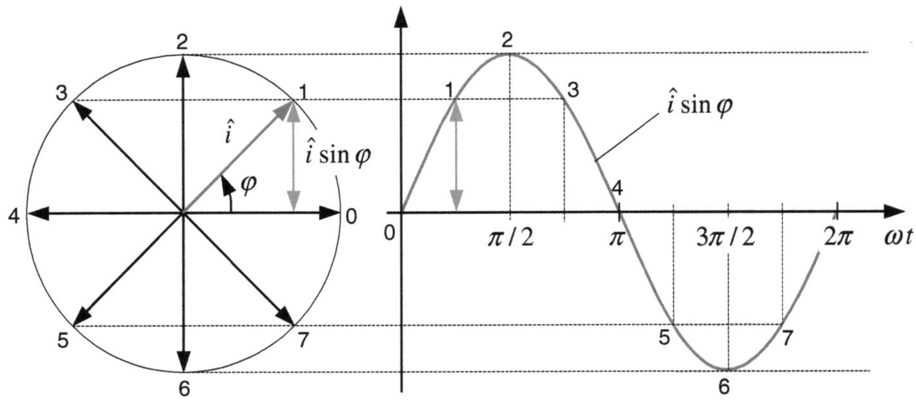

Abbildung 8.1: Zusammenhang zwischen Zeigerdiagramm und zeitabhängiger Funktion

Als nächstes Beispiel betrachten wir die ▶Abb. 8.2 mit zwei sinusförmigen Stromverläufen mit unterschiedlichen Amplituden und mit einer Phasenverschiebung zwischen den beiden Strömen. Da sich die Zeiger im linken Diagramm entgegen dem Uhrzeigersinn drehen, ist der Strom $i_2(t)$ um den Phasenwinkel φ_2 voreilend. Im rechten Diagramm erkennt man dies daran, dass der Nulldurchgang des Stromes $i_2(t)$, z.B. beim Wechsel von negativen zu positiven Werten, um den Winkel φ_2 früher erfolgt. Bezogen auf einen Stromverlauf $i(t) = \hat{i}\cos(\omega t)$ ist der Strom

$$i(t) = \begin{matrix} \hat{i}\cos(\omega t + \varphi_i) & \text{voreilend} \\ \hat{i}\cos(\omega t - \varphi_i) & \text{nacheilend} \end{matrix} \quad \text{um } \varphi_i . \tag{8.2}$$

Das Zeigerdiagramm auf der linken Seite zeigt die Position der beiden Stromzeiger zum Zeitpunkt $t = 0$.

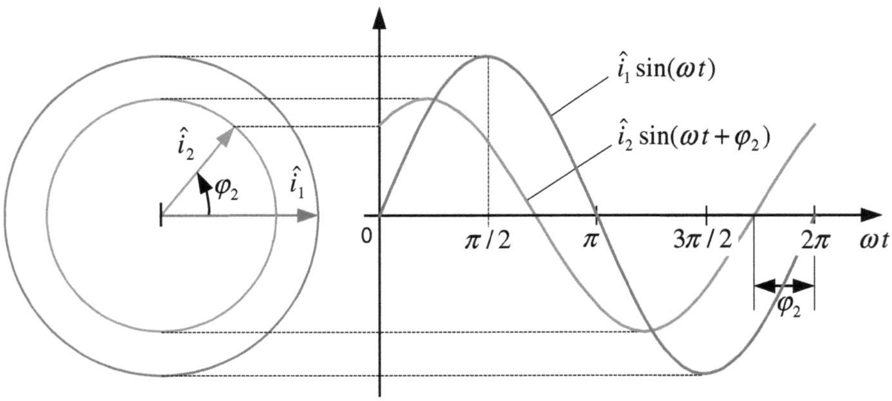

Abbildung 8.2: Zeigerdiagramme und zugehörige zeitabhängige Funktionen

Besitzen die beiden Ströme die gleiche Kreisfrequenz ω, dann bleibt der Phasenwinkel zwischen den Strömen konstant und die beiden Zeiger rotieren mit gleich bleibendem Abstand im Zeigerdiagramm. Da die Länge des Zeigers der Amplitude des Signals entspricht, sprechen wir von **Spitzenwertzeigern**. Nach Gl. (7.14) besteht bei sinusförmigen Signalen ein fester Zusammenhang zwischen Spitzenwert und Effektivwert. Man könnte daher die Betrachtungen auch mit **Effektivwertzeigern** durchführen, ihre Länge ist lediglich um den Faktor $\sqrt{2}$ geringer als bei den Spitzenwertzeigern. In den folgenden Kapiteln werden wir aber ausschließlich die Spitzenwertzeiger verwenden.

Da wir bei der Anwendung der Kirchhoff'schen Gleichungen immer wieder Spannungen oder Ströme addieren müssen, wollen wir uns im nächsten Schritt die Zusammensetzung von Signalen im Zeigerdiagramm ansehen. Ausgangspunkt sind die beiden Signalverläufe der Abb. 8.2, die im rechten Diagramm der ▸Abb. 8.3 zusammen mit ihrer punktweise berechneten Summe eingetragen sind. Das Ergebnis lässt vermuten, dass die Summe zweier phasenverschobener Sinusfunktionen unterschiedlicher Amplituden, aber gleicher Frequenz, wieder eine Sinusfunktion ist. Der Summenstrom $i_3(\omega t)$ muss sich also in der Form

$$i_3(\omega t) = \hat{i}_1 \sin(\omega t + \varphi_1) + \hat{i}_2 \sin(\omega t + \varphi_2) = \hat{i}_3 \sin(\omega t + \varphi_3) \tag{8.3}$$

mit noch zu bestimmender Amplitude $\hat{i}_3$ und Phasenverschiebung φ_3 darstellen lassen. In der Abb. 8.3 liegt zwar der Sonderfall $\varphi_1 = 0$ vor, wir wollen aber den Zusammenhang (8.3) allgemein beweisen und die Formeln zur Bestimmung des Summenstromes angeben.

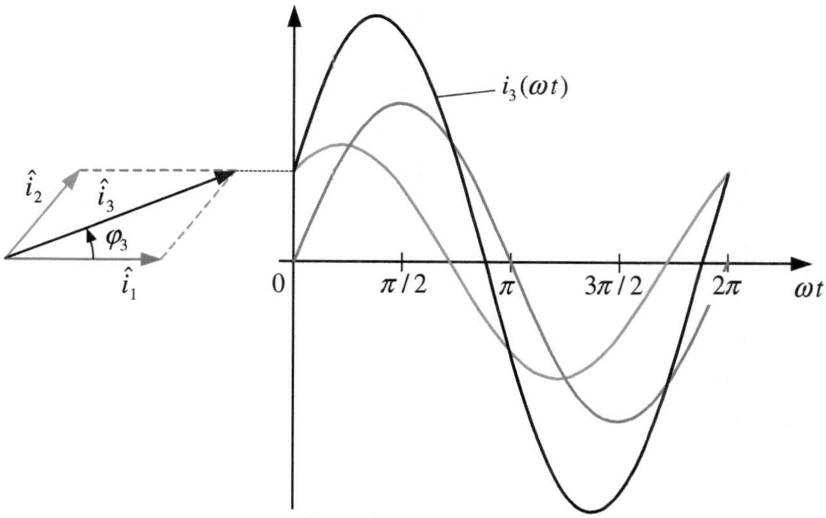

Abbildung 8.3: Addition von sinusförmigen zeitabhängigen Signalen

Zunächst werden beide Seiten der Gl. (8.3) mit dem Additionstheorem (H.4) in der folgenden Weise umgeformt:

$$\begin{aligned}
&\hat{i}_1(\sin\omega t\cos\varphi_1 + \cos\omega t\sin\varphi_1) + \hat{i}_2(\sin\omega t\cos\varphi_2 + \cos\omega t\sin\varphi_2) \\
&\quad = \left(\hat{i}_1\cos\varphi_1 + \hat{i}_2\cos\varphi_2\right)\sin\omega t + \left(\hat{i}_1\sin\varphi_1 + \hat{i}_2\sin\varphi_2\right)\cos\omega t \\
&\quad = \hat{i}_3\cos\varphi_3\sin\omega t + \hat{i}_3\sin\varphi_3\cos\omega t\,.
\end{aligned} \tag{8.4}$$

Wegen der linearen Unabhängigkeit der Funktionen $\sin\omega t$ und $\cos\omega t$ kann die Gl. (8.4) für alle Werte t nur erfüllt werden, wenn die Koeffizienten vor diesen beiden Funktionen auf beiden Seiten der Gleichung übereinstimmen. Die Beziehung (8.4) zerfällt damit in die beiden Forderungen

$$\begin{aligned} \hat{i}_3 \sin\varphi_3 &= \hat{i}_1 \sin\varphi_1 + \hat{i}_2 \sin\varphi_2 \\ \hat{i}_3 \cos\varphi_3 &= \hat{i}_1 \cos\varphi_1 + \hat{i}_2 \cos\varphi_2 , \end{aligned} \tag{8.5}$$

die unabhängig voneinander erfüllt sein müssen und aus denen die beiden gesuchten Größen $\hat{i}_3$ und φ_3 bestimmt werden können. Zur Berechnung der Amplitude $\hat{i}_3$ werden die beiden Beziehungen zunächst quadriert und anschließend addiert:

$$\begin{aligned} \hat{i}_3^{\,2}\left(\sin^2\varphi_3+\cos^2\varphi_3\right) &= \hat{i}_1^{\,2}\left(\sin^2\varphi_1+\cos^2\varphi_1\right)+\hat{i}_2^{\,2}\left(\sin^2\varphi_2+\cos^2\varphi_2\right) \\ &\quad + 2\hat{i}_1\hat{i}_2\left(\sin\varphi_1\sin\varphi_2+\cos\varphi_1\cos\varphi_2\right). \end{aligned} \tag{8.6}$$

Diese Gleichung kann mithilfe der Additionstheoreme (H.1) und (H.5) vereinfacht und direkt nach $\hat{i}_3$ aufgelöst werden:

$$\hat{i}_3 = \sqrt{\hat{i}_1^{\,2}+\hat{i}_2^{\,2}+2\hat{i}_1\hat{i}_2\cos(\varphi_1-\varphi_2)}\,. \tag{8.7}$$

Zur Berechnung des Phasenwinkels φ_3 wird der Quotient aus den beiden Beziehungen (8.5) gebildet

$$\tan\varphi_3 = \frac{\hat{i}_1\sin\varphi_1+\hat{i}_2\sin\varphi_2}{\hat{i}_1\cos\varphi_1+\hat{i}_2\cos\varphi_2}\,. \tag{8.8}$$

Bei der Auflösung dieser Beziehung nach dem Winkel φ_3 mithilfe der arctan-Funktion müssen die in Gl. (E.4) angegebenen Fallunterscheidungen beachtet werden. Die Addition zweier Sinuskurven gleicher Frequenz ergibt also wieder eine Sinuskurve gleicher Frequenz, deren Amplitude und Phase aus den beiden abgeleiteten Beziehungen bestimmt werden können. Für den Sonderfall $\varphi_1=\varphi_2$ folgt aus der Gl. (8.8) $\varphi_3=\varphi_1=\varphi_2$ und aus der Gl. (8.7) $\hat{i}_3=\hat{i}_1+\hat{i}_2$, d.h., die beiden Ströme dürfen bei Phasengleichheit algebraisch addiert werden.

An dieser Stelle soll zunächst die Frage untersucht werden, welche Bedeutung diese beiden Gleichungen für die Netzwerkanalyse mithilfe des Zeigerdiagramms haben. Wir betrachten dazu das in Abb. 8.4a dargestellte schiefwinklige Dreieck mit den beiden Seiten der Längen $\hat{i}_1$ und $\hat{i}_2$, die mit der Horizontalen die Winkel φ_1 und φ_2 einschließen. Die Länge der Diagonalen $\hat{i}_3$ kann mit dem aus der Mathematik bekannten Kosinussatz berechnet werden. Der Winkel $\alpha=\pi-(\varphi_2-\varphi_1)$ lässt sich aus der Winkelsumme 2π im Parallelogramm ermitteln, sodass wir resultierend die zur Gl. (8.7) identische Beziehung

$$\begin{aligned} \hat{i}_3^{\,2} &= \hat{i}_1^{\,2}+\hat{i}_2^{\,2}-2\hat{i}_1\hat{i}_2\cos\alpha = \hat{i}_1^{\,2}+\hat{i}_2^{\,2}-2\hat{i}_1\hat{i}_2\cos\left[\pi-(\varphi_2-\varphi_1)\right] \\ &= \hat{i}_1^{\,2}+\hat{i}_2^{\,2}+2\hat{i}_1\hat{i}_2\cos(\varphi_2-\varphi_1) = \hat{i}_1^{\,2}+\hat{i}_2^{\,2}+2\hat{i}_1\hat{i}_2\cos(\varphi_1-\varphi_2) \end{aligned} \tag{8.9}$$

erhalten, d.h., wir können die Amplitude $\hat{i}_3$ für den Summenstrom als Länge der Diagonalen aus dem Parallelogramm der ▶Abb. 8.4 ablesen. Damit bleibt noch die Frage nach der geometrischen Interpretation für den Phasenwinkel φ_3. Betrachten wir jetzt die Abb. 8.4b, dann entspricht die Summe im Zähler der Gl. (8.8) offenbar der Projektion des Summenzeigers auf die vertikale Achse und der Nenner entspricht der Projektion des Summenzeigers auf die horizontale Achse. Das Verhältnis dieser beiden Längen ist gleich dem Tangens des Winkels φ_3, der damit genau dem Winkel zwischen dem Zeiger i_3 und der Horizontalen entspricht.

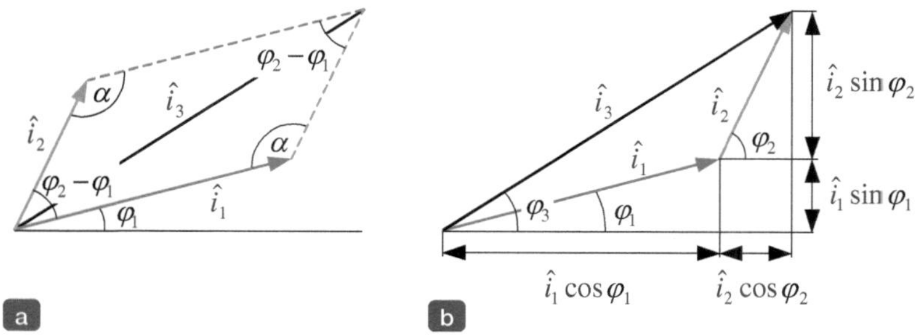

Abbildung 8.4: Addition von sinusförmigen Signalen im Zeigerdiagramm

Die Berechnung der Werte $\hat{i}_3$ und φ_3 wird mithilfe des Zeigerdiagramms sehr einfach. Es gilt nämlich die folgende Aussage:

Merke

Der Zeiger für das Summensignal $i_1 + i_2$ ergibt sich aus einer geometrischen Addition der beiden ursprünglichen Zeiger i_1 und i_2. Der Zeiger für das Differenzsignal $i_1 - i_2$ wird gebildet, indem der Zeiger $-i_2$ (gleiche Länge wie i_2, aber entgegengesetzte Richtung) zu dem Zeiger i_1 geometrisch addiert wird. Der Vorgang ist völlig analog zur Addition bzw. Subtraktion zweier Vektoren.

Dies ist der Hauptgrund für die einfache Analyse von Netzwerken mit sinusförmigen Signalen gleicher Frequenz. Die in den Kirchhoff'schen Gleichungen auftretenden Summen von Strömen und Spannungen können durch geometrische Addition der Zeiger vollständig bestimmt werden.

8.1.1 Der ohmsche Widerstand an Wechselspannung

In den folgenden Abschnitten wollen wir das Verhalten der Komponenten R, L, C untersuchen, wenn diese an eine Quelle $\hat{u}\sin(\omega t)$ mit zeitlich periodischer Spannung der Kreisfrequenz ω angeschlossen werden. Als erstes und einfachstes Beispiel betrachten wir den ohmschen Widerstand R. Der Zusammenhang zwischen Strom und Spannung ist zu jedem Zeitpunkt durch das Ohm'sche Gesetz (7.3) gegeben:

$$u(t) = \hat{u}\sin(\omega t) \;\rightarrow\; i(t) \overset{(7.3)}{=} \frac{u(t)}{R} = \frac{\hat{u}}{R}\sin(\omega t) = \hat{i}\sin(\omega t) \;\rightarrow\; \hat{u} = R\hat{i}\,. \tag{8.10}$$

Man erkennt, dass Strom und Spannung in Phase sind und dass das Ohm'sche Gesetz den Zusammenhang zwischen den Amplituden beschreibt.

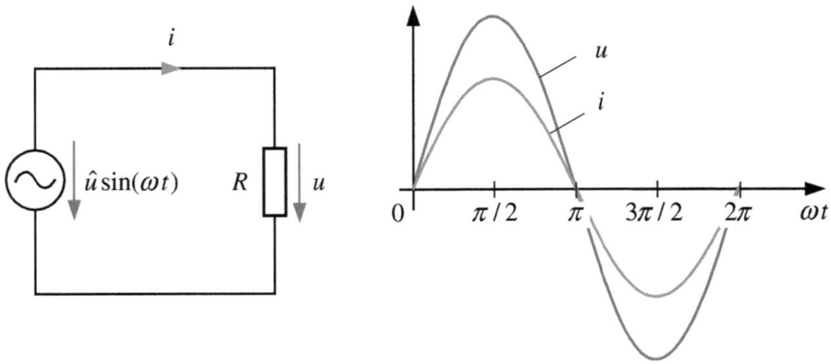

Abbildung 8.5: Ohmscher Widerstand an Wechselspannung

8.1.2 Die Induktivität an Wechselspannung

Schließen wir eine Induktivität L an die Wechselspannungsquelle $u(t) = \hat{u}\sin(\omega t)$ nach ▶Abb. 8.6 an, dann kann der Strom nach Gl. (7.4) aus dem Integral

$$i(t) = \frac{1}{L}\int u(t)\,\mathrm{d}t = \frac{\hat{u}}{L}\int \sin(\omega t)\,\mathrm{d}t = \frac{-\hat{u}}{\omega L}\cos(\omega t) + I_0 = I_0 - \frac{\hat{u}}{\omega L}\cos(\omega t) \tag{8.11}$$

berechnet werden. Die Integrationskonstante I_0 entspricht einem zeitlich konstanten Strom. Berechnen wir zur Kontrolle, ausgehend von dem Strom (8.11), die zugehörige Spannung an der Induktivität $u(t) = L\,\mathrm{d}i(t)/\mathrm{d}t = \hat{u}\sin(\omega t)$, dann stellen wir fest, dass der zeitlich konstante Strom I_0 nicht zur Spannung beiträgt. Er kann also einen beliebigen Wert aufweisen. Da wir uns ausschließlich für den Zusammenhang der Wechselgrößen interessieren und da unser Netzwerk in Abb. 8.6 keinen Anlass für das Entstehen eines Gleichstromes gibt, dürfen wir $I_0 = 0$ setzen. Die zugehörigen zeitabhängigen Verläufe von Strom und Spannung an der Induktivität sind ebenfalls in Abb. 8.6 dargestellt.

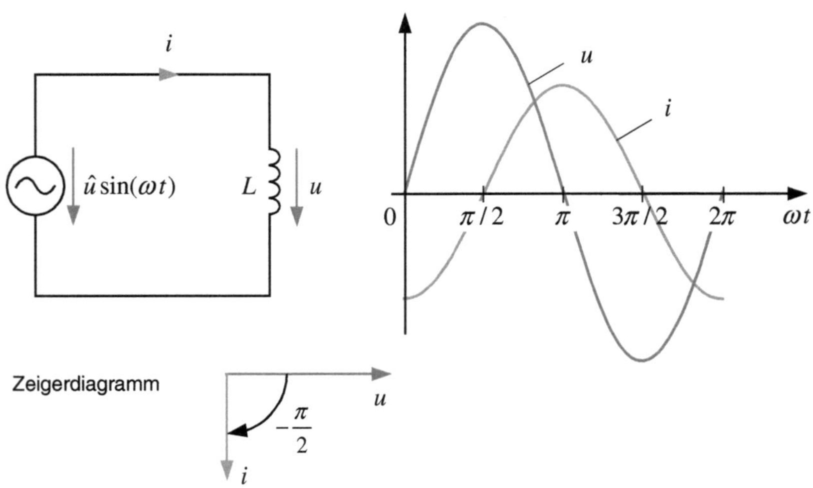

Abbildung 8.6: Induktivität an Wechselspannung

Stellen wir nun den Strom wegen der sinusförmigen Spannungsvorgabe ebenfalls durch eine Sinusfunktion dar, dann ist unmittelbar zu erkennen, dass der Strom um den Phasenwinkel $\pi/2$ gegenüber der Spannung nacheilt und dass sich die Amplituden um den Faktor ωL unterscheiden. Resultierend gilt zwischen Wechselstrom und Wechselspannung an einer Induktivität der Zusammenhang

$$i(t) = \frac{-\hat{u}}{\omega L}\cos(\omega t) = \frac{\hat{u}}{\omega L}\sin(\omega t - \pi/2) \rightarrow \hat{u} = \omega L \hat{i}\,. \tag{8.12}$$

Merke

An einer Induktivität sind Wechselspannung und Wechselstrom um 90° bzw. $\pi/2$ phasenverschoben, wobei der Strom nacheilt.

Legen wir den Spannungszeiger als Bezugsgröße in die Waagerechte, dann muss der zugehörige Stromzeiger entlang der vertikalen Achse nach unten zeigen.

Das Verhältnis aus Spannungsamplitude und Stromamplitude hat die Dimension eines Widerstandes

$$\omega L = X_L = \frac{\hat{u}}{\hat{i}} \tag{8.13}$$

und wird als **induktiver Widerstand** X_L oder auch als **induktiver Blindwiderstand** bezeichnet.

Bei vorgegebener Spannungsamplitude $\hat{u}$ nimmt die Amplitude des Stromes $\hat{i}$ mit steigender Kreisfrequenz $\omega = 2\pi f$ ab. Die Gl. (8.13) bietet also eine Möglichkeit zur Bestimmung der Induktivität durch Messung von Spannung und Strom bei einer bekannten Frequenz.

Merke

Der induktive Widerstand $X_L = \omega L$ steigt linear mit der Frequenz an. Für Gleichspannung stellt die Induktivität einen **Kurzschluss** dar, bei sehr hohen Frequenzen wird sie zum **Leerlauf**.

8.1.3 Die Kapazität an Wechselspannung

Im Gegensatz zur Induktivität stellt die Kapazität für Gleichspannung einen Leerlauf dar. Sobald die Kondensatorplatten auf die Spannung aufgeladen sind, findet keine weitere Ladungsträgerbewegung mehr statt. Beim Anschluss an eine Wechselspannungsquelle $u(t) = \hat{u}\sin(\omega t)$ nach ▶Abb. 8.7 findet dagegen eine ständige Umladung der Platten statt und in dem Stromkreis kann ein Wechselstrom gemessen werden. Dieser kann mit Gl. (7.5) berechnet werden:

$$i(t) = C\frac{\mathrm{d}}{\mathrm{d}t}\left[\hat{u}\sin(\omega t)\right] = \omega C\hat{u}\cos(\omega t) \overset{(\mathrm{H.4})}{=} \omega C\hat{u}\sin(\omega t + \pi/2) \rightarrow \hat{i} = \omega C\hat{u}\,. \tag{8.14}$$

Der Vollständigkeit halber sei erwähnt, dass man den gleichen Strom erhält, wenn sich eine zusätzliche Gleichspannungsquelle mit beliebiger Spannung U_0 im Kreis befindet. Diese Spannung verschwindet nach Gl. (7.5) bei der Ableitung und liefert keinen Beitrag zum Strom. Die zeitabhängigen Verläufe von Strom und Spannung an der Kapazität sind in Abb. 8.7 dargestellt.

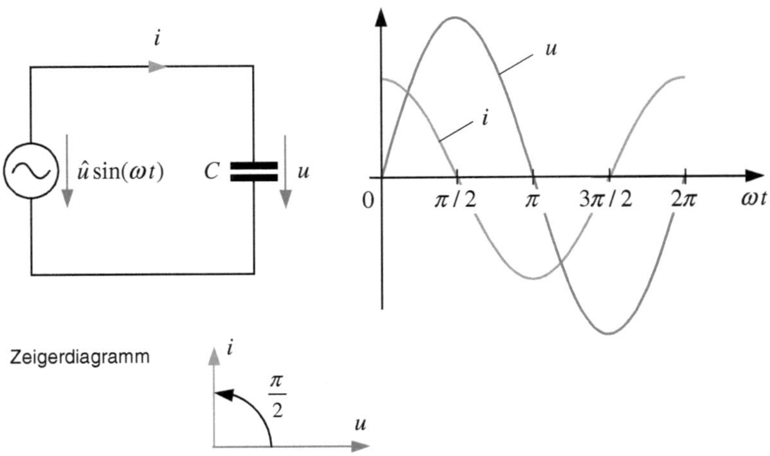

Abbildung 8.7: Kapazität an Wechselspannung

> **Merke**
>
> An einer Kapazität sind Wechselspannung und Wechselstrom um 90° bzw. $\pi/2$ phasenverschoben, wobei die Spannung nacheilt.

Legen wir den Spannungszeiger als Bezugsgröße in die Waagerechte, dann muss der zugehörige Stromzeiger entlang der vertikalen Achse nach oben zeigen.

Das Verhältnis aus Stromamplitude und Spannungsamplitude hat die Dimension eines Leitwertes

$$\omega C = B_C = \frac{\hat{i}}{\hat{u}} \tag{8.15}$$

und wird als **Blindleitwert** B_C bzw. als **kapazitiver Blindleitwert** bezeichnet.

Bei vorgegebener Spannungsamplitude $\hat{u}$ steigt die Amplitude des Stromes $\hat{i}$ mit steigender Kreisfrequenz $\omega = 2\pi f$ an. Der Wert einer Kapazität kann ebenfalls durch Messung von Spannung und Strom bei einer bekannten Frequenz ermittelt werden.

> **Merke**
>
> Der kapazitive Blindleitwert $B_C = \omega C$ nimmt mit steigender Frequenz zu. Für Gleichspannung stellt die Kapazität einen **Leerlauf** dar, bei sehr hohen Frequenzen wird sie zum **Kurzschluss**.

Beispiel 8.1: Zeigerdiagramm

Gegeben ist das in ▶Abb. 8.8 dargestellte Netzwerk mit den Komponenten R_1, R_2 und C. Zu bestimmen sind Amplitude und Phase von allen in der Abbildung eingetragenen zeitabhängigen Größen, wenn die Quellenspannung $\hat{u}\sin(\omega t)$ sowie die Werte der Komponenten bekannt sind.

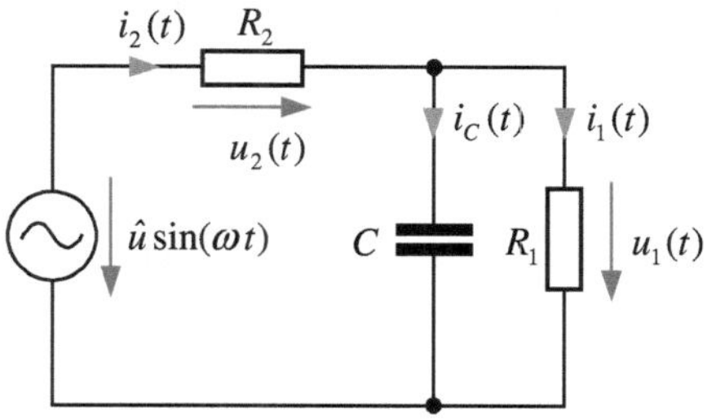

Abbildung 8.8: Mithilfe des Zeigerdiagramms zu analysierendes Netzwerk

Wir wollen dieses Problem mithilfe des Zeigerdiagramms schrittweise lösen:

1. Die Spannung $\hat{u}_1$ wird als Bezugszeiger entlang der horizontalen Achse gezeichnet. Für die zunächst unbekannte Amplitude wird eine beliebige Länge gewählt. Der Maßstabsfaktor für die Spannungen [V/cm] wird sich erst am Ende der Betrachtung ergeben.

2. Der Strom durch den Widerstand R_1 ist in Phase mit der Spannung und hat nach Gl. (8.10) den Wert $\hat{i}_1 = \hat{u}_1/R_1$. Die Länge für den Stromzeiger können wir ebenfalls beliebig wählen, da sich der Maßstabsfaktor für den Strom [A/cm] auch erst am Ende der Analyse ergeben wird.

3. Der Strom durch die Kapazität hat nach Gl. (8.14) die Amplitude $\hat{i}_C = \omega C\hat{u}_1 = \omega CR_1\hat{i}_1$. Die Länge des Zeigers $\hat{i}_C$ ist nicht mehr frei wählbar, sondern muss der mit dem Faktor ωCR_1 multiplizierten Länge des Zeigers $\hat{i}_1$ entsprechen. Diesen Zeiger müssen wir nach Abb. 8.7 um $\pi/2$ voreilend, d.h. nach oben gerichtet, zeichnen.

4. Aus der Knotengleichung $i_2(t) = i_C(t) + i_1(t)$ folgt, dass sich der Strom $\hat{i}_2$ aus der geometrischen Addition der beiden bisherigen Ströme ergibt.

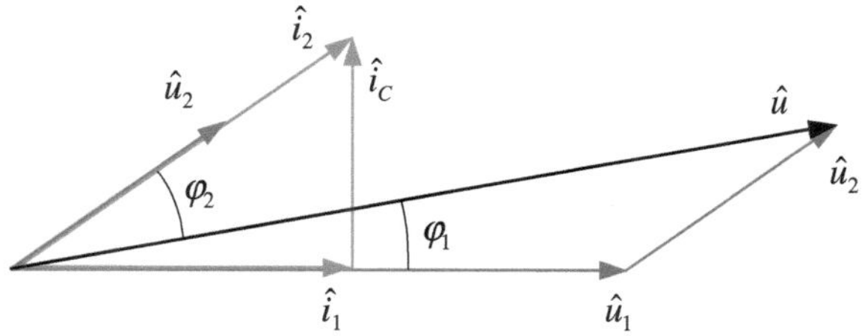

Abbildung 8.9: Zeigerdiagramm zur Schaltung in Abb. 8.8

5. Die Spannung an dem Widerstand R_2 wird in Phase zu dem Strom $\hat{i}_2$ gezeichnet. Die Länge dieses Zeigers ist durch die Beziehung $\hat{u}_2 = R_2\hat{i}_2 = [R_2\hat{i}_2/(\hat{i}_1 R_1)]\cdot\hat{u}_1$ eindeutig festgelegt und entspricht der mit dem Faktor in der eckigen Klammer multiplizierten Länge des Zeigers $\hat{u}_1$. Der Wert in der Klammer ist aber bekannt, da die Widerstände gegeben sind und das Verhältnis der beiden Ströme aus dem bisherigen Diagramm durch Abmessen der Längen ermittelt werden kann.

6. Entsprechend der Maschengleichung $\hat{u}\sin(\omega t) = u_2(t) + u_1(t)$ entspricht die Summe der beiden bisherigen Spannungen im Zeigerdiagramm der Quellenspannung.

7. Das Verhältnis aus dem Wert der vorgegebenen Spannung $\hat{u}$ und der im Zeigerdiagramm gemessenen Länge dieses Zeigers ergibt den Maßstabsfaktor für alle Spannungen.

8. Aus der jetzt bekannten Amplitude von $\hat{u}_1$ ist wegen $\hat{i}_1 = \hat{u}_1/R_1$ auch die Amplitude des Stromes $\hat{i}_1$ bekannt, sodass mit der gemessenen Länge des Zeigers für den Strom $\hat{i}_1$ auch der Maßstabsfaktor für alle Ströme bekannt ist.

9. Die Phasenbeziehungen können ebenfalls dem Zeigerdiagramm entnommen werden. Die Spannung $u_1(t)$ eilt der Quellenspannung um φ_1 nach, die Spannung $u_2(t)$ eilt der Quellenspannung um φ_2 vor. Auf die gleiche Weise sind alle Phasenwinkel zwischen den Strömen und der Quellenspannung aus dem Zeigerdiagramm ablesbar.

Das Beispiel zeigt, dass das Zeigerdiagramm die Möglichkeit bietet, die Lösung auf zeichnerischem Wege zu ermitteln. Es erlaubt einen schnellen Überblick über die Beziehungen zwischen den zeitabhängigen Größen, allerdings gilt das Ergebnis nur für eine feste Frequenz. Bei einer anderen Frequenz nimmt der Blindleitwert ωC einen anderen Zahlenwert an und die Längen der Zeiger sowie die Phasenbeziehungen ändern sich.

Da sich alle Zeiger mit der gleichen Winkelgeschwindigkeit in mathematisch positiver Richtung (entgegen dem Uhrzeigersinn) drehen, bleibt das Zeigerdiagramm zu jedem Zeitpunkt gleich, es vollführt lediglich eine Rotationsbewegung. Zur Bestimmung aller Amplituden und Phasenbeziehungen genügt die Betrachtung zu einem beliebigen Zeitpunkt. Üblicherweise wird der Zeitpunkt so gewählt, dass ein bestimmter Zeiger (der Bezugszeiger) sich gerade in der Position parallel zur horizontalen Achse befindet. Im vorliegenden Beispiel war das die Spannung $u_1(t)$. Aus der Position der Quellenspannung $\hat{u}\sin(\omega t)$ im Zeigerdiagramm lässt sich dieser Zeitpunkt rückwirkend aus der Beziehung $\omega t = \varphi_1$ bestimmen.

Fassen wir die Ergebnisse aus diesem Abschnitt noch einmal zusammen:

- Sinusförmige Ströme und Spannungen in einem Netzwerk können mithilfe eines Zeigerdiagramms dargestellt werden.
- Die Periodizität des zeitabhängigen Vorgangs spiegelt sich in der Rotationsbewegung des Zeigerdiagramms wider (vgl. Abb. 8.1).

- Die grafische Darstellung des Zeigerdiagramms ist eine Momentaufnahme zu einem festen Zeitpunkt (▶Abb. 8.9).
- Die Amplituden der Zeiger sowie die Phasenbeziehungen zwischen den Zeigern sind von der Zeit unabhängig und damit konstant.
- Der Momentanwert einer zeitabhängigen Größe $u(t)$ oder $i(t)$ entspricht der Projektion des zugehörigen Zeigers im betrachteten Zeitpunkt t auf die vertikale Achse.

8.2 Komplexe Wechselstromrechnung

Die Analyse linearer Netzwerke für den eingeschwungenen Zustand wird dadurch erleichtert, dass alle Spannungen und Ströme in dem Netzwerk einen ebenfalls sinusförmigen Verlauf mit der gleichen Frequenz wie die Quellenspannung besitzen. Es müssen also nur die Amplituden und die Phasenlagen bestimmt werden. Ausgehend von der Zeigerdarstellung der sinusförmigen Ströme und Spannungen können die Wechselstromschaltungen auf einfache Weise mit der so genannten **symbolischen Methode** berechnet werden, die wir in dem folgenden Kapitel ausführlich behandeln.

8.2.1 Der Übergang zur symbolischen Methode

Wir haben bereits in den Abb. 8.1 und 8.2 gesehen, dass die mit konstanter Winkelgeschwindigkeit ω rotierenden Zeiger eindeutig durch ihre Amplitude und ihre Phasenverschiebung gegenüber einem willkürlich gewählten Referenzzeiger beschrieben werden können. Aus diesen beiden Werten kann bei bekannter Kreisfrequenz ω zu jedem beliebigen Zeitpunkt t der Augenblickswert der betrachteten Größe Strom oder Spannung ermittelt werden.

Wir wollen uns zunächst noch einmal den Übergang von einer zeitabhängigen Funktion zur Zeigerdarstellung und schließlich zur mathematischen Beschreibung des Zeigers ansehen. Dabei gehen wir von den Kosinusfunktionen (8.1) aus, bei der Erklärung der Vorgehensweise werden wir uns aber auf den Spannungszeiger beschränken.

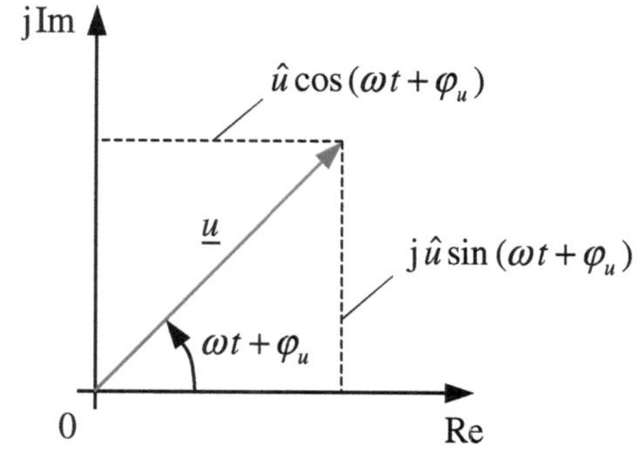

Abbildung 8.10: Spannungszeiger in komplexer Zahlenebene

Zur einfacheren mathematischen Beschreibung wird die Ebene, in der das Zeigerdiagramm betrachtet wird, als komplexe Zahlenebene aufgefasst. Die ▶Abb. 8.10 zeigt die Darstellung eines beliebigen Spannungszeigers nach Gl. (8.1) mit der Amplitude $\hat{u}$ und der Phasenverschiebung φ_u gegenüber dem Bezugszeiger in der komplexen Ebene. Der Spannungszeiger wird als eine komplexe Größe aufgefasst, die als *Symbol* für die zeitabhängige Spannung dient und eine einfache mathematische Behandlung[1] erlaubt:

$$\underline{u}(t) = \mathrm{Re}\{\underline{u}(t)\} + \mathrm{j}\ \mathrm{Im}\{\underline{u}(t)\} = \hat{u}\cos(\omega t + \varphi_u) + \mathrm{j}\hat{u}\sin(\omega t + \varphi_u)\,. \tag{8.16}$$

Wir werden die komplexen Größen durch einen untergesetzten Querstrich kennzeichnen. Der Realteil entspricht in der angegebenen Form der ursprünglichen zeitabhängigen Funktion nach Gl. (8.1).[2] Die Gl. (8.16) lässt sich mit einer elementaren Rechnung auf eine Form bringen, in der der zeitabhängige Anteil separiert werden kann:

$$\underline{u}(t) = \hat{u}\left[\cos(\omega t + \varphi_u) + \mathrm{j}\sin(\omega t + \varphi_u)\right] = \hat{u}\,\mathrm{e}^{\mathrm{j}(\omega t + \varphi_u)} = \hat{u}\,\mathrm{e}^{\mathrm{j}\varphi_u}\mathrm{e}^{\mathrm{j}\omega t}\,. \tag{8.17}$$

Den in die komplexe Ebene übertragenen Spannungszeiger $\underline{u}(t)$ kann man darstellen als das Produkt aus einem zeitunabhängigen Faktor $\hat{u}\,\mathrm{e}^{\mathrm{j}\varphi_u}$ und dem Zeitfaktor $\mathrm{e}^{\mathrm{j}\omega t}$. Sofern sich in einem elektrischen Netzwerk alle Größen mit der gleichen Kreisfrequenz ω ändern, kann dieser Zeitfaktor bei allen Strömen und Spannungen ausgeklammert werden. Bei der Anwendung der symbolischen Methode wird die Rotation des Zeigerdiagramms also nicht mehr berücksichtigt und die Netzwerkanalyse kann allein mit den als **komplexen Amplituden** bezeichneten *zeitunabhängigen* Größen $\hat{u}\,\mathrm{e}^{\mathrm{j}\varphi_u}$ durchgeführt werden:

$$\begin{aligned} \underline{u}(t) &= \hat{u}\,\mathrm{e}^{\mathrm{j}\varphi_u}\mathrm{e}^{\mathrm{j}\omega t} = \underline{\hat{u}}\,\mathrm{e}^{\mathrm{j}\omega t} \\ \underline{i}(t) &= \hat{i}\,\mathrm{e}^{\mathrm{j}\varphi_i}\mathrm{e}^{\mathrm{j}\omega t} = \underline{\hat{i}}\,\mathrm{e}^{\mathrm{j}\omega t} \end{aligned} \quad \text{mit} \quad \begin{aligned} \underline{\hat{u}} &= \hat{u}\,\mathrm{e}^{\mathrm{j}\varphi_u} \\ \underline{\hat{i}} &= \hat{i}\,\mathrm{e}^{\mathrm{j}\varphi_i} \end{aligned}\,. \tag{8.18}$$

8.2.2 Die Berechnung von Netzwerken mit der symbolischen Methode

1. Schritt: Transformation in den Bildbereich

Der erste Schritt bei der Behandlung eines Netzwerks mit der symbolischen Methode besteht darin, die Ströme und Spannungen als komplexe Amplituden darzustellen. Die unterschiedlichen Möglichkeiten, die beim Übergang von einer gegebenen zeitabhängigen Quellenspannung zur komplexen Amplitude auftreten können, sind in der Tab. 8.1 aufgelistet.

1 Ein kurzer Abriss zur komplexen Rechnung befindet sich in Anhang E.

2 Wir hätten auch mit der gleichen Berechtigung die Sinusfunktion zugrunde legen können, beim Übergang von der komplexen Darstellung (8.16) zur zeitabhängigen Funktion müssten wir dann aber den Imaginärteil verwenden.

Tabelle 8.1

Zeitabhängige Spannung und zugehörige komplexe Amplitude

Zeitabhängige Spannung	Komplexe Amplitude
$\hat{u}\cos\omega t$	$\underline{\hat{u}} = \hat{u}$
$\hat{u}\cos(\omega t+\varphi_u)$	$\underline{\hat{u}} = \hat{u}\,\mathrm{e}^{\mathrm{j}\varphi_u}$
$\hat{u}\sin\omega t = \hat{u}\cos(\omega t-\pi/2)$	$\underline{\hat{u}} = \hat{u}\,\mathrm{e}^{-\mathrm{j}\pi/2}$
$\hat{u}\sin(\omega t+\varphi_u)$	$\underline{\hat{u}} = \hat{u}\,\mathrm{e}^{\mathrm{j}(\varphi_u-\pi/2)}$

Während die reellen zeitabhängigen Ausgangsgrößen in der linken Spalte der Tabelle physikalisch messbar sind, gilt dies für die transformierten Größen in der rechten Spalte der Tabelle nicht mehr. Sie sind lediglich nützliche Rechengrößen bei der einfachen Auflösung der entstehenden Gleichungssysteme. Da die komplexen Amplituden ein durch die Vereinbarungen (8.16) bis (8.18) zustande gekommenes Abbild der ursprünglichen Zeitfunktion darstellen, bezeichnet man den Übergang als Transformation in den Bildbereich (vgl. Abb. 8.13).

2. Schritt: Analyse des Netzwerks im Bildbereich

Der zweite Schritt besteht in der Analyse des Netzwerks, d.h. der Berechnung der Ströme und Spannungen an den einzelnen Komponenten. Dazu benötigen wir sowohl die an den Netzwerkelementen geltenden Beziehungen als auch die Knoten- und Maschengleichung, und zwar in einer für die Anwendung der symbolischen Methode geeigneten Formulierung.

Bei den Gleichungen in Tab. 7.1 werden zeitabhängige Größen differenziert bzw. integriert. Die zeitliche Ableitung der zeitabhängigen Funktionen geht bei der komplexen Rechnung in eine Multiplikation mit dem Faktor $\mathrm{j}\omega$ über

$$\frac{\mathrm{d}}{\mathrm{d}t}\left(\underline{\hat{u}}\,\mathrm{e}^{\mathrm{j}\omega t}\right) = \mathrm{j}\omega\underline{\hat{u}}\,\mathrm{e}^{\mathrm{j}\omega t} \rightarrow \boxed{\frac{\mathrm{d}}{\mathrm{d}t} \rightarrow \mathrm{j}\omega} \,. \tag{8.19}$$

Die abgeleitete Größe eilt gemäß Abb. E.6 der Ausgangsgröße um $\pi/2$ bzw. 90° vor. Für eine Ableitung n-ter Ordnung gilt allgemein

$$\frac{\mathrm{d}^n}{\mathrm{d}t^n} \rightarrow (\mathrm{j}\omega)^n \,. \tag{8.20}$$

Die Integration über die Zeit wird ersetzt durch eine Division durch den Faktor $\mathrm{j}\omega$:

$$\int \underline{\hat{u}}\,\mathrm{e}^{\mathrm{j}\omega t}\,\mathrm{d}t = \frac{1}{\mathrm{j}\omega}\,\underline{\hat{u}}\,\mathrm{e}^{\mathrm{j}\omega t} \rightarrow \boxed{\int \mathrm{d}t \rightarrow \frac{1}{\mathrm{j}\omega}} \,. \tag{8.21}$$

Die integrierte Größe eilt der Ausgangsgröße um $\pi/2$ bzw. 90° nach.

Bildet man den Quotienten der komplexen Größen Spannung und Strom, dann kürzt sich der Zeitfaktor $e^{j\omega t}$ weg und man erhält den als **Impedanz** bezeichneten zeitlich unabhängigen komplexen Wechselstromwiderstand $\underline{Z}$:

$$\frac{\underline{u}(t)}{\underline{i}(t)} \overset{(8.18)}{=} \frac{\underline{\hat{u}}\,e^{j\omega t}}{\underline{\hat{i}}\,e^{j\omega t}} = \frac{\underline{\hat{u}}}{\underline{\hat{i}}} = \underline{Z} \quad \rightarrow \quad \underline{\hat{u}} = \underline{Z}\,\underline{\hat{i}}\,. \tag{8.22}$$

In den beiden Darstellungen der Impedanz durch Real- und Imaginärteil bzw. durch Betrag und Phase

$$\underline{Z} = R + jX = |\underline{Z}|e^{j\varphi} \quad \text{mit} \quad |\underline{Z}| = \sqrt{R^2 + X^2} \quad \text{und} \quad \tan\varphi = \frac{X}{R} \tag{8.23}$$

bezeichnet man den Realteil R des komplexen Widerstandes als **Wirkwiderstand (Resistanz)**, den Imaginärteil X als **Blindwiderstand (Reaktanz)**. Der Betrag $|\underline{Z}|$ heißt **Scheinwiderstand**.

Den Kehrwert der Impedanz bezeichnet man als **Admittanz** $\underline{Y}$, ihr Realteil G heißt **Leitwert (Konduktanz)**, der Imaginärteil B heißt **Blindleitwert (Suszeptanz)** und der Betrag $|\underline{Y}|$ wird als **Scheinleitwert** bezeichnet

$$\underline{Y} = G + jB = |\underline{Y}|e^{j\psi} \quad \text{mit} \quad |\underline{Y}| = \sqrt{G^2 + B^2} \quad \text{und} \quad \tan\psi = \frac{B}{G}. \tag{8.24}$$

Impedanz $\underline{Z}$ und Admittanz $\underline{Y}$ haben zwar die gleiche Einheit Ω bzw. 1/Ω wie ein Wirkwiderstand R bzw. dessen Kehrwert, sie haben jedoch im allgemeinen Fall keine physikalische Bedeutung. Enthalten $\underline{Z}$ und $\underline{Y}$ auch Blindanteile, dann treten die Maximalwerte von Strom und Spannung phasenversetzt, d.h. nicht mehr zeitgleich auf. Impedanz und Admittanz stellen also nicht das Verhältnis der zeitabhängigen Größen dar ($\underline{Z} \neq u(t)/i(t)$ und $\underline{Y} \neq i(t)/u(t)$) und sind daher als reine Rechengrößen anzusehen. Ihre Bedeutung erhalten sie dadurch, dass die Wechselstromnetzwerke durch Verwendung dieser Größen genauso wie die Gleichstromnetzwerke behandelt werden können.

Für die Umrechnungen zwischen Impedanz und Admittanz in der algebraischen Schreibweise gelten die Beziehungen

$$\begin{gathered}\underline{Z} = \frac{1}{\underline{Y}} = \frac{1}{G + jB} = \frac{G}{G^2 + B^2} + j\frac{-B}{G^2 + B^2} \overset{(8.23)}{\rightarrow} \\ R = \frac{G}{G^2 + B^2} = \frac{G}{|\underline{Y}|^2}, \quad X = \frac{-B}{G^2 + B^2} = \frac{-B}{|\underline{Y}|^2}\end{gathered} \tag{8.25}$$

und

$$\begin{gathered}\underline{Y} = \frac{1}{\underline{Z}} = \frac{1}{R + jX} = \frac{R}{R^2 + X^2} + j\frac{-X}{R^2 + X^2} \overset{(8.24)}{\rightarrow} \\ G = \frac{R}{R^2 + X^2} = \frac{R}{|\underline{Z}|^2}, \quad B = \frac{-X}{R^2 + X^2} = \frac{-X}{|\underline{Z}|^2}.\end{gathered} \tag{8.26}$$

Wir werden uns diese Beziehungen in Kapitel 8.2.5 etwas detaillierter ansehen. In der Exponentialdarstellung gilt der Zusammenhang

$$|\underline{Z}|\mathrm{e}^{\mathrm{j}\varphi} = \frac{1}{|\underline{Y}|\mathrm{e}^{\mathrm{j}\psi}} = \frac{1}{|\underline{Y}|}\mathrm{e}^{-\mathrm{j}\psi} \;\rightarrow\; |\underline{Z}| = \frac{1}{|\underline{Y}|} \quad \text{und} \quad \varphi = -\psi \,. \tag{8.27}$$

Das Produkt der Beträge von Impedanz und Admittanz ergibt den Wert 1 und die beiden Phasenwinkel unterscheiden sich nur durch das Vorzeichen. Die Kehrwertbildung in Gl. (8.27) kann auch auf grafischem Wege durchgeführt werden. Wir werden dazu in Kapitel 8.7.2 zwei unterschiedliche Vorgehensweisen kennen lernen. Stellen wir aber zunächst einmal die an den Netzwerkelementen R, L und C geltenden Gleichungen zusammen:

Tabelle 8.2

Strom- und Spannungsbeziehungen an den linearen, passiven Netzwerkelementen

Komponente	Spannung	Strom	Impedanz	Admittanz	Gl.
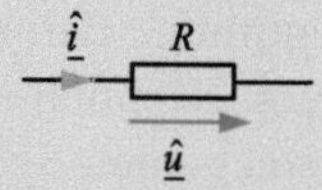	$\underline{\hat{u}} = R\,\underline{\hat{i}}$	$\underline{\hat{i}} = \underline{\hat{u}}\,/\,R$	$\underline{Z}_R = R$	$\underline{Y}_R = \frac{1}{R} = G$	(8.28)
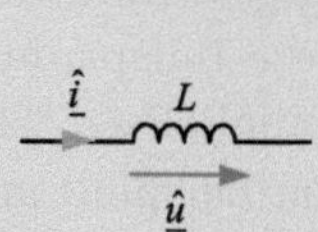	$\underline{\hat{u}} = \mathrm{j}\omega L\,\underline{\hat{i}}$	$\underline{\hat{i}} = \frac{\underline{\hat{u}}}{\mathrm{j}\omega L}$	$\underline{Z}_L = \mathrm{j}\omega L \overset{(8.13)}{=} \mathrm{j}X_L$	$\underline{Y}_L = \frac{1}{\mathrm{j}\omega L} = \mathrm{j}B_L$ mit $B_L = -\frac{1}{\omega L}$	(8.29)
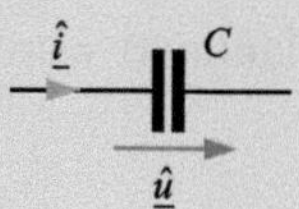	$\underline{\hat{u}} = \frac{1}{\mathrm{j}\omega C}\underline{\hat{i}}$	$\underline{\hat{i}} = \mathrm{j}\omega C\,\underline{\hat{u}}$	$\underline{Z}_C = \frac{1}{\mathrm{j}\omega C} = \mathrm{j}X_C$ mit $X_C = -\frac{1}{\omega C}$	$\underline{Y}_C = \mathrm{j}\omega C \overset{(8.15)}{=} \mathrm{j}B_C$	(8.30)

Entsprechend den Beziehungen (8.28) bis (8.30) ist der ohmsche Widerstand ein reiner Wirkwiderstand, während die Induktivitäten und Kapazitäten reine Blindwiderstände ωL bzw. $1/\omega C$ sind. Es ist zu beachten, dass Blindwiderstand und Blindleitwert von der Frequenz abhängen.

Betrachtet man z.B. die Gl. (8.29) für die Induktivität, dann findet man die komplexe Amplitude der Spannung $\underline{\hat{u}}$, indem die komplexe Amplitude des Stromes $\underline{\hat{i}}$ zunächst mit dem Faktor ωL multipliziert wird. Dies ist die gleiche Vorschrift wie bei den Spitzenwertzeigern (vgl. Gl. (8.12)). Die zusätzliche Multiplikation mit j entspricht in der komplexen Ebene nach Abb. E.6 einer Drehung in mathematisch positiver Richtung um 90° bzw. $\pi/2$. In dem Faktor j kommt also die Tatsache zum Ausdruck, dass die Spannung an einer Induktivität dem Strom um $\pi/2$ voreilt, wie z.B. im Zeigerdiagramm in Abb. 8.6 dargestellt.

Die Division durch j bei der Kapazität ist gleichbedeutend mit einer Multiplikation mit –j, d.h. einer Drehung in mathematisch negativer Richtung um 90° bzw. $\pi/2$, und beschreibt das Nacheilen der Spannung gegenüber dem Strom entsprechend dem Zeigerdiagramm in Abb. 8.7.

Nachdem die Beziehungen für die Komponenten angegeben sind, wollen wir uns noch die Kirchhoff'schen Gleichungen ansehen. Setzt man die Spannungen entsprechend der Gl. (8.18) in die Maschenregel ein, dann kann der Zeitfaktor $e^{j\omega t}$ jeweils ausgeklammert werden, sodass diese Beziehung auch für die komplexen Amplituden gilt

$$\sum_{Masche} \underline{u}(t) \overset{(8.18)}{=} \sum_{Masche} \left(\underline{\hat{u}} e^{j\omega t}\right) = e^{j\omega t} \sum_{Masche} \underline{\hat{u}} = 0 \rightarrow \sum_{Masche} \underline{\hat{u}} = 0 . \tag{8.31}$$

Eine Bemerkung muss aber an dieser Stelle angefügt werden. Bei den Gleichstromnetzwerken konnten die Spannungen an den einzelnen Widerständen einer Reihenschaltung separat mit einem Voltmeter gemessen werden. Ihre Addition war dann identisch zur gesamten an der Reihenschaltung anliegenden Spannung. Bei der Messung mit Wechselgrößen an einer Reihenschaltung, die nicht ausschließlich aus ohmschen Widerständen besteht, liefert die einfache Addition der gemessenen Spannungswerte an den einzelnen Komponenten falsche Gesamtspannungen. Misst man z.B. bei einer *RL*-Reihenschaltung an jeder der beiden Komponenten die Teilspannung U, dann ist die gemessene Summenspannung nicht $2U$, sondern lediglich $\sqrt{2}U$. Die Phasenbeziehungen zwischen den Spannungen ($\pi/2$ im vorliegenden Beispiel) müssen also, so wie es bei der Addition der komplexen Amplituden automatisch geschieht, berücksichtigt werden.

Bei der Knotenregel kann der Zeitfaktor auf die gleiche Weise ausgeklammert werden und wir erhalten die entsprechende Beziehung

$$\sum_{Knoten} \underline{\hat{i}} = 0 . \tag{8.32}$$

Merke

Die Kirchhoff'schen Gleichungen gelten auch für die komplexen Amplituden.

Die Rechenregeln für die Impedanzen und Admittanzen bei der symbolischen Rechnung sind also die gleichen wie für die Widerstände und Leitwerte bei den Gleichstromnetzwerken. Für die Darstellung dieser komplexen Größen wird daher auch das Schaltsymbol des ohmschen Widerstandes verwendet. Die wichtigsten Formeln sind im Zusammenhang mit den folgenden beiden Abbildungen nochmals angegeben.

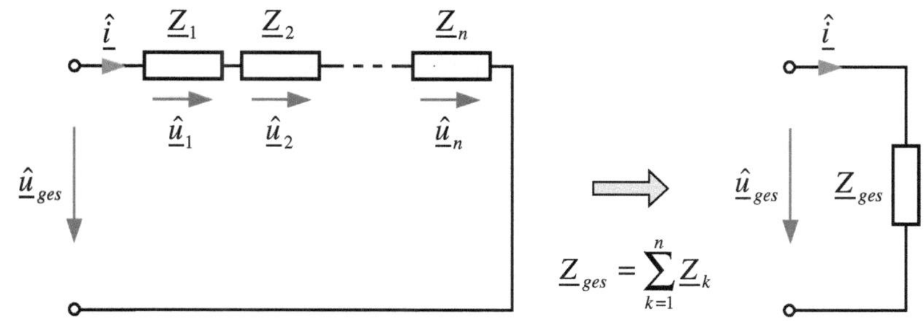

Abbildung 8.11: Reihenschaltung von komplexen Widerständen

Bei der Reihenschaltung werden die Impedanzen addiert. Wegen des gleichen Stromes stehen die Spannungen im gleichen Verhältnis wie die Impedanzen, d.h., es gilt auch wieder die Spannungsteilerregel. Mit den Bezeichnungen in ▶Abb. 8.11 gelten z.B. die Beziehungen

$$\frac{\hat{\underline{u}}_1}{\hat{\underline{u}}_2} = \frac{\underline{Z}_1}{\underline{Z}_2} \quad \text{oder} \quad \frac{\hat{\underline{u}}_2}{\hat{\underline{u}}_{ges}} = \frac{\underline{Z}_2}{\underline{Z}_{ges}} . \tag{8.33}$$

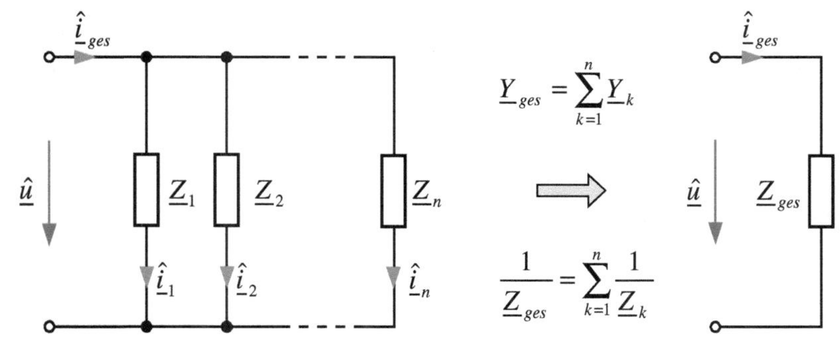

Abbildung 8.12: Parallelschaltung von komplexen Widerständen

Bei der Parallelschaltung werden die Admittanzen addiert. Wegen der an allen Komponenten gleichen Spannung stehen die Ströme im gleichen Verhältnis wie die Admittanzen, d.h., bei der Parallelschaltung gilt wieder die Stromteilerregel. Für das Netzwerk in ▶Abb. 8.12 können beispielsweise die folgenden Gleichungen angegeben werden:

$$\frac{\hat{\underline{i}}_1}{\hat{\underline{i}}_2} = \frac{\underline{Y}_1}{\underline{Y}_2} = \frac{\underline{Z}_2}{\underline{Z}_1} \quad \text{oder} \quad \frac{\hat{\underline{i}}_2}{\hat{\underline{i}}_{ges}} = \frac{\underline{Y}_2}{\underline{Y}_{ges}} = \frac{\underline{Z}_{ges}}{\underline{Z}_2} . \tag{8.34}$$

Die Berechnung des Netzwerks erfolgt genauso wie bei den in Kapitel 3 behandelten Gleichstromnetzwerken. Mithilfe der dort besprochenen Vorgehensweisen werden die benötigten linear unabhängigen Gleichungen aufgestellt, deren Anzahl durch Anwendung der Strom- und Spannungsbeziehungen an den linearen passiven Netzwerkelementen gemäß Tab. 8.2 auf die Anzahl der Zweige in dem Netzwerk reduziert werden kann. Aus dem verbleibenden linearen Gleichungssystem werden die unbekannten komplexen Amplituden ermittelt.

3. Schritt: Rücktransformation aus dem Bildbereich in den Zeitbereich

Im dritten Schritt erfolgt der Übergang von den komplexen Amplituden zu den zeitabhängigen Strömen und Spannungen, und zwar in umgekehrter Reihenfolge wie bei der Einführung der komplexen Amplituden, nämlich durch

1. Multiplikation der komplexen Amplituden mit dem Zeitfaktor $e^{j\omega t}$ nach Gl. (8.18) und
2. anschließende Realteilbildung dieses komplexen Ausdruckes entsprechend Gl. (8.16).

8.2.3 Gegenüberstellung der unterschiedlichen Vorgehensweisen

Die ▶Abb. 8.13 zeigt die beiden unterschiedlichen Rechenabläufe mit der konventionellen Methode (Rechnung mit den zeitabhängigen Größen) und mit der symbolischen Methode (Rechnung mit komplexen Amplituden) nochmals im Überblick. Ausgangspunkt ist das Schaltbild mit den unbekannten zeitabhängigen Strömen und Spannungen. Für ein Netzwerk mit n Zweigen werden $2n$ linear unabhängige Gleichungen für die Ströme und Spannungen aufgestellt. Mit jeweils einer bekannten Größe bei den Quellen und mit den bekannten Zusammenhängen zwischen Spannung und Strom bei den Komponenten nach Tab. 7.1 bzw. Tab. 8.2 kann das Gleichungssystem auf n Gleichungen reduziert werden.

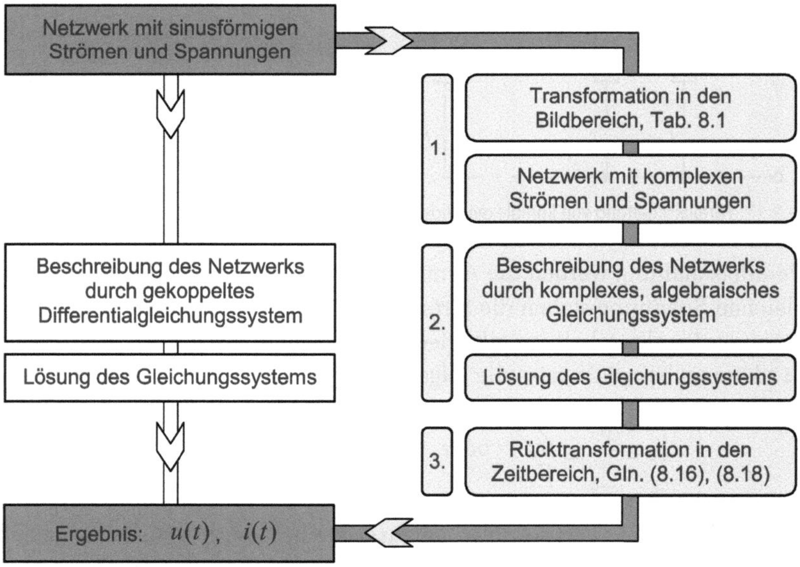

Abbildung 8.13: Gegenüberstellung der beiden unterschiedlichen Vorgehensweisen

Die Rechnung mit den zeitabhängigen Größen führt mit den Beziehungen zwischen den Strömen und Spannungen bei den Induktivitäten und Kapazitäten nach Tab. 7.1 auf ein gekoppeltes Differentialgleichungssystem, dessen (eventuell mühsame) Lösung unmittelbar die gesuchten zeitabhängigen Größen liefert.

Die drei bereits im vorangegangenen Abschnitt besprochenen Schritte bei der Rechnung mit der symbolischen Methode sind auf der rechten Seite der Abb. 8.13 dargestellt. Der wesentliche Vorteil dieser Methode liegt in der relativ einfachen Auflösung des algebraischen Gleichungssystems.

Zur Verdeutlichung der unterschiedlichen Vorgehensweisen wird im folgenden Beispiel eine einfache Schaltung zunächst mit den zeitabhängigen Funktionen berechnet und anschließend durch Anwendung der komplexen Wechselstromrechnung. Da wir nur eine *RL*-Reihenschaltung, d.h. eine einzige Masche betrachten, reduzieren sich die Gleichungssysteme jeweils auf eine einzige Gleichung. Der Vorteil der symbolischen Methode wird dennoch deutlich werden.

Beispiel 8.2: Vergleich zweier Lösungsverfahren

An eine Wechselspannungsquelle $u(t) = \hat{u}\cos(\omega t + \varphi_u)$ mit der Spannungsamplitude $\hat{u}$ und der konstanten Kreisfrequenz ω ist die Reihenschaltung aus einem ohmschen Widerstand R und einer Induktivität L angeschlossen. Zu berechnen sind der in der Masche fließende Strom $i(t)$ sowie die Spannungen $u_R(t)$ an dem Widerstand und $u_L(t)$ an der Induktivität.

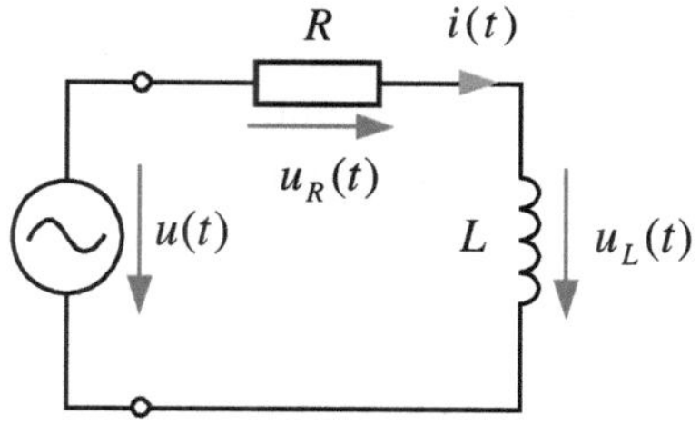

Abbildung 8.14: Reihenschaltung von Widerstand und Induktivität an Wechselspannung

Lösung im Zeitbereich:

Mit der Maschengleichung und den an den Komponenten geltenden Zusammenhängen erhalten wir eine *Differentialgleichung*, in der sowohl der Strom als auch seine Ableitung nach der Zeit auftritt:

$$u(t) = u_R(t) + u_L(t) \overset{(7.3,7.4)}{=} R\,i(t) + L\frac{\mathrm{d}}{\mathrm{d}t}i(t)\,. \tag{8.35}$$

Da alle zeitabhängigen Größen periodisch mit der Kreisfrequenz ω sind, wird wegen der Reihenschaltung der in allen Komponenten gleiche Strom in der Form

$$i(t) = \hat{i}\cos(\omega t + \varphi_i) \tag{8.36}$$

mit der zunächst unbekannten Amplitude $\hat{i}$ und dem ebenfalls unbekannten Phasenwinkel φ_i angenommen. Mit diesem *Lösungsansatz* nimmt die Gl. (8.35) eine Form an, in der die Zeitableitung nicht mehr auftritt:

$$\hat{u}\cos(\omega t+\varphi_u) = R\,\hat{i}\cos(\omega t+\varphi_i) - \omega L\hat{i}\sin(\omega t+\varphi_i)\,. \tag{8.37}$$

Im nächsten Schritt werden die trigonometrischen Funktionen mithilfe der Additionstheoreme (H.4) und (H.5) zerlegt, sodass auf beiden Seiten der Gleichung die linear unabhängigen Funktionen $\cos(\omega t)$ und $\sin(\omega t)$ auftreten:

$$\begin{aligned}\hat{u}\cos(\omega t+\varphi_u) &= \hat{u}\cos(\varphi_u)\cos(\omega t)-\hat{u}\sin(\varphi_u)\sin(\omega t)\\ &= R\,\hat{i}\cos(\varphi_i)\cos(\omega t) - R\,\hat{i}\sin(\varphi_i)\sin(\omega t)\\ &\quad -\omega L\hat{i}\cos(\varphi_i)\sin(\omega t) - \omega L\hat{i}\sin(\varphi_i)\cos(\omega t)\,.\end{aligned} \tag{8.38}$$

Diese Beziehung kann für alle Werte t nur erfüllt sein, wenn die Vorfaktoren von $\sin(\omega t)$ und $\cos(\omega t)$ auf beiden Seiten der Gleichung übereinstimmen, d.h., Gl. (8.38) zerfällt in zwei unabhängige Bedingungen

$$\hat{u}\cos(\varphi_u) = R\,\hat{i}\cos(\varphi_i) - \omega L\hat{i}\sin(\varphi_i) \tag{8.39}$$

$$\hat{u}\sin(\varphi_u) = R\,\hat{i}\sin(\varphi_i) + \omega L\hat{i}\cos(\varphi_i)\,, \tag{8.40}$$

aus denen die beiden Unbekannten $\hat{i}$ und φ_i bestimmt werden können. Zur Berechnung der Amplitude werden die beiden Gleichungen jeweils quadriert

$$\hat{u}^2\cos^2(\varphi_u) = \left(R\,\hat{i}\right)^2\cos^2(\varphi_i) - 2R\,\hat{i}\cos(\varphi_i)\,\omega L\hat{i}\sin(\varphi_i) + \left(\omega L\hat{i}\right)^2\sin^2(\varphi_i) \tag{8.41}$$

$$\hat{u}^2\sin^2(\varphi_u) = \left(R\,\hat{i}\right)^2\sin^2(\varphi_i) + 2R\,\hat{i}\sin(\varphi_i)\,\omega L\hat{i}\cos(\varphi_i) + \left(\omega L\hat{i}\right)^2\cos^2(\varphi_i) \tag{8.42}$$

und anschließend addiert. Dabei fallen die gemischten Glieder auf der rechten Seite weg und wegen des Additionstheorems (H.1) erhalten wir unmittelbar die Stromamplitude

$$\hat{u}^2 = \left(R\,\hat{i}\right)^2 + \left(\omega L\hat{i}\right)^2 \quad \rightarrow \quad \hat{i} = \frac{\hat{u}}{\sqrt{R^2+(\omega L)^2}}\,. \tag{8.43}$$

Zur Bestimmung des Phasenwinkels φ_i werden die Gln. (8.39) mit $\cos(\varphi_i)$ und (8.40) mit $\sin(\varphi_i)$ multipliziert

$$\hat{u}\cos(\varphi_u)\cos(\varphi_i) = R\,\hat{i}\cos^2(\varphi_i) - \omega L\hat{i}\sin(\varphi_i)\cos(\varphi_i) \tag{8.44}$$

$$\hat{u}\sin(\varphi_u)\sin(\varphi_i) = R\hat{i}\sin^2(\varphi_i) + \omega L\hat{i}\cos(\varphi_i)\sin(\varphi_i) \tag{8.45}$$

und anschließend addiert

$$\hat{u}\left[\cos(\varphi_u)\cos(\varphi_i)+\sin(\varphi_u)\sin(\varphi_i)\right] \overset{(H.5)}{=} \hat{u}\cos(\varphi_u-\varphi_i) = R\,\hat{i}\ . \tag{8.46}$$

Aus den Gln. (8.43) und (8.46) könnte man bereits mithilfe der Umkehrfunktion arccos den Phasenwinkel φ_i bestimmen. Wir werden aber noch einen Schritt weitergehen und die mit $-\sin(\varphi_i)$ multiplizierte Gl. (8.39) zu der mit $\cos(\varphi_i)$ multiplizierten Gl. (8.40) addieren, wobei wir das Zwischenergebnis

$$\hat{u}\left[-\cos(\varphi_u)\sin(\varphi_i)+\sin(\varphi_u)\cos(\varphi_i)\right] \overset{(H.4)}{=} \hat{u}\sin(\varphi_u-\varphi_i) = \omega L\,\hat{i} \tag{8.47}$$

erhalten. Die Division der so erhaltenen Gleichung durch die Gl. (8.46) liefert unmittelbar das gesuchte Ergebnis

$$\frac{\sin(\varphi_u-\varphi_i)}{\cos(\varphi_u-\varphi_i)} = \tan(\varphi_u-\varphi_i) = \frac{\omega L}{R} \qquad \rightarrow \qquad \varphi_u-\varphi_i = \arctan\frac{\omega L}{R}\,. \tag{8.48}$$

Damit ist der Strom (8.36) vollständig bestimmt und die Spannungen an den Komponenten können entsprechend Gl. (8.35) ebenfalls angegeben werden. Die Gesamtspannung $u(t)$ eilt dem Strom um den Differenzwinkel (8.48) vor. Diese Phasenverschiebung nimmt in den beiden Grenzfällen $R \rightarrow 0$ bzw. $\omega L \rightarrow 0$ die Werte $\pi/2$ bzw. 0 an. Ist also kein Widerstand vorhanden, dann eilt der Strom der Spannung um $\pi/2$ nach, so wie in Abb. 8.6 dargestellt. Ohne Induktivität sind Strom und Spannung in Phase. Die Phasenverschiebung zwischen Strom und Spannung hängt von dem Verhältnis $\omega L/R$, d.h. also auch von der Frequenz ab.

Lösung mit der komplexen Wechselstromrechnung:

Zum Vergleich wollen wir jetzt das Netzwerk aus ▶Abb. 8.14 mit der symbolischen Methode berechnen. Der große Vorteil dieser Vorgehensweise besteht darin, dass die algebraischen Bestimmungsgleichungen für die Zeigergrößen direkt aus dem Netzwerk (ohne den Umweg über die Differentialgleichungen) ermittelt werden können.

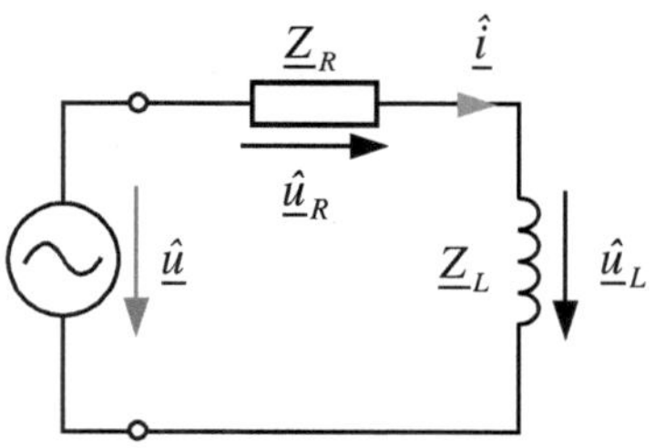

Abbildung 8.15: Netzwerk aus Abb. 8.14 mit komplexen Größen

1. Schritt:

Wir beginnen die Betrachtung mit der Transformation der Aufgabenstellung in den Bildbereich und erhalten die ▶Abb. 8.15, in der bereits alle komplexen Größen eingetragen sind. Für die komplexe Amplitude der Quellenspannung $u(t) = \hat{u}\cos(\omega t + \varphi_u)$ gilt mit Tab. 8.1

$$\underline{\hat{u}} = \hat{u}\,\mathrm{e}^{\mathrm{j}\varphi_u}\,. \tag{8.49}$$

2. Schritt:

Der Maschenumlauf (8.31) liefert

$$\underline{\hat{u}} = \underline{\hat{u}}_R + \underline{\hat{u}}_L \overset{(8.22)}{=} \underline{Z}_R\underline{\hat{i}} + \underline{Z}_L\underline{\hat{i}} \overset{(8.28,8.29)}{=} (R + \mathrm{j}\omega L)\,\underline{\hat{i}} = \underline{Z}\,\underline{\hat{i}}\,. \tag{8.50}$$

Mit der Impedanz der Serienschaltung nach Gl. (8.23)

$$\underline{Z} = R + \mathrm{j}\omega L = \sqrt{R^2 + (\omega L)^2}\,\mathrm{e}^{\mathrm{j}\varphi} \quad \text{mit} \quad \varphi = \arctan\frac{\omega L}{R} \tag{8.51}$$

und der allgemeinen Darstellung für die komplexe Amplitude des Stromes nach Gl. (8.18) erhalten wir die Beziehung

$$\underline{\hat{u}} = \underline{Z}\,\underline{\hat{i}} = \sqrt{R^2 + (\omega L)^2}\,\mathrm{e}^{\mathrm{j}\varphi}\,\underline{\hat{i}} \qquad \rightarrow$$

$$\hat{u}\,\mathrm{e}^{\mathrm{j}\varphi_u} = \sqrt{R^2 + (\omega L)^2}\,\mathrm{e}^{\mathrm{j}\varphi}\,\hat{i}\mathrm{e}^{\mathrm{j}\varphi_i} = \hat{i}\sqrt{R^2 + (\omega L)^2}\,\mathrm{e}^{\mathrm{j}(\varphi + \varphi_i)}\,. \tag{8.52}$$

Ein Vergleich der Amplituden und der Phasenwinkel in der Beziehung (8.52) liefert bereits in Übereinstimmung mit den Gleichungen (8.43) bzw. (8.48) die Ergebnisse

$$\hat{i} = \frac{\hat{u}}{\sqrt{R^2 + (\omega L)^2}} \quad \text{und} \quad \varphi_u - \varphi_i = \varphi \overset{(8.51)}{=} \arctan\frac{\omega L}{R}\,. \tag{8.53}$$

3. Schritt:

Den zeitabhängigen Stromverlauf erhalten wir durch Rücktransformation der komplexen Amplitude entsprechend der Beschreibung in Kapitel 8.2.2

$$i(t) = \mathrm{Re}\left\{\underline{\hat{i}}\,\mathrm{e}^{\mathrm{j}\omega t}\right\} = \mathrm{Re}\left\{\hat{i}\,\mathrm{e}^{\mathrm{j}\varphi_i}\mathrm{e}^{\mathrm{j}\omega t}\right\} = \hat{i}\cos(\omega t + \varphi_i) \tag{8.54}$$

beziehungsweise in ausführlicher Schreibweise

$$i(t) = \frac{\hat{u}}{\sqrt{R^2 + (\omega L)^2}}\cos\left(\omega t + \varphi_u - \arctan\frac{\omega L}{R}\right). \tag{8.55}$$

Zur Übung wollen wir noch den zeitabhängigen Spannungsverlauf an der Induktivität $u_L(t)$ berechnen. Für die komplexe Amplitude dieser Spannung gilt mit den bereits angegebenen Gleichungen

$$\underline{\hat{u}}_L \overset{(8.29)}{=} \underline{Z}_L \underline{\hat{i}} = \mathrm{j}\omega L\, \underline{\hat{i}} = \mathrm{e}^{\mathrm{j}\pi/2}\omega L\, \hat{i}\, \mathrm{e}^{\mathrm{j}\varphi_i} = \omega L\, \hat{i}\, \mathrm{e}^{\mathrm{j}(\varphi_i+\pi/2)} . \tag{8.56}$$

Den zeitabhängigen Spannungsverlauf finden wir durch Realteilbildung aus der mit $\mathrm{e}^{\mathrm{j}\omega t}$ multiplizierten komplexen Amplitude

$$\begin{aligned} u_L(t) &= \mathrm{Re}\left\{\underline{\hat{u}}_L\, \mathrm{e}^{\mathrm{j}\omega t}\right\} = \mathrm{Re}\left\{\hat{i}\,\omega L\, \mathrm{e}^{\mathrm{j}(\omega t+\varphi_i+\pi/2)}\right\} \\ &= \hat{u}\frac{\omega L}{\sqrt{R^2+(\omega L)^2}}\cos\left(\omega t+\frac{\pi}{2}+\varphi_u-\arctan\frac{\omega L}{R}\right). \end{aligned} \tag{8.57}$$

8.2.4 Strom-Spannungs- und Widerstandsdiagramm

Die Darstellung der komplexen Amplituden in der Gauß'schen Zahlenebene führt auf eine dem Zeigerdiagramm entsprechende Abbildung, aus der sowohl die Amplituden der Ströme und Spannungen als auch die Phasenbeziehungen zwischen den einzelnen Größen abgelesen werden können. Als Beispiel soll das Strom-Spannungs-Diagramm für die Schaltung in Abb. 8.15 gezeichnet werden.

Da bei der Reihenschaltung in allen Netzwerkelementen der gleiche Strom fließt, wird dieser als Bezugsgröße parallel zur horizontalen Achse gezeichnet.[3] Die Spannung am Widerstand hat die gleiche Phase wie der Strom, während die Spannung an der Induktivität nach Abb. 8.6 dem Strom um $\pi/2$ voreilt. Diese Phasenverschiebung lässt sich auch an den Ergebnissen (8.55) und (8.57) erkennen. Mit den Amplitudenverhältnissen nach Gl. (8.10) bzw. (8.12)

$$\hat{u}_R = R\hat{i}\,, \qquad \hat{u}_L = \omega L\,\hat{i} \tag{8.58}$$

erhalten wir z.B. das in ▶Abb. 8.16a dargestellte Strom-Spannungs-Diagramm.

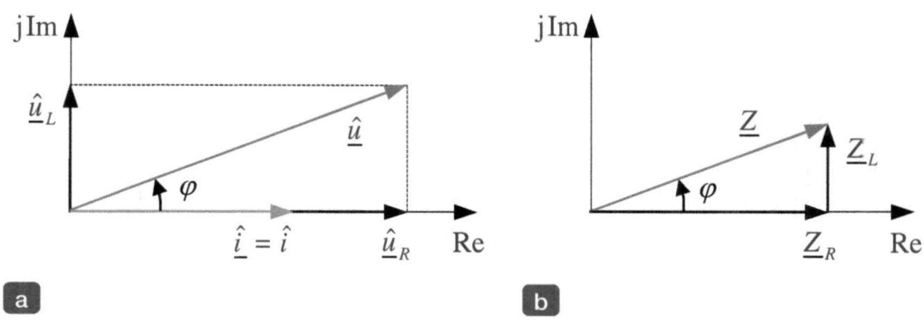

Abbildung 8.16: a) Strom-Spannungs-Diagramm und b) Widerstandsdiagramm

3 Diese Vereinbarung ist gleichbedeutend mit der Festlegung $\varphi_i = 0$. Das ist aber keine Einschränkung, da wir das fertig gestellte Diagramm zum Schluss insgesamt um den Winkel $\varphi_i \neq 0$ in der komplexen Ebene drehen können.

Der Phasenwinkel $\varphi = \varphi_u - \varphi_i$ zwischen Strom und Quellenspannung kann unmittelbar aus dem Diagramm abgelesen werden.

Betrachten wir noch einmal die Gl. (8.22). Offenbar bestimmt die Impedanz $\underline{Z}$, welche Phasenlage zwischen Strom und Spannung an einem Zweipol auftritt:

$$\hat{\underline{u}} = \underline{Z}\,\hat{\underline{i}} \overset{(8.23)}{=} |\underline{Z}|\,\mathrm{e}^{\mathrm{j}\varphi}\,\hat{\underline{i}} \overset{(8.18)}{=} |\underline{Z}|\,\mathrm{e}^{\mathrm{j}\varphi}\,\hat{i}\,\mathrm{e}^{\mathrm{j}\varphi_i}\,. \tag{8.59}$$

Wird der Zeitpunkt $t = 0$ so gewählt, dass der Strom $\hat{\underline{i}}$ als Bezugszeiger parallel zur reellen Achse liegt ($\varphi_i = 0$), dann stimmt die Phasenlage der Spannung im Spannungsdiagramm mit dem Argument φ der Impedanz überein. Werden also alle Spannungen durch den Wert des Stromes $\hat{i}$ dividiert, dann geht das Spannungsdiagramm in ein **Widerstandsdiagramm** mit den gleichen Phasenbeziehungen über (▶Abb. 8.16b), bei dem sich lediglich die Amplituden um einen konstanten Faktor unterscheiden.

Die Impedanzen können auf die gleiche Weise wie die Strom- und Spannungszeiger grafisch dargestellt werden. Während jedoch die Impedanzen nach Tab. 8.2 in der komplexen Ebene eine fest vorgegebene Lage einnehmen, besteht bei der Darstellung der zeitabhängigen Größen ein Freiheitsgrad, der sich in der willkürlichen Wahl eines Bezugszeigers ausdrückt.

8.2.5 Umrechnung zwischen Impedanz und Admittanz

Bevor wir in den folgenden Kapiteln einfache Wechselstromnetzwerke untersuchen, wollen wir noch einmal die häufig wiederkehrende Umrechnung zwischen Impedanz und Admittanz betrachten. Die nach Gl. (8.23) aus Wirkwiderstand R und Blindwiderstand X bestehende Impedanz $\underline{Z}$ kann als Reihenschaltung dargestellt werden, die aus Leitwert G und Blindleitwert B bestehende Admittanz $\underline{Y}$ als Parallelschaltung. Die in ▶Abb. 8.17 dargestellten Netzwerke sind entsprechend den Umrechnungsformeln (8.25) und (8.26) äquivalent. Sie besitzen beide die gleiche Impedanz und die gleiche Admittanz.

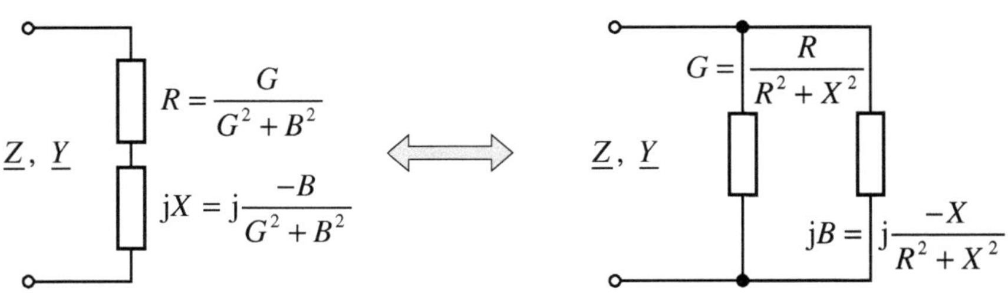

$$\underline{Z} = R + \mathrm{j}X = \frac{1}{\underline{Y}} = \frac{1}{G + \mathrm{j}B}$$

Abbildung 8.17: Umrechnung zwischen Reihen- und Parallelschaltung

An den Formeln ist zu erkennen, dass X und B entgegengesetzte Vorzeichen besitzen. Nach den Gleichungen (8.29) und (8.30) weisen aber Impedanz und Admittanz sowohl bei der Induktivität als auch bei der Kapazität zueinander entgegengesetzte

Vorzeichen auf. Das bedeutet, dass eine *RL*-Reihenschaltung in eine *RL*-Parallelschaltung übergeht und umgekehrt. Das gleiche gilt für die *RC*-Schaltungen.

Ausgehend von den Formeln in Abb. 8.17 können die Komponenten auch direkt angegeben werden. In den ▶Abb. 8.18 und 8.19 sind die beiden Fälle mit induktivem bzw. kapazitivem Blindanteil dargestellt.

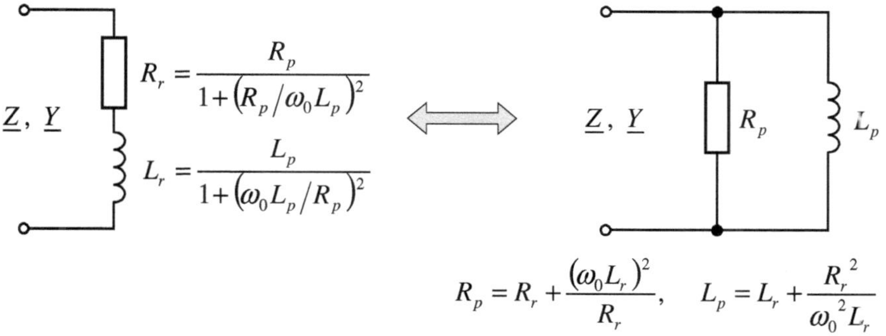

$$R_r = \frac{R_p}{1+\left(R_p/\omega_0 L_p\right)^2} \qquad L_r = \frac{L_p}{1+\left(\omega_0 L_p/R_p\right)^2}$$

$$R_p = R_r + \frac{\left(\omega_0 L_r\right)^2}{R_r}, \qquad L_p = L_r + \frac{R_r^{\;2}}{\omega_0^{\;2} L_r}$$

Abbildung 8.18: Umrechnung zwischen Reihen- und Parallelschaltung bei induktivem Blindanteil

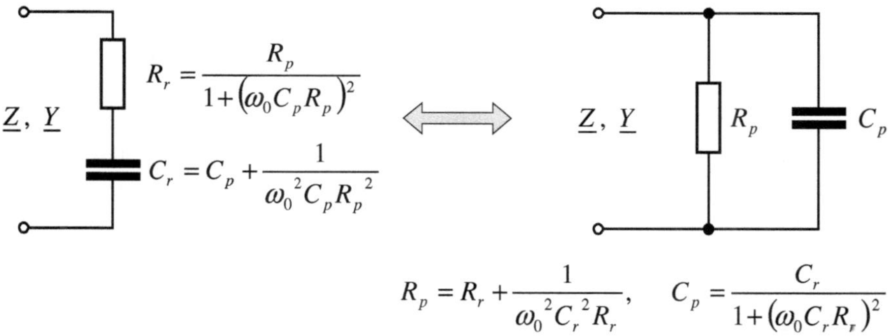

$$R_r = \frac{R_p}{1+\left(\omega_0 C_p R_p\right)^2} \qquad C_r = C_p + \frac{1}{\omega_0^{\;2} C_p R_p^{\;2}}$$

$$R_p = R_r + \frac{1}{\omega_0^{\;2} C_r^{\;2} R_r}, \qquad C_p = \frac{C_r}{1+\left(\omega_0 C_r R_r\right)^2}$$

Abbildung 8.19: Umrechnung zwischen Reihen- und Parallelschaltung bei kapazitivem Blindanteil

In dem berechneten äquivalenten Netzwerk hängen sowohl Wirk- als auch Blindkomponente von der Frequenz ab. Die Umrechnung zwischen Reihenschaltung (Index *r*) und Parallelschaltung (Index *p*) gilt daher nur für eine feste, in den Abbildungen mit ω_0 bezeichnete Kreisfrequenz.

Zur Veranschaulichung dieser Aussage betrachten wir ein konkretes Zahlenbeispiel. Die Reihenschaltung aus einem Widerstand $R_r = 12\Omega$ und einer Induktivität $L_r = 1{,}2\text{mH}$ soll bei der Frequenz $f_0 = 1\text{kHz}$ in eine äquivalente Parallelschaltung umgewandelt werden. Die durchgezogenen Linien in den beiden Teilbildern der ▶Abb. 8.20 zeigen Real- und Imaginärteil von der Impedanz $\underline{Z}_r = R_r + \mathrm{j}\omega L_r$ der gegebenen Reihenschaltung. In der doppelt logarithmischen Darstellung ist jeweils eine Frequenzdekade oberhalb und unterhalb der Frequenz f_0 berücksichtigt. Für die Komponenten der äquivalenten Parallelschaltung erhalten wir mit den in Abb. 8.18 angegebenen Beziehungen und mit der Kreisfrequenz $\omega_0 = 2\pi f_0$ die Werte $R_p = 16{,}74\Omega$ und $L_p = 4{,}24\text{mH}$. Die Impedanz $\underline{Z}_p$ dieser Parallelschaltung kann mit der in Abb. 8.12 angegebenen Beziehung berechnet werden.

Ihr Real- und Imaginärteil sind zum Vergleich als gestrichelte Kurven in Abb. 8.20 eingezeichnet. Beide Anteile hängen in unterschiedlicher Weise von der Frequenz ω ab und stimmen erwartungsgemäß nur bei der Frequenz f_0 mit der Reihenschaltung überein.

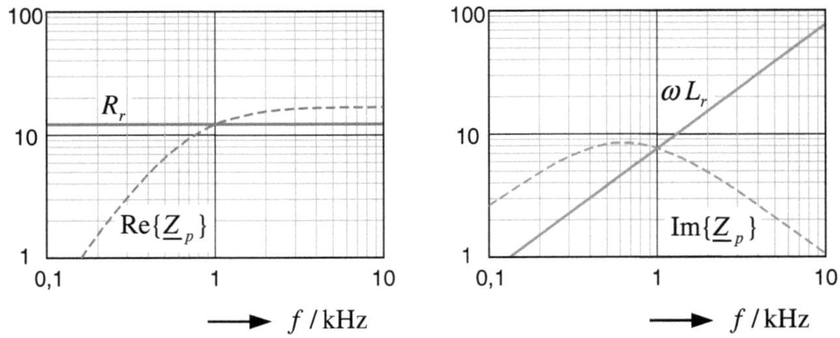

Abbildung 8.20: Frequenzabhängige Impedanz von Reihen- und äquivalenter Parallelschaltung

8.3 Frequenzabhängige Spannungsteiler

Die frequenzabhängige Impedanz von Induktivitäten und Kapazitäten kann z.B. zum Aufbau ebenfalls frequenzabhängiger Spannungsteiler verwendet werden. Wir betrachten noch einmal das Netzwerk aus Abb. 8.14, das in ▶Abb. 8.21 in einer leicht geänderten Form dargestellt ist. Während die Spannungsquelle in Abb. 8.14 mit dem aus einer *RL*-Reihenschaltung bestehenden *Zweipol* belastet wird, besitzt das gleiche Netzwerk in Abb. 8.21 jetzt insgesamt vier Anschlussklemmen, zwei für den Anschluss der Eingangsspannungsquelle und zwei weitere zum Anschluss zusätzlicher Komponenten an die Ausgangsklemmen, d.h. parallel zur Induktivität. Eine solche Kombination von Netzwerkelementen wird allgemein als **Vierpol** bezeichnet. Enthält ein Vierpol eigene Quellen, dann wird er als **aktiver Vierpol**, im anderen Fall als **passiver Vierpol** bezeichnet.

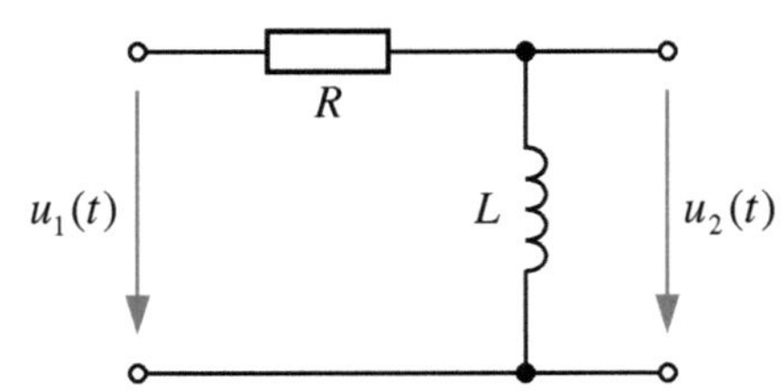

Abbildung 8.21: Frequenzabhängiger Spannungsteiler

Bei einem Vierpol ist vor allem die Frage interessant, welche Abhängigkeiten zwischen den Eingangs- und Ausgangsgrößen bestehen. Bei der betrachteten Schaltung werden sich die beiden Spannungen $u_1(t)$ und $u_2(t)$ nach Betrag und Phase unterscheiden. Das Verhältnis der komplexen Amplituden führt auf einen Ausdruck

$$\frac{\hat{\underline{u}}_2}{\hat{\underline{u}}_1} \overset{(8.18)}{=} \frac{\hat{u}_2 e^{j\varphi_{u_2}}}{\hat{u}_1 e^{j\varphi_{u_1}}} = \frac{\hat{u}_2}{\hat{u}_1} e^{j(\varphi_{u_2}-\varphi_{u_1})} = \frac{\hat{u}_2}{\hat{u}_1} e^{j\Delta\varphi_u} , \tag{8.60}$$

in dem das Verhältnis der beiden Spannungsamplituden $\hat{u}_2 / \hat{u}_1$ und die Differenz der beiden Phasenwinkel $\Delta\varphi_u = \varphi_{u_2} - \varphi_{u_1}$ auftritt. Diese beiden Informationen werden üblicherweise in zwei getrennten Diagrammen als Funktion der Frequenz dargestellt. Bei dem vorliegenden Beispiel entspricht das Verhältnis der Amplituden dem bisherigen Verhältnis $\hat{u}_L / \hat{u}$ und kann aus Gl. (8.57) übernommen werden:

$$\frac{\hat{u}_2}{\hat{u}_1} = \frac{\omega L}{\sqrt{R^2 + (\omega L)^2}}. \tag{8.61}$$

Die Phasenverschiebung $\Delta\varphi_u = \varphi_{u_2} - \varphi_{u_1}$ ist ebenfalls aus Gl. (8.57) ablesbar:

$$\Delta\varphi_u = \frac{\pi}{2} - \arctan\frac{\omega L}{R}. \tag{8.62}$$

Diese beiden Ergebnisse sind für die Zahlenwerte $R = 1\Omega$ und $L = 1\mu\text{H}$ als Funktion der Frequenz $f = \omega/2\pi$ in ▶Abb. 8.22 dargestellt.

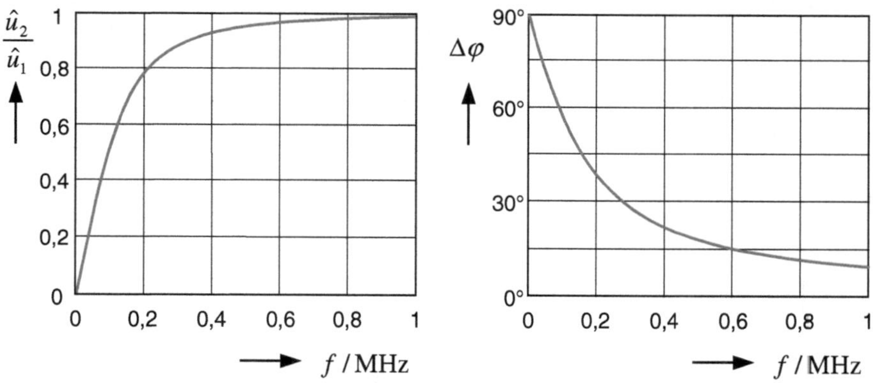

Abbildung 8.22: Amplituden- und Phasenbeziehung zwischen Ausgangs- und Eingangsspannung

Wir wollen uns die beiden Grenzfälle $f \to 0$ und $f \to \infty$ etwas genauer anschauen.

Grenzfall $f \to 0$:

Bei Gleichstrom stellt die Induktivität einen Kurzschluss dar, d.h., die Ausgangsspannung verschwindet. Der Strom wird allein durch den Widerstand bestimmt und ist daher in Phase mit der Eingangsspannung. Die Phasenverschiebung $\Delta\varphi_u$ zwischen Ausgangs- und Eingangsspannung entspricht deshalb im Grenzübergang $f \to 0$ der Phasenverschiebung zwischen Ausgangsspannung und Strom und diese nimmt an der Induktivität den Wert 90° an.

Grenzfall $f \to \infty$:

Bei sehr hohen Frequenzen wird die Induktivität zum Leerlauf, d.h., der Wert des Widerstandes R kann gegenüber der Impedanz ωL vernachlässigt werden und die Ausgangsspannung nähert sich der Eingangsspannung. Der Spannungsabfall am Widerstand ist vernachlässigbar, sodass die Phasendifferenz $\Delta\varphi_u$ wegen gleicher Spannungen $u_1 = u_2$ verschwindet.

Der prinzipielle Kurvenverlauf in Abb. 8.22 ist auf diese Weise zwar zu verstehen, über den Frequenzbereich zwischen den beiden Bereichsgrenzen lassen sich aber keine weiteren nennenswerten Erkenntnisse gewinnen. Wir wählen daher eine alternative Darstellung für die bisherigen Ergebnisse. Um von den konkreten Zahlenwerten für die Netzwerkelemente unabhängig zu werden, wird die bisherige Frequenzachse umskaliert. Mit der Festlegung

$$x = \frac{\omega L}{R} \tag{8.63}$$

gelangen wir zu einer **normierten Darstellung** für die bisherigen Ergebnisse:

$$\frac{\hat{u}_2}{\hat{u}_1} \overset{(8.61)}{=} \frac{\omega L / R}{\sqrt{1+(\omega L / R)^2}} = \frac{x}{\sqrt{1+x^2}} \quad \text{und} \quad \Delta\varphi_u \overset{(8.62)}{=} \frac{\pi}{2} - \arctan x\,. \tag{8.64}$$

Zusätzlich werden die beiden Achsen sowohl für die normierte Frequenz als auch für das Verhältnis der beiden Spannungsamplituden, nicht mehr linear, sondern logarithmisch eingeteilt. Der Grenzfall $f \to 0$ kann jetzt natürlich nicht mehr erfasst werden. Die resultierenden Darstellungen in ▶Abb. 8.23 werden allgemein als **Frequenzgänge** bezeichnet. Die doppelt logarithmische Darstellung in Abb. 8.23a heißt **Amplitudengang**, die einfach logarithmische Darstellung in Abb. 8.23b heißt **Phasengang**.

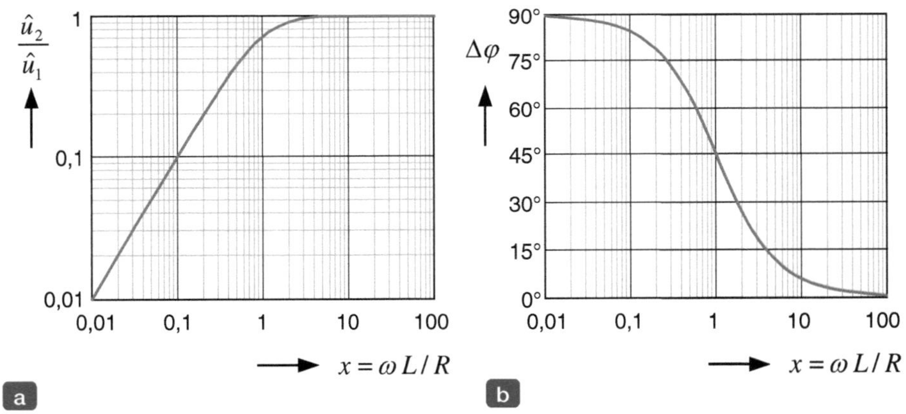

Abbildung 8.23: Amplituden- und Phasengang der Hochpass-Schaltung

In dieser normierten Darstellung lässt sich der Amplitudengang durch zwei Geraden sehr gut annähern. Für $x \ll 1$ kann der Wurzelausdruck in Gl. (8.64) näherungsweise durch 1 ersetzt werden, für $x \gg 1$ durch x. Resultierend gelten die Approximationen

$$\frac{\hat{u}_2}{\hat{u}_1} \approx \begin{cases} x & \\ 1 & \end{cases} \quad \text{für} \quad \begin{matrix} x \ll 1 \\ x \gg 1 \end{matrix} \quad \text{bzw.} \quad \begin{matrix} \omega L \ll R \\ \omega L \gg R \end{matrix}\,. \tag{8.65}$$

Diese Gleichung beschreibt im unteren Frequenzbereich einen linearen Anstieg und im oberen Frequenzbereich eine Konstante. Der Schnittpunkt dieser beiden Näherungen liegt bei $x = 1$ bzw. bei $\omega L = R$. An dieser Stelle sind Wirk- und Blindwiderstand gleich groß und das Spannungsverhältnis nimmt nach Gl. (8.64) den Wert

$$\frac{\hat{u}_2}{\hat{u}_1} = \frac{x}{\sqrt{1+x^2}} = \frac{1}{\sqrt{2}} \tag{8.66}$$

an. Der Phasenwinkel beträgt hier 45° und liegt genau in der Mitte seines möglichen Wertebereichs. Die zu $x = 1$ gehörende Frequenz trennt offenbar zwei Bereiche mit unterschiedlichem Verhalten. Sie wird als **Grenzfrequenz**

$$f_g = \frac{\omega_g}{2\pi} = \frac{R}{2\pi L} \tag{8.67}$$

bezeichnet. Unterhalb der Grenzfrequenz ist die Ausgangsspannung gegenüber der Eingangsspannung gedämpft, oberhalb der Grenzfrequenz wird die Eingangsspannung praktisch unbeeinflusst an den Ausgang weitergeleitet. Der hier betrachtete frequenzabhängige Spannungsteiler wird daher als **Hochpass** bezeichnet.

Werden die beiden Komponenten miteinander vertauscht, dann erhält man die Schaltung in ▶Abb. 8.24.

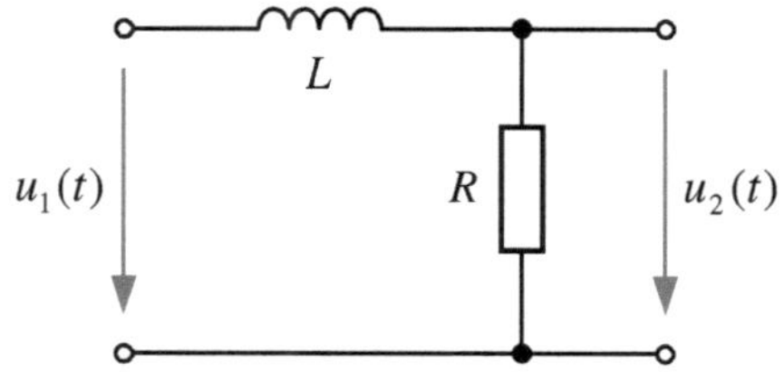

Abbildung 8.24: Frequenzabhängiger Spannungsteiler, *RL*-Tiefpass-Schaltung

Die Ausgangsspannung ist mit dem Strom nach Gl. (8.55) bereits bekannt

$$u_2(t) = R\,i(t) = \frac{R\,\hat{u}_1}{\sqrt{R^2 + (\omega L)^2}} \cos\left(\omega t + \varphi_u - \arctan\frac{\omega L}{R}\right), \tag{8.68}$$

sodass für diesen Vierpol die normierte Darstellung

$$\frac{\hat{u}_2}{\hat{u}_1} \overset{(8.68)}{=} \frac{R}{\sqrt{R^2 + (\omega L)^2}} \overset{(8.63)}{=} \frac{1}{\sqrt{1+x^2}} \quad \text{und} \quad \Delta\varphi_u = -\arctan x \tag{8.69}$$

gilt. Die beiden Approximationen

$$\frac{\hat{u}_2}{\hat{u}_1} \approx \begin{cases} 1 \\ 1/x \end{cases} \quad \text{für} \quad \begin{matrix} x \ll 1 \\ x \gg 1 \end{matrix} \quad \text{bzw.} \quad \begin{matrix} \omega L \ll R \\ \omega L \gg R \end{matrix} \tag{8.70}$$

sind in der doppelt logarithmischen Darstellung wieder Geraden mit dem Schnittpunkt bei $x = 1$ bzw. bei $\omega L = R$. Bei der Grenzfrequenz f_g, die auch jetzt durch die Beziehung (8.67) gegeben ist, nimmt das Spannungsverhältnis wieder den Wert (8.66) an und die Phasenverschiebung beträgt –45°. Bei sehr hohen Frequenzen ist $\omega L >> R$ und der Strom wird im Wesentlichen durch die Induktivität bestimmt, d.h., er ist um 90° gegenüber der Eingangsspannung nacheilend. Die in diesem Bereich relativ kleine Ausgangsspannung ist in Phase zum Strom und daher ebenfalls um 90° nacheilend.

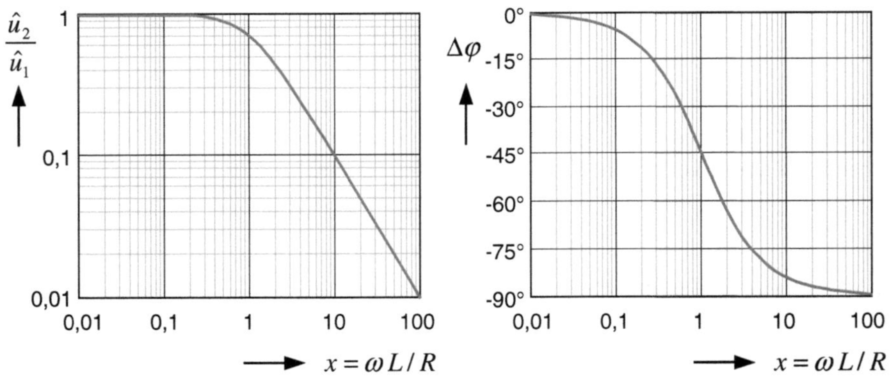

Abbildung 8.25: Amplituden- und Phasengang der Tiefpass-Schaltung

Eingangsspannungen mit Frequenzen unterhalb der Grenzfrequenz werden mit nahezu unveränderter Amplitude an den Ausgang weitergeleitet, Spannungen mit Frequenzen oberhalb der Grenzfrequenz werden gedämpft. Ein Vierpol mit dieser Eigenschaft wird als **Tiefpass** bezeichnet.

Zum Abschluss betrachten wir noch einmal die beiden bisherigen Vierpole, in denen aber jetzt die Induktivität durch eine Kapazität ersetzt werden soll. Wir beginnen mit der Schaltung in ▶Abb. 8.26.

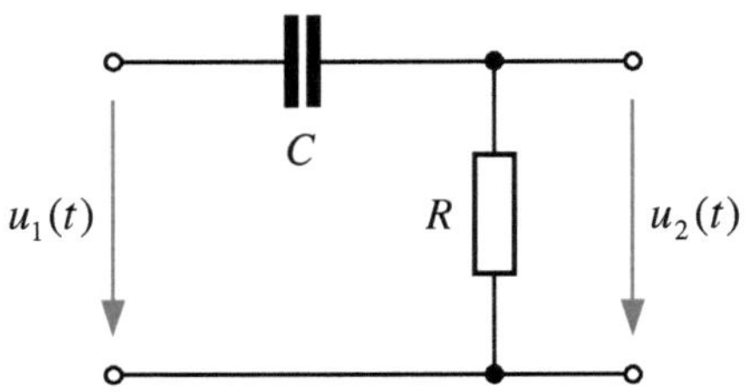

Abbildung 8.26: Frequenzabhängiger Spannungsteiler, *RC*-Hochpass-Schaltung

Im Gegensatz zu den Beispielen mit den *RL*-Schaltungen haben wir die zeitabhängige Ausgangsspannung bei den *RC*-Kombinationen noch nicht berechnet. Während wir bisher die Informationen über Amplituden- und Phasengang aus den zeitabhängigen Spannungsverläufen entnommen haben, werden wir jetzt entsprechend Gl. (8.60) lediglich das Verhältnis der komplexen Amplituden bestimmen. Die Rückkehr in den Zeitbereich ist zur Berechnung der Frequenzgänge nicht erforderlich.

Wegen des in der Masche überall gleichen Stromes stehen die Spannungen in dem gleichen Verhältnis wie die Impedanzen, an denen sie abfallen. Mit der Spannungsteilerregel gilt also

$$\frac{\underline{\hat{u}}_2}{\underline{\hat{u}}_1} = \frac{\underline{Z}_R}{\underline{Z}_R + \underline{Z}_C} = \frac{R}{R + \frac{1}{\mathrm{j}\omega C}} = \frac{\mathrm{j}\omega RC}{1 + \mathrm{j}\omega RC} = \frac{\omega RC\, \mathrm{e}^{\mathrm{j}\pi/2}}{\sqrt{1 + (\omega RC)^2}\, \mathrm{e}^{\mathrm{j}\arctan \omega RC}}$$
$$= \frac{\omega RC}{\sqrt{1 + (\omega RC)^2}} \mathrm{e}^{\mathrm{j}(\pi/2 - \arctan \omega RC)} = \frac{\omega RC}{\sqrt{1 + (\omega RC)^2}} \mathrm{e}^{\mathrm{j}\arctan \frac{1}{\omega RC}} . \tag{8.71}$$

Mit der Festlegung

$$x = \omega RC \tag{8.72}$$

gelangen wir zu der normierten Darstellung für den Amplitudengang:

$$\frac{\hat{u}_2}{\hat{u}_1} = \frac{\omega RC}{\sqrt{1 + (\omega RC)^2}} = \frac{x}{\sqrt{1 + x^2}} . \tag{8.73}$$

Dieser ist identisch zur Gl. (8.64), d.h., die Schaltung in Abb. 8.26 stellt einen Hochpass dar, dessen Grenzfrequenz bei $x = 1$ bzw. bei

$$f_g = \frac{\omega_g}{2\pi} = \frac{1}{2\pi RC} \tag{8.74}$$

liegt. Der Phasengang

$$\Delta\varphi_u = \varphi_{u_2} - \varphi_{u_1} = \arctan \frac{1}{x} = \frac{\pi}{2} - \arctan x \tag{8.75}$$

ist aber wegen der in Gl. (8.75) angegebenen Umrechnung der arctan-Funktionen ebenfalls identisch zum Phasengang beim *RL*-Hochpass nach Gl. (8.64). Die Amplituden- und Phasengänge der beiden Hochpass-Schaltungen in den Abb. 8.21 und 8.26 haben den gleichen in Abb. 8.23 bereits dargestellten Verlauf. Der einzige Unterschied besteht in der Bedeutung der Achsenbeschriftung x, die entweder durch die Gl. (8.63) oder durch die Gl. (8.72) festgelegt ist.

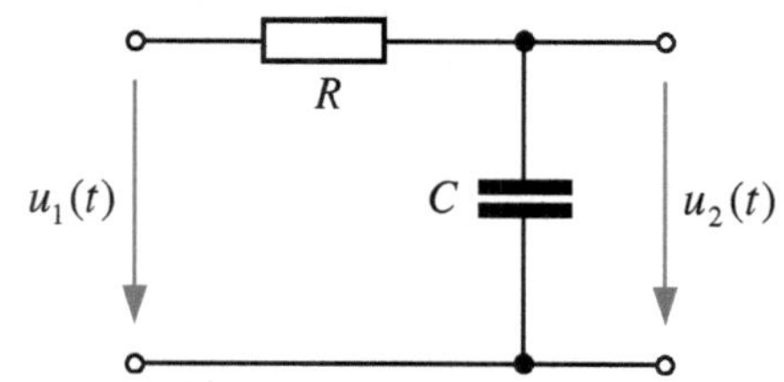

Abbildung 8.27: Frequenzabhängiger Spannungsteiler, *RC*-Tiefpass-Schaltung

Für die in ▶Abb. 8.27 dargestellte Tiefpass-Schaltung gilt für das Verhältnis der komplexen Amplituden

$$\frac{\underline{\hat{u}}_2}{\underline{\hat{u}}_1} = \frac{\underline{Z}_C}{\underline{Z}_R + \underline{Z}_C} = \frac{\frac{1}{\mathrm{j}\omega C}}{R + \frac{1}{\mathrm{j}\omega C}} = \frac{1}{1 + \mathrm{j}\omega RC} = \frac{1}{\sqrt{1 + (\omega RC)^2}} \mathrm{e}^{-\mathrm{j}\arctan(\omega RC)} . \tag{8.76}$$

Auch in diesem Fall nehmen die Frequenzgänge mit Gl. (8.72) die gleiche Form wie bei der *RL*-Tiefpass-Schaltung nach Gl. (8.69) an:

$$\frac{\hat{u}_2}{\hat{u}_1} = \frac{1}{\sqrt{1+(\omega RC)^2}} \overset{(8.72)}{=} \frac{1}{\sqrt{1+x^2}} \quad \text{und} \quad \Delta\varphi_u = -\arctan x \,. \tag{8.77}$$

Bei der Grenzfrequenz (8.74) gilt wegen $x = 1$ für das Spannungsverhältnis wieder die Beziehung (8.66).

Zum Abschluss dieses Kapitels sollen noch einige Bemerkungen im Hinblick auf eine Realisierung frequenzabhängiger Spannungsteiler angefügt werden:

- Vierpole mit gleichem Hochpass- bzw. Tiefpassverhalten können offenbar auf unterschiedliche Weise, z.B. durch *RL*- oder *RC*-Kombinationen, realisiert werden.
- Die den Berechnungen zugrunde gelegten Netzwerke stellen nur sehr einfache Modelle für reale Bauelemente dar. Die unterschiedlichen parasitären Eigenschaften von Spulen und Kondensatoren müssen aber für eine praxisgerechte Auslegung solcher Vierpolschaltungen berücksichtigt werden.
- Die Impedanzen der eingangs angeschlossenen Spannungsquelle sowie der an den Ausgang angeschlossenen weiteren Schaltung oder Messapparatur beeinflussen das Gesamtnetzwerk und müssen in der Praxis ebenfalls berücksichtigt werden.

8.4 Frequenzkompensierter Spannungsteiler

Die Spannungsteilung mithilfe eines rein ohmschen Netzwerks, wie in Kapitel 3.5.1 beschrieben, ist unabhängig von der Frequenz. In vielen praktischen Fällen besteht aber einer der beiden Zweipole bereits aus einer *RC*-Parallelschaltung, sodass die Spannungsteilung frequenzabhängig wird. In diesen Fällen muss der andere Zweipol ebenfalls frequenzabhängig aufgebaut werden, damit das Teilerverhältnis bei allen Frequenzen gleich bleibt.

Als konkretes Beispiel betrachten wir die Messanordnung in ▶Abb. 8.28. Mit einem Oszilloskop soll eine Spannung $u_1(t)$ gemessen werden, deren Spitzenwert den maximal zulässigen Eingangsspannungsbereich des Messgerätes überschreitet. Zur Spannungsteilung wird daher ein Tastkopf verwendet, dessen Impedanz im Folgenden bestimmt werden soll.

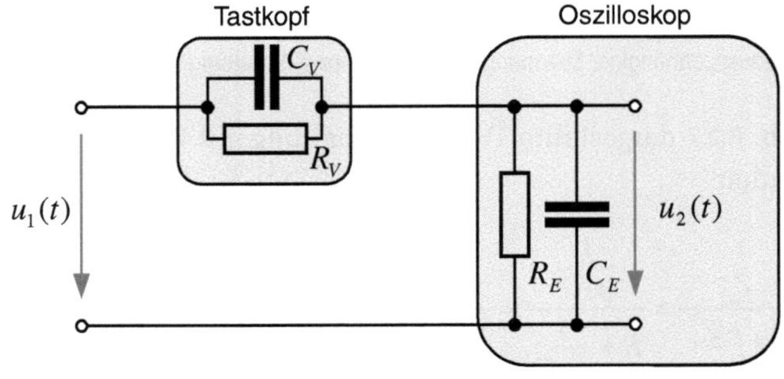

Abbildung 8.28: Realisierung einer frequenzunabhängigen Spannungsteilung

Die aus einer RC-Parallelschaltung mit den bekannten Werten R_E und C_E bestehende Eingangsimpedanz $\underline{Z}_E$ des Oszilloskops

$$\underline{Z}_E = \frac{R_E \cdot \frac{1}{\mathrm{j}\omega C_E}}{R_E + \frac{1}{\mathrm{j}\omega C_E}} = \frac{R_E}{1 + \mathrm{j}\omega R_E C_E} \tag{8.78}$$

wirkt wie ein Tiefpass. Die Spannung $\underline{\hat{u}}_2$ wird oberhalb einer Grenzfrequenz entsprechend der abnehmenden Impedanz $\underline{Z}_E$ gedämpft. Die geforderte frequenzunabhängige Spannungsteilung

$$\frac{\underline{\hat{u}}_2}{\underline{\hat{u}}_1} = \frac{1}{n} \tag{8.79}$$

kann nur realisiert werden, wenn die Impedanz des Tastkopfes $\underline{Z}_V$ oberhalb der Grenzfrequenz in der gleichen Weise abnimmt. Zu einem ohmschen Vorwiderstand R_V wird daher ebenfalls eine Kapazität C_V parallel geschaltet. Das Spannungsverhältnis

$$\frac{\underline{\hat{u}}_2}{\underline{\hat{u}}_1} = \frac{\underline{Z}_E}{\underline{Z}_E + \underline{Z}_V} = \frac{\frac{R_E}{1 + \mathrm{j}\omega R_E C_E}}{\frac{R_E}{1 + \mathrm{j}\omega R_E C_E} + \frac{R_V}{1 + \mathrm{j}\omega R_V C_V}} = \frac{R_E}{R_E + R_V \frac{1 + \mathrm{j}\omega R_E C_E}{1 + \mathrm{j}\omega R_V C_V}} \tag{8.80}$$

soll aufgrund der Forderung (8.79) reell und unabhängig von der Frequenz gleich $1/n$ sein. An dem Ausdruck (8.80) ist ohne weitere Umformungen bereits zu erkennen, dass die Frequenzunabhängigkeit durch die Forderung

$$R_E C_E = R_V C_V \quad \text{bzw.} \quad \frac{R_V}{R_E} = \frac{C_E}{C_V} \tag{8.81}$$

erfüllt wird. Die zweite Bestimmungsgleichung für die beiden Komponenten des Tastkopfes ergibt sich durch Gleichsetzen des infolge der Gl. (8.81) vereinfachten Ausdruckes (8.80) mit der verbleibenden Forderung (8.79)

$$\frac{\underline{\hat{u}}_2}{\underline{\hat{u}}_1} = \frac{R_E}{R_E + R_V} \overset{!}{=} \frac{1}{n} \quad \rightarrow \quad R_V = (n-1)\, R_E \quad \text{und} \quad C_V = C_E/(n-1)\,. \tag{8.82}$$

Durch diese Dimensionierung bleibt die Spannungsteilung auch oberhalb der Grenzfrequenz des RC-Gliedes am Eingang des Oszilloskops erhalten, allerdings geht der ohmsche Spannungsteiler in einen kapazitiven Spannungsteiler über und die Spannungsquelle $u_1(t)$ wird bei höheren Frequenzen wegen der abnehmenden Impedanz der beiden Kapazitäten zunehmend stärker belastet.

8.5 Resonanzerscheinungen

8.5.1 Der Serienschwingkreis

Wir untersuchen jetzt die als **Serienschwingkreis (Reihenschwingkreis)** bezeichnete Reihenschaltung aus den drei Komponenten R, L und C der ▶Abb. 8.29. Unter der Voraussetzung einer mit der konstanten Kreisfrequenz ω zeitlich periodischen Quellenspannung führen wir die Rechnung direkt mit den komplexen Amplituden durch.

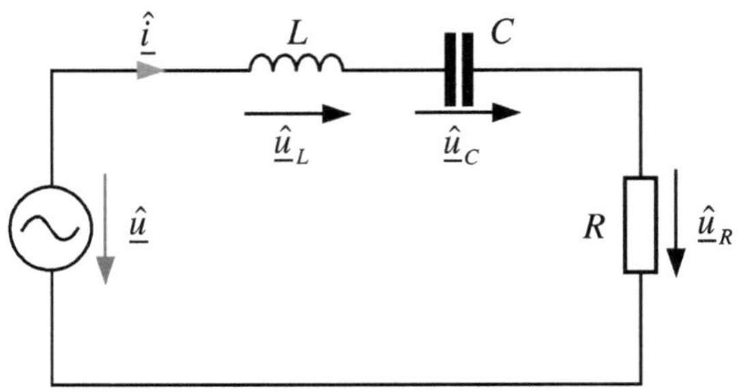

Abbildung 8.29: Serienschwingkreis

Die Maschengleichung (8.31) führt mit den in der Tab. 8.2 angegebenen Impedanzen auf die Beziehung

$$\hat{\underline{u}} \overset{(8.31)}{=} \hat{\underline{u}}_R + \hat{\underline{u}}_L + \hat{\underline{u}}_C = \left(\underline{Z}_R + \underline{Z}_L + \underline{Z}_C\right)\hat{\underline{i}} = \left(R + \mathrm{j}\omega L + \frac{1}{\mathrm{j}\omega C}\right)\hat{\underline{i}} = \underline{Z}\,\hat{\underline{i}}\,. \tag{8.83}$$

Die Gesamtimpedanz der Reihenschaltung

$$\underline{Z} = R + \mathrm{j}\left(\omega L - \frac{1}{\omega C}\right) \overset{(8.23)}{=} \left|\underline{Z}\right| \mathrm{e}^{\mathrm{j}\varphi} \tag{8.84}$$

besteht aus dem Wirkwiderstand R und dem Blindwiderstand $\omega L - 1/(\omega C)$. In der Exponentialschreibweise (8.23) gelten für Scheinwiderstand und Argument die Beziehungen

$$\left|\underline{Z}\right| = \sqrt{R^2 + \left(\omega L - \frac{1}{\omega C}\right)^2} \quad \text{und} \quad \tan\varphi = \frac{\omega L - \frac{1}{\omega C}}{R} = \frac{\omega^2 LC - 1}{\omega RC}\,. \tag{8.85}$$

Legen wir bei der Reihenschaltung die komplexe Amplitude des Stromes als Bezugswert auf die reelle Achse, dann erhalten wir das in der ▶Abb. 8.30 dargestellte Strom-Spannungs-Diagramm. Da bei der Reihenschaltung alle Komponenten von dem gleichen Strom durchflossen werden, sind die Phasenbeziehungen bei den Spannungen identisch zu den Phasenbeziehungen bei den einzelnen Impedanzen. Die Zusammensetzung der Impedanz $\underline{Z}$ aus den einzelnen Anteilen nach Gl. (8.84) ist auf der rechten Seite der Abbildung dargestellt. Die realen Längen der Zeiger hängen von den Werten der Netzwerkelemente ab.

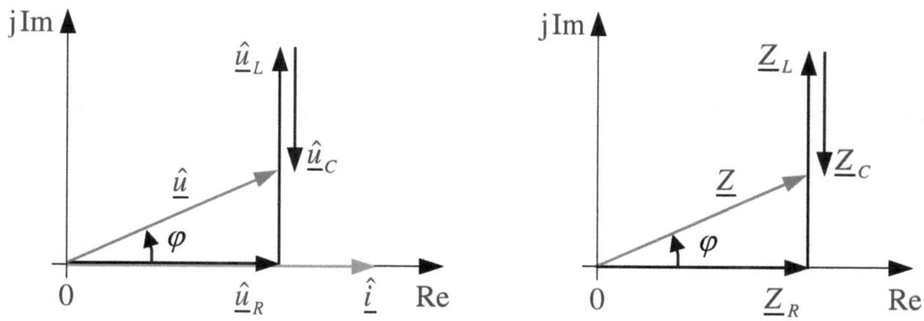

Abbildung 8.30: Serienschwingkreis: Strom-Spannungs-Diagramm und Widerstandsdiagramm

Der Phasenwinkel φ zwischen Strom und Spannung kann positiv, negativ oder im Sonderfall $\omega L = 1/(\omega C)$ auch null werden. Die Frequenz, bei der dieser Sonderfall auftritt, wird **Resonanzfrequenz** f_0 genannt. Sie berechnet sich nach der Beziehung

$$\omega_0 L - \frac{1}{\omega_0 C} = 0 \quad \to \quad \omega_0 = 2\pi f_0 = \frac{1}{\sqrt{LC}}. \tag{8.86}$$

Merke

In Netzwerken mit Induktivitäten und Kapazitäten treten Resonanzerscheinungen auf, wenn der Blindanteil von Impedanz bzw. Admittanz verschwindet. Quellenstrom und Quellenspannung sind bei der Resonanzfrequenz in Phase.

Im nächsten Schritt wollen wir das Verhalten der Spannungen an den drei Komponenten etwas näher untersuchen. Am Widerstand gilt für den Betrag der Spannung:

$$\frac{|\hat{\underline{u}}_R|}{|\hat{\underline{u}}|} = \frac{|\underline{Z}_R|}{|\underline{Z}|} \quad \to \quad \hat{u}_R = \frac{R}{\sqrt{R^2 + (\omega L - 1/(\omega C))^2}}\,\hat{u}\,. \tag{8.87}$$

Der Maximalwert dieser Spannung tritt bei der Resonanzfrequenz auf und hat den gleichen Wert wie die Eingangsspannung.

Für die Beträge der beiden Spannungen an Induktivität und Kapazität erhalten wir

$$\frac{|\hat{\underline{u}}_L|}{|\hat{\underline{u}}|} = \frac{|\underline{Z}_L|}{|\underline{Z}|} \quad \to \quad \hat{u}_L = \frac{\omega L}{\sqrt{R^2 + (\omega L - 1/(\omega C))^2}}\,\hat{u} \tag{8.88}$$

beziehungsweise

$$\frac{|\hat{\underline{u}}_C|}{|\hat{\underline{u}}|} = \frac{|\underline{Z}_C|}{|\underline{Z}|} \quad \to \quad \hat{u}_C = \frac{1}{\omega C\sqrt{R^2 + (\omega L - 1/(\omega C))^2}}\,\hat{u}\,. \tag{8.89}$$

Von besonderem Interesse sind die Spannungen bei den Frequenzen $f \to 0$, $f = f_0$ und $f \to \infty$. Diese Werte sind in der Tab. 8.3 zusammengestellt.

Tabelle 8.3

Spannungen an den Komponenten bei ausgewählten Frequenzen

	$f \to 0$	$f = f_0$	$f \to \infty$
$\hat{u}_R$	0	$\hat{u}$	0
$\hat{u}_L$	0	$\hat{u}\frac{1}{R}\omega_0 L = \hat{u}\frac{1}{R}\sqrt{\frac{L}{C}}$	$\hat{u}$
$\hat{u}_C$	$\hat{u}$	$\hat{u}\frac{1}{R}\frac{1}{\omega_0 C} = \hat{u}\frac{1}{R}\sqrt{\frac{L}{C}}$	0

Nach den Ergebnissen in dieser Tabelle entsprechen die Amplituden der Spannungen an Induktivität und Kapazität bei der Resonanzfrequenz der mit dem Wert

$$Q_s = \frac{1}{R}\sqrt{\frac{L}{C}} \tag{8.90}$$

multiplizierten Amplitude der Quellenspannung. Diesen Wert bezeichnet man als die **Güte** des Serienschwingkreises, sein Kehrwert

$$d_s = \frac{1}{Q_s} = R\sqrt{\frac{C}{L}} \tag{8.91}$$

heißt **Verlustfaktor** oder **Dämpfung**. Da die Güte wesentlich größer als 1 werden kann, kann die Spannungsamplitude an Induktivität und Kapazität ein Vielfaches der Quellenspannung betragen. Wegen dieser **Spannungsüberhöhung** an den Komponenten bezeichnet man diese Resonanzerscheinung als **Spannungsresonanz**.

Die Maximalwerte der beiden Spannungen treten bei den Frequenzen $\omega_L = 2\pi f_L$ bzw. $\omega_C = 2\pi f_C$ auf, die aus der Forderung

$$\frac{\mathrm{d}\hat{u}_L}{\mathrm{d}\omega} \overset{!}{=} 0 \quad \to \quad f_L = \frac{1}{2\pi}\sqrt{\frac{2}{2LC - R^2C^2}} = f_0 \frac{1}{\sqrt{1 - \frac{1}{2}d_s^{\,2}}} \quad \text{mit} \quad d_s \le \sqrt{2} \tag{8.92}$$

beziehungsweise

$$\frac{\mathrm{d}\hat{u}_C}{\mathrm{d}\omega} \overset{!}{=} 0 \quad \to \quad f_C = \frac{1}{2\pi}\sqrt{\frac{1}{LC} - \frac{R^2}{2L^2}} = f_0\sqrt{1 - \frac{1}{2}d_s^{\,2}} \quad \text{mit} \quad d_s \le \sqrt{2} \tag{8.93}$$

berechnet werden können. Bei großen Schwingkreisgüten bzw. kleinen Verlustfaktoren fallen diese beiden Frequenzen praktisch mit der Resonanzfrequenz zusammen. Für $Q_s = 4$ nimmt der Wurzelausdruck z.B. den Wert 0,984 an. Erst bei noch kleineren Schwingkreisgüten nimmt der Abstand zwischen den beiden Frequenzen f_L und f_C

erkennbar zu. Ein Grenzfall tritt ein bei $d_s = \sqrt{2}$ bzw. $Q_s = 1/\sqrt{2}$. In diesem Fall nimmt die Wurzel in den beiden vorstehenden Gleichungen den Wert null an und für die beiden Frequenzen ergeben sich die Grenzwerte $f_L \to \infty$ und $f_C = 0$. Für $d_s > \sqrt{2}$ bzw. $Q_s < 1/\sqrt{2}$ tritt keine Resonanzerscheinung mehr auf.

Die maximalen Spannungen an den Reaktanzen können aus den Gln. (8.88) und (8.89) berechnet werden, wobei im Bereich $Q_s > 1/\sqrt{2}$ die Gln. (8.92) und (8.93) einzusetzen sind:

$$\frac{\hat{u}_{L\max}}{\hat{u}} = \frac{\hat{u}_{C\max}}{\hat{u}} = \begin{cases} \dfrac{1}{d_s\sqrt{1-(d_s/2)^2}} = \dfrac{Q_s}{\sqrt{1-1/(2Q_s)^2}} & \text{für} \quad Q_s \geq \dfrac{1}{\sqrt{2}} \\ 1 & \phantom{\text{für}} \quad Q_s \leq \dfrac{1}{\sqrt{2}} \end{cases} . \tag{8.94}$$

Für $Q_s > 4$ kann die Wurzel näherungsweise zu 1 gesetzt werden. Der dadurch verursachte Fehler ist kleiner als 1 %. Die Spannungsüberhöhung entspricht dann der Schwingkreisgüte. In dem gesamten Bereich $Q_s \leq 1/\sqrt{2}$ nimmt das Ergebnis (8.94) den Wert 1 an und die an Induktivität und Kapazität maximal auftretende Spannung entspricht der Eingangsspannung. Dieses Ergebnis wird in der Abb. 8.37 nochmals dargestellt. Zusammengefasst gilt die Aussage:

Merke

Eine Spannungsüberhöhung kann beim Reihenschwingkreis nur auftreten, wenn die Güte größer als $1/\sqrt{2}$ ist. In dem Bereich $Q_s \leq 1/\sqrt{2}$ kann die Spannung an den einzelnen Komponenten maximal den Wert der Eingangsspannung annehmen.

Diskussion des Schwingkreisverhaltens an einem konkreten Zahlenbeispiel

Zum leichteren Verständnis betrachten wir einen aus den gegebenen Komponenten $R = 4\Omega$, $L = 1\text{mH}$ und $C = 1\mu\text{F}$ aufgebauten Serienschwingkreis, dessen Verhalten als Funktion der Frequenz untersucht werden soll. Die Resonanzfrequenz folgt direkt aus der Gl. (8.86)

$$f_0 = \frac{1}{2\pi\sqrt{LC}} = \frac{1}{2\pi\sqrt{10^{-3}10^{-6}}}\frac{1}{\text{s}} \approx 5\,\text{kHz} \tag{8.95}$$

und für die Güte erhalten wir

$$Q_s = \frac{1}{R}\sqrt{\frac{L}{C}} = \frac{1}{4}\sqrt{\frac{10^{-3}}{10^{-6}}} \approx 7{,}9\,. \tag{8.96}$$

Betrag und Phase der Impedanz $\underline{Z}$ können durch Einsetzen der Zahlenwerte in die Gl. (8.85) berechnet werden. Das Ergebnis ist in ▶Abb. 8.31 als Funktion der Frequenz dargestellt. Unterhalb der Resonanzfrequenz überwiegt der Einfluss der Kapazität, der Phasenwinkel ist negativ, bei Frequenzen oberhalb von f_0 gilt $\omega L > 1/\omega C$ und der Phasenwinkel wird infolge der dominierenden Induktivität positiv.

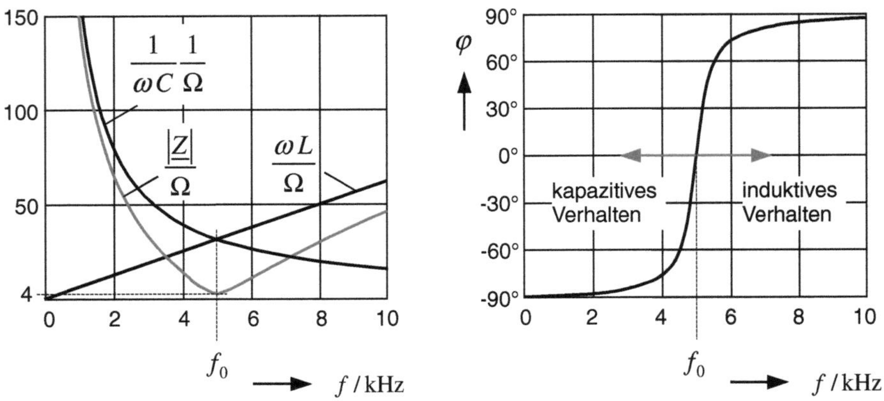

Abbildung 8.31: Impedanz des Serienschwingkreises, Betrag und Phase

Betrag und Phase der Admittanz $\underline{Y} = 1/\underline{Z}$ sind in ▶Abb. 8.32 dargestellt. Der Betrag der Admittanz ist nach Gl. (8.27) gleich dem Kehrwert des Betrages der Impedanz, d.h., beim Minimum der Impedanz besitzt die Admittanz ihr Maximum. Die Phasenwinkel von Impedanz und Admittanz unterscheiden sich lediglich durch das umgekehrte Vorzeichen.

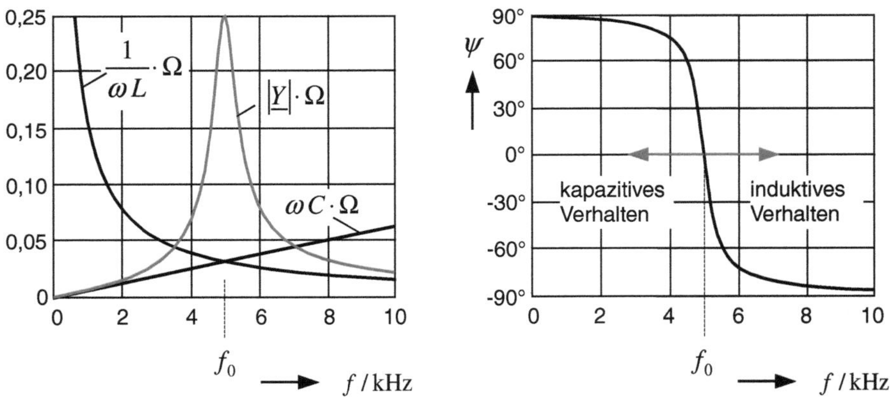

Abbildung 8.32: Admittanz des Serienschwingkreises, Betrag und Phase

Besitzt die Quellenspannung in Abb. 8.29 eine Amplitude $\hat{u} = 1\,\mathrm{V}$, dann ist die Amplitude des Stromes nach Gl. (8.83) durch das Verhältnis $\hat{i} = 1\,\mathrm{V}/|\underline{Z}| = 1\,\mathrm{V} \cdot |\underline{Y}|$ gegeben. Die Abhängigkeit der Stromamplitude von der Frequenz ist in ▶Abb. 8.33 dargestellt. Bei vorgegebener konstanter, d.h. frequenzunabhängiger Amplitude der Quellenspannung $\hat{u}$ sind die Verläufe von Admittanz $|\underline{Y}|$ und Strom $\hat{i} = |\hat{\underline{i}}|$ als Funktion der Frequenz identisch.

Das Resonanzverhalten ist sehr deutlich an den frequenzabhängigen Verläufen von Strom und Spannung zu erkennen. Der Strom verschwindet bei $f = 0$ infolge der Kapazität und für $f \to \infty$ infolge der Induktivität. Bei der Resonanzfrequenz verschwindet der Blindwiderstand, d.h., es gilt $\underline{Z} = R$ und der Strom ist in Phase mit der Quellenspannung. Seine Amplitude beträgt $\hat{i} = \hat{u}/R$.

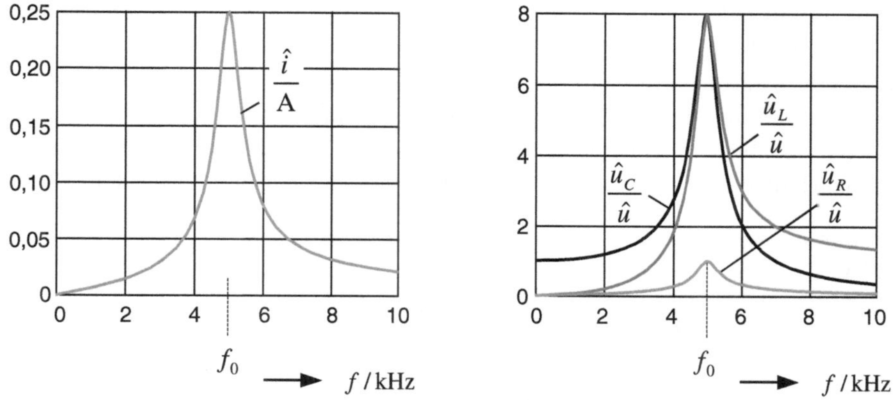

Abbildung 8.33: Strom- und Spannungsamplituden als Funktion der Frequenz, $Q_S = 7{,}9$

Die Spannung an der Induktivität auf der rechten Seite der Abb. 8.33 verschwindet bei $f = 0$ (Kurzschluss) und nimmt bei $f \to \infty$ den Wert der Quellenspannung 1 V an (Leerlauf). Im Gegensatz dazu entspricht die Spannung an der Kapazität der Quellenspannung 1 V bei $f = 0$ (Leerlauf). Für $f \to \infty$ zeigt die Kapazität Kurzschlussverhalten und die Spannung an C verschwindet (vgl. die Werte in Tab. 8.3).

Bei der Resonanzfrequenz sind die Spannungen an Induktivität und Kapazität betragsmäßig gleich groß, aber entgegen gerichtet $\underline{\hat{u}}_L = -\underline{\hat{u}}_C$, d.h., das LC-Netzwerk wird bei der Resonanzfrequenz zum Kurzschluss und der Strom wird nur durch den ohmschen Widerstand R begrenzt. Ein kleiner Widerstand R hat einen großen Strom $\underline{\hat{i}}$ zur Folge und damit auch sehr hohe Spannungen an Induktivität und Kapazität. In dem betrachteten Zahlenbeispiel besitzen diese beiden Spannungen etwa den **7,9-fachen** Wert der Quellenspannung. Diese Spannungsüberhöhung ist durch die Schwingkreisgüte festgelegt und muss bei der Dimensionierung von Schaltungen berücksichtigt werden (Überschlag).

Infolge der frequenzabhängigen Impedanz (hoher Leitwert bei der Resonanzfrequenz) bietet dieser Schwingkreis die Möglichkeit, aus einem Gemisch vieler verschiedener Frequenzen einen bestimmten Frequenzbereich herauszufiltern. Er wird daher auch als **Saugkreis** bezeichnet.

Merke

Unterhalb der Resonanzfrequenz wird das Verhalten des Serienschwingkreises durch die Kapazität bestimmt, oberhalb der Resonanzfrequenz durch die Induktivität. Bei der Resonanzfrequenz wird die Impedanz minimal, sie besteht dann nur aus dem Widerstand. Der Strom nimmt bei f_0 seinen Maximalwert an (Saugkreis).

An Induktivität und Kapazität können erhebliche Spannungsüberhöhungen auftreten, die sich aus der Multiplikation von Amplitude der Quellenspannung und Schwingkreisgüte berechnen lassen.

Um den Einfluss der Güte Q_s auf das frequenzabhängige Verhalten des Serienschwingkreises nochmals zu verdeutlichen, betrachten wir die ▶Abb. 8.34, in der genauso wie in der Abb. 8.32 die Admittanz nach Betrag und Phase dargestellt ist. Der Wert des Widerstandes R und das Produkt LC, d.h. die Resonanzfrequenz f_0 nach Gl. (8.95), sind gegenüber dem bisherigen Zahlenbeispiel unverändert. Allerdings wurde das Verhältnis L/C so gewählt, dass sich die in der Abbildung angegebenen Güten Q_s einstellen.

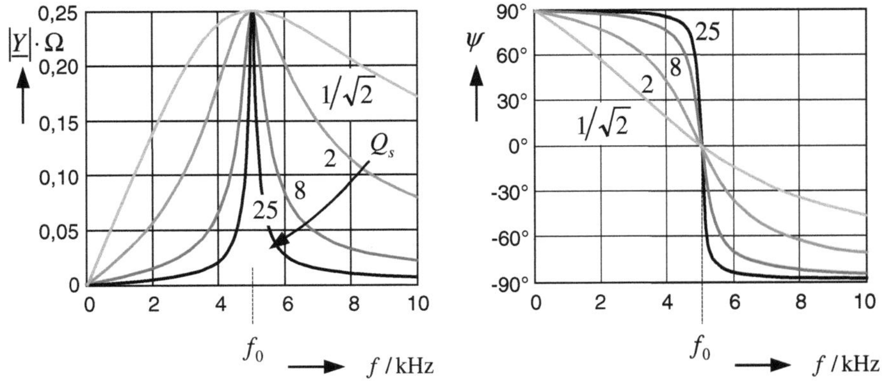

Abbildung 8.34: Admittanz des Serienschwingkreises bei unterschiedlichen Güten, aber gleichem Widerstand

Das Resonanzverhalten ist umso stärker ausgeprägt, je größer die Schwingkreisgüte ist. Die Frequenzen in unmittelbarer Nähe der Resonanzfrequenz werden praktisch mit unveränderter Amplitude an den Widerstand weitergeleitet, während die von f_0 weiter entfernt liegenden Frequenzen umso mehr unterdrückt werden, je größer ihr Abstand zu f_0 und je größer die Schwingkreisgüte ist.

In der ▶Abb. 8.35 sind nochmals die gleichen Kurven wie in Abb. 8.33 dargestellt, jetzt aber für eine Güte $Q_s = 2$. Die Spannungen an Induktivität und Kapazität haben bei der Resonanzfrequenz jetzt nur noch den doppelten Wert der Quellenspannung und die Verschiebung der Maximalwerte gegenüber f_0 entsprechend den Gleichungen (8.92) und (8.93) ist jetzt auch im Diagramm erkennbar.

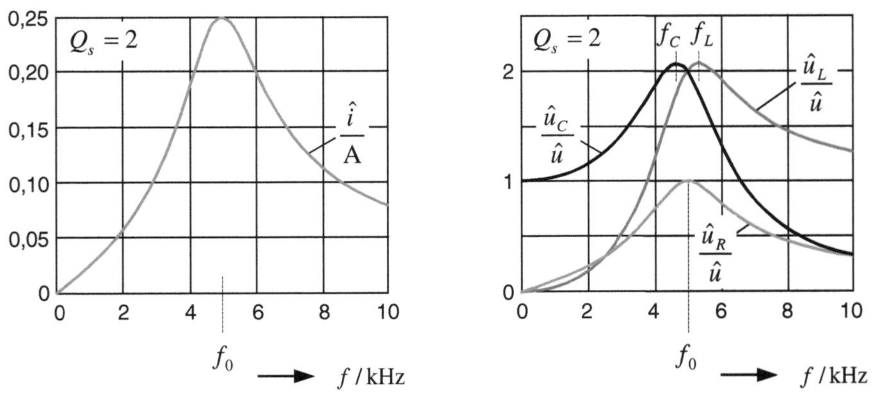

Abbildung 8.35: Strom- und Spannungsamplituden als Funktion der Frequenz, $Q_S = 2$

Die ▶Abb. 8.36 zeigt die gleichen Kurven für den Grenzfall $Q_s = 1/\sqrt{2}$. Die Spannungsüberhöhung tritt jetzt nicht mehr auf.

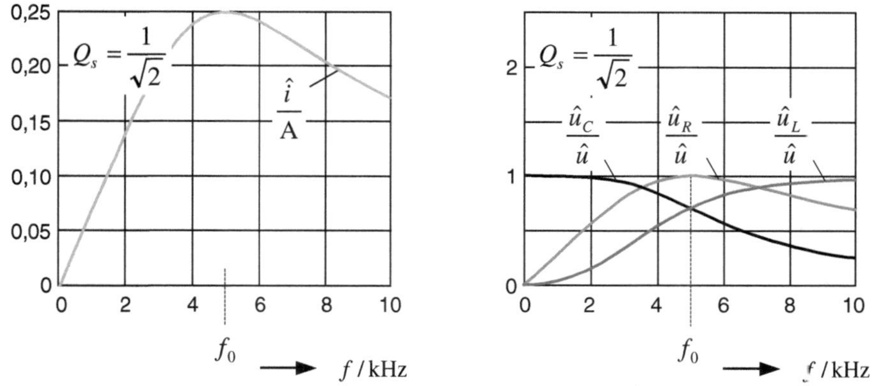

Abbildung 8.36: Strom- und Spannungsamplituden als Funktion der Frequenz, $Q_s = 1/\sqrt{2}$

Verallgemeinerte Darstellung des Schwingkreisverhaltens

Ähnlich wie bei den Vierpolschaltungen in Kapitel 8.3 wollen wir jetzt eine von den Werten der Komponenten unabhängige **normierte Darstellung** für die Kennlinien des Schwingkreises angeben.

In der ▶Abb. 8.37 soll zunächst noch einmal die bereits in Gl. (8.94) berechnete, maximale Spannungsüberhöhung an Induktivität und Kapazität als Funktion der Güte dargestellt werden. Dieser Kurvenverlauf kann durch zwei Geraden approximiert werden, deren Schnittpunkt bei $Q_S = 1$ liegt. Bei großen Güten weicht die Spannungsüberhöhung nur noch geringfügig von dem Wert der Güte ab.

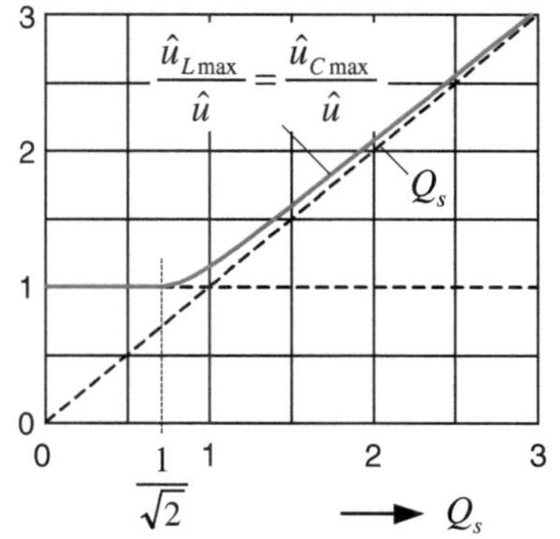

Abbildung 8.37: Spannungsüberhöhung in Abhängigkeit von der Güte

Zur Ableitung einer weiteren normierten Kennlinie werden die Impedanz $\underline{Z}$ nach Gl. (8.84) auf den Widerstand R und zusätzlich die Kreisfrequenz ω durch Erweiterung der Gleichung mit dem Faktor $1 = \omega_0\sqrt{LC}$ auf die Resonanzkreisfrequenz ω_0 bezogen:

$$\frac{\underline{Z}}{R} = 1 + \mathrm{j}\frac{1}{R}\left(\omega L - \frac{1}{\omega C}\right) \overset{(8.86)}{=} 1 + \mathrm{j}\frac{1}{R}\left(\frac{\omega L}{\omega_0\sqrt{LC}} - \frac{\omega_0\sqrt{LC}}{\omega C}\right) \overset{(8.90)}{=} 1 + \mathrm{j}Q_s\left(\frac{\omega}{\omega_0} - \frac{\omega_0}{\omega}\right). \quad (8.97)$$

Der Ausdruck

$$\left(\frac{\omega}{\omega_0} - \frac{\omega_0}{\omega}\right) = v \tag{8.98}$$

wird als **Verstimmung** bezeichnet, das Produkt

$$Q_s v = \Omega \tag{8.99}$$

als **normierte Verstimmung**. Bei der Resonanzfrequenz $\omega = \omega_0$ nimmt die Verstimmung den Wert $\Omega(\omega_0) = v(\omega_0) = 0$ an. Unterhalb der Resonanzfrequenz wird sie negativ, bei $\omega = 0$ gilt $\Omega(0) = v(0) = -\infty$ und oberhalb der Resonanzfrequenz wird sie positiv, bei $\omega = \infty$ gilt $\Omega(\infty) = v(\infty) = +\infty$. Die normierte Impedanz lässt sich damit auf sehr einfache Weise darstellen:

$$\frac{\underline{Z}}{R} = 1 + \mathrm{j}Q_s\, v = 1 + \mathrm{j}\Omega \tag{8.100}$$

beziehungsweise in der Exponentialschreibweise

$$\underline{Z} = |\underline{Z}|\,\mathrm{e}^{\mathrm{j}\varphi} \quad \text{mit} \quad |\underline{Z}| = R\sqrt{1+\Omega^2} \quad \text{und} \quad \tan\varphi = \Omega\,. \tag{8.101}$$

Die ▶Abb. 8.38 zeigt die normierte Impedanz nach Gl. (8.101), aufgeteilt nach Betrag und Phase. Der Betrag nimmt bei der Resonanzfrequenz, d.h. bei $\Omega = 0$, den Wert 1 an. Die Funktion ist symmetrisch zu $\Omega = 0$ und nähert sich für betragsmäßig steigende Werte Ω jeweils der Winkelhalbierenden $|\underline{Z}|/R = |\Omega|$. Die Phase ist auf einfache Weise durch die arctan-Funktion gegeben und durchläuft den Wertebereich $-90° \le \varphi \le +90°$.

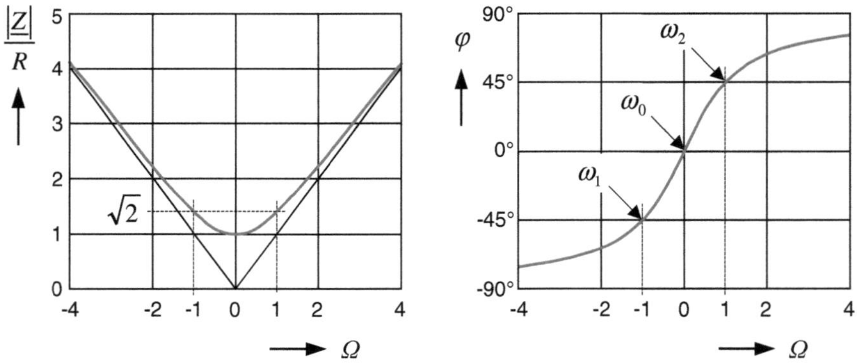

Abbildung 8.38: Normierte Impedanz als Funktion der normierten Verstimmung

Bei den frequenzabhängigen Spannungsteilern in Kapitel 8.3 haben wir die Frequenz, bei der Real- und Imaginärteil betragsmäßig gleich groß waren, als Grenzfrequenz bezeichnet. Nach Gl. (8.100) tritt dieser Fall beim Reihenschwingkreis an den beiden Stellen $\Omega = \pm 1$ ein. Die zugehörigen Kreisfrequenzen lassen sich aus den beiden Forderungen

$$\Omega \overset{(8.99)}{=} Q_s v \overset{(8.97)}{=} \frac{1}{R}\left(\omega L - \frac{1}{\omega C}\right) = \pm 1 \quad \rightarrow \quad \omega^2 \mp \frac{R}{L}\omega - \frac{1}{LC} = 0 \tag{8.102}$$

bestimmen und nehmen die Werte

$$\omega_1 = -\frac{R}{2L} + \sqrt{\frac{R^2}{4L^2} + \frac{1}{LC}} \quad \rightarrow \quad \frac{\omega_1}{\omega_0} = -\frac{1}{2Q_s} + \sqrt{1 + \frac{1}{4Q_s^{\,2}}} \tag{8.103}$$

und

$$\omega_2 = +\frac{R}{2L} + \sqrt{\frac{R^2}{4L^2} + \frac{1}{LC}} \quad \rightarrow \quad \frac{\omega_2}{\omega_0} = +\frac{1}{2Q_s} + \sqrt{1 + \frac{1}{4Q_s^{\,2}}} \tag{8.104}$$

an. Bei diesen beiden Frequenzen gilt für Betrag und Phase der Impedanz

$$|\underline{Z}(\omega_1)| = |\underline{Z}(\omega_2)| = R\sqrt{2} \quad \text{und} \quad \varphi(\omega_1) = -45° \quad \text{bzw.} \quad \varphi(\omega_2) = +45°. \tag{8.105}$$

Das aus den beiden Frequenzen gebildete geometrische Mittel entspricht der Resonanzfrequenz

$$\omega_1 \cdot \omega_2 = \frac{1}{LC} = \omega_0^{\,2}. \tag{8.106}$$

Der Abstand zwischen den beiden Frequenzgrenzen f_2 und f_1 wird als **Bandbreite** B bezeichnet[4]

$$B = f_2 - f_1 = \frac{1}{2\pi}(\omega_2 - \omega_1) = \frac{1}{2\pi}\frac{R}{L} \overset{(8.86,8.90)}{=} \frac{f_0}{Q_s}. \tag{8.107}$$

8.5.2 Der Parallelschwingkreis

Als zweites Beispiel betrachten wir jetzt den **Parallelschwingkreis** in ▶Abb. 8.39. Ausgehend von der Knotengleichung (8.32) und den Admittanzen in Tab. 8.2 erhalten wir die Beziehung

$$\hat{\underline{i}} \overset{(8.32)}{=} \hat{\underline{i}}_R + \hat{\underline{i}}_L + \hat{\underline{i}}_C = \left(\underline{Y}_R + \underline{Y}_L + \underline{Y}_C\right)\hat{\underline{u}} = \left(\frac{1}{R} + \frac{1}{\mathrm{j}\omega L} + \mathrm{j}\omega C\right)\hat{\underline{u}} = \underline{Y}\,\hat{\underline{u}}. \tag{8.108}$$

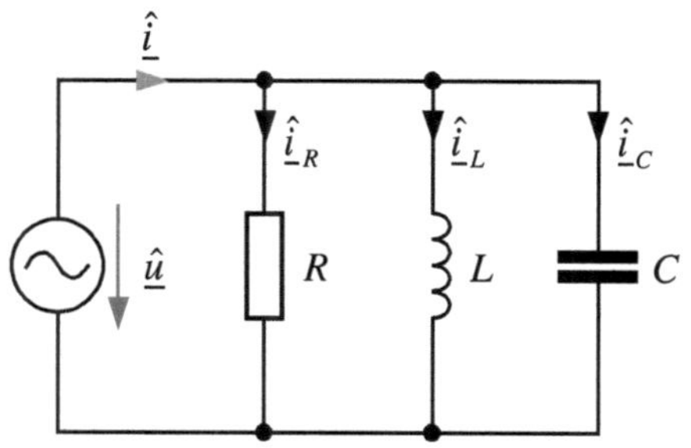

Abbildung 8.39: Parallelschwingkreis

4 Gelegentlich wird auch die Differenz der Kreisfrequenzen $\omega_2 - \omega_1$ als Bandbreite bezeichnet.

Die Admittanz des Gesamtnetzwerkes

$$\underline{Y} = G + \mathrm{j}\left(\omega C - \frac{1}{\omega L}\right) \stackrel{(8.24)}{=} |\underline{Y}|\,\mathrm{e}^{\mathrm{j}\psi} \tag{8.109}$$

besteht aus dem Wirkleitwert $G = 1/R$ und dem Blindleitwert $\omega C - 1/(\omega L)$. In der Exponentialschreibweise gelten für Scheinleitwert und Argument die Beziehungen

$$|\underline{Y}| = \sqrt{G^2 + \left(\omega C - \frac{1}{\omega L}\right)^2} \quad \text{und} \quad \tan\psi = \frac{\omega C - \frac{1}{\omega L}}{G} = \omega CR - \frac{R}{\omega L}. \tag{8.110}$$

Legen wir bei der Parallelschaltung die komplexe Amplitude der Spannung als Bezugswert auf die reelle Achse, dann erhalten wir das in ▶Abb. 8.40 dargestellte Strom-Spannungs-Diagramm. Da bei der Parallelschaltung die Spannung für alle Komponenten gleich ist, sind die Phasenbeziehungen bei den Strömen identisch zu den Phasenbeziehungen bei den einzelnen Admittanzen. Die Zusammensetzung der Admittanz $\underline{Y}$ aus den einzelnen Anteilen ist auf der rechten Seite der Abbildung dargestellt.

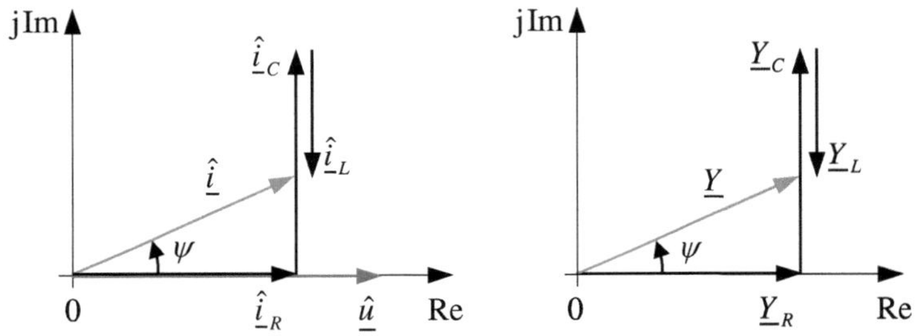

Abbildung 8.40: Parallelschwingkreis: Strom-Spannungs-Diagramm und Leitwertdiagramm

Eine Resonanzfrequenz tritt auf, wenn der Blindleitwert verschwindet, d.h., es gilt wieder $\underline{Y} = G$ bzw. $\underline{Z} = R$. Die aus der Gl. (8.109) resultierende Forderung

$$\omega_0 C - \frac{1}{\omega_0 L} = 0 \quad \rightarrow \quad \omega_0 = 2\pi f_0 = \frac{1}{\sqrt{LC}} \tag{8.111}$$

liefert dieselbe Bestimmungsgleichung für die Resonanzfrequenz wie beim Serienschwingkreis.

Die Beträge der Ströme durch die einzelnen Komponenten sind, bezogen auf die Amplitude des Eingangsstromes $\hat{i}$, durch die folgenden Beziehungen gegeben:

$$\frac{|\hat{\underline{i}}_R|}{|\hat{\underline{i}}|} = \frac{|\underline{Y}_R|}{|\underline{Y}|} \quad \rightarrow \quad \hat{i}_R = \frac{G}{\sqrt{G^2 + (\omega C - 1/(\omega L))^2}}\,\hat{i}, \tag{8.112}$$

$$\frac{|\hat{\underline{i}}_L|}{|\hat{\underline{i}}|} = \frac{|\underline{Y}_L|}{|\underline{Y}|} \quad \rightarrow \quad \hat{i}_L = \frac{1}{\omega L\sqrt{G^2 + (\omega C - 1/(\omega L))^2}}\,\hat{i}, \tag{8.113}$$

$$\frac{|\hat{\underline{i}}_C|}{|\hat{\underline{i}}|} = \frac{|\underline{Y}_C|}{|\underline{Y}|} \quad \rightarrow \quad \hat{i}_C = \frac{\omega C}{\sqrt{G^2 + \left(\omega C - 1/(\omega L)\right)^2}}\,\hat{i}\,. \tag{8.114}$$

Die Werte dieser Ströme bei den Frequenzen $f \rightarrow 0$, $f = f_0$ und $f \rightarrow \infty$ sind in der Tab. 8.4 zusammengestellt.

Tabelle 8.4

Ströme durch die Komponenten bei ausgewählten Frequenzen

	$f \rightarrow 0$	$f = f_0$	$f \rightarrow \infty$
$\hat{i}_R$	0	$\hat{i}$	0
$\hat{i}_L$	$\hat{i}$	$\hat{i}\dfrac{1}{\omega_0 LG} = \hat{i}R\sqrt{\dfrac{C}{L}}$	0
$\hat{i}_C$	0	$\hat{i}\dfrac{\omega_0 C}{G} = \hat{i}R\sqrt{\dfrac{C}{L}}$	$\hat{i}$

Nach den Ergebnissen in dieser Tabelle entsprechen die Amplituden der Ströme durch Induktivität und Kapazität bei der Resonanzfrequenz der mit dem Wert

$$Q_p = R\sqrt{\frac{C}{L}} \tag{8.115}$$

multiplizierten Amplitude des Eingangsstromes. Diesen Wert bezeichnet man als die **Güte** des Parallelschwingkreises, sein Kehrwert

$$d_p = \frac{1}{Q_p} = \frac{1}{R}\sqrt{\frac{L}{C}} \tag{8.116}$$

heißt wieder **Verlustfaktor** oder **Dämpfung**. Da die Amplitude des Stromes durch Induktivität und Kapazität um den Faktor Q_p größer werden kann als die Amplitude des Eingangsstromes, tritt eine **Stromüberhöhung** an den Komponenten auf. Diese Resonanzerscheinung wird daher als **Stromresonanz** bezeichnet.

Die Maximalwerte der Ströme treten bei den Frequenzen $\omega_L = 2\pi f_L$ bzw. $\omega_C = 2\pi f_C$ auf, die aus der Forderung

$$\frac{\mathrm{d}\,\hat{i}_L}{\mathrm{d}\,\omega} \stackrel{!}{=} 0 \quad \rightarrow \quad f_L = \frac{1}{2\pi}\sqrt{\frac{1}{LC} - \frac{G^2}{2C^2}} = f_0\sqrt{1 - \frac{1}{2}d_p^{\,2}} \quad \text{mit} \quad d_p \le \sqrt{2} \tag{8.117}$$

beziehungsweise

$$\frac{\mathrm{d}\,\hat{i}_C}{\mathrm{d}\,\omega} \stackrel{!}{=} 0 \quad \rightarrow \quad f_C = \frac{1}{2\pi}\sqrt{\frac{2}{2LC - G^2L^2}} = f_0\frac{1}{\sqrt{1 - \frac{1}{2}d_p^{\,2}}} \quad \text{mit} \quad d_p \le \sqrt{2} \tag{8.118}$$

berechnet werden können. Bei großen Schwingkreisgüten bzw. kleinen Verlustfaktoren fallen diese beiden Frequenzen praktisch mit der Resonanzfrequenz zusammen (Abb. 8.43). Erst bei kleinen Schwingkreisgüten im Bereich $Q_p < 4$ nimmt der Abstand zwischen den beiden Frequenzen f_L und f_C erkennbar zu. In dem Grenzfall $d_p = \sqrt{2}$ bzw. $Q_p = 1/\sqrt{2}$ nimmt die Wurzel in den beiden vorstehenden Gleichungen den Wert null an und für die beiden Frequenzen ergeben sich die Grenzwerte $f_L = 0$ und $f_C \to \infty$.

Unter Einbeziehung der Ergebnisse (8.117) und (8.118) für den Bereich $Q_p \geq 1/\sqrt{2}$ erhalten wir die maximal durch Induktivität und Kapazität fließenden Ströme

$$\frac{\hat{i}_{L\max}}{\hat{i}} = \frac{\hat{i}_{C\max}}{\hat{i}} = \begin{cases} \dfrac{1}{d_p\sqrt{1-(d_p/2)^2}} = \dfrac{Q_p}{\sqrt{1-1/(2Q_p)^2}} & \text{für } Q_p \geq \dfrac{1}{\sqrt{2}} \\ 1 & \phantom{\text{für }} Q_p \leq \dfrac{1}{\sqrt{2}} \end{cases} . \tag{8.119}$$

Diese Beziehung hat den gleichen Aufbau wie die Gl. (8.94), sodass wir unmittelbar zu der folgenden Aussage gelangen:

Merke

Eine Stromüberhöhung kann beim Parallelschwingkreis nur auftreten, wenn die Güte größer als $1/\sqrt{2}$ ist. In dem Bereich $Q_p \leq 1/\sqrt{2}$ kann der Strom durch die einzelnen Komponenten maximal den Wert des Eingangsstromes annehmen.

Die Darstellung der maximal möglichen Stromüberhöhung als Funktion der Schwingkreisgüte Q_p liefert den gleichen Kurvenverlauf, wie bereits in der Abb. 8.37 für die Spannungsüberhöhung angegeben.

Diskussion des Schwingkreisverhaltens an einem konkreten Zahlenbeispiel

Auch dieser Schwingkreis soll für ein Zahlenbeispiel $R = 250\Omega$, $L = 1\text{mH}$ und $C = 1\mu\text{F}$ untersucht werden. Der Widerstand muss jetzt wesentlich größer sein, da er sonst als Kurzschluss wirkt und die Resonanzerscheinungen überdeckt. So wie beim Reihenschwingkreis ein möglichst kleiner Widerstand eine große Güte und damit eine steile Resonanzkurve ergibt, so tritt dieser Effekt beim Parallelschwingkreis nur bei einem möglichst großen Parallelwiderstand auf. Mit den angegebenen Daten hat dieser Parallelschwingkreis die gleiche Resonanzfrequenz $f_0 \approx 5\text{kHz}$ und auch die gleiche Güte $Q_p \approx 7{,}9$ wie der Serienschwingkreis im vorhergehenden Kapitel. Die entsprechenden Diagramme der beiden Schaltungen können also unmittelbar miteinander verglichen werden.

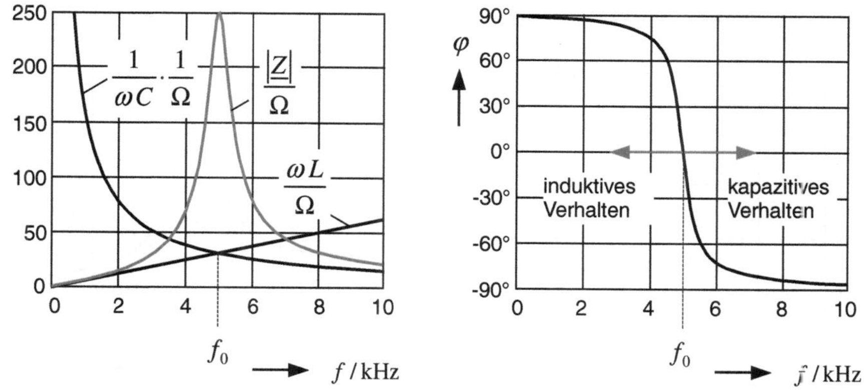

Abbildung 8.41: Impedanz des Parallelschwingkreises, Betrag und Phase

Die ▶Abb. 8.41 zeigt die Impedanz $\underline{Z} = 1/\underline{Y}$ nach Betrag und Phase. Unterhalb der Resonanzfrequenz fließt fast der gesamte Strom durch die Induktivität, der Phasenwinkel ist positiv und die Spannung eilt dem Strom vor. Für $f \to 0$ geht die Impedanz nach 0 (Kurzschluss infolge L). Bei Frequenzen oberhalb von f_0 gilt $1/\omega C < \omega L$ und der Phasenwinkel wird infolge der dominierenden Kapazität negativ. Für $f \to \infty$ geht die Impedanz ebenfalls nach 0 (Kurzschluss infolge C). Bei der Resonanzfrequenz f_0 verhält sich die Parallelschaltung aus L und C wie ein Leerlauf, die Impedanz besteht allein aus dem Parallelwiderstand R.

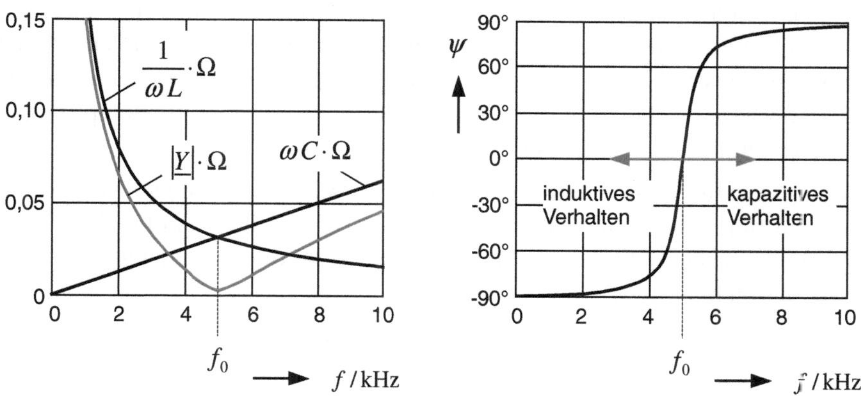

Abbildung 8.42: Admittanz des Parallelschwingkreises, Betrag und Phase

Betrag und Phase der Admittanz $\underline{Y} = 1/\underline{Z}$ sind in ▶Abb. 8.42 dargestellt. Ein Vergleich der Ergebnisse der beiden Schwingkreise zeigt, dass jeweils die Impedanz des einen und die Admittanz des anderen Resonanzkreises das gleiche frequenzabhängige Verhalten aufweisen.

Zum Abschluss betrachten wir noch die Spannung und die Ströme für den Fall, dass der Parallelschwingkreis an eine Stromquelle mit veränderlicher Frequenz, aber konstanter Amplitude $\hat{i} = 1\,\mathrm{A}$ angeschlossen ist.

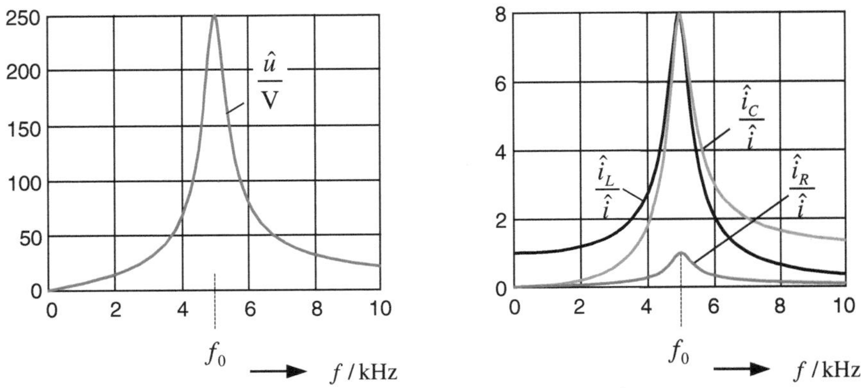

Abbildung 8.43: Strom- und Spannungsamplituden als Funktion der Frequenz, $\hat{i} = 1\,\mathrm{A} = \mathrm{const}$

Die Spannung an der Parallelschaltung verschwindet bei $f = 0$ infolge der Induktivität und für $f \to \infty$ infolge der Kapazität. Bei der Resonanzfrequenz verschwindet der Blindwiderstand, d.h., es gilt $\underline{Y} = G$ und die Spannung ist in Phase mit dem Quellenstrom. Ihre Amplitude beträgt $\hat{u} = R\hat{i}$.

Die Beträge der komplexen Amplituden der Ströme sind auf der rechten Seite der ▶Abb. 8.43 dargestellt. Bei kleiner Frequenz $f \to 0$ wird der gesamte Strom von der Induktivität übernommen, bei sehr hoher Frequenz $f \to \infty$ von der Kapazität. Obwohl der gesamte Quellenstrom bei Resonanz durch den Widerstand fließt, verschwinden die Ströme durch Induktivität und Kapazität nicht. Sie sind entgegengesetzt gleich groß $\underline{\hat{i}}_L = -\underline{\hat{i}}_C$ und nehmen bei dem zugrunde gelegten Zahlenbeispiel den 7,9-fachen Wert des Quellenstromes an. Diese Stromüberhöhung kann entsprechend den in der Tab. 8.4 angegebenen Formeln aus dem Produkt von Eingangsstromamplitude und Schwingkreisgüte berechnet werden.

Dieser Schwingkreis bietet bei einem Gemisch von vielen verschiedenen Frequenzen für einen bestimmten Frequenzbereich einen sehr hohen Widerstand (vgl. Abb. 8.41). Da diese Frequenzen nicht durchgelassen werden, wird dieser Schwingkreis auch als **Sperrkreis** bezeichnet.

Merke

Unterhalb der Resonanzfrequenz wird das Verhalten des Parallelschwingkreises durch die Induktivität bestimmt, oberhalb der Resonanzfrequenz durch die Kapazität. Bei der Resonanzfrequenz wird die Impedanz maximal. Sie entspricht dann dem Wert des Parallelwiderstandes und der Strom nimmt seinen Minimalwert an (Sperrkreis).

An Induktivität und Kapazität können erhebliche Stromüberhöhungen auftreten, die sich aus der Multiplikation von Amplitude des Quellenstromes und Schwingkreisgüte berechnen lassen.

Verallgemeinerte Darstellung des Schwingkreisverhaltens

Zur Ableitung der von den Werten der Komponenten unabhängigen **normierten Darstellung** für die Kennlinien des Parallelschwingkreises wird jetzt von der Admittanz in Gl. (8.109) ausgegangen, für die die nachfolgende Darstellung angegeben werden kann:

$$\frac{\underline{Y}}{G} = 1 + \mathrm{j}\frac{1}{G}\left(\omega C - \frac{1}{\omega L}\right) \overset{(8.111)}{=} 1 + \mathrm{j}\frac{1}{G}\left(\frac{\omega C}{\omega_0\sqrt{LC}} - \frac{\omega_0\sqrt{LC}}{\omega L}\right) \overset{(8.115)}{=} 1 + \mathrm{j}Q_p\left(\frac{\omega}{\omega_0} - \frac{\omega_0}{\omega}\right). \qquad (8.120)$$

Mit der in Gl. (8.98) definierten Verstimmung v und der normierten Verstimmung Ω als das Produkt von Schwingkreisgüte und Verstimmung

$$Q_p v = \Omega \qquad (8.121)$$

kann die normierte Admittanz in der gleichen Form wie die Impedanz beim Serienschwingkreis in Gl. (8.100) dargestellt werden:

$$\frac{\underline{Y}}{G} = 1 + \mathrm{j}Q_p v = 1 + \mathrm{j}\Omega. \qquad (8.122)$$

Die Kurvenverläufe für Betrag und Phase sind die gleichen wie in Abb. 8.38, mit dem einzigen Unterschied, dass die Ordinatenbezeichnungen jetzt $|\underline{Y}|/G$ und ψ lauten. Die Grenzfrequenzen werden aus der Gleichung

$$\Omega = \frac{1}{G}\left(\omega C - \frac{1}{\omega L}\right) = \pm 1 \qquad (8.123)$$

bestimmt und nehmen die Werte

$$\omega_1 = -\frac{G}{2C} + \sqrt{\frac{G^2}{4C^2} + \frac{1}{LC}} \quad \rightarrow \quad \frac{\omega_1}{\omega_0} = -\frac{1}{2Q_p} + \sqrt{1 + \frac{1}{4{Q_p}^2}} \qquad (8.124)$$

und

$$\omega_2 = +\frac{G}{2C} + \sqrt{\frac{G^2}{4C^2} + \frac{1}{LC}} \quad \rightarrow \quad \frac{\omega_2}{\omega_0} = +\frac{1}{2Q_p} + \sqrt{1 + \frac{1}{4{Q_p}^2}} \qquad (8.125)$$

an. Bei diesen beiden Frequenzen gilt für Betrag und Phase der Admittanz

$$|\underline{Y}(\omega_1)| = |\underline{Y}(\omega_2)| = G\sqrt{2} \quad \text{und} \quad \psi(\omega_1) = -45° \quad \text{bzw.} \quad \psi(\omega_2) = +45°. \qquad (8.126)$$

Das aus den beiden Frequenzen gebildete geometrische Mittel entspricht wieder der Resonanzfrequenz

$$\omega_1 \cdot \omega_2 = \frac{1}{LC} = {\omega_0}^2 \qquad (8.127)$$

und die Bandbreite ist beim Parallelschwingkreis durch die folgende zur Gl. (8.107) analoge Beziehung gegeben:

$$B = f_2 - f_1 = \frac{1}{2\pi}(\omega_2 - \omega_1) = \frac{1}{2\pi}\frac{G}{C} \overset{(8.111,8.115)}{=} \frac{f_0}{Q_p}. \qquad (8.128)$$

8.5.3 Ersatzschaltbilder für Kondensatoren und Spulen

In diesem Abschnitt wollen wir die bereits in Kapitel 7.2 diskutierte Modellbildung etwas detaillierter betrachten. Dabei sollen insbesondere die parasitären Eigenschaften von Kondensatoren und Spulen berücksichtigt werden mit dem Ziel, den Impedanzverlauf der realen Bauelemente in einem größeren Frequenzbereich hinreichend genau zu beschreiben.

Kondensatoren

Bei der Anwendung realer Kondensatoren in Schaltungen müssen die Grenzwerte hinsichtlich der Spannungsfestigkeit, der Erwärmung infolge von Verlustmechanismen oder auch hinsichtlich des möglichen Frequenzbereichs berücksichtigt werden.

Die Verluste infolge von nicht vollständig vermeidbaren Strömen im Dielektrikum können im Ersatzschaltbild durch einen Widerstand R_p parallel zur Kapazität erfasst werden. Die ohmschen Verluste in den Anschlussdrähten werden durch einen Reihenwiderstand R_r berücksichtigt. Die von dem Kondensator und seinen Anschlussdrähten gebildete Stromschleife hängt z.B. von der Größe des Bauelements und von dem Abstand zwischen den Anschlussdrähten sowie deren Länge ab und verursacht eine Induktivität, die ebenfalls als Serienelement im Ersatznetzwerk erfasst werden muss. Damit erhalten wir das Netzwerk in Abb. 8.44.

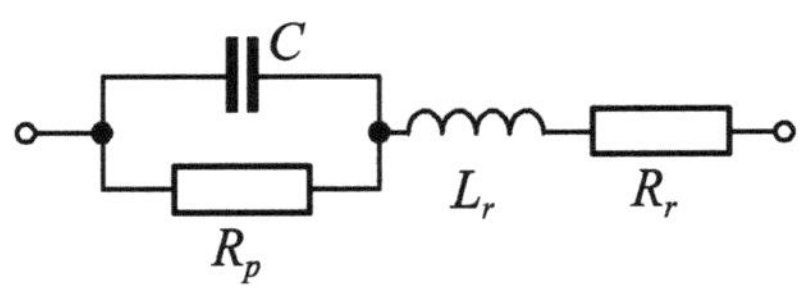

Abbildung 8.44: Ersatzschaltbild für einen realen Kondensator

Die Widerstandswerte sind extrem unterschiedlich: während der Parallelwiderstand im Idealfall unendlich groß sein sollte, in der Praxis liegt er im Bereich $10^6 .. 10^8 \Omega$, sollte der Reihenwiderstand im Idealfall verschwinden. In der Praxis liegt dieser im mΩ-Bereich.

Bei dem Netzwerk handelt es sich offenbar um einen Serienschwingkreis. Ausgehend von der Impedanz

$$\underline{Z}_C = R_r + \mathrm{j}\omega L_r + \frac{R_p}{1+\mathrm{j}\omega C R_p} = R_r + \frac{R_p}{1+(\omega C R_p)^2} + \mathrm{j}\left[\omega L_r - \frac{\omega C R_p^{\,2}}{1+(\omega C R_p)^2}\right] \qquad (8.129)$$

können wir die Resonanzfrequenz berechnen, indem wir den Imaginärteil zu null setzen:

$$f_0 = \frac{1}{2\pi\sqrt{L_r C}}\sqrt{1 - \frac{L_r}{C R_p^{\,2}}} \approx \frac{1}{2\pi\sqrt{L_r C}} . \tag{8.130}$$

Wegen $R_p^{\,2} >> L_r/C$ kann die Resonanzfrequenz mit guter Näherung aus der vereinfachten Beziehung (8.86) bestimmt werden.

Die Abb. 8.45 zeigt den gemessenen Scheinwiderstand $|\underline{Z}_C|$ eines handelsüblichen $1\,\mu$F-Folienkondensators als Funktion der Frequenz im Bereich zwischen 10 kHz und 100 MHz. Im unteren Frequenzbereich bis etwa 300 kHz spielen die parasitären Eigenschaften praktisch keine Rolle und der Scheinwiderstand $|\underline{Z}_C| = 1/\omega C$ verhält sich wie beim idealen Kondensator. Aus der gemessenen Resonanzfrequenz $f_0 = 920\,$kHz lässt sich mit Gl. (8.130) die Serieninduktivität $L_r = 30\,$nH bestimmen. Die Impedanz bei der Resonanzfrequenz entspricht dem Wert des Serienwiderstands $R_r = 20\,\text{m}\Omega$. Den Wert des Parallelwiderstands könnte man mit einer Gleichstrommessung abschätzen. Im Unterschied zum idealen Kondensator wird die Impedanz bei verschwindender Frequenz nämlich nicht unendlich groß, sondern durch den Wert R_p bestimmt.

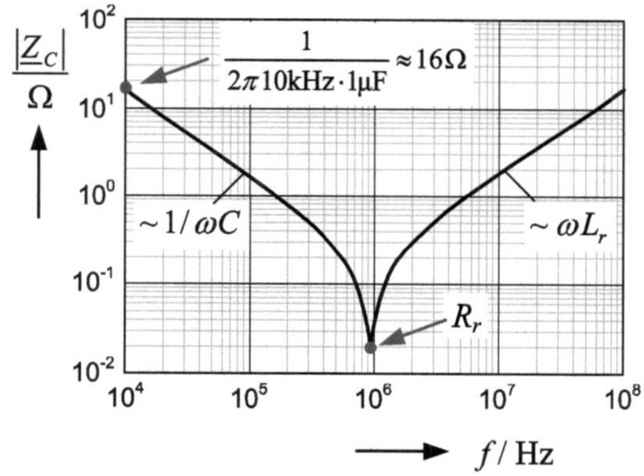

Abbildung 8.45: Betrag der frequenzabhängigen Impedanz eines $1\,\mu$F-Folienkondensators

Oberhalb der Resonanzfrequenz dominiert die parasitäre Induktivität das Verhalten des Bauelements. Der Kondensator verhält sich in diesem Frequenzbereich wie eine Spule, seine Impedanz steigt mit wachsender Frequenz an. Insbesondere bei der Anwendung in Filterschaltungen muss diese Besonderheit berücksichtigt werden.

An diesem Beispiel ist zu erkennen, dass die Schaltungsanalyse mit einem idealen Kondensator nur in einem begrenzten Frequenzbereich akzeptable Ergebnisse liefert, im vorliegenden Fall bis etwa 1 MHz. Das erweiterte Ersatzschaltbild in Abb. 8.44 beschreibt dagegen das Verhalten des realen Kondensators auch weit über die Resonanzstelle hinaus hinreichend genau.

Weitere Verbesserungen bei der Modellierung lassen sich erreichen, wenn das Ersatznetzwerk noch erweitert wird oder wenn die in der Praxis auftretenden frequenzabhängigen Verlustmechanismen durch eine entsprechende Frequenzabhängigkeit bei den beiden parasitären Widerständen nachgebildet werden.

Spulen

Ein einfaches Ersatzschaltbild für eine Spule haben wir bereits in Kapitel 5.15 diskutiert. Mit dem Serienwiderstand R_r in Abb. 8.46a werden die Verluste in der Wicklung erfasst. Er entspricht bei niedrigen Frequenzen dem Gleichstromwiderstand der Wicklung und steigt bei höheren Frequenzen infolge von Stromverdrängungseffekten in den Drähten, den so genannten Skin- und Proximityverlusten, stark an. Er liegt häufig im Bereich einiger Ω und ist daher wesentlich größer als der Serienwiderstand beim Kondensatorersatzschaltbild. Für die Praxis bedeutet das, dass sich Spulen im Betrieb stark erwärmen können.

Mit zunehmender Frequenz steigt die Impedanz zunächst gemäß $R_r + j\omega L$ an. Abhängig von der Wicklungskapazität wird sich eine Parallelresonanz einstellen, oberhalb derer der Scheinwiderstand infolge des parallel liegenden Kondensators wieder abnimmt. Die Hochfrequenzverluste im Kern und in der Wicklung reduzieren die Güte des Schwingkreises. Im Ersatzschaltbild wird dieser Effekt durch einen Parallelwiderstand R_p erfasst.

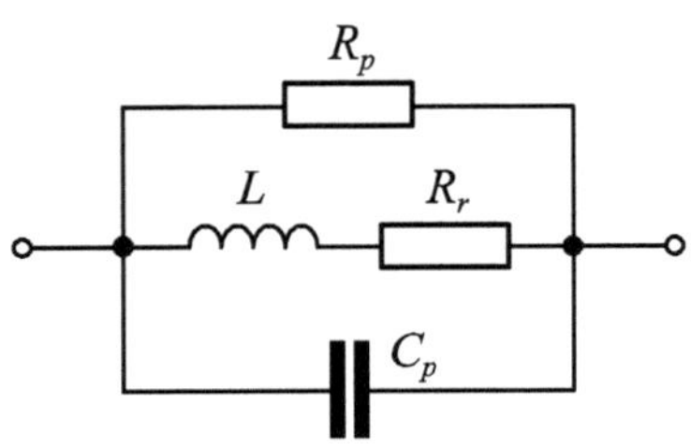

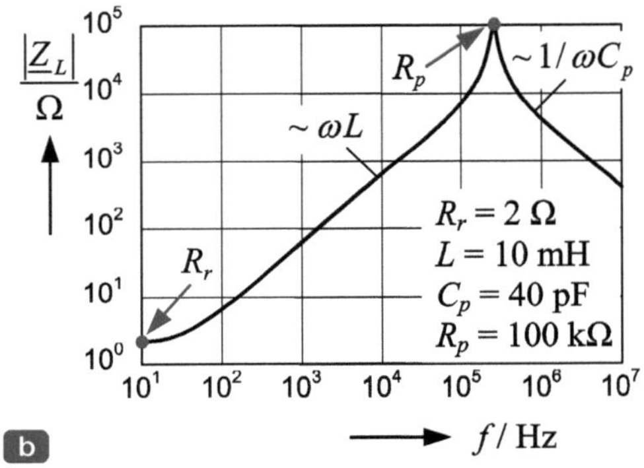

Abbildung 8.46: a) Ersatzschaltbild für eine reale Spule b) zugehöriger Verlauf des Scheinwiderstands

Die Abb. 8.46a zeigt dieses Ersatznetzwerk. In Teilbild b ist der Betrag der Impedanz

$$\underline{Z}_L = \frac{1}{\dfrac{1}{R_p} + j\omega C_p + \dfrac{1}{R_r + j\omega L}} = \frac{R_r + \dfrac{R_r^2}{R_p} + \dfrac{\omega^2 L^2}{R_p} + j\omega\left(L - \omega^2 L^2 C_p - C_p R_r^2\right)}{\left(1 + \dfrac{R_r}{R_p} - \omega^2 L C_p\right)^2 + \left(\dfrac{\omega L}{R_p} + \omega C_p R_r\right)^2} \tag{8.131}$$

für das angegebene Zahlenbeispiel im Frequenzbereich zwischen 10Hz und 10MHz dargestellt. Die Positionen, an denen die Widerstandswerte abgelesen werden können, sind im Diagramm hervorgehoben. Die Resonanzfrequenz kann aus der Impedanz des Netzwerks bestimmt werden, indem der Imaginärteil zu null gesetzt wird. Als Ergebnis erhält man

$$f_0 = \frac{1}{2\pi\sqrt{LC_p}}\sqrt{1 - \frac{C_p}{L}R_r^2} \approx \frac{1}{2\pi\sqrt{LC_p}} . \tag{8.132}$$

8.6 Wechselstrom-Messbrücken

Eine in der Messtechnik häufig eingesetzte Schaltung ist die Wechselstrom-Messbrücke nach ▶Abb. 8.47. Das grundlegende Prinzip haben wir bereits in Beispiel 3.3 kennen gelernt. Wir werden diese Schaltung jetzt dahingehend verallgemeinern, dass die Gleichspannungsquelle in Abb. 3.19 durch eine Wechselspannungsquelle und die ohmschen Widerstände R_1 bis R_4 durch die Impedanzen $\underline{Z}_1$ bis $\underline{Z}_4$ ersetzt werden.

Im abgeglichenen Zustand der Brücke zeigt das zwischen den Punkten P_1 und P_2 angeschlossene Voltmeter keine Spannung. Da in diesem Zustand auch kein Strom durch das Messinstrument fließt, spielt der in der Praxis endliche Widerstand des Messinstruments beim Abgleich keine Rolle.

Die Voraussetzung für den Abgleich ist, dass die Spannungsteilung zwischen $\underline{Z}_1$ und $\underline{Z}_2$ im linken Brückenzweig gleich ist zur Spannungsteilung zwischen $\underline{Z}_3$ und $\underline{Z}_4$ im rechten Brückenzweig. Für die Impedanzen muss also gelten

$$\frac{\underline{Z}_2}{\underline{Z}_1+\underline{Z}_2}=\frac{\underline{Z}_4}{\underline{Z}_3+\underline{Z}_4} \quad \text{oder} \quad \frac{\underline{Z}_1}{\underline{Z}_1+\underline{Z}_2}=\frac{\underline{Z}_3}{\underline{Z}_3+\underline{Z}_4} \quad \text{oder} \quad \frac{\underline{Z}_1}{\underline{Z}_2}=\frac{\underline{Z}_3}{\underline{Z}_4}\,. \tag{8.133}$$

Diese Bedingungen sind alle gleichwertig, wie sich durch einfache Kehrwertbildung bei den ersten beiden Gleichungen leicht überprüfen lässt.

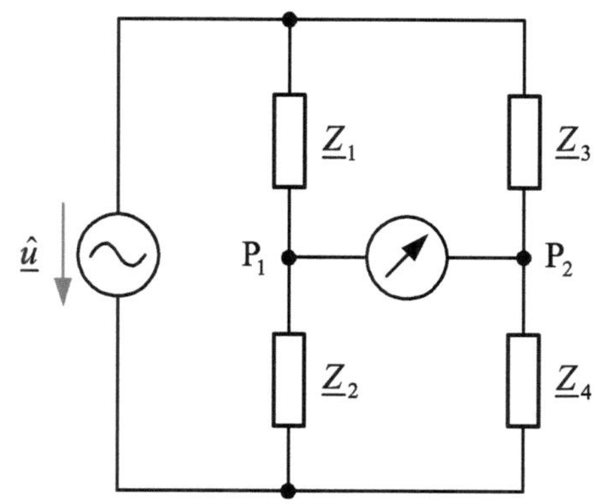

Abbildung 8.47: Brückenschaltung

Die Produkte der jeweils diagonal gegenüberliegenden Impedanzen müssen also gleich sein. Diese komplexe Gleichung

$$\underline{Z}_1\underline{Z}_4=\underline{Z}_2\underline{Z}_3 \tag{8.134}$$

kann in zwei unabhängige reelle Gleichungen zerlegt werden, indem wir entweder die Realteile und die Imaginärteile getrennt voneinander betrachten oder alternativ die Beträge und die Argumente.

In der Praxis werden oft zwei der Impedanzen als ohmsche Widerstände ausgeführt, wodurch sich die Gl. (8.134) wesentlich vereinfacht. Im Folgenden werden wir zwei unterschiedliche Fälle etwas genauer untersuchen.

8.6.1 Die Wien-Brücke

Wir beginnen mit dem Fall, dass die beiden Impedanzen in einem Längszweig rein ohmsche Widerstände sind, z.B. $\underline{Z}_3 = R_3$ und $\underline{Z}_4 = R_4$. Für die Argumente in Gl. (8.134) muss dann $\varphi_1 = \varphi_2$ gelten, d.h. die Impedanzen $\underline{Z}_1$ und $\underline{Z}_2$ müssen vom gleichen Typ sein, entweder sind beide kapazitiv oder beide induktiv. Der Sonderfall, dass $\underline{Z}_1$ und $\underline{Z}_2$ ohmsche Widerstände sind, soll hier nicht wiederholt werden.

Betrachten wir zunächst den Fall, dass die beiden Impedanzen $\underline{Z}_1$ und $\underline{Z}_2$ aus der Reihenschaltung von einer Kapazität und einem Widerstand bestehen. Mit

$$\underline{Z}_1 = R_1 + \frac{1}{\mathrm{j}\omega C_1} \quad \text{und} \quad \underline{Z}_2 = R_2 + \frac{1}{\mathrm{j}\omega C_2} \tag{8.135}$$

nimmt die Gl. (8.134) die folgende Form an:

$$R_1 R_4 + \frac{R_4}{\mathrm{j}\omega C_1} = R_2 R_3 + \frac{R_3}{\mathrm{j}\omega C_2}, \tag{8.136}$$

aus der wir unmittelbar durch Vergleich der Real- bzw. Imaginärteile die beiden von der Frequenz unabhängigen Bedingungen

$$\frac{R_1}{R_2} = \frac{R_3}{R_4} \quad \text{und} \quad \frac{C_2}{C_1} = \frac{R_3}{R_4} \tag{8.137}$$

erhalten. Diese beiden Forderungen lassen sich nicht gleichzeitig durch Verändern des Widerstandsverhältnisses R_3/R_4 erfüllen. Wird durch entsprechende Einstellung von R_3 und R_4 die zweite Bedingung erfüllt, dann muss zusätzlich einer der Widerstände R_1 oder R_2 so eingestellt werden, dass auch die erste der beiden Bedingungen erfüllt ist.

In Kapitel 8.2.5 haben wir bereits gesehen, dass die Umrechnung einer *RC*-Reihenschaltung in eine *RC*-Parallelschaltung nur für eine Frequenz gilt. Verwenden wir also für die Impedanz $\underline{Z}_2$ die Parallelschaltung, dann muss der Brückenabgleich frequenzabhängig werden. Die entsprechende Schaltung ist in ▶Abb. 8.48 dargestellt.

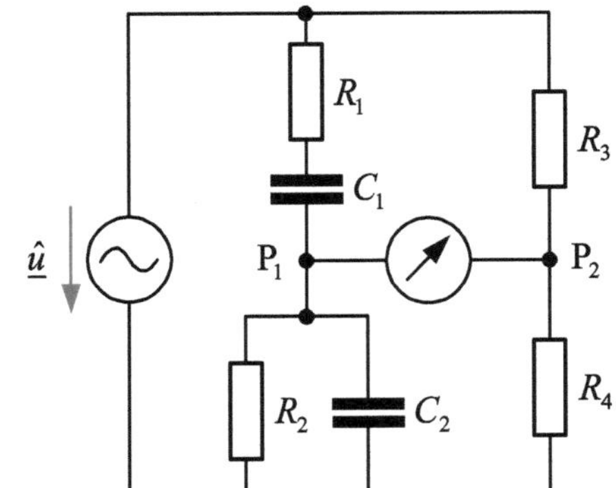

Abbildung 8.48: Die Wien-Brücke

Aus der Abgleichbedingung (8.134) folgt nach einfacher Umstellung die Beziehung

$$\underline{Z}_1 \underline{Y}_2 = \frac{R_3}{R_4} \quad \rightarrow \quad \left(R_1 + \frac{1}{\mathrm{j}\omega C_1}\right)\left(\frac{1}{R_2} + \mathrm{j}\omega C_2\right) = \frac{R_3}{R_4}. \tag{8.138}$$

Die getrennte Betrachtung von Real- und Imaginärteil führt auf die beiden Bedingungen

$$\frac{R_1}{R_2} + \frac{C_2}{C_1} = \frac{R_3}{R_4} \tag{8.139a}$$

und

$$\omega^2 C_1 C_2 R_1 R_2 = 1. \tag{8.139b}$$

Die Bedingung (8.139a) kann mit dem Verhältnis R_3/R_4 und die Bedingung (8.139b) durch Wahl der Frequenz erfüllt werden. Fasst man die beiden *RC*-Netzwerke als Modelle verlustbehafteter Kondensatoren auf, dann können die Werte für einen verlustbehafteten Kondensator auf diese Weise bestimmt werden, sofern die Werte für den anderen Kondensator bereits bekannt sind.

Andererseits lässt sich die Wien-Brücke wegen der Bedingung (8.139b) auch zur Messung der Frequenz verwenden. Für die praktische Durchführung der Messungen ist es vorteilhaft, wenn die beiden Abgleichbedingungen unabhängig voneinander eingestellt werden können und nicht durch Ändern eines Parameters beide Bedingungen gleichzeitig beeinflusst werden. Legen wir für die Frequenzmessung in den Kondensatorzweigen gleiche Werte $R_1 = R_2 = R$ und $C_1 = C_2 = C$ zugrunde, dann folgen aus der Gl. (8.139) die beiden Bedingungen

$$R_3 = 2R_4 \tag{8.140a}$$

und

$$\omega = 2\pi f = \frac{1}{RC}. \tag{8.140b}$$

Mit den gleichen Werten C und dem fest eingestellten Verhältnis (8.140a) genügt es also, die beiden Widerstände $R_1 = R_2 = R$ gleichzeitig und in der gleichen Weise zu verändern, um den Abgleich herzustellen. In der Praxis lässt sich das z.B. durch ein Doppelpotentiometer mit gemeinsamer Drehachse auf einfache Weise realisieren.

8.6.2 Die Maxwell-Wien-Brücke

In diesem zweiten Fall sei angenommen, dass zwei diagonal gegenüberliegende Impedanzen ohmsche Widerstände sind, z.B. $\underline{Z}_2 = R_2$ und $\underline{Z}_3 = R_3$. Die Betrachtung der Argumente in Gl. (8.134) führt auf die Beziehung $\varphi_1 + \varphi_4 = 0$, d.h., eine der beiden Impedanzen $\underline{Z}_1$ und $\underline{Z}_4$ muss kapazitiv und die andere induktiv sein. Eine mögliche Ausführungsform ist in ▶Abb. 8.49 dargestellt.

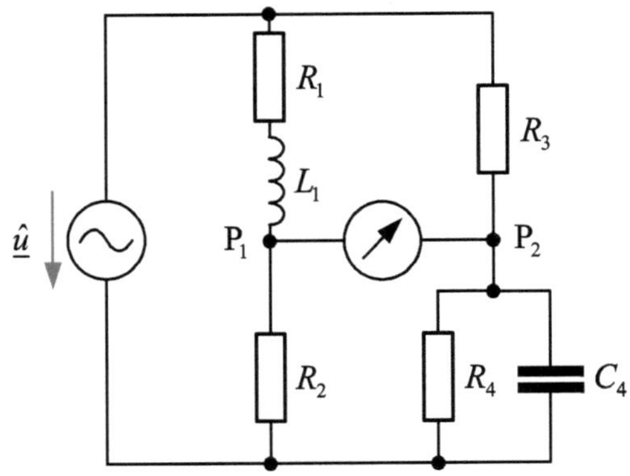

Abbildung 8.49: Die Maxwell-Wien-Brücke

Diese Brückenschaltung wird zur Messung einer verlustbehafteten Induktivität eingesetzt. Nach einer Umstellung der Gl. (8.134) erhalten wir den Zusammenhang

$$\frac{\underline{Z}_1}{R_2} = R_3 \underline{Y}_4 \quad \rightarrow \quad \frac{R_1 + \mathrm{j}\omega L_1}{R_2} = R_3 \left(\frac{1}{R_4} + \mathrm{j}\omega C_4 \right). \tag{8.141}$$

Aus dem Vergleich der Real- bzw. Imaginärteile folgen die Ergebnisse

$$R_1 = \frac{R_2 R_3}{R_4} \quad \text{und} \quad L_1 = R_2 R_3 C_4 \,, \tag{8.142}$$

die von der Frequenz der Quellenspannung unabhängig sind.

8.7 Ortskurven

In der Netzwerkanalyse steht oft die Frage im Vordergrund, wie die Strom- und Spannungsverläufe und als Konsequenz davon auch die Verluste beeinflusst werden, wenn sich einzelne Schaltungsparameter wie z.B. die Werte der Komponenten oder die Frequenz ändern.

Eine Möglichkeit zur Darstellung derartiger Zusammenhänge haben wir bereits in den vorangegangenen Kapiteln kennen gelernt. In Abb. 8.31 ist z.B. die Impedanz $\underline{Z}$ des Serienschwingkreises in zwei separaten Diagrammen, aufgeteilt nach Betrag und Phase, als Funktion der Frequenz dargestellt. Ebenso kann die komplexe Größe $\underline{Z}$, aufgeteilt nach Real- und Imaginärteil, als Funktion der Frequenz dargestellt werden. Eine weitere Möglichkeit, einen schnellen Überblick über das Verhalten einer Schaltung als Folge von Parametervariationen zu erhalten, bietet die so genannte **Ortskurve**.

Für eine bestimmte Frequenz kann man den komplexen Wert $\underline{Z}$ in der komplexen Ebene durch einen Zeiger darstellen. Dieser enthält sowohl die Information über die Amplitude als auch über die Phase bei dieser Frequenz. Ändert man nun die Frequenz um einen bestimmten Wert, dann werden sich im allgemeinen Fall auch Amplitude und Phase des zugehörigen Zeigers ändern, seine Spitze liegt dann an einer anderen

Stelle in der komplexen Ebene. Bei einer kontinuierlichen Änderung der Frequenz wird sich die Spitze des Zeigers auf einer Kurve in der komplexen Ebene bewegen. Diese Kurve wird als Ortskurve bezeichnet.

Merke

Unter einer Ortskurve in der komplexen Ebene versteht man den geometrischen Ort der Endpunkte aller Zeiger, die von einem reellen Parameter abhängen.

Als Ortskurven lassen sich Impedanzen, Admittanzen, Ströme oder auch Spannungen darstellen. Man kann an ihnen sowohl den Amplitudengang als auch den Phasengang ablesen, und zwar als Funktion der Frequenz oder auch eines beliebig gewählten anderen Parameters.

8.7.1 Ortskurve für die Impedanz einer RL-Reihenschaltung

Betrachten wir als erstes Beispiel die Impedanz der Reihenschaltung aus einem veränderbaren Widerstand und einer Induktivität nach ▶Abb. 8.50. Die Impedanz dieses Netzwerks

$$\underline{Z} = R + \mathrm{j}\omega L = \sqrt{R^2 + (\omega L)^2}\,\mathrm{e}^{\mathrm{j}\arctan\frac{\omega L}{R}} \tag{8.143}$$

ist bereits im Widerstandsdiagramm 8.16 dargestellt. Bei einer Änderung des Widerstandes R ändert sich lediglich der Wirkwiderstand von $\underline{Z}$, der Blindwiderstand bleibt konstant. Als Ortskurve erhalten wir eine Gerade, die parallel zur reellen Achse verläuft.

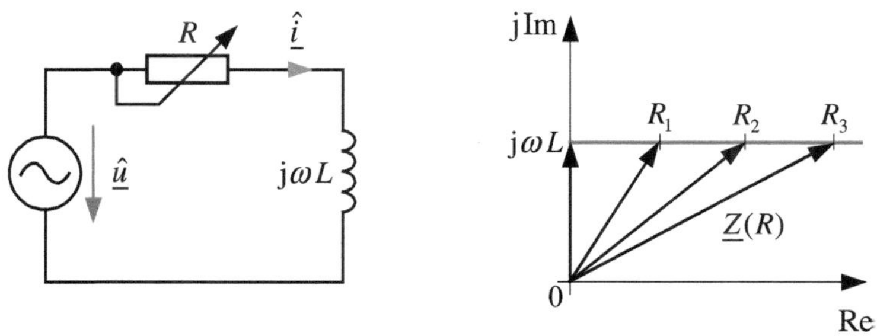

Abbildung 8.50: *RL*-Reihenschaltung mit Ortskurve für variablen Widerstand

Ist dagegen die Induktivität L variabel, dann ändert sich nur der Blindwiderstand und die Ortskurve verläuft entsprechend ▶Abb. 8.51a parallel zur imaginären Achse. Als dritte Möglichkeit lässt sich die Impedanz auch als Funktion der Frequenz darstellen. In diesem Fall ändert sich ebenfalls nur der Blindwiderstand und die zugehörige Ortskurve entspricht dem Teilbild a mit entsprechend geänderter Skalierung (▶Abb. 8.51b).

Da sich in dem betrachteten Beispiel entweder nur der Realteil oder nur der Imaginärteil ändert, erhält man Ortskurven, die parallel zu einer der beiden Achsen verlaufen. Im allgemeinen Fall werden sie jedoch einen wesentlich komplizierteren Verlauf in der komplexen Ebene aufweisen. Die Ortskurve für eine Impedanz oder eine Admittanz kann aber nur im ersten und vierten Quadranten der komplexen Ebene liegen, da der Wirkwiderstand einer passiven Schaltung nicht negativ werden kann.

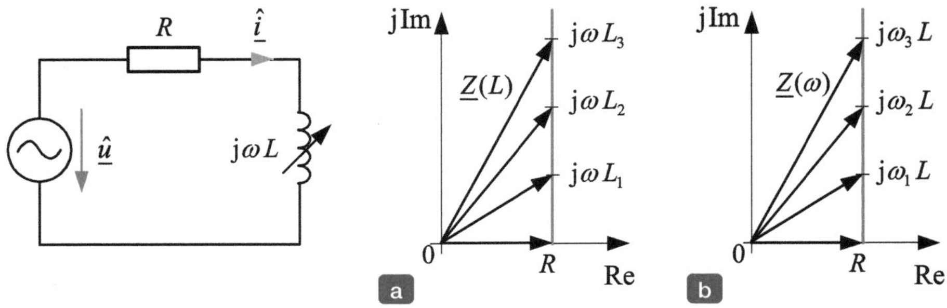

Abbildung 8.51: *RL*-Reihenschaltung mit Ortskurve für variable Reaktanz

Im nächsten Schritt wollen wir uns die Ortskurve für die Spannung $\hat{\underline{u}}$ herleiten, wenn der Strom durch die Schaltung konstant gehalten wird. In diesem Fall wird der Verlauf des Spannungszeigers für die sich ändernde Impedanz $\underline{Z}$ in der komplexen Ebene dargestellt. Legt man den Strom so wie in Abb. 8.16 auf die reelle Achse, dann folgt wegen $\hat{\underline{i}} = \hat{i}$ aus dem Ohm'schen Gesetz der Zusammenhang $\hat{\underline{u}} = \underline{Z}\,\hat{\underline{i}} = \underline{Z}\,\hat{i}$, d.h., die Ortskurve für die Spannung ist bis auf den Faktor $\hat{i}$ identisch mit der Ortskurve für die Impedanz. Die in Kapitel 8.2.4 festgestellte Proportionalität zwischen Spannungs- und Widerstandsdiagramm bei einer Reihenschaltung bleibt auch erhalten, wenn die Zeiger *als Funktion einer Variablen* in der komplexen Ebene dargestellt werden, d.h., die Proportionalität gilt auch für die Ortskurven.

Merke

Bei einer Reihenschaltung stimmen bei konstantem Strom die Ortskurven für die Spannung und für die Impedanz bis auf einen Skalierungsfaktor überein.

Analog gilt: Bei einer Parallelschaltung stimmen bei konstanter Spannung die Ortskurven für den Strom und für die Admittanz bis auf einen Skalierungsfaktor überein.

8.7.2 Umrechnung zwischen Impedanz und Admittanz

Bei der Ortskurvenberechnung von Zweipolnetzwerken müssen je nach Zusammenschaltung der Komponenten immer wieder Umrechnungen zwischen Impedanz und Admittanz vorgenommen werden. Dieser Vorgang wird allgemein als **Inversion** bezeichnet und kann rein formelmäßig mit den Beziehungen (8.25) bis (8.27) durchgeführt werden. Wir werden aber zeigen, dass der Kehrwert auch auf sehr einfache

Weise grafisch ermittelt werden kann. Dabei lernen wir zwei Verfahren kennen, mit deren Hilfe die Inversion zunächst für einen festen Zeiger demonstriert werden soll. Mit dieser Vorgehensweise wird dann anschließend die komplette Ortskurve für die Admittanz $\underline{Y} = 1/\underline{Z}$ ermittelt. Wir werden die beiden Verfahren am Beispiel der bisher betrachteten *RL*-Reihenschaltung vorstellen.

Bei der Inversion einer Ortskurve ändert sich notwendigerweise auch deren Dimension. Für die Darstellung wählt man im Allgemeinen zwei unabhängige Diagramme mit den jeweiligen Einheiten, z.B. Ω für die Widerstandsebene und 1/Ω für die Leitwertebene.

Erstes Verfahren:

Ausgangspunkt ist eine Impedanz $\underline{Z} = R + \mathrm{j}X$, deren Imaginärteil X positiv oder auch negativ sein kann. Zur Bestimmung der Admittanz werden die folgenden in der ▶Abb. 8.52 dargestellten Schritte durchgeführt:

- Die Einzeladmittanzen von Wirkkomponente $1/R$ und Blindkomponente $1/(\mathrm{j}X) = -\mathrm{j}/X$ werden entlang der beiden Achsen aufgetragen und ihre Enden miteinander verbunden.
- Die gesuchte Admittanz entspricht einem Zeiger, der ausgehend vom Ursprung senkrecht auf die eingezeichnete Hypotenuse fällt.

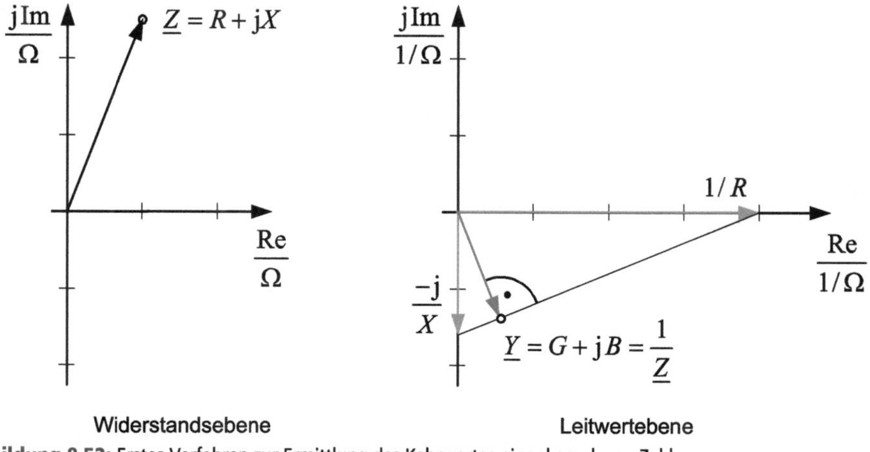

Abbildung 8.52: Erstes Verfahren zur Ermittlung des Kehrwertes einer komplexen Zahl

Der Beweis für die Richtigkeit dieser Vorgehensweise wird in Anhang F.1 erbracht. Es spielt keine Rolle, ob wir ausgehend von $\underline{Z}$ den Kehrwert $1/\underline{Z} = \underline{Y}$, oder ausgehend von $\underline{Y}$ den Kehrwert $1/\underline{Y} = \underline{Z}$ bestimmen. Die durchzuführenden Schritte sind immer gleich.

Beispiel 8.3: Reihen-Parallel-Umwandlung

Eine *RL*-Reihenschaltung bestehe aus den Komponenten $R_r = 0{,}5\Omega$ und $L_r = 1{,}25\text{mH}$.

Bei der Kreisfrequenz $\omega = 1\,000\text{s}^{-1}$ entspricht die Impedanz $\underline{Z} = 0{,}5\ \Omega + \text{j}\ 1{,}25\ \Omega$ dem in Abb. 8.52 dargestellten Wert (Skalierung 0,5/div). Welche Werte besitzen die Komponenten R_p und L_p der äquivalenten Parallelschaltung?

Mit den Gleichungen in Abb. 8.18 ergeben sich auf rechnerischem Wege die Zahlenwerte $R_p = 3{,}625\Omega$ und $L_p = 1{,}45\text{mH}$. Die Admittanz der aus diesen Komponenten aufgebauten Parallelschaltung $\underline{Y} = G + \text{j}B = 0{,}276/\Omega - \text{j}\ 0{,}69/\Omega$ entspricht dem in der Abb. 8.52 ermittelten Zeiger.

Zweites Verfahren:

Zur Demonstration dieses Verfahrens wählen wir wieder die gleiche Impedanz $\underline{Z}$ aus Abb. 8.52. Im Gegensatz zu dem ersten Verfahren, bei dem zumindest die Kehrwerte von Real- und Imaginärteil der Ausgangsgröße rechnerisch bestimmt werden mussten, handelt es sich bei diesem 2. Verfahren um eine rein grafische Methode, bei der die in der ▶Abb. 8.53a dargestellten Schritte durchzuführen sind:

- Um den Ursprung wird ein Kreis mit dem Radius $r = 1$ geschlagen (die Skalierung ist die gleiche wie bei der Ausgangsgröße $\underline{Z}$).
- Von dem Ausgangspunkt $\underline{Z}$ werden zwei Tangenten an den Einheitskreis gezeichnet und die Berührungspunkte P miteinander verbunden.
- Diese Verbindungslinie schneidet den Zeiger $\underline{Z}$ unter einem rechten Winkel an der Stelle $\underline{Y}^*$. Die Spiegelung dieses Schnittpunktes an der reellen Achse entspricht dem gesuchten Kehrwert $\underline{Y}$.

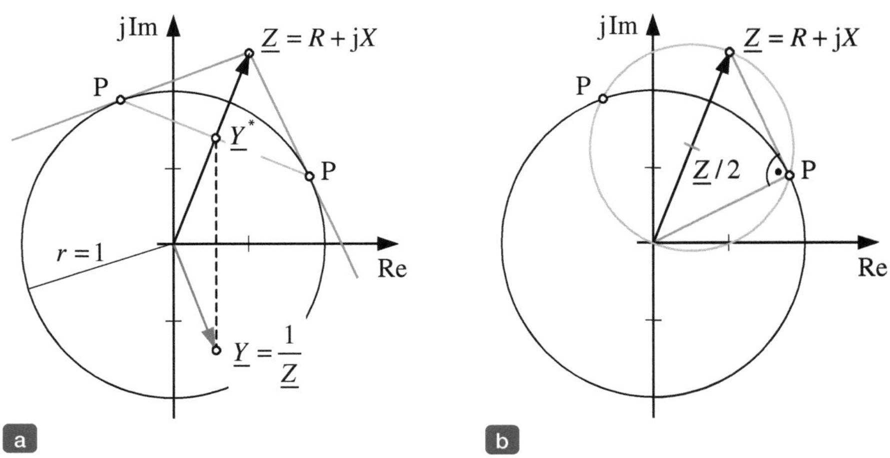

Abbildung 8.53: Zweites Verfahren zur Ermittlung des Kehrwertes einer komplexen Zahl

In dem Sonderfall $|\underline{Z}| = 1$ liegt der Punkt bereits auf dem Einheitskreis und es gilt $\underline{Y}^* = \underline{Z}$. In diesem Fall verbleibt nur die Spiegelung an der reellen Achse.

Liegt der Ausgangspunkt $\underline{Z}$ innerhalb des Einheitskreises, dann können die einzelnen Schritte in der umgekehrten Reihenfolge durchgeführt werden. (Es sei dem Leser überlassen, den Wert $\underline{Y}$ in Abb. 8.53a als Startwert zu nehmen und dessen Kehrwert $\underline{Z}$ zu ermitteln).

Die Bestimmung der Berührungspunkte P zwischen Einheitskreis und Tangenten ist auf zeichnerischem Wege ungenau. Alternativ können diese Punkte, so wie in ▶Abb. 8.53b dargestellt, als Schnittpunkte des Einheitskreises mit einem weiteren Kreis vom Radius $|\underline{Z}|/2$ gefunden werden, der um den Mittelpunkt $\underline{Z}/2$ geschlagen wird. Die Richtigkeit dieser Vorgehensweise wird in Anhang F.2 bewiesen.

8.7.3 Ortskurve für die Admittanz einer RL-Reihenschaltung

Wir wollen jetzt die Ortskurve für die Admittanz $\underline{Y} = 1/\underline{Z}$ der *RL*-Reihenschaltung ermitteln, wobei zunächst wieder der Fall des variablen Widerstandes betrachtet werden soll. Die Aufgabe besteht also darin, die Ortskurve der Abb. 8.50 zu invertieren. Dies kann auf einfache Weise dadurch geschehen, dass die einzelnen Punkte der Ortskurve mit dem ersten Verfahren invertiert und die einzelnen Inversionspunkte miteinander verbunden werden. Das Ergebnis ist in ▶Abb. 8.54 dargestellt und liefert einen Halbkreis mit den beiden Endpunkten $\underline{Y} = 1/\mathrm{j}\omega L$ für $R = 0$ und $\underline{Y} = 0$ für $R \to \infty$.

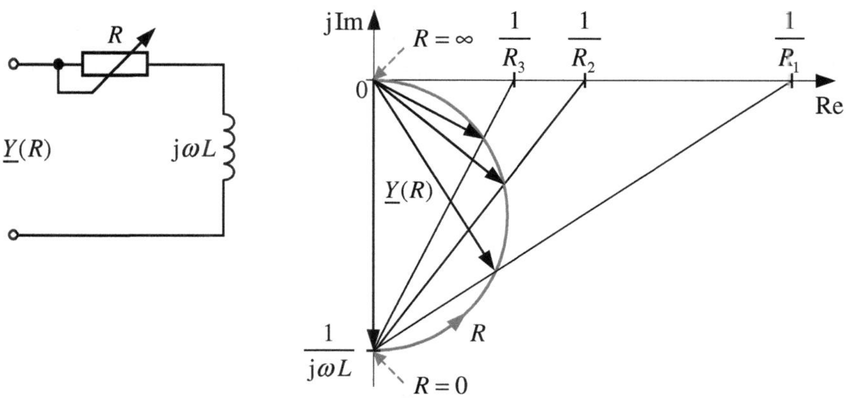

Abbildung 8.54: Ortskurve für die Admittanz der *RL*-Reihenschaltung für variablen Widerstand

Im nächsten Schritt invertieren wir die Ortskurven in Abb. 8.51. Mit der gleichen Vorgehensweise erhalten wir die Ortskurve der Admittanz der *RL*-Reihenschaltung für den Fall einer variablen Reaktanz. Die ▶Abb. 8.55 zeigt die Inversion für die Ortskurve aus dem Teilbild b der Abb. 8.51, bei dem die Frequenz variiert wurde. Auch in diesem Fall erhalten wir einen Halbkreis mit den beiden Endpunkten $\underline{Y} = 1/R$ für $\omega = 0$ und $\underline{Y} = 0$ für $\omega \to \infty$.

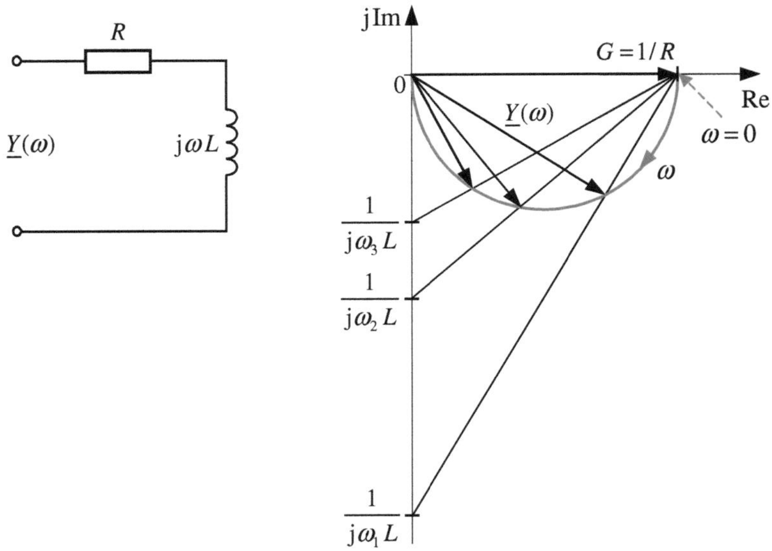

Abbildung 8.55: Ortskurve für die Admittanz der *RL*-Reihenschaltung für variable Frequenz

8.7.4 Allgemeine Gesetzmäßigkeiten bei der Inversion von Ortskurven

Aus den betrachteten Beispielen ist zu erkennen, dass die punktweise Inversion einer Ortskurve unter Umständen sehr mühsam sein kann. Andererseits sind aber bei der Inversion der Geraden neue Ortskurven entstanden, deren geometrische Form (Kreis bzw. Halbkreis) bereits durch wenige Angaben wie z.B. die Lage des Kreismittelpunktes und den Kreisradius (und eventuell noch Anfangs- und Endpunkt bei einem Kreisausschnitt) vollständig beschrieben werden kann. Es stellt sich daher die Frage nach allgemeingültigen Zusammenhängen bei der Inversion von Ortskurven, die diesen Vorgang vereinfachen.

Die folgenden Gesetzmäßigkeiten sind in den Kapitel F.3 bis F.5 im Anhang bewiesen:

Merke

1. Eine Gerade, die durch den Ursprung geht, wird wieder in eine Gerade invertiert, die ebenfalls durch den Ursprung geht.

2. Eine Gerade, die sich beidseitig nach unendlich erstreckt und nicht durch den Ursprung geht, wird in einen Kreis invertiert, der durch den Ursprung geht (und umgekehrt). Erstreckt sich die Gerade nicht beidseitig nach unendlich, dann liefert die Inversion auch nur den zugehörigen Teil des Kreises.

3. Ein Kreis, der nicht durch den Ursprung geht, wird wieder in einen Kreis invertiert.

8.7.5 Ortskurven bei komplizierteren Netzwerken

Zur Erstellung einer Ortskurve bei komplizierteren Netzwerken geht man üblicherweise so vor, dass die bereits bekannten Ortskurven für Teilnetzwerke punktweise, d.h. bei jeweils gleichen Parametern, addiert werden. Als Beispiel soll die Ortskurve für die Impedanz des Netzwerks in ▶Abb. 8.56 bei veränderlicher Frequenz dargestellt werden.

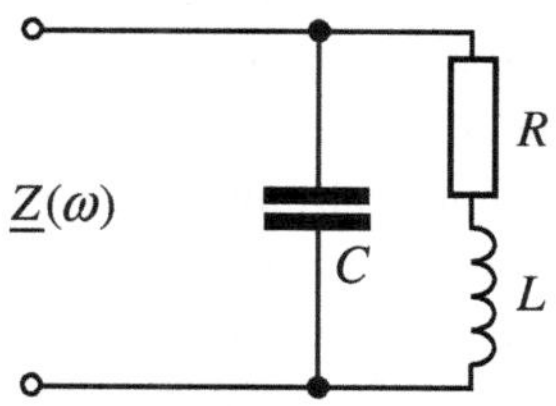

Abbildung 8.56: Resonantes Netzwerk

Wegen der Parallelschaltung der beiden aus der Kapazität C und aus der RL-Reihenschaltung bestehenden Zweipole müssen die beiden Admittanzen addiert werden

$$\underline{Y} = \mathrm{j}\omega C + \frac{1}{R + \mathrm{j}\omega L}. \tag{8.144}$$

Die Ortskurve der Admittanz $\mathrm{j}\omega C$ beginnt im Ursprung und verläuft entlang der positiven, imaginären Achse. Addiert man diese zu dem in der unteren Halbebene liegenden Halbkreis nach Abb. 8.55, dann erhält man beispielsweise den qualitativen Kurvenverlauf auf der rechten Seite der ▶Abb. 8.57. Der exakte Verlauf hängt zwar von den Werten R, L und C ab, an dem prinzipiellen Verlauf kann man aber bereits erkennen, dass eine Resonanzfrequenz ω_0 existiert, bei der der Phasenwinkel null wird, d.h. der Imaginärteil von Admittanz und Impedanz verschwindet.

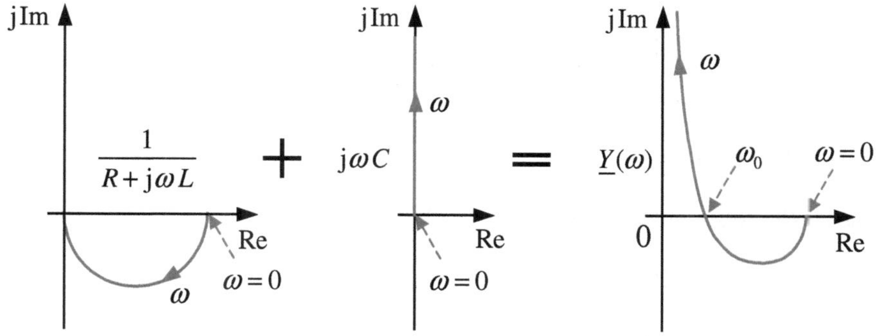

Abbildung 8.57: Konstruktion der Ortskurve für die Admittanz

Bei den Resonanzerscheinungen in Kapitel 8.5 haben wir festgestellt, dass die Güte des Schwingkreises großen Einfluss auf das Resonanzverhalten hat. Wird die Güte zu klein, dann verschwindet die Resonanz völlig und es tritt z.B. keine Strom- oder Spannungsüberhöhung an den Komponenten mehr auf. In diesem Fall darf in der resultierenden Ortskurve der Schnittpunkt mit der reellen Achse bei ω_0 ebenfalls nicht mehr auftreten, d.h., an der Ortskurve muss zu erkennen sein, ob das Netzwerk eine Resonanzfrequenz besitzt oder nicht.

Der Schnittpunkt mit der reellen Achse tritt aber genau dann nicht mehr auf, wenn die Ortskurve, die immer für $\omega = 0$ an der Stelle $1/R$ auf der reellen Achse beginnt und sich für $\omega \to \infty$ der positiven imaginären Achse asymptotisch nähert, ausschließlich durch den ersten Quadranten verläuft. Für die beiden Teiladmittanzen bedeutet das, dass bei einer Erhöhung der Frequenz, ausgehend von $\omega = 0$, der Beitrag der Kapazität schneller in Richtung positiver Imaginärteile als die kreisförmige Ortskurve infolge der *RL*-Reihenschaltung in Richtung negativer Imaginärteile anwächst. In diesem Fall wird die Ortskurve, beginnend bei $1/R$, senkrecht zur reellen Achse direkt in Richtung des ersten Quadranten verlaufen. Der Grenzfall zwischen dieser Situation und dem in Abb. 8.57 dargestellten Fall besteht darin, dass der Zuwachs der beiden Teiladmittanzen in Richtung positiver bzw. negativer Imaginärteile bei wachsendem ω gleich schnell erfolgt. Die Ortskurve für die Gesamtadmittanz wird in diesem Fall zunächst parallel zur reellen Achse verlaufen, bevor sie in den ersten Quadranten eintritt.

Zum leichteren Verständnis wollen wir die Ortskurven für die drei Fälle für ein konkretes Zahlenbeispiel darstellen. Zunächst benötigen wir aber den Widerstandswert für den Grenzfall. Wird die Admittanz (8.144) durch die konjugiert komplexe Erweiterung in der Form

$$\underline{Y} = \mathrm{j}\omega C + \frac{1}{R + \mathrm{j}\omega L} = \mathrm{j}\omega C + \frac{R - \mathrm{j}\omega L}{R^2 + (\omega L)^2} = \frac{R}{R^2 + (\omega L)^2} + \mathrm{j}\omega \left[C - \frac{L}{R^2 + (\omega L)^2} \right] \quad (8.145)$$

geschrieben, dann lässt sich die Resonanzfrequenz aus der Forderung nach dem Verschwinden des Imaginärteils berechnen. Es muss also gelten:

$$L = C\left[R^2 + (\omega_0 L)^2\right] \quad \text{bzw.} \quad \omega_0 = \frac{1}{L}\sqrt{\frac{L}{C} - R^2}\,. \quad (8.146)$$

Die Wurzel besitzt nur eine reelle Lösung, falls $L/C > R^2$ ist. Wir erhalten somit die drei möglichen Fälle

1. $L/C > R^2$ Resonanzfrequenz bei ω_0 nach Gl. (8.146),
2. $L/C = R^2$ Grenzfall mit $\omega_0 = 0$,
3. $L/C < R^2$ keine Resonanzerscheinungen.

Die berechneten Ortskurven für Admittanz und Impedanz für das Netzwerk in Abb. 8.56 mit den Komponenten $L = 1\,\mathrm{mH}$ und $C = 10\,\mu\mathrm{F}$ sind mit der Frequenz als Parameter in den ▶Abb. 8.58 bis 8.60 gegenübergestellt.

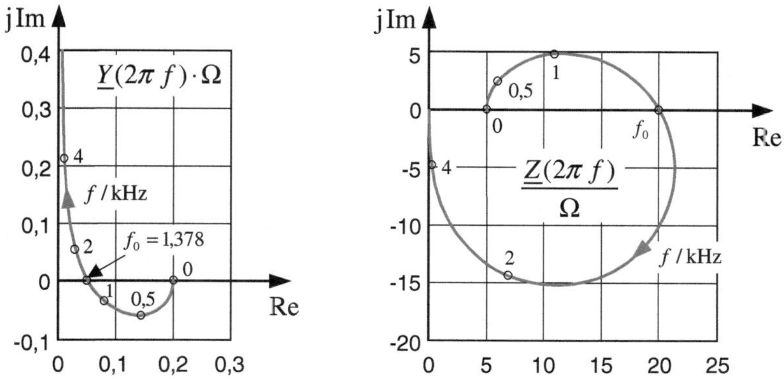

Abbildung 8.58: Ortskurven für Admittanz und Impedanz, Fall 1 mit $R = 5\,\Omega$

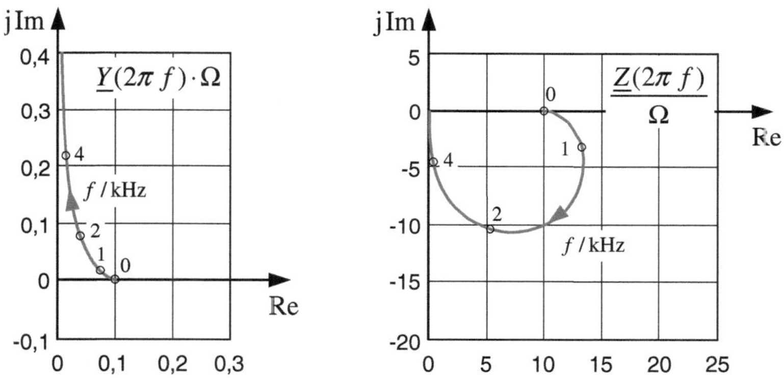

Abbildung 8.59: Ortskurven für Admittanz und Impedanz, Fall 2 mit $R = \sqrt{L/C} = 10\,\Omega$

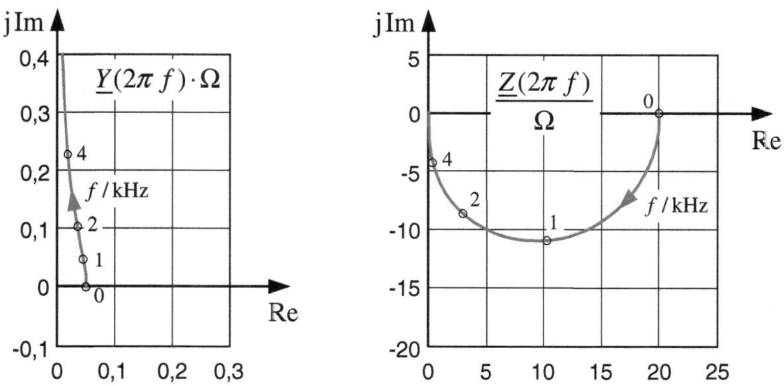

Abbildung 8.60: Ortskurven für Admittanz und Impedanz, Fall 3 mit $R = 20\,\Omega$

8.8 Energie und Leistung bei Wechselspannung

In diesem Kapitel wollen wir die Frage nach der in einem linearen Netzwerk gespeicherten oder verbrauchten Energie untersuchen, wenn das Netzwerk an eine Wechselspannungs- bzw. Wechselstromquelle angeschlossen ist. Dabei soll die Einschränkung gelten, dass das Netzwerk aus einzelnen Zweipolen aufgebaut ist. Da sich die insgesamt in dem Netzwerk gespeicherte oder verbrauchte Energie aus der linearen Überlagerung der Beiträge der einzelnen Zweipole zusammensetzt, kann die Untersuchung auf den in ▶Abb. 8.61 dargestellten linearen Zweipol[5] beschränkt werden. Die an den Anschlussklemmen vorliegenden zeitabhängigen Größen können in der allgemeinen Form

$$u(t) = \hat{u}\cos(\omega t + \varphi_u) \quad \text{und} \quad i(t) = \hat{i}\cos(\omega t + \varphi_i) \tag{8.147}$$

mit der Kreisfrequenz $\omega = 2\pi f$ und den gegenüber einem beliebigen Bezugswert angenommenen Phasenverschiebungen (*Nullphasenwinkeln*) φ_u der Spannung und φ_i des Stromes dargestellt werden.

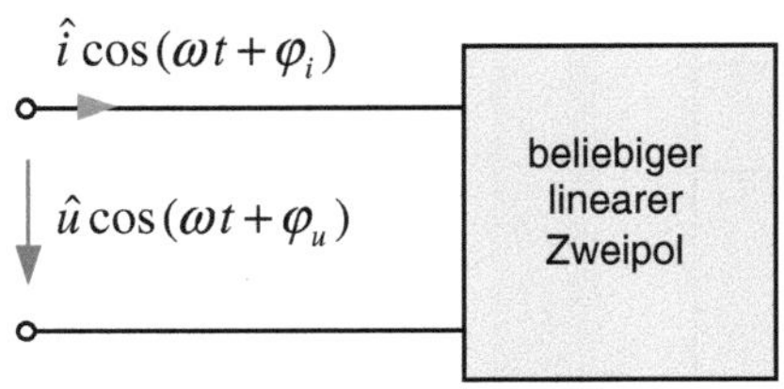

Abbildung 8.61: Zweipol an Wechselspannung

Bei den zeitabhängigen Signalverläufen $u(t)$ und $i(t)$ ist der Momentanwert der Leistung, d.h. die bei Zugrundelegung des Verbraucherzählpfeilsystems augenblicklich an den Zweipol abgegebene Leistung, nach Gl. (7.12) durch das Produkt

$$p(t) = u(t)\; i(t) = \hat{u}\,\hat{i}\; \cos(\omega t + \varphi_u)\cos(\omega t + \varphi_i) \tag{8.148}$$

gegeben. Diese Leistung kann abhängig von dem Zeitpunkt t positiv oder negativ sein. Für $p(t) > 0$ nimmt der Zweipol augenblicklich Leistung auf, er verhält sich wie ein Verbraucher. Bei einem rein ohmschen Zweipol ist diese Bedingung zu jedem Zeitpunkt erfüllt. Gilt dagegen $p(t) < 0$, dann gibt der Zweipol augenblicklich Leistung ab, er verhält sich wie eine Quelle. Dieser Fall tritt während eines Teils der Periodendauer auf, wenn Blindenergie (vgl. Kapitel 8.8.2) zwischen der Quelle und dem Zweipol hin- und herpendelt.

Wir untersuchen zunächst die Sonderfälle, bei denen der Zweipol lediglich eine der Komponenten R, L oder C enthält und verallgemeinern dann die Ergebnisse auf einen aus diesen Komponenten beliebig zusammengesetzten Zweipol. Da die hier betrachteten Zweipole keine Strom- oder Spannungsquellen enthalten, werden sie als **passive Zweipole** bezeichnet. Die im zeitlichen Mittel über eine komplette Periode aufgenommene Leistung ist bei den passiven Zweipolen immer größer oder gleich null.

5 Beim linearen Zweipol sind alle Wirk- und Blindwiderstände unabhängig von dem Strom durch die Komponenten.

8.8.1 Wirkleistung

An einem ohmschen Widerstand sind Strom und Spannung immer in Phase. Wegen $\varphi_i = \varphi_u$ setzt sich die zeitabhängige Leistung aus einem zeitunabhängigen Anteil und einem mit doppelter Frequenz schwingenden Pendelanteil zusammen

$$p(t) = \hat{u}\,\hat{i}\cos^2(\omega t + \varphi_u) \overset{(H.3)}{=} \frac{\hat{u}\,\hat{i}}{2}\left[1 + \cos(2\omega t + 2\varphi_u)\right] \overset{(7.14)}{=} U\,I\left[1 + \cos(2\omega t + 2\varphi_u)\right]. \quad (8.149)$$

Das Ergebnis (8.149) beschreibt die momentan am Widerstand verbrauchte, d.h. in Wärme umgewandelte Leistung:

$$p(t) = U\,I\left[1 + \cos(2\omega t + 2\varphi_u)\right] = U\,I\left[1 + \cos(2\omega t + 2\varphi_i)\right]. \quad (8.150)$$

Von besonderem Interesse ist die im zeitlichen Mittel an dem Widerstand verbrauchte Leistung. Bei der Integration über eine volle Periodendauer nach Gl. (7.8) verschwindet der Beitrag der Kosinusfunktion und es verbleibt der bereits in Gl. (7.13) angegebene Ausdruck

$$\overline{P} = \frac{1}{T}\int_0^T p(t)\,\mathrm{d}t = U\,I\,, \quad (8.151)$$

der als **mittlere Wirkleistung** oder kurz **Wirkleistung** P bezeichnet wird:[6]

$$\overline{P} = P = U\,I = U_{eff}\,I_{eff} = I_{eff}^{\,2}\,R = \frac{1}{R}U_{eff}^{\,2}. \quad (8.152)$$

Merke

An einem ohmschen Widerstand ist die Wirkleistung durch das Produkt der Effektivwerte von Strom und Spannung gegeben.

Der zeitliche Verlauf von Strom und Spannung nach Gl. (8.147) ist in ▶Abb. 8.62 für eine komplette Periodendauer dargestellt. Die mit doppelter Frequenz schwingende, zeitabhängige Leistung $p(t)$ pendelt um den Mittelwert P. Die markierte Fläche unterhalb der Leistungskurve ist ein Maß für die an dem Widerstand in Wärme umgewandelte Energie.

6 **Vorsicht:** Während die Effektivwerte von Strom und Spannung üblicherweise mit Großbuchstaben bezeichnet werden ($U_{eff} = U$, $I_{eff} = I$), bezieht sich der Großbuchstabe P bei der Leistung auf den zeitlichen *Mittelwert*.

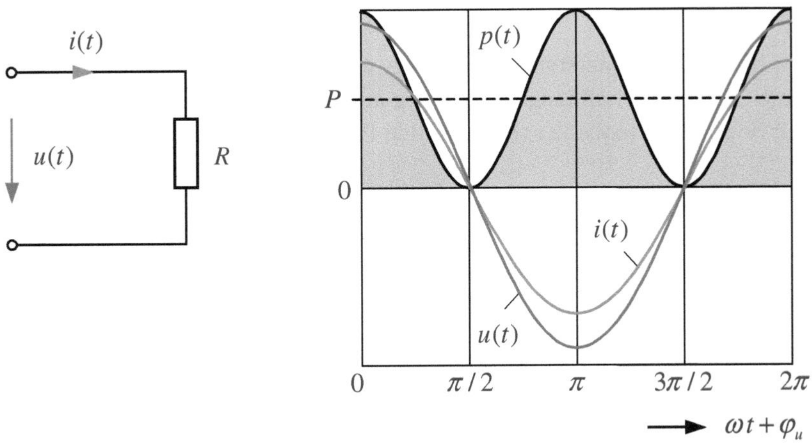

Abbildung 8.62: Signalverläufe am ohmschen Widerstand bei Wechselspannung

8.8.2 Blindleistung

An der Induktivität eilt der Strom der Spannung um $\pi/2$ nach. Mit der jetzt geltenden Phasenbeziehung $\varphi_i = \varphi_u - \pi/2$ lässt sich die zeitabhängige Leistung (8.148) mithilfe von Additionstheoremen auf die Form

$$\begin{aligned} p(t) &= \hat{u}\,\hat{i}\cos(\omega t+\varphi_u)\,\cos\left(\omega t+\varphi_u-\frac{\pi}{2}\right) \overset{(\mathrm{H.5})}{=} \hat{u}\,\hat{i}\cos(\omega t+\varphi_u)\,\sin(\omega t+\varphi_u) \\ &\overset{(\mathrm{H.4})}{=} \hat{u}\,\hat{i}\,\frac{1}{2}\sin(2\omega t+2\varphi_u) = U\,I\sin(2\omega t+2\varphi_u) = -U\,I\sin(2\omega t+2\varphi_i) \end{aligned} \tag{8.153}$$

bringen. Diese besteht nur aus einem mit doppelter Frequenz schwingenden Pendelanteil, der Mittelwert verschwindet. Der zeitliche Verlauf von Strom und Spannung nach Gl. (8.147) ist zusammen mit der zeitabhängigen Leistung in ▶Abb. 8.63 für eine komplette Periodendauer dargestellt.

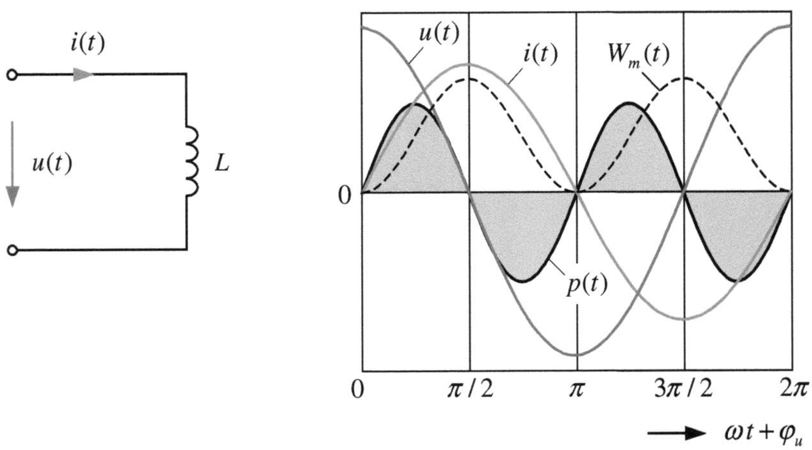

Abbildung 8.63: Signalverläufe an einer Induktivität bei Wechselspannung

In den Zeitbereichen, in denen Strom und Spannung das gleiche Vorzeichen haben, die Momentanleistung also positiv ist, wird aus der Quelle Energie entnommen und an die Induktivität abgegeben. Die ebenfalls in der Abb. 8.63 gestrichelt dargestellte im Magnetfeld gespeicherte Energie

$$W_m(t) \overset{(6.51)}{=} \frac{1}{2} L\, i^2(t) = \frac{1}{2} L\left[\,\hat{i}\cos(\omega t+\varphi_i)\right]^2 = \frac{1}{2} L\left[\,\hat{i}\sin(\omega t+\varphi_u)\right]^2 \tag{8.154}$$

nimmt in diesen Zeitbereichen zu. Haben Strom und Spannung jedoch entgegengesetzte Vorzeichen, wenn die Momentanleistung also negativ ist, dann nimmt die Energie im Magnetfeld wieder ab und wird an die Quelle zurückgeliefert. Die Energie wird nicht verbraucht, sie pendelt lediglich zwischen Induktivität und Quelle hin und her.

Aus der Abb. 8.63 ist deutlich zu erkennen, wie die während der ersten Viertelperiode aus der Quelle entnommene Energie zu einer Erhöhung der im Magnetfeld gespeicherten Energie beiträgt, während in der darauf folgenden Viertelperiode das Magnetfeld wieder abgebaut und die Energie zur Quelle zurückgeliefert wird. Diese hin und her pendelnde Energie wird als **Blindenergie** bezeichnet.

Bei der Kapazität sind die Verhältnisse ähnlich wie bei der Induktivität. Da der Strom jetzt der Spannung um $\pi/2$ voreilt, ändert sich beim Strom und somit auch bei der zeitabhängigen Leistung nur das Vorzeichen:

$$p(t) = -UI\sin(2\omega t+2\varphi_u) = UI\sin(2\omega t+2\varphi_i)\,. \tag{8.155}$$

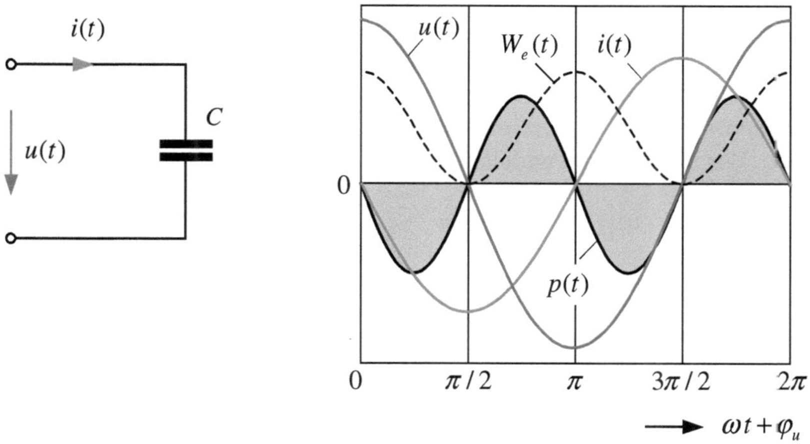

Abbildung 8.64: Signalverläufe an einer Kapazität bei Wechselspannung

Im Unterschied zur Abb. 8.63, in der die maximal gespeicherte Energie zeitgleich mit dem Maximalwert des Stromes auftritt, erreicht die Energie bei der Kapazität ihr Maximum zeitgleich mit dem Maximalwert der Spannung. Die gesamte der Kapazität zugeführte Energie ist identisch mit der im elektrischen Feld gespeicherten Energie:

$$W_e(t) = \frac{1}{2} C\, u^2(t) = \frac{1}{2} C\left[\,\hat{u}\cos(\omega t+\varphi_u)\right]^2 = \frac{1}{2} C\left[\,\hat{u}\sin(\omega t+\varphi_i)\right]^2. \tag{8.156}$$

Auch hier wird die Energie nicht verbraucht, sie pendelt zwischen Kapazität und Quelle hin und her.

Bei dem Energieaustausch zwischen Wechselspannungsquelle und Induktivität bzw. Kapazität entstehen prinzipiell keine Verluste. Die der Quelle zeitweise entnommene Energie wird zum Aufbau des magnetischen bzw. elektrischen Feldes verwendet, beim Abbau des Feldes wird die Energie an die Quelle zurückgeliefert. In der Praxis existieren jedoch keine idealen Spulen oder Kondensatoren. In allen realen Bauelementen entstehen infolge des Stromes Verluste, sowohl in den Zuleitungen als auch abhängig von den jeweils verwendeten Materialien innerhalb der Komponenten selbst (z.B. Hystereseverluste). Aus diesem Grund ist man in der Praxis oft bestrebt, diese **Blindströme** möglichst klein zu halten bzw. völlig zu vermeiden.

8.8.3 Scheinleistung und Leistungsfaktor

Nachdem wir die Sonderfälle mit nur jeweils einer Komponente untersucht haben, kehren wir noch einmal zur Abb. 8.61 zurück. Der Zweipol soll jetzt aus einem beliebigen, aus den Komponenten R, L und C zusammengesetzten linearen Netzwerk bestehen, d.h., die Phasenverschiebung zwischen Strom und Spannung kann einen beliebigen Wert in dem Bereich $-\pi/2 \le \varphi_u - \varphi_i \le +\pi/2$ annehmen. Die zeitabhängige Leistung (8.148) formen wir zunächst mithilfe von Additionstheoremen in der folgenden Weise um

$$\begin{aligned} p(t) &= \hat{u}\,\hat{i}\,\cos(\omega t+\varphi_u)\,\cos(\omega t+\varphi_i) \overset{(H.7)}{=} \hat{u}\,\hat{i}\,\frac{1}{2}\left[\cos(\varphi_u-\varphi_i)+\cos(2\omega t+\varphi_u+\varphi_i)\right] \\ &= UI\cos(\varphi_u-\varphi_i)+UI\cos(2\omega t+\varphi_u+\varphi_i)\,. \end{aligned} \tag{8.157}$$

Auch in diesem allgemeinen Fall setzt sich die zeitabhängige Leistung aus einem zeitunabhängigen Anteil und einem mit doppelter Frequenz schwingenden Pendelanteil zusammen. Wir formen den Pendelanteil weiter um

$$\begin{aligned} \cos(2\omega t+\varphi_u+\varphi_i) &= \cos\left[(2\omega t+2\varphi_u)-(\varphi_u-\varphi_i)\right] \\ &\overset{(H.5)}{=} \cos(2\omega t+2\varphi_u)\,\cos(\varphi_u-\varphi_i) + \sin(2\omega t+2\varphi_u)\,\sin(\varphi_u-\varphi_i) \end{aligned} \tag{8.158}$$

und gelangen zu einer ersten Darstellung für die Momentanleistung

$$p(t) = UI\cos(\varphi_u-\varphi_i)\left[1+\cos(2\omega t+2\varphi_u)\right]+UI\sin(\varphi_u-\varphi_i)\,\sin(2\omega t+2\varphi_u)\,, \tag{8.159}$$

bei der im Argument der zeitabhängigen Funktionen nur der Phasenwinkel der Spannung φ_u enthalten ist. Mit der gleichen Berechtigung lässt sich der Pendelanteil auch in der folgenden Weise umformen:

$$\begin{aligned} \cos(2\omega t+\varphi_u+\varphi_i) &= \cos\left[(2\omega t+2\varphi_i)+(\varphi_u-\varphi_i)\right] \\ &\overset{(H.5)}{=} \cos(2\omega t+2\varphi_i)\,\cos(\varphi_u-\varphi_i) - \sin(2\omega t+2\varphi_i)\,\sin(\varphi_u-\varphi_i)\,, \end{aligned} \tag{8.160}$$

aus der eine zweite Darstellung für die Momentanleistung (8.157) resultiert

$$p(t) = UI\cos(\varphi_u - \varphi_i)\left[1 + \cos(2\omega t + 2\varphi_i)\right] - UI\sin(\varphi_u - \varphi_i)\,\sin(2\omega t + 2\varphi_i)\,, \quad (8.161)$$

bei der im Argument der zeitabhängigen Funktionen nur der Phasenwinkel des Stromes φ_i enthalten ist.

Setzen wir die Phasenverschiebung zwischen Strom und Spannung zu null $\varphi_u - \varphi_i = 0$, dann entspricht der erste Summand in den Gln. (8.159) bzw. (8.161) wegen cos(0) = 1 der momentanen Wirkleistung in Gl. (8.150) und der zweite Summand verschwindet jeweils. Sind Strom und Spannung um $\pm\,\pi/2$ in der Phase gegeneinander verschoben, dann verschwindet der erste Summand und der zweite Summand vereinfacht sich auf die in den Gln. (8.153) bzw. (8.155) angegebenen Ausdrücke bei der Induktivität bzw. bei der Kapazität. Offenbar beschreibt der erste Summand in den Gln. (8.159) und (8.161) den momentanen Leistungsanteil, der im Zweipol irreversibel in eine andere Energieform (Wärme) umgewandelt wird und damit einer Wirkleistung entspricht, während der zweite Summand den momentanen Leistungsanteil beschreibt, der für die Änderung der im magnetischen bzw. elektrischen Feld gespeicherten Energie verantwortlich ist und damit einer Blindleistung entspricht.

In dem allgemeinen Fall, bei dem an dem linearen Zweipol Strom und Spannung entsprechend der Beziehung (8.147) gegeben sind und die Phasenverschiebung zwischen diesen beiden Größen in dem Bereich $-\pi/2 \le \varphi_u - \varphi_i \le +\pi/2$ liegt, kann die (mittlere) Wirkleistung entsprechend Gl. (7.8) durch Integration der Ausdrücke (8.159) bzw. (8.161) über eine volle Periode berechnet werden. Wegen $\cos(\varphi) = \cos(-\varphi)$ ist dieser Wert unabhängig davon, ob der Strom vor- oder nacheilt:

$$P = U\,I\cos(\varphi_u - \varphi_i)\,. \quad (8.162)$$

Die Wirkleistung hängt im allgemeinen Fall sowohl von den Amplituden von Strom und Spannung als auch von dem Phasenwinkel zwischen diesen beiden Größen ab. Der üblicherweise mit λ abgekürzte Faktor $\cos(\varphi_u - \varphi_i) = \lambda$ wird als **Leistungsfaktor** bezeichnet. Besteht der Zweipol nur aus ohmschen Widerständen, dann gilt $\varphi_u = \varphi_i$ und der Leistungsfaktor besitzt den Wert $\lambda = \cos(0) = 1$. Bei einem reinen Blindwiderstand ist der Phasenwinkel $\varphi_u - \varphi_i = \pm\pi/2$ und für den Leistungsfaktor gilt $\lambda = \cos(\pm\pi/2) = 0$.

In Anlehnung an die Definition der Wirkleistung (8.162), diese entspricht der Amplitude der um den Mittelwert schwingenden, momentanen Wirkleistung, bezeichnet man die Amplitude bei dem zweiten Summanden

$$Q = U\,I\sin(\varphi_u - \varphi_i) \quad (8.163)$$

als **Blindleistung**. Während die Wirkleistung an einem aus den Komponenten R, L und C aufgebauten Zweipol immer positiv ist, kann der Wert der in Gl. (8.163) definierten Blindleistung sowohl positiv als auch negativ werden, je nachdem, ob sich der Zweipol induktiv oder kapazitiv verhält und die Spannung gegenüber dem Strom vor- oder nacheilt.

Bei einer genaueren Analyse der beiden Gln. (8.159) und (8.161) stellt man fest, dass die Aufteilung der Momentanleistung $p(t)$ in die beiden Summanden für die bereits betrachteten Sonderfälle von Widerstand $\varphi_u - \varphi_i = 0$, Induktivität $\varphi_u - \varphi_i = \pi/2$ und Kapazität $\varphi_u - \varphi_i = -\pi/2$ zwar identisch ist, dass aber jeder andere mögliche Phasenunterschied zwischen Strom und Spannung zu einer unterschiedlichen Aufteilung führt. Die beiden zeitabhängigen Summanden in den genannten Gleichungen besitzen zwar gleiche Amplituden, die Phasen sind aber unterschiedlich.

Bevor wir die Frage näher untersuchen, welcher der beiden Ausdrücke die an einem Widerstand in Wärme umgesetzte Leistung zu jedem Zeitpunkt richtig beschreibt, stellen wir die beiden Gleichungen noch einmal gemeinsam dar. Mit den in den Gln. (8.162) und (8.163) definierten Begriffen gelten die Beziehungen

$$p(t) = P \begin{matrix} \left[1+\cos(2\omega t + 2\varphi_u)\right] \\ \left[1+\cos(2\omega t + 2\varphi_i)\right] \end{matrix} \pm Q \begin{matrix} \sin(2\omega t + 2\varphi_u) \\ \sin(2\omega t + 2\varphi_i) \end{matrix} . \tag{8.164}$$

Die weitere Untersuchung führen wir an einem konkreten Beispiel durch. Für die in ▶Abb. 8.65 dargestellte Reihenschaltung aus einem Widerstand R und einer Induktivität L sind bereits alle benötigten Zusammenhänge in Beispiel 8.2 abgeleitet. Wir wählen das Impedanzverhältnis $\omega L / R = \sqrt{3}$ und erhalten mit Gl. (8.53) eine Phasenverschiebung zwischen Strom und Spannung von $\varphi_u - \varphi_i = \arctan\sqrt{3} = \pi/3$ bzw. 60°. Mit einer angenommenen Spannungsamplitude $\hat{u} = 2\,\mathrm{V}$ und einem Widerstand $R = 1\,\Omega$ stellt sich nach Gl. (8.53) eine Stromamplitude $\hat{i} = 1\,\mathrm{A}$ ein. Die zugehörigen zeitabhängigen Verläufe sind in Abb. 8.65 dargestellt.

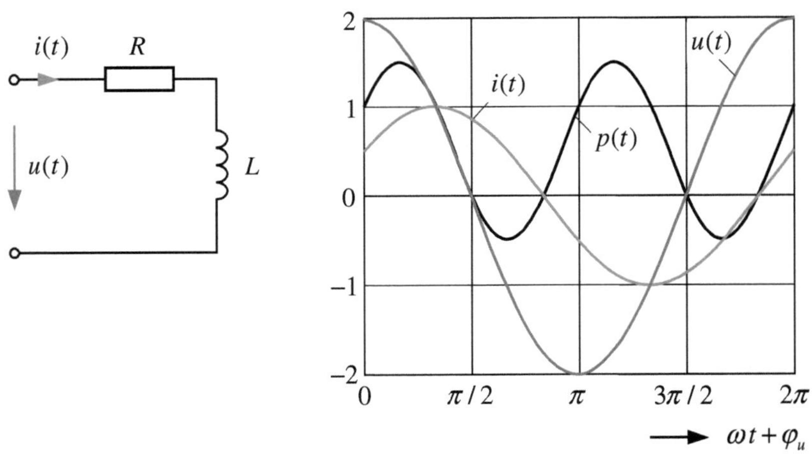

Abbildung 8.65: Signalverläufe an einer *RL*-Reihenschaltung bei Wechselspannung

Für die zeitabhängige Leistung am Widerstand muss gelten

$$p_R(t) = i^2(t) \cdot R = 1\,\mathrm{W} \cdot \cos^2(\omega t + \varphi_i) \overset{(\mathrm{H.3})}{=} \frac{1}{2}\mathrm{W}\left[1+\cos(2\omega t + 2\varphi_i)\right]. \tag{8.165}$$

Mit $P=(2\,\mathrm{V}/\sqrt{2})\cdot(1\,\mathrm{A}/\sqrt{2})\cos(\pi/3)=1/2\,\mathrm{W}$ ist der erste Ausdruck in der unteren Zeile der Gl. (8.164) identisch zur Gl. (8.165). Dieser beschreibt somit richtig die zeitabhängigen Verluste im Widerstand. Der entsprechende Ausdruck in der oberen Zeile ist demgegenüber um $2(\varphi_\mathrm{u}-\varphi_\mathrm{i})=2\pi/3$ in der Phase verschoben. Wie lässt sich dieser Sachverhalt nun verstehen? Betrachten wir dazu das Zeigerdiagramm in ▶Abb. 8.66, in dem der Strom zum Zeitpunkt $t=0$ mit einem beliebigen Phasenwinkel φ_i und die Spannung zum gleichen Zeitpunkt um $\pi/3$ voreilend dargestellt sind. In der betrachteten Reihenschaltung werden beide Komponenten vom gleichen Strom durchflossen. Am Widerstand ist die Spannung u_R in Phase mit dem Strom und an der Induktivität ist die Spannung u_L um $\pi/2$ voreilend. Wir müssen also die Spannung $u(t)$ zerlegen in die beiden senkrecht aufeinanderstehenden Komponenten u_R mit der Zeigerlänge $\hat{u}\cos(\varphi_u-\varphi_i)$ und u_L mit der Zeigerlänge $\hat{u}\sin(\varphi_u-\varphi_i)$:

$$\begin{aligned}u(t)&=\hat{u}\cos(\omega t+\varphi_u)=\hat{u}\cos(\varphi_u-\varphi_i)\cos(\omega t+\varphi_i)+\hat{u}\sin(\varphi_u-\varphi_i)\cos\left(\omega t+\varphi_i+\frac{\pi}{2}\right)\\&=\hat{u}\cos(\varphi_u-\varphi_i)\cos(\omega t+\varphi_i)-\hat{u}\sin(\varphi_u-\varphi_i)\sin(\omega t+\varphi_i)=u_R(t)+u_L(t)\,.\end{aligned}\qquad(8.166)$$

Das Produkt dieser beiden Komponenten mit dem Strom (8.147) ist identisch zu der unteren Zeile in Gl. (8.164). Wir können also feststellen, dass die Zerlegung der Momentanleistung in die beiden Anteile, in denen die zeitabhängigen Funktionen die Phasenverschiebung des Stromes φ_i im Argument enthalten, auch die Aufteilung der Eingangsleistung auf die beiden Komponenten Widerstand und Induktivität bei der Reihenschaltung zu jedem Zeitpunkt richtig wiedergibt. Diese Aufteilung der Momentanleistung ist ebenfalls in der Abb. 8.66 dargestellt. Ein Vergleich der Abb. 8.65 und 8.66 zeigt, dass der Maximalwert der am Widerstand entstehenden Verluste $p_R(t)$ zeitgleich mit dem Maximalwert des Stromes auftritt.

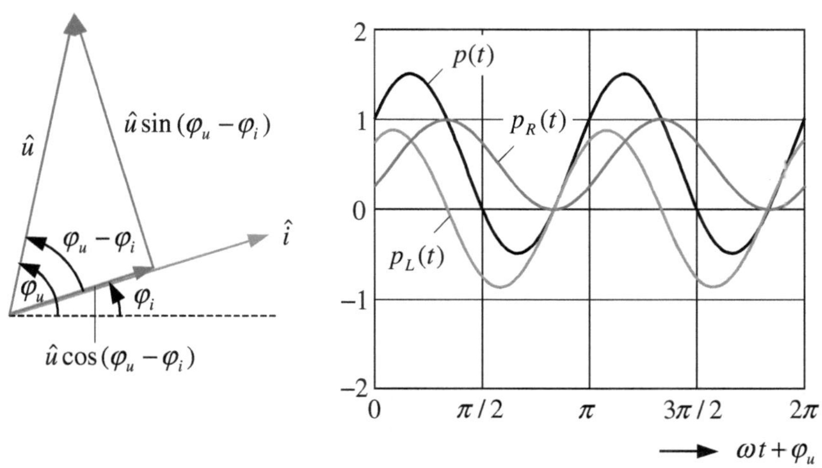

Abbildung 8.66: Zeigerdiagramm und Aufteilung der Momentanleistung für die *RL*-Reihenschaltung

Damit ist es auch naheliegend zu vermuten, dass die obere Zeile in Gl. (8.164) die Verhältnisse bei der Parallelschaltung richtig beschreibt. Wir überprüfen das, indem wir die bisherige Reihenschaltung bei der gleichen Frequenz durch eine äquivalente Parallelschaltung aus einem Widerstand und einer Induktivität entsprechend den Beziehungen in Abb. 8.18 ersetzen. Strom und Spannung an den Eingangsklemmen nach Gl. (8.147) und auch die Leistung $p(t)$ sind damit unverändert gegenüber dem bisher betrachteten Fall. Da jetzt die Spannung an beiden Komponenten gleich ist, muss der Strom in einen Anteil i_R in Phase zur Spannung und in einen um $\pi/2$ nacheilenden Anteil i_L zerlegt werden. Mit den in ▶Abb. 8.67 bereits angegebenen Zeigerlängen $\hat{i}\cos(\varphi_u-\varphi_i)$ für i_R und $\hat{i}\sin(\varphi_u-\varphi_i)$ für i_L gilt die Zerlegung

$$\begin{aligned} i(t)=\hat{i}\cos(\omega t+\varphi_i) &= \hat{i}\cos(\varphi_u-\varphi_i)\cos(\omega t+\varphi_u)+\hat{i}\sin(\varphi_u-\varphi_i)\cos\left(\omega t+\varphi_u-\frac{\pi}{2}\right) \\ &= \hat{i}\cos(\varphi_u-\varphi_i)\cos(\omega t+\varphi_u)+\hat{i}\sin(\varphi_u-\varphi_i)\sin(\omega t+\varphi_u)=i_R(t)+i_L(t)\,, \end{aligned} \tag{8.167}$$

die mit der Spannung (8.147) multipliziert der oberen Zeile der Gl. (8.164) entspricht. Diese Aufteilung der Momentanleistung für die Parallelschaltung ist ebenfalls in der Abb. 8.67 dargestellt. In diesem Fall tritt der Maximalwert der am Widerstand entstehenden Verluste $p_R(t)$ zeitgleich mit dem Maximalwert der Spannung auf.

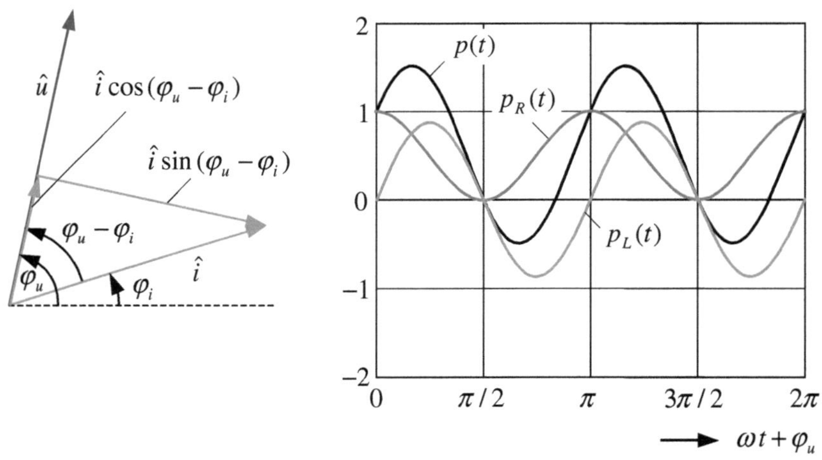

Abbildung 8.67: Zeigerdiagramm und Aufteilung der Momentanleistung für die *RL*-Parallelschaltung

Merke

Besteht der Zweipol aus der Reihenschaltung eines Widerstandes mit einer Reaktanz, dann sind die zeitabhängigen Verluste im Widerstand in Phase mit dem Quadrat des Stromes. Bei der Parallelschaltung aus einem Widerstand und einer Reaktanz sind die zeitabhängigen Verluste im Widerstand in Phase mit dem Quadrat der Spannung.

Betrachten wir noch einmal die beiden Zeigerdiagramme in den Abb. 8.66 und 8.67. Werden alle drei Seiten des aus den Spannungen gebildeten Dreiecks in Abb. 8.66 mit dem Faktor $\hat{i}/2$ oder aber alle drei Seiten des aus den Strömen gebildeten Dreiecks in Abb. 8.67 mit dem Faktor $\hat{u}/2$ multipliziert, dann entsprechen die beiden Katheten des jeweils neu entstehenden Dreiecks der Wirkleistung und der Blindleistung. Die Hypotenuse

$$S = UI = \sqrt{P^2 + Q^2} \tag{8.168}$$

wird als **Scheinleistung** S bezeichnet. Sie entspricht dem Produkt der Effektivwerte von Spannung und Strom ohne Berücksichtigung des Leistungsfaktors. Die Bezeichnung Scheinleistung hängt damit zusammen, dass sie keine Leistung im physikalischen Sinne darstellt, da Strom und Spannung zu verschiedenen Zeitpunkten auftreten.

Mit dieser Definition kann der Leistungsfaktor auch aus dem Verhältnis von Wirkleistung zu Scheinleistung berechnet werden:

$$\lambda = \cos(\varphi_u - \varphi_i) = \frac{P}{S} . \tag{8.169}$$

Die Einheiten für die Leistungen P, Q und S ergeben sich immer aus dem Produkt von $[U]\cdot[I] = \mathrm{V}\cdot\mathrm{A}$. Um Verwechslungen bei der Leistungsangabe auf elektrischen Geräten zu vermeiden, werden daher vereinbarungsgemäß die folgenden Einheiten verwendet:

Tabelle 8.5

Leistungseinheiten

	Formel	Einheit
Wirkleistung	$P = UI\cos(\varphi_u - \varphi_i)$	W (Watt)
Blindleistung	$Q = UI\sin(\varphi_u - \varphi_i)$	VAr (Voltampere, reaktiv)
Scheinleistung	$S = UI = \frac{1}{2}\hat{u}\,\hat{i}$	VA (Voltampere)

8.8.4 Komplexe Leistung

In den bisherigen Formeln wurden die verschiedenen Leistungen aus den zeitabhängigen Strom- und Spannungsverläufen berechnet. Da bei den Wechselgrößen üblicherweise mit komplexen Amplituden gerechnet wird, sei hier der Begriff der komplexen Leistung eingeführt. Sind die komplexen Amplituden von Strom $\underline{\hat{i}}$ und Spannung $\underline{\hat{u}}$ nach Gl. (8.18) bekannt und kennzeichnet $\underline{\hat{i}}^*$ den konjugiert komplexen Wert von $\underline{\hat{i}}$, dann wird die komplexe Leistung definiert durch den Ausdruck

$$\begin{aligned} \underline{S} &= \frac{1}{2}\underline{\hat{u}}\,\underline{\hat{i}}^* \overset{(8.18)}{=} \frac{1}{2}\hat{u}\,\mathrm{e}^{\mathrm{j}\varphi_u}\left(\hat{i}\mathrm{e}^{\mathrm{j}\varphi_i}\right)^* = \frac{1}{2}\hat{u}\,\mathrm{e}^{\mathrm{j}\varphi_u}\,\hat{i}\mathrm{e}^{-\mathrm{j}\varphi_i} = UI\,\mathrm{e}^{\mathrm{j}(\varphi_u - \varphi_i)} \\ &= UI\cos(\varphi_u - \varphi_i) + \mathrm{j}\,UI\sin(\varphi_u - \varphi_i) = P + \mathrm{j}Q . \end{aligned} \tag{8.170}$$

Der Realteil der komplexen Leistung[7] entspricht der Wirkleistung, der Imaginärteil entspricht der Blindleistung. Nach Gl. (8.168) ist der Betrag der komplexen Leistung gleich der Scheinleistung

$$|\underline{S}| = |P + \mathrm{j}Q| = \sqrt{P^2 + Q^2} = S\,. \tag{8.171}$$

Die komplexe Leistung stellt offenbar eine Rechengröße dar, aus der sowohl Wirk-, Blind- als auch Scheinleistung berechnet werden können.

Beispiel 8.4: Komplexe Leistung am Widerstand

Ein Strom mit der komplexen Amplitude $\underline{\hat{i}}$ fließt durch einen ohmschen Widerstand R. Welche Leistung wird an dem Widerstand in Wärme umgewandelt?

Die Wirkleistung an R kann nach Gl. (8.170) in der folgenden Weise berechnet werden

$$P = \mathrm{Re}\{\underline{S}\} = \mathrm{Re}\left\{\frac{1}{2}\underline{\hat{u}}\,\underline{\hat{i}}^*\right\} \overset{(8.28)}{=} \mathrm{Re}\left\{\frac{1}{2}R\,\underline{\hat{i}}\,\underline{\hat{i}}^*\right\} \overset{(E.14)}{=} \mathrm{Re}\left\{\frac{1}{2}R\left|\underline{\hat{i}}\right|^2\right\} = \frac{1}{2}R\left|\underline{\hat{i}}\right|^2. \tag{8.172}$$

Die Realteilbildung entfällt, da am Widerstand keine Blindleistung entsteht und das Argument bereits reell ist. Zur Berechnung der Verluste stehen somit die beiden Möglichkeiten

$$P = \frac{1}{2}R\left|\underline{\hat{i}}\right|^2 = R\,I^2 \quad \text{bzw.} \quad P = \frac{1}{2}\frac{\left|\underline{\hat{u}}\right|^2}{R} = \frac{1}{R}U^2 \tag{8.173}$$

zur Verfügung, in Übereinstimmung mit der Gl. (7.13).

Allgemein lässt sich die komplexe Leistung an einer Impedanz $\underline{Z}$ bzw. an einer Admittanz $\underline{Y}$ durch die folgenden Zusammenhänge darstellen:

$$\begin{aligned}\underline{S} &= \frac{1}{2}\underline{\hat{u}}\,\underline{\hat{i}}^* \overset{(8.22)}{=} \frac{1}{2}\underline{Z}\,\underline{\hat{i}}\,\underline{\hat{i}}^* \overset{(E.14)}{=} \frac{1}{2}\underline{Z}\left|\underline{\hat{i}}\right|^2 = \underline{Z}\,I^2 = \frac{1}{\underline{Y}}I^2 \\ &= \frac{1}{2}\underline{\hat{u}}\frac{\underline{\hat{u}}^*}{\underline{Z}^*} = \frac{1}{\underline{Z}^*}U^2 = \underline{Y}^*\,U^2\,.\end{aligned} \tag{8.174}$$

7 Die komplexe Leistung könnte ebenso als das Produkt von der komplexen Amplitude des Stromes mit dem konjugiert komplexen Wert der Spannungsamplitude definiert werden. Bei der oben gewählten Definition ergibt die induktive Blindleistung einen positiven, die kapazitive Blindleistung einen negativen Imaginärteil.

8.9 Leistungsanpassung

In Kapitel 3.7.2 haben wir die Frage nach der maximalen Leistungsabgabe an einen ohmschen Verbraucher (Lastwiderstand R_L) in einem Gleichstromnetzwerk untersucht. Wir wollen jetzt die gleiche Frage für den verallgemeinerten Fall beantworten, bei dem der Verbraucher mit einer Impedanz $\underline{Z}_L = R_L + \mathrm{j}X_L$ an eine Wechselspannungsquelle $u(t) = \hat{u}\cos(\omega t)$ mit einer Innenimpedanz $\underline{Z}_i = R_i + \mathrm{j}X_i$ angeschlossen ist. Das zugrunde liegende Schaltbild mit den komplexen Amplituden ist in ▶Abb. 8.68 dargestellt.

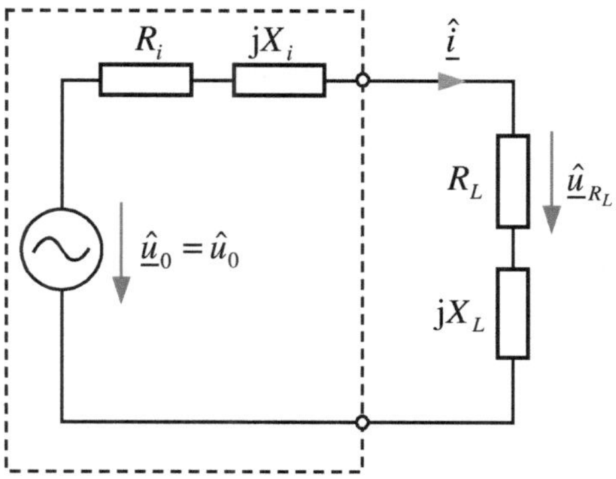

Abbildung 8.68: Zur Berechnung der maximalen Wirkleistung am Lastwiderstand

Wir wollen dabei zwei unterschiedliche Fälle betrachten, bei denen sich jeweils maximale Wirkleistung an R_L einstellen soll. Im ersten Fall wird angenommen, dass bei der Lastimpedanz sowohl R_L als auch X_L einstellbar sind, beim zweiten Fall besteht der Verbraucher nur aus einem veränderbaren Wirkwiderstand R_L und es gilt $X_L = 0$.

Mit der komplexen Amplitude für den Strom

$$\hat{\underline{i}} = \frac{\hat{u}_0}{R_i + R_L + \mathrm{j}(X_i + X_L)} \tag{8.175}$$

kann die Wirkleistung an R_L nach Gl. (8.173) berechnet werden:

$$P_L = \frac{1}{2} R_L \left|\hat{\underline{i}}\right|^2 = \frac{\hat{u}_0^{\,2}}{2} \frac{R_L}{(R_i + R_L)^2 + (X_i + X_L)^2}\,. \tag{8.176}$$

Diese Leistung soll für die beiden zu betrachtenden Fälle einen Maximalwert annehmen.

8.9.1 Lastimpedanz mit einstellbarem Wirk- und Blindwiderstand

Die Bedingung für X_L ist ohne Rechnung aus der Gleichung ablesbar. Die Leistung wird maximal, wenn der Nenner in Gl. (8.176) minimal wird, d.h., es muss gelten:[8]

$$X_L = -X_i \,. \tag{8.177}$$

Die beiden Blindwiderstände müssen sich gegenseitig kompensieren. Wir haben hier die gleiche Situation wie bei dem Serienschwingkreis in Kapitel 8.5.1, der bei seiner Resonanzfrequenz betrieben wird (Vorsicht: An der Innenimpedanz der Quelle und am Verbraucher kann **Spannungsüberhöhung** auftreten).

Für die weitere Betrachtung reduziert sich das Netzwerk auf die ohmschen Widerstände. Die Forderung, dass der verbleibende Ausdruck

$$P_L = \frac{\hat{u}_0^{\,2}}{2}\frac{R_L}{\left(R_i + R_L\right)^2} \tag{8.178}$$

abhängig von R_L maximal werden soll, führt in Übereinstimmung mit der Ableitung bei den Gleichstromnetzwerken wieder auf die Bedingung

$$R_L = R_i \,. \tag{8.179}$$

Aus der Zusammenfassung der beiden Gleichungen (8.177) und (8.179) folgt

$$\underline{Z}_L = \underline{Z}_i^* \,. \tag{8.180}$$

Merke

Eine Wechselspannungsquelle mit der Innenimpedanz $\underline{Z}_i = R_i + \mathrm{j}X_i$ gibt die maximale Wirkleistung an einen Verbraucher ab, wenn dessen Impedanz $\underline{Z}_L$ dem konjugiert komplexen Wert der Innenimpedanz $\underline{Z}_L = \underline{Z}_i^*$ entspricht.

Die am Ausgang **verfügbare Wirkleistung** beträgt dann mit Gl. (8.176):

$$P_{\max} = \frac{\hat{u}_0^{\,2}}{2}\frac{1}{4R_i} = \frac{U_0^{\,2}}{4R_i} \,. \tag{8.181}$$

Diese Beziehung hat den gleichen Aufbau wie bei den Gleichstromnetzwerken, wobei jetzt allerdings U_0 den Effektivwert der Quellenspannung bezeichnet. Der Wirkungsgrad beträgt in diesem Arbeitspunkt wieder 50 %, d.h., die verbrauchte Leistung am Innenwiderstand R_i ist genauso groß wie die abgegebene Leistung am Lastwiderstand R_L.

Wird der Lastwiderstand in dem möglichen Wertebereich $0 \le R_L < \infty$ variiert, dann ändern sich auch die Ausgangsleistung und der Wirkungsgrad, und zwar auf die gleiche Weise, wie es bei den Gleichstromnetzwerken in den Abb. 3.32 und 3.34 dargestellt ist.

8 Der mathematisch exakte Beweis lässt sich erbringen, wenn aus der Forderung $\mathrm{d}P_L/\mathrm{d}X_L = 0$ der Wert X_L bestimmt wird und die zweite Ableitung für diesen Wert kleiner null wird $\mathrm{d}^2P_L/\mathrm{d}X_L^{\,2} < 0$.

8.9.2 Reiner Wirkwiderstand als Verbraucher

Der bisherigen Rechnung soll jetzt der Fall gegenübergestellt werden, dass der Verbraucher ausschließlich aus einem Wirkwiderstand besteht. Die maximale Wirkleistung in Abhängigkeit von dem Lastwiderstand $\underline{Z}_L = R_L$ erhält man aus der Forderung nach dem Verschwinden der ersten Ableitung

$$\frac{\mathrm{d}P_L}{\mathrm{d}R_L} \overset{(8.176)}{=} \frac{\hat{u}_0^{\,2}}{2} \frac{\mathrm{d}}{\mathrm{d}R_L} \frac{R_L}{(R_i + R_L)^2 + X_i^{\,2}} \overset{!}{=} 0\,. \tag{8.182}$$

Die Ausführung der Differentiation liefert die Beziehung

$$\frac{(R_i + R_L)^2 + X_i^{\,2} - 2R_L(R_i + R_L)}{\left[(R_i + R_L)^2 + X_i^{\,2}\right]^2} \overset{!}{=} 0\,, \tag{8.183}$$

in der der Zähler verschwinden muss:

$$(R_i + R_L)^2 + X_i^{\,2} - 2R_L(R_i + R_L) = R_i^{\,2} - R_L^{\,2} + X_i^{\,2} \overset{!}{=} 0\,. \tag{8.184}$$

Für den hier betrachteten Fall $X_L = 0$ erhalten wir aus der Forderung (8.184) das Ergebnis[9]

$$\underline{Z}_L = R_L = \sqrt{R_i^2 + X_i^{\,2}} = \left|\underline{Z}_i\right|. \tag{8.185}$$

Merke

Eine Wechselspannungsquelle mit der Innenimpedanz $\underline{Z}_i = R_i + \mathrm{j}X_i$ gibt die maximale Leistung an einen ohmschen Widerstand R_L ab, wenn dieser einen Wert aufweist, der dem Betrag der Quellenimpedanz $\left|\underline{Z}_i\right|$ gleich ist.

Die am Lastwiderstand **verfügbare Wirkleistung** erhält man, wenn der Wert (8.185) in die Gl. (8.176) eingesetzt wird:

$$P_{\max} = \frac{\hat{u}_0^{\,2}}{4} \frac{1}{R_i + \sqrt{R_i^2 + X_i^{\,2}}} = \frac{U_0^{\,2}}{2} \frac{1}{R_i + \sqrt{R_i^2 + X_i^{\,2}}}\,. \tag{8.186}$$

Dieser Wert ist geringer als bei der konjugiert komplexen Anpassung, und zwar umso mehr, je größer der Blindwiderstand X_i wird. Bei $X_i = 0$ sind die beiden Ergebnisse (8.180) und (8.185) identisch.

9 Um zu überprüfen, ob es sich bei dem Ergebnis wirklich um ein Maximum handelt, muss die nochmalige Ableitung der Gl. (8.183) für den berechneten Lastwiderstand negativ sein. Diese Kontrolle sei dem Leser überlassen.

Beispiel 8.5: Wirkleistungsanpassung

Eine Wechselspannungsquelle besitzt bei der eingestellten Frequenz eine Impedanz $\underline{Z}_i = 50\,\Omega + \mathrm{j}20\,\Omega$. Welche Impedanz muss der Verbraucher haben, um aus der Quelle maximale Wirkleistung entnehmen zu können?

Bei einer Anpassung mit konjugiert komplexer Quellenimpedanz muss die positive Reaktanz der Quelle nach Gl. (8.177) mit einer negativen Reaktanz des Verbrauchers kompensiert werden. Die Last besteht also aus der Reihenschaltung von einem ohmschen Widerstand $R_L = 50\Omega$ nach Gl. (8.179) und einer Kapazität, die bei der gleichen Frequenz den betragsmäßig gleichen Blindwiderstand aufweist.

Besteht die Last lediglich aus einem angepassten ohmschen Widerstand, dann muss dieser nach Gl. (8.185) den Wert $R_L = |\underline{Z}_i|$ aufweisen. Die beiden unterschiedlichen Verbraucher sind in der ▶Abb. 8.69 eingetragen.

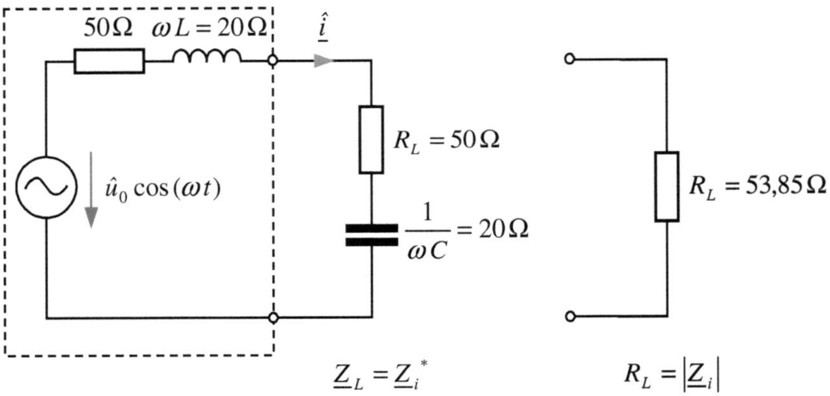

Abbildung 8.69: Zahlenbeispiel zur Wirkleistungsanpassung

8.9.3 Fehlanpassung

In diesem Abschnitt wollen wir die Frage untersuchen, welcher Anteil der von der Quelle zur Verfügung gestellten Wirkleistung am Verbraucher ankommt, wenn dessen Impedanz von dem in Gl. (8.180) angegebenen optimalen Wert abweicht. Für das Verhältnis der Leistung am Verbraucher nach Gl. (8.176) zur verfügbaren Leistung nach Gl. (8.181) gilt zunächst

$$\frac{P_L}{P_{\max}} = \frac{4R_iR_L}{(R_i + R_L)^2 + (X_i + X_L)^2} \,. \tag{8.187}$$

Durch elementare Umformungen können wir diese Gleichung auch in der folgenden Form schreiben:

$$R_L^{\,2} - 2R_L R_i \left(2\frac{P_{\max}}{P_L} - 1\right) + \left(X_i + X_L\right)^2 = -R_i^{\,2}\,. \tag{8.188}$$

Nach Hinzufügen der quadratischen Ergänzung und Division durch R_i^2 erhalten wir die Gleichung

$$\left[\frac{R_L}{R_i} - \left(2\frac{P_{\max}}{P_L} - 1\right)\right]^2 + \left(\frac{X_L + X_i}{R_i}\right)^2 = 4\frac{P_{\max}}{P_L}\left(\frac{P_{\max}}{P_L} - 1\right). \tag{8.189}$$

Diese besitzt aber die Form der bekannten Kreisgleichung $(x-x_M)^2 + (y-y_M)^2 = r^2$ mit dem Kreismittelpunkt bei x_M, y_M und dem Kreisradius r. Mit der Achsenfestlegung

$$x = \frac{R_L}{R_i} \qquad \text{und} \qquad y = \frac{X_L + X_i}{R_i} \tag{8.190}$$

gelten die Zusammenhänge

$$x_M = 2\frac{P_{\max}}{P_L} - 1, \qquad y_M = 0 \qquad \text{und} \qquad r = \sqrt{4\frac{P_{\max}}{P_L}\left(\frac{P_{\max}}{P_L} - 1\right)}\,. \tag{8.191}$$

Die Abb. ▶8.70 zeigt die Auswertung dieser Gleichung.

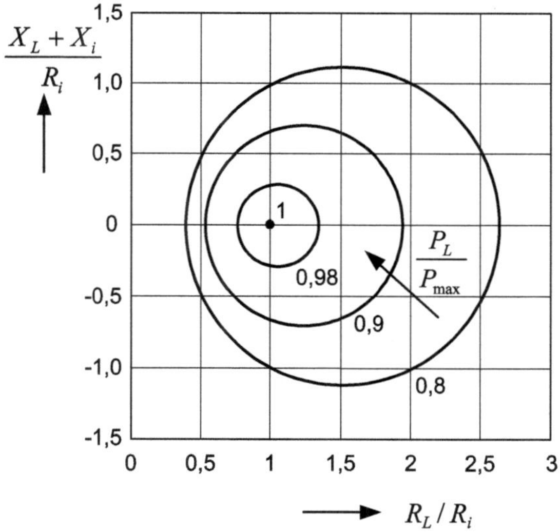

Abbildung 8.70: Ortskurven für konstante Leistungsverhältnisse $P_L/P_{\max}$

Alle Punkte auf einem Kreis liefern das gleiche Leistungsverhältnis $P_L/P_{\max}$. Bei Leistungsanpassung $P_L = P_{\max}$ schrumpft der Kreis wegen $r = 0$ zu einem Punkt an der Stelle $x = x_M = 1$, d.h. $R_L = R_i$ und $y = y_M = 0$, d.h. $X_L = -X_i$. Diese Aussage entspricht der bereits aufgestellten Forderung für die Leistungsanpassung in Gl. (8.180).

Auffallend ist die Symmetrie der Kreise bezüglich der Ebene $y = 0$. Eine Differenz zwischen den Werten X_L und $-X_i$ geht nur betragsmäßig in das Ergebnis ein, das Vorzeichen spielt dabei keine Rolle. Die Werte für P_L/P_{max} in der Symmetrieebene, d.h. für $X_L = -X_i$, sind abgesehen von der unterschiedlichen Darstellung identisch mit dem Diagramm in Abb. 3.32. Für $R_L = R_i$ erhalten wir den Wert 1 und für $R_L = 0$ bzw. $R_L \to \infty$ verschwindet die Ausgangsleistung. Der Wirkungsgrad, also das Verhältnis von der am Lastwiderstand verbrauchten Leistung zu der gesamten von der Quelle abgegebenen Leistung, ist wieder durch die Beziehung (3.52) gegeben. Die Reaktanzen X_L und X_i spielen bei der Wirkungsgradbetrachtung keine Rolle.

8.10 Blindstromkompensation

Eine zur Leistungsanpassung vergleichbare Situation liegt vor, wenn ein Verbraucher mit einer fest vorgegebenen Impedanz an eine Quelle wie z.B. das 50-Hz-Versorgungsnetz angeschlossen werden soll. Wir wählen als Beispiel einen Motor, dessen Impedanz aus einem ohmschen und einem induktiven Anteil besteht. Zur Vereinfachung soll die Impedanz der Quelle, die in der Praxis klein ist gegenüber der Lastimpedanz, bei der Betrachtung vernachlässigt werden. Das Netzwerk ist mit dem zugehörigen Zeigerdiagramm in ▶Abb. 8.71 dargestellt. Der Strom eilt bei der *RL*-Reihenschaltung der Spannung nach (vgl. Abb. 8.16).

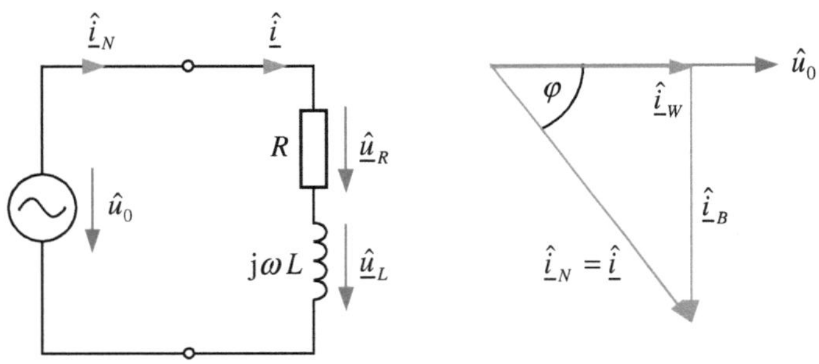

Abbildung 8.71: Beispiel zur Blindstromkompensation

Die Zerlegung des von der Quelle gelieferten Stromes $\hat{\underline{i}}$ in einen Wirkanteil $\hat{\underline{i}}_W = \hat{i}_W$, der sich in Phase mit der Quellenspannung befindet, und in einen Blindanteil $\hat{\underline{i}}_B = -\mathrm{j}\left|\hat{\underline{i}}_B\right|$, der der Quellenspannung um $\pi/2$ nacheilt, entspricht unmittelbar der Zerlegung der von der Quelle abgegebenen komplexen Leistung in ihren Wirkanteil und ihren Blindanteil:

$$\underline{S} = P + \mathrm{j}Q = \frac{1}{2}\hat{u}_0\,\hat{\underline{i}}^{\,*} = \frac{1}{2}\hat{u}_0\left(\hat{i}_W + \mathrm{j}\left|\hat{\underline{i}}_B\right|\right) = \frac{1}{2}\hat{u}_0\left|\hat{\underline{i}}\right|\left(\cos\varphi + \mathrm{j}\sin\varphi\right). \tag{8.192}$$

Zur Übertragung der gleichen Wirkleistung von der Quelle zum Verbraucher wäre ein Strom mit der Amplitude $\hat{i}_W$ ausreichend. Infolge des geringen Leistungsfaktors muss die Quelle aber zusätzliche Blindenergie zur Verfügung stellen und die deutlich größere Stromamplitude $\left|\hat{\underline{i}}\right|$ belastet in erhöhtem Maße die Leitungen und Transformatoren in den Verteilungsnetzen.

Das Ziel besteht also darin, den Winkel φ in Abb. 8.71 durch weitestgehende Kompensation der Blindströme möglichst klein zu halten, sodass für den Leistungsfaktor näherungsweise $\cos\varphi \approx \cos 0 = 1$ gilt. Dies lässt sich bei dem betrachteten Beispiel durch eine parallel geschaltete Kapazität erreichen, deren Strom der Quellenspannung um $\pi/2$ voreilt. Das erweiterte Netzwerk ist mit dem dazugehörigen Zeigerdiagramm in ►Abb. 8.72 dargestellt.

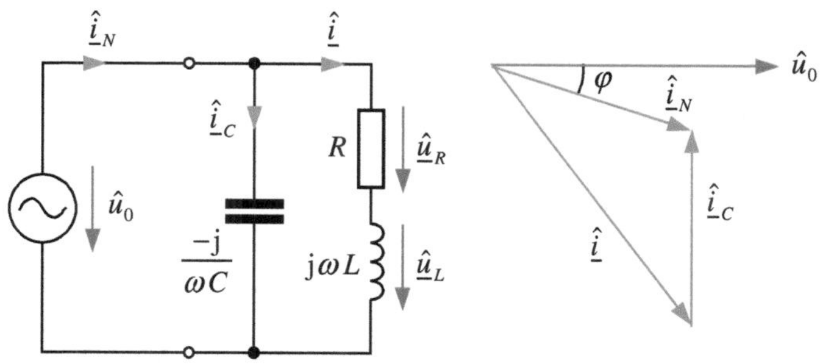

Abbildung 8.72: Teilkompensiertes Netzwerk

Der Netzstrom $\hat{\underline{i}}_N$ wird jetzt bei gleicher Leistung am Widerstand wesentlich geringer. Zur vollständigen Kompensation der Blindströme werden in der Praxis oft sehr große Kapazitäten benötigt. Aus Gründen der Wirtschaftlichkeit wird daher in den meisten Fällen nur eine Teilkompensation, wie in der Abb. 8.72 dargestellt, durchgeführt.

Merke

Durch gegenseitige Kompensation induktiver und kapazitiver Blindleistung kann der Leistungsfaktor $\cos\varphi$ vergrößert werden. Die geringeren Blindströme auf den Versorgungsleitungen erlauben eine bessere Ausnutzung der Transformatoren und führen zu geringeren Verlusten in den Leitungen.

8.11 Leistung beim Drehstromsystem

In diesem Kapitel wollen wir die Fragen im Zusammenhang mit der Leistungsübertragung im Drehstromsystem untersuchen. Die drei um jeweils 120° phasenverschobenen Spannungen auf der Generatorseite[10] werden durch die Beziehungen

$$u_1(t) = \hat{u}\sin\omega t, \quad u_2(t) = \hat{u}\sin\left(\omega t - \frac{2\pi}{3}\right), \quad u_3(t) = \hat{u}\sin\left(\omega t - \frac{4\pi}{3}\right) \tag{8.193}$$

10 Wir werden in dem folgenden Abschnitt die Generatorspannungen nicht durch die Symbole für die Spannungsquellen darstellen, sondern der in der Literatur üblichen Vorgehensweise folgend weiterhin die Symbole für die spannungserzeugenden Transformatorwicklungen verwenden.

beschrieben. Die dem Verbraucher insgesamt zugeführte Leistung entspricht der Summe der Leistungen an den drei Impedanzen. Mit den Effektivwerten für Strom I_V und Spannung U_V am Verbraucher und der Phasenverschiebung $\varphi = \varphi_u - \varphi_i$ erhalten wir mit Gl. (8.162) die allgemeine Darstellung

$$P = U_{V1} I_{V1} \cos\varphi_1 + U_{V2} I_{V2} \cos\varphi_2 + U_{V3} I_{V3} \cos\varphi_3 \tag{8.194}$$

für die gesamte Wirkleistung am Verbraucher.

8.11.1 Sternschaltung mit Sternpunktleiter

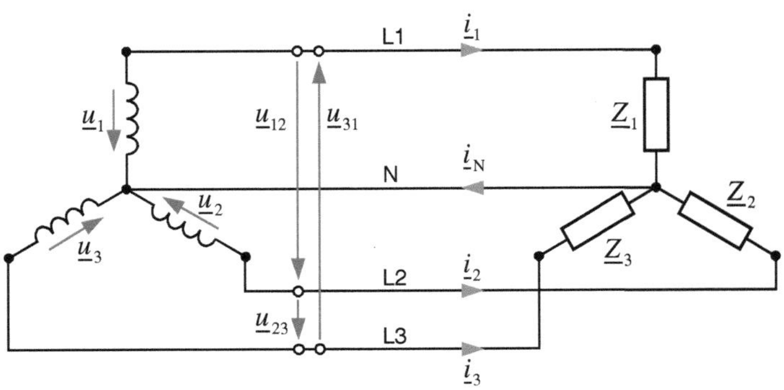

Abbildung 8.73: Leistungsübertragung bei der Vierleiter-Sternschaltung

Beim Drehstrom-Vierleitersystem nach ▶Abb. 8.73 liegen die Strangspannungen (8.193) unmittelbar an den Impedanzen des Verbrauchers, sodass wir mit den jeweils gleichen Effektivwerten für die Spannungen $U = \hat{u}/\sqrt{2}$ den Ausdruck

$$P = U\left(I_{V1} \cos\varphi_1 + I_{V2} \cos\varphi_2 + I_{V3} \cos\varphi_3\right) \tag{8.195}$$

für die Verbraucherleistung erhalten. Für den Sonderfall gleicher Impedanzen, man spricht von **symmetrischer Belastung**, sind sowohl die Amplituden der Ströme als auch die Phasenwinkel gleich und das Ergebnis nimmt eine sehr einfache Form an:

$$P = 3 U I \cos\varphi\,. \tag{8.196}$$

Bevor wir zur Sternschaltung ohne Sternpunktleiter übergehen, wollen wir uns zunächst noch die komplexen Amplituden der Ströme und Spannungen für die Schaltung in Abb. 8.73 ansehen. Die zeitabhängigen Spannungen (8.193) besitzen nach Tab. 8.1 die komplexen Amplituden

$$\hat{\underline{u}}_1 = \hat{u}\,\mathrm{e}^{-\mathrm{j}\frac{\pi}{2}}, \quad \hat{\underline{u}}_2 = \hat{u}\,\mathrm{e}^{-\mathrm{j}\left(\frac{\pi}{2}+\frac{2\pi}{3}\right)}, \quad \hat{\underline{u}}_3 = \hat{u}\,\mathrm{e}^{-\mathrm{j}\left(\frac{\pi}{2}+\frac{4\pi}{3}\right)}. \tag{8.197}$$

Diese sind in dem Teilbild a der ▶Abb. 8.74 dargestellt. Mithilfe des markierten Dreiecks lässt sich aus diesem Diagramm unmittelbar die bereits in (6.77) abgeleitete Beziehung

$$\left|\hat{\underline{u}}_{12}\right| = 2\left|\hat{\underline{u}}_2\right| \cos\alpha = 2\hat{u}\cos 30° = \sqrt{3}\,\hat{u} \tag{8.198}$$

zwischen den Amplituden der Außenleiterspannungen und den Strangspannungen ablesen. Auch das Voreilen der Spannung $\hat{\underline{u}}_{12}$ gegenüber der Spannung $\hat{\underline{u}}_1$ um $\pi/6$ bzw. 30° lässt sich der Abbildung entnehmen. Wegen der in Abb. 8.73 vorgegebenen Zusammenschaltung der Strangspannungen wählt man üblicherweise die in Abb. 8.74b angegebene Darstellung, die durch einfache Parallelverschiebung der einzelnen Zeiger aus dem Teilbild a entsteht. Die Amplituden und Phasenbeziehungen werden dabei nicht verändert.

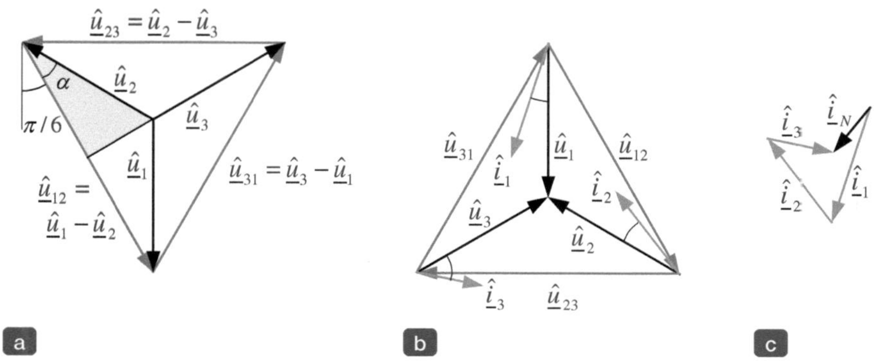

Abbildung 8.74: Komplexe Amplituden der Ströme und Spannungen

Bestehen die Impedanzen des Verbrauchers aus ohmschen Widerständen und Induktivitäten, dann sind die Ströme gegenüber den Spannungen nacheilend und die Stromzeiger haben je nach Amplitude und Phasenverschiebung z.B. die in Abb. 8.74b eingetragenen Werte. Im allgemeinen Fall sind die Stromamplituden unterschiedlich groß und die Phasenverschiebungen zwischen den Strömen betragen nicht mehr zwangsläufig 120°. Aus dem Kirchhoff'schen Knotensatz $\hat{\underline{i}}_1 + \hat{\underline{i}}_2 + \hat{\underline{i}}_3 = \hat{\underline{i}}_N$ kann der Strom $\hat{\underline{i}}_N$ im Neutralleiter entsprechend Abb. 8.74c direkt angegeben werden. Bei symmetrischer Belastung bilden die drei Außenleiterströme ein gleichseitiges Dreieck und der Strom $\hat{\underline{i}}_N$ verschwindet.

8.11.2 Sternschaltung ohne Sternpunktleiter

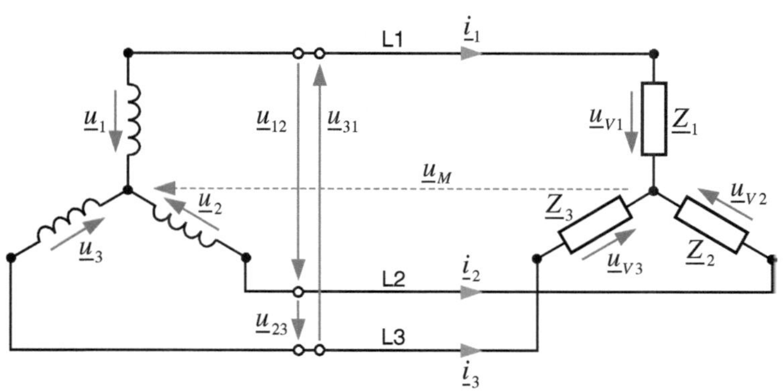

Abbildung 8.75: Leistungsübertragung bei der Dreileiter-Sternschaltung

Bei symmetrischer Belastung gibt es keinen Unterschied zu der Schaltungsanordnung mit Sternpunktleiter. Bei verschwindendem Strom $\hat{\underline{i}}_N$ kann auf den Neutralleiter verzichtet werden, ohne Konsequenzen für das Verhalten der Schaltung. Wir können uns also auf den Fall einer unsymmetrischen Belastung beschränken. Die Strangspannungen auf der Generatorseite werden durch den Wegfall des Sternpunktleiters nicht beeinflusst. Da wir die Innenwiderstände der Spannungsquellen und auch die Impedanzen der Zuleitungen vernachlässigen, sind die Außenleiterspannungen beim Verbraucher unverändert gegenüber der Schaltung in Abb. 8.73. Zur Berechnung der Ströme und Spannungen an den drei Zweipolen werden insgesamt sechs Gleichungen benötigt. Mit den Beziehungen an den Impedanzen

$$\hat{\underline{i}}_1 = \frac{\hat{\underline{u}}_{V1}}{\underline{Z}_1}, \quad \hat{\underline{i}}_2 = \frac{\hat{\underline{u}}_{V2}}{\underline{Z}_2}, \quad \hat{\underline{i}}_3 = \frac{\hat{\underline{u}}_{V3}}{\underline{Z}_3} \tag{8.199}$$

können die Ströme durch die Spannungen ausgedrückt werden. Für die verbleibenden drei Unbekannten stehen die Knotenregel

$$\hat{\underline{i}}_1 + \hat{\underline{i}}_2 + \hat{\underline{i}}_3 = 0 \tag{8.200}$$

und zwei der folgenden drei Maschenumläufe

$$\hat{\underline{u}}_{12} = \hat{\underline{u}}_{V1} - \hat{\underline{u}}_{V2}, \quad \hat{\underline{u}}_{23} = \hat{\underline{u}}_{V2} - \hat{\underline{u}}_{V3}, \quad \hat{\underline{u}}_{31} = \hat{\underline{u}}_{V3} - \hat{\underline{u}}_{V1} \tag{8.201}$$

zur Verfügung (da die Summe der drei Außenleiterspannungen verschwindet, sind nur zwei der in Gl. (8.201) angegebenen Gleichungen linear unabhängig, vgl. Kapitel 3.10).

Infolge der ungleichen Verbraucherspannungen verschiebt sich das Potential im Sternpunkt des Verbrauchers, d.h., es tritt eine Spannung $\hat{\underline{u}}_M$ von dem Sternpunkt des Verbrauchers zu dem Sternpunkt des Generators auf (▶Abb. 8.75). Wegen der verschwindenden Stromsumme (8.200) kann die Gl. (8.199) zunächst in der Form

$$\frac{\hat{\underline{u}}_{V1}}{\underline{Z}_1} + \frac{\hat{\underline{u}}_{V2}}{\underline{Z}_2} + \frac{\hat{\underline{u}}_{V3}}{\underline{Z}_3} = \frac{\hat{\underline{u}}_1 - \hat{\underline{u}}_M}{\underline{Z}_1} + \frac{\hat{\underline{u}}_2 - \hat{\underline{u}}_M}{\underline{Z}_2} + \frac{\hat{\underline{u}}_3 - \hat{\underline{u}}_M}{\underline{Z}_3} = 0 \tag{8.202}$$

geschrieben werden, deren Auflösung nach $\hat{\underline{u}}_M$ das folgende Ergebnis liefert

$$\hat{\underline{u}}_M = \frac{\hat{\underline{u}}_1 \underline{Y}_1 + \hat{\underline{u}}_2 \underline{Y}_2 + \hat{\underline{u}}_3 \underline{Y}_3}{\underline{Y}_1 + \underline{Y}_2 + \underline{Y}_3}. \tag{8.203}$$

Die in dieser Gleichung auftretenden komplexen Amplituden der Strangspannungen sind aus Gl. (8.197) bekannt.

Beispiel 8.6: Unsymmetrischer Verbraucher in Sternschaltung

Zur Verdeutlichung der Unterschiede bei den Sternschaltungen mit bzw. ohne Sternpunktleiter betrachten wir ein einfaches Zahlenbeispiel. Drei Heizwiderstände $R_1 = 1\,\text{k}\Omega$, $R_2 = 0{,}75\,\text{k}\Omega$ und $R_3 = 0{,}5\,\text{k}\Omega$ sollen an das Drehstromnetz mit der Strangspannung $\hat{u} = \sqrt{2} \cdot 230\,\text{V}$ angeschlossen werden. Zu bestimmen sind die Leistungen an den Heizwiderständen für die beiden Fälle mit bzw. ohne Sternpunktleiter.

a) *Mit Sternpunktleiter:*

In diesem Fall sind die Spannungen an den Widerständen bekannt und die Gesamtleistung ergibt sich zu

$$P = \frac{U^2}{R_1} + \frac{U^2}{R_2} + \frac{U^2}{R_3} = \frac{(230\,\text{V})^2}{1000\,\Omega} + \frac{(230\,\text{V})^2}{750\,\Omega} + \frac{(230\,\text{V})^2}{500\,\Omega} = 52{,}9\,\text{W} + 70{,}5\,\text{W} + 105{,}8\,\text{W} = 229{,}2\,\text{W}\,. \tag{8.204}$$

Für die komplexe Amplitude des Stromes im Neutralleiter erhalten wir nach Zusammenfassung der Summanden das Ergebnis

$$\hat{\underline{i}}_N = \hat{\underline{i}}_1 + \hat{\underline{i}}_2 + \hat{\underline{i}}_3 = \frac{\hat{\underline{u}}_1}{R_1} + \frac{\hat{\underline{u}}_2}{R_2} + \frac{\hat{\underline{u}}_3}{R_3} \overset{(8.197)}{=} \frac{\hat{u}}{R_1} e^{-j\frac{\pi}{2}} \left(1 + \frac{4}{3} e^{-j\frac{2\pi}{3}} + 2e^{-j\frac{4\pi}{3}}\right) = \frac{\hat{u}}{R_1} e^{-j\frac{\pi}{2}} \left(-\frac{2 - j\sqrt{3}}{3}\right) = 0{,}287\,\text{A}\,e^{+j\left(\frac{\pi}{2} - \arctan\frac{\sqrt{3}}{2}\right)}\,. \tag{8.205}$$

Die komplexen Zeiger für die Ströme und Spannungen sind in ▶Abb. 8.76 für den betrachteten Fall dargestellt. Die Ströme in den Widerständen sind in Phase zu den Strangspannungen und somit gegeneinander um jeweils 120° phasenverschoben. Der Strom im Sternpunktleiter wird in diesem Beispiel allein durch die unterschiedlichen Amplituden der Teilströme verursacht.

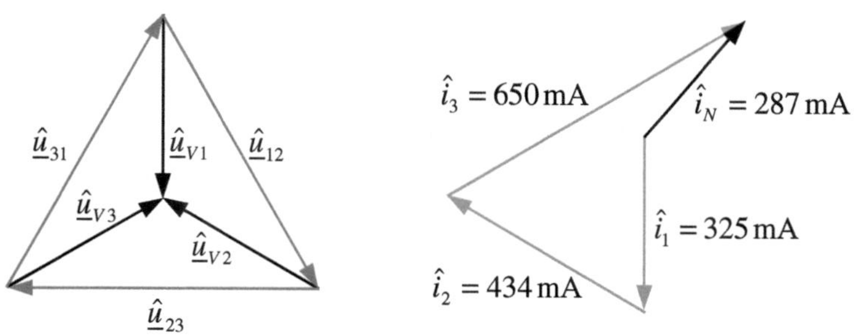

Abbildung 8.76: Komplexe Amplituden der Ströme und Spannungen

b) *Ohne Sternpunktleiter*:

Im ersten Schritt wird die Spannung $\underline{\hat{u}}_M$ zwischen den beiden Sternpunkten berechnet. Mit den Strangspannungen aus Gl. (8.197) und den angegebenen Widerstandswerten liefert die Gl. (8.203) das Ergebnis

$$\underline{\hat{u}}_M = 230\sqrt{2}\,\mathrm{e}^{-\mathrm{j}\frac{\pi}{2}} \frac{1/R_1 + \mathrm{e}^{-\mathrm{j}\frac{2\pi}{3}}/R_2 + \mathrm{e}^{-\mathrm{j}\frac{4\pi}{3}}/R_3}{1/R_1 + 1/R_2 + 1/R_3}\,\mathrm{V} = (43{,}3 + \mathrm{j}50)\,\mathrm{V}\,, \tag{8.206}$$

mit dessen Hilfe die Effektivwerte der einzelnen Verbraucherspannungen bestimmt werden können:

$$\begin{aligned} \underline{\hat{u}}_{V1} &= \underline{\hat{u}}_1 - \underline{\hat{u}}_M & & & U_{V1} &= |\underline{\hat{u}}_{V1}|/\sqrt{2} = 267{,}1\,\mathrm{V} \\ \underline{\hat{u}}_{V2} &= \underline{\hat{u}}_2 - \underline{\hat{u}}_M & &\rightarrow & U_{V2} &= |\underline{\hat{u}}_{V2}|/\sqrt{2} = 243{,}2\,\mathrm{V} \\ \underline{\hat{u}}_{V3} &= \underline{\hat{u}}_3 - \underline{\hat{u}}_M & & & U_{V3} &= |\underline{\hat{u}}_{V3}|/\sqrt{2} = 186{,}4\,\mathrm{V} \end{aligned} \tag{8.207}$$

Die Gesamtleistung

$$\begin{aligned} P &= \frac{U_{V1}^2}{R_1} + \frac{U_{V2}^2}{R_2} + \frac{U_{V3}^2}{R_3} = \frac{(267{,}1\,\mathrm{V})^2}{1000\,\Omega} + \frac{(243{,}2\,\mathrm{V})^2}{750\,\Omega} + \frac{(186{,}4\,\mathrm{V})^2}{500\,\Omega} \\ &= 71{,}4\,\mathrm{W} + 78{,}9\,\mathrm{W} + 69{,}5\,\mathrm{W} = 219{,}8\,\mathrm{W} \end{aligned} \tag{8.208}$$

unterscheidet sich um weniger als 5 % von dem Ergebnis in Gl. (8.204). Allerdings haben sich die Leistungen an den einzelnen Heizwiderständen sehr deutlich gegenüber der Situation mit dem Sternpunktleiter geändert. Die Ursache liegt in den unterschiedlichen Spannungen (8.207) an den einzelnen Widerständen (▶Abb. 8.77a) infolge der Potentialverschiebung im Sternpunkt des Verbrauchers (▶Abb. 8.77b). Die komplexen Zeiger der Ströme sind in ▶Abb. 8.77c dargestellt.

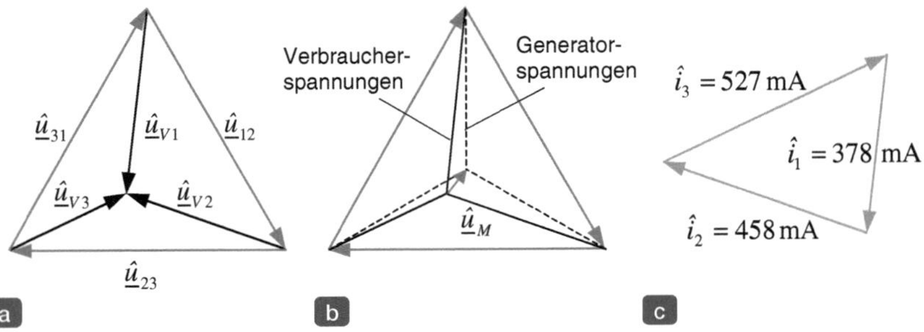

Abbildung 8.77: Komplexe Amplituden der Ströme und Spannungen

Merke

Bei der Sternschaltung ohne Neutralleiter sind die Spannungen an den einzelnen Verbrauchern abhängig von den Impedanzen aller drei Verbraucher. Bei unsymmetrischer Belastung werden die einzelnen Verbraucherspannungen unterschiedlich groß. Sie können kleiner oder größer werden als die Strangspannungen bei angeschlossenem Sternpunktleiter. Um einen sicheren Betrieb zu gewährleisten, wird die Schaltungsvariante ohne Neutralleiter nur bei symmetrischen Verbrauchern verwendet.

8.11.3 Dreieckschaltung

Bei der Dreieckschaltung in ▶Abb. 8.78 sind die Spannungen an den Impedanzen des Verbrauchers identisch zu den Strangspannungen, sodass wir für die Gesamtleistung am Verbraucher wieder die Gl. (8.195) erhalten

$$P = U\left(I_{V1}\cos\varphi_1 + I_{V2}\cos\varphi_2 + I_{V3}\cos\varphi_3\right). \qquad (8.209)$$

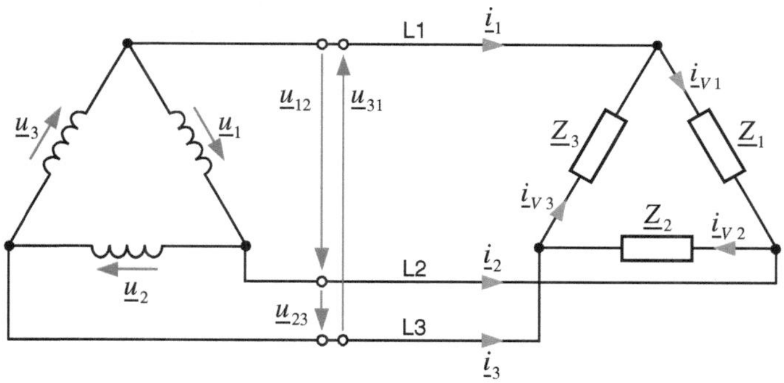

Abbildung 8.78: Leistungsübertragung bei der Dreieckschaltung

Für den Sonderfall symmetrischer Belastung nimmt das Ergebnis wieder die einfache Form

$$P = 3UI\cos\varphi \qquad (8.210)$$

an. Im allgemeinen Fall unsymmetrischer Belastung können die Ströme in den Impedanzen des Verbrauchers unmittelbar berechnet werden. Für die komplexen Amplituden gilt mit den Generatorspannungen nach Gl. (8.197)

$$\hat{\underline{i}}_{V1} = \frac{\hat{\underline{u}}_1}{\underline{Z}_1} = \frac{\hat{u}}{\underline{Z}_1}\mathrm{e}^{-\mathrm{j}\frac{\pi}{2}}, \quad \hat{\underline{i}}_{V2} = \frac{\hat{\underline{u}}_2}{\underline{Z}_2} = \frac{\hat{u}}{\underline{Z}_2}\mathrm{e}^{-\mathrm{j}\left(\frac{\pi}{2}+\frac{2\pi}{3}\right)}, \quad \hat{\underline{i}}_{V3} = \frac{\hat{\underline{u}}_3}{\underline{Z}_3} = \frac{\hat{u}}{\underline{Z}_3}\mathrm{e}^{-\mathrm{j}\left(\frac{\pi}{2}+\frac{4\pi}{3}\right)}. \qquad (8.211)$$

Mit diesen Ergebnissen sind dann auch die Außenleiterströme bekannt:

$$\hat{\underline{i}}_1 = \hat{\underline{i}}_{V1} - \hat{\underline{i}}_{V3}, \quad \hat{\underline{i}}_2 = \hat{\underline{i}}_{V2} - \hat{\underline{i}}_{V1}, \quad \hat{\underline{i}}_3 = \hat{\underline{i}}_{V3} - \hat{\underline{i}}_{V2}. \qquad (8.212)$$

Beispiel 8.7: Vergleich der Verbraucherleistung bei Stern- bzw. Dreieckschaltung

Wir betrachten die ▶Abb. 8.79, in der zwei Verbraucher mit den jeweils gleichen Impedanzen $\underline{Z}_1 = \underline{Z}_2 = \underline{Z}_3 = R$ einmal in Sternschaltung und einmal in Dreieckschaltung an ein Drehstromnetz angeschlossen sind. In welchem Verhältnis stehen die in beiden Fällen aufgenommenen Leistungen?

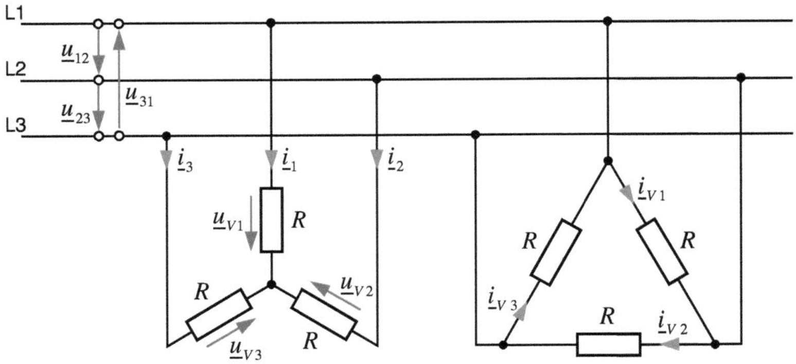

Abbildung 8.79: Vergleich der aufgenommenen Leistung bei Stern- bzw. Dreieckschaltung

Bezeichnen wir mit $U_L = \hat{u}_{12} / \sqrt{2}$ die Effektivwerte der Außenleiterspannungen, dann ist die Gesamtleistung bei der Dreieckschaltung durch die Beziehung

$$P_\Delta = 3\,\frac{U_L^{\,2}}{R} \tag{8.213}$$

gegeben. Die Spannung an den Widerständen ist bei der Sternschaltung um den Faktor $\sqrt{3}$ geringer, sodass die Gesamtleistung

$$P_* = 3\,\frac{\left(U_L/\sqrt{3}\right)^2}{R} = \frac{U_L^{\,2}}{R} = \frac{1}{3}P_\Delta \tag{8.214}$$

um einen Faktor 3 kleiner wird.

8.11.4 Besondere Eigenschaften des Drehstromsystems

Aus den Ergebnissen der vorangegangenen Abschnitte lässt sich zunächst die folgende Feststellung treffen:

Merke

Bei symmetrischer Belastung kann die Verbraucherleistung im Drehstromsystem, unabhängig davon, ob es sich um eine Dreileiter- oder Vierleiter-Sternschaltung oder um die Dreieckschaltung handelt, mit der Gleichung

$$P = 3UI\cos\varphi \tag{8.215}$$

berechnet werden.

Mit den Bezeichnungen U_L für die Außenleiterspannung und I_L für den Außenleiterstrom gelten die in Tab. 8.6 angegebenen Zusammenhänge zwischen den Außenleitergrößen und den Stranggrößen bei Dreieck- bzw. Sternschaltung.

Tabelle 8.6

Zusammenhang zwischen Strang- und Außenleitergrößen

	Dreieckschaltung	Sternschaltung
Außenleiterstrom I_L	$\sqrt{3}I$	I
Außenleiterspannung U_L	U	$\sqrt{3}U$

Da entweder U_L oder I_L um den Faktor $\sqrt{3}$ größer ist als die zugehörige Stranggröße, können wir die Gesamtleistung bei allen bisher betrachteten Schaltungen durch eine Beziehung beschreiben, in der die Leistung bei symmetrischer Belastung durch die Außenleitergrößen ausgedrückt ist:

$$P = 3UI\cos\varphi = \sqrt{3}\,U_L I_L\cos\varphi\,. \tag{8.216}$$

Sind die Stranggrößen bei einem Verbraucher für eine Messung nicht zugänglich, dann kann die Leistung auch mit den an den Anschlussklemmen vorliegenden Leitergrößen bestimmt werden. Allerdings ist zu beachten, dass der Winkel φ noch immer die Phasenverschiebung zwischen Strom und Spannung an der Impedanz eines Verbrauchers bezeichnet.

Konstante Ausgangsleistung:

An dieser Stelle wollen wir die Behauptung aus Kapitel 6.6.2 beweisen, dass im Drehstromsystem eine zeitlich konstante Leistungsabgabe an den Verbraucher erfolgen kann. Unter der Voraussetzung einer symmetrischen Belastung sind bei allen Verbrauchern die Amplitude der Spannung, die Amplitude des Stromes und die Phasenverschiebung zwischen Strom und Spannung $\varphi = \varphi_u - \varphi_i$ gleich. Die Phasenverschiebungen zwischen den drei Verbraucherspannungen betragen jeweils 120°, die gleichen Phasenverschiebungen bestehen zwischen den Verbraucherströmen.

Mit den zeitabhängigen Spannungen in Gl. (8.193) kann die gesamte dem Verbraucher zugeführte Leistung in der Form

$$\begin{aligned} p(t) &= \hat{u}\,\hat{i}\left[\sin\omega t\sin(\omega t+\varphi)+\sin\left(\omega t-\frac{2\pi}{3}\right)\sin\left(\omega t-\frac{2\pi}{3}+\varphi\right)\right. \\ &\qquad \left.+\sin\left(\omega t-\frac{4\pi}{3}\right)\sin\left(\omega t-\frac{4\pi}{3}+\varphi\right)\right] \\ &\overset{(H.6)}{=} UI\left[3\cos\varphi\underbrace{-\cos(2\omega t+\varphi)-\cos\left(2\omega t-\frac{4\pi}{3}+\varphi\right)-\cos\left(2\omega t-\frac{8\pi}{3}+\varphi\right)}_{0}\right] \end{aligned} \tag{8.217}$$

dargestellt werden. Mithilfe des Additionstheorems (H.5) kann leicht nachgewiesen werden, dass die Zusammenfassung der zeitabhängigen Kosinusfunktionen verschwindet. Der verbleibende Ausdruck für die an den Verbraucher gelieferte Leistung ist von der Zeit unabhängig und entspricht dem in Gl. (8.215) angegebenen Wert für die Wirkleistung.

Merke

Bei symmetrischer Belastung liefert der Drehstromgenerator eine zeitlich konstante Leistung an den Verbraucher.

Als Folge der Gl. (8.217) könnte die Vermutung aufkommen, dass keine Blindenergie zwischen Generator und Verbraucher ausgetauscht wird. Betrachten wir dazu noch einmal die Sternschaltung in Abb. 8.73, in der wir jeden Strang zunächst unabhängig von den anderen beiden Strängen betrachten können. Besteht jeder Verbraucher aus der Reihenschaltung eines ohmschen Widerstandes mit einer Induktivität, dann wird im Magnetfeld der Induktivität Energie gespeichert, die auch anschließend wieder an die zugehörige Generatorwicklung zurückgegeben wird. Dies geschieht in allen drei Strängen, jedoch mit einer Phasenverschiebung von $2\pi/3$. Das Ergebnis (8.217) besagt also lediglich, dass die vom Generator über einen Teil der Stränge an die Impedanzen des Verbrauchers abgegebene Blindenergie zeitgleich über die anderen Stränge vom Verbraucher an den Generator zurückgeliefert wird.

Erzeugung eines Drehfelds:

Als weiteren Vorteil bietet das Drehstromsystem die Möglichkeit, ein mit konstanter Geschwindigkeit umlaufendes Drehfeld zu erzeugen. Zu diesem Zweck wird ein Verbraucher mit drei gleichen Wicklungen an die drei Phasen des Drehstromsystems angeschlossen, sodass die Ströme durch die Wicklungen jeweils um $2\pi/3$ *zeitlich* gegeneinander phasenverschoben sind. Die drei Verbraucherwicklungen werden außerdem *räumlich* um $2\pi/3$ gegeneinander versetzt angeordnet (▶Abb. 8.80). Für die Betrachtung wählen wir den Zeitpunkt $t = 0$ derart, dass die Ströme durch die Beziehungen

$$i_1(t) = \hat{i}\cos\omega t, \quad i_2(t) = \hat{i}\cos\left(\omega t - \frac{2\pi}{3}\right), \quad i_3(t) = \hat{i}\cos\left(\omega t - \frac{4\pi}{3}\right) \tag{8.218}$$

beschrieben werden können.

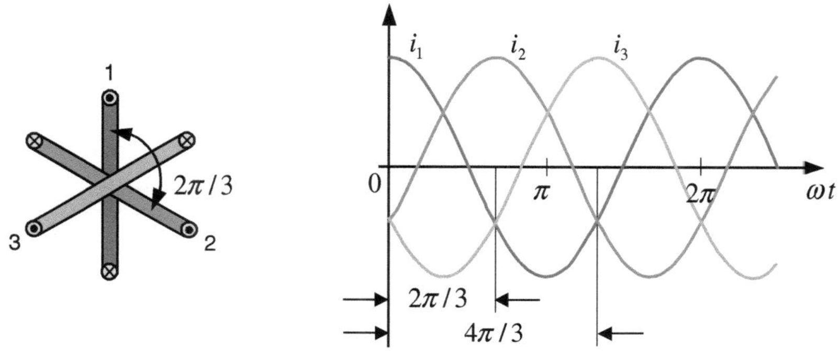

Abbildung 8.80: Räumlich versetzte Wicklungen und zugehörige phasenverschobene Ströme

Die Wicklung 1 wird von dem Strom i_1 durchflossen und das von ihr erzeugte Magnetfeld muss den gleichen zeitlichen Verlauf aufweisen wie der verursachende Strom. Die zugehörige magnetische Flussdichte kann also in der Form

$$\vec{\mathbf{B}}_1(\vec{\mathbf{r}},t) = \vec{\mathbf{B}}_1(\vec{\mathbf{r}})\cos(\omega t) \tag{8.219}$$

geschrieben werden, wobei der Vektor $\vec{\mathbf{B}}_1(\vec{\mathbf{r}})$ im allgemeinen Fall drei Komponenten aufweist, die von allen drei Koordinaten abhängen können. Für eine senkrecht zur Zeichenebene langgestreckte Anordnung können wir uns das Magnetfeld dieser Wicklung ähnlich wie bei einer Doppelleitung vorstellen (▶Abb. 8.81). Zum leichteren Verständnis betrachten wir nur den Bereich innerhalb der Leiterschleife, für den wir vereinfachend ein homogenes Feld annehmen wollen. Dieses steht, wie in dem rechten Teilbild angedeutet, senkrecht auf der von der Leiterschleife umfassten Fläche und besitzt bei der Schleife 1 nur eine x-Komponente.

Werden die ortsabhängigen Feldverteilungen der beiden anderen Schleifen in ähnlicher Weise durch einfache Vektoren beschrieben, dann setzt sich das gesamte Magnetfeld aus drei Anteilen zusammen, die aufgrund der räumlich versetzt angeordneten Leiterschleifen jeweils um $2\pi/3$ gegeneinander verschoben sind.

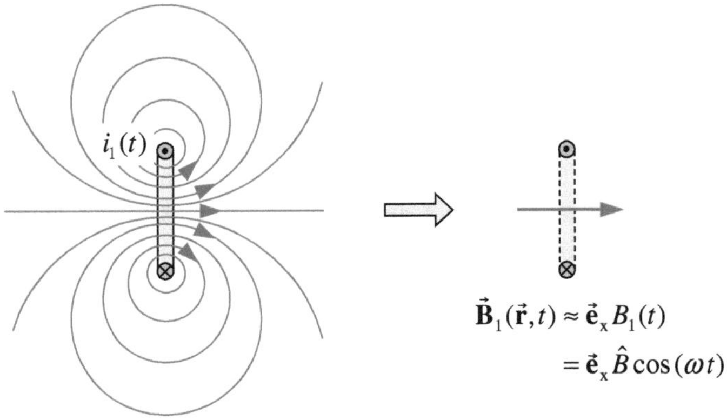

Abbildung 8.81: Annahme einer vereinfachten Feldverteilung

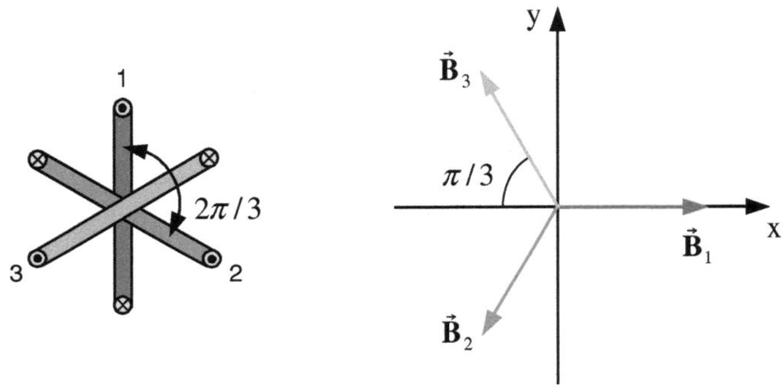

Abbildung 8.82: Vereinfachte Darstellung der Feldverteilung

Mit dem in ▶Abb. 8.82 angegebenen Winkel lassen sich diese Vektoren in ihre x- und y-Komponenten zerlegen. Es gilt

$$\begin{aligned} \vec{\mathbf{B}}_1(\vec{\mathbf{r}},t) &= \vec{\mathbf{e}}_x\, B_1(t), \\ \vec{\mathbf{B}}_2(\vec{\mathbf{r}},t) &= \left(-\vec{\mathbf{e}}_x \cos\frac{\pi}{3} - \vec{\mathbf{e}}_y \sin\frac{\pi}{3}\right) B_2(t) = -\frac{1}{2}\left(\vec{\mathbf{e}}_x + \sqrt{3}\,\vec{\mathbf{e}}_y\right) B_2(t), \\ \vec{\mathbf{B}}_3(\vec{\mathbf{r}},t) &= \left(-\vec{\mathbf{e}}_x \cos\frac{\pi}{3} + \vec{\mathbf{e}}_y \sin\frac{\pi}{3}\right) B_3(t) = -\frac{1}{2}\left(\vec{\mathbf{e}}_x - \sqrt{3}\,\vec{\mathbf{e}}_y\right) B_3(t). \end{aligned} \tag{8.220}$$

Bei der Überlagerung der drei Teilfelder ist zu beachten, dass die Längen der Vektoren zeitabhängig sind. Mit den Strömen nach Gl. (8.218) erhalten wir die Amplituden der Flussdichtevektoren:

$$\begin{aligned} B_1(t) &= \hat{B}\cos(\omega t), \\ B_2(t) &= \hat{B}\cos\left(\omega t - \frac{2\pi}{3}\right) \overset{\text{(H.5)}}{=} \frac{1}{2}\hat{B}\left(-\cos\omega t + \sqrt{3}\sin\omega t\right), \\ B_3(t) &= \hat{B}\cos\left(\omega t - \frac{4\pi}{3}\right) \overset{\text{(H.5)}}{=} \frac{1}{2}\hat{B}\left(-\cos\omega t - \sqrt{3}\sin\omega t\right). \end{aligned} \tag{8.221}$$

Die Zusammenfassung dieser Ergebnisse liefert den einfachen Ausdruck

$$\vec{\mathbf{B}}(\vec{\mathbf{r}},t)=\vec{\mathbf{B}}_1(\vec{\mathbf{r}},t)+\vec{\mathbf{B}}_2(\vec{\mathbf{r}},t)+\vec{\mathbf{B}}_3(\vec{\mathbf{r}},t)=\frac{3}{2}\hat{B}\left[\vec{\mathbf{e}}_x\cos(\omega t)-\vec{\mathbf{e}}_y\sin(\omega t)\right] \tag{8.222}$$

für die gesamte Flussdichte. Die Länge dieses Vektors ist wegen Gl. (H.1) unabhängig von der Zeit und beträgt $1{,}5\hat{B}$. Der Ausdruck in der eckigen Klammer beschreibt eine mit der Zeit linear fortschreitende Drehbewegung in Richtung des Uhrzeigers. Eine Vertauschung von zwei Strängen in Abb. 8.80, z.B. der Stränge 2 und 3, liefert eine Drehbewegung in entgegengesetzter Richtung. Die einzelnen Flussdichtekomponenten mit den Richtungen nach Gl. (8.220) und den Längen nach Gl. (8.221) sowie die Richtung des Gesamtfelds (8.222) sind für einige ausgewählte Zeitpunkte in ▶Abb. 8.83 dargestellt.

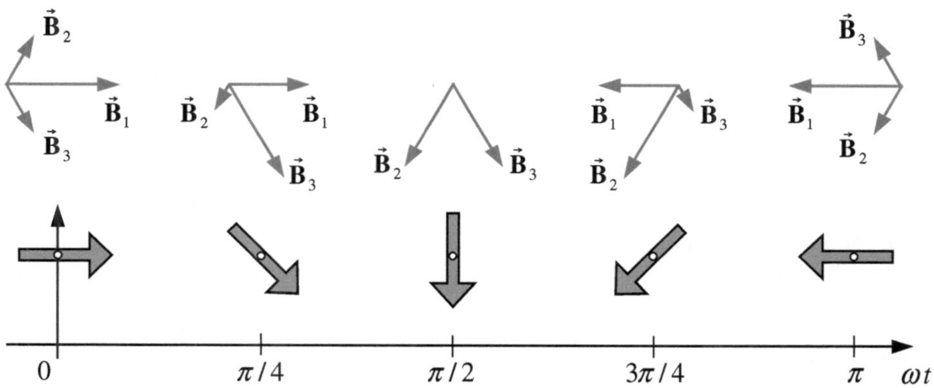

Abbildung 8.83: Felddarstellung zu verschiedenen Zeitpunkten

8.12 Netzwerkbetrachtungen

Das Ziel einer Netzwerkanalyse besteht in der Regel darin, alle Spannungen und Ströme in allen Zweigen eines Netzwerks zu berechnen. In vielen Fällen wird aber nur ein Teil dieser Informationen benötigt. Betrachten wir z.B. die Brückenschaltungen in Kapitel 8.6, bei denen jeweils die Spannung am Brückenzweig zwischen den Punkten P_1 und P_2 auf null abgeglichen werden soll. Oder wir betrachten die frequenzabhängigen Spannungsteiler in Kapitel 8.3, bei denen nur das Verhältnis von Ausgangsspannung zur Eingangsspannung von Interesse ist, die Spannung zwischen den oberen Anschlussklemmen aber bei der Analyse unberücksichtigt bleibt. Diese Situationen können allgemein durch die Anordnung in ▶Abb. 8.84 beschrieben werden, in der ein Vierpol mit zwei Eingangsklemmen und zwei Ausgangsklemmen dargestellt ist. Das Netzwerk wird auf beiden Seiten mit einem Zweipol beschaltet, d.h., auf den beiden Eingangsanschlüssen fließt nur der Strom i_1, auf den beiden Ausgangsanschlüssen nur der Strom i_2 (so genannte Torbedingungen). Wegen dieser Einschränkung gegenüber einem allgemeinen Vierpol, bei dem lediglich die Summe aller Ströme verschwinden muss, wird diese in Abb. 8.84 dargestellte Anordnung oft auch als Zweitor bezeichnet. Leider gibt es in der Literatur keine einheitliche Festlegung für die Richtung des Ausgangsstromes i_2. Das bedeutet, dass sich auch die in den verschiedenen Literaturstellen angegebenen Gleichungen je nach zugrunde liegender Stromrichtung unterscheiden.

Hinweis

In den folgenden Kapiteln werden wir ausschließlich die symmetrische Bepfeilung nach Abb. 8.84a zugrunde legen.

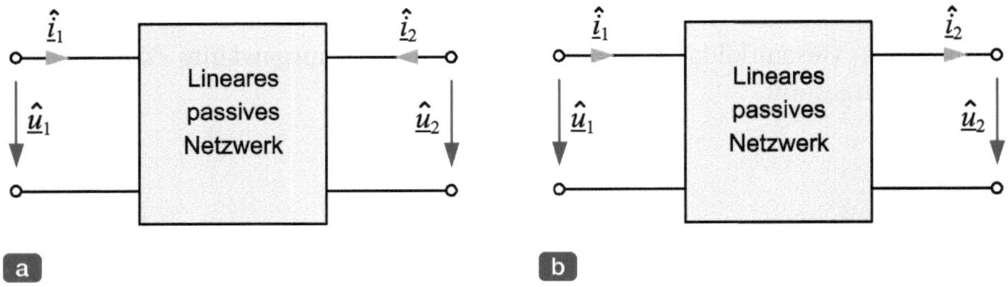

Abbildung 8.84: Zweitorschaltung mit a) symmetrischer Bepfeilung, b) Kettenbepfeilung

Wir werden uns hier auf lineare passive Netzwerke beschränken, d.h., innerhalb des Zweitors befinden sich keine Quellen und das Netzwerk besteht aus linearen Widerständen, Kondensatoren, Spulen und gegebenenfalls Übertragern.

Die Aufgabe besteht darin, das Verhalten dieser Anordnung unabhängig von dem konkreten Aufbau des internen Netzwerks allein durch die beiden Spannungen und die beiden Ströme an den beiden Toren zu beschreiben. Für die Analyse verwenden wir die bereits in der Abbildung eingetragenen komplexen Amplituden, d.h., wir betrachten den eingeschwungenen Zustand mit sinusförmigen Strömen und Spannungen.

8.12.1 Die Impedanzmatrix $\underline{\mathbf{Z}}$

Aufgrund des hier gültigen Überlagerungsprinzips können wir uns den allgemeinen Fall aus der Überlagerung von zwei unabhängigen Situationen zusammengesetzt denken. Im ersten Fall legen wir eine Stromquelle an die Eingangsklemmen, d.h., wir geben $\hat{\underline{i}}_1$ vor. Wegen der offenen Ausgangsklemmen gilt $\hat{\underline{i}}_2 = 0$. Die beiden Spannungen sind dann proportional zu dem Strom, wobei der Proportionalitätsfaktor die Dimension einer Impedanz hat

$$\hat{\underline{u}}_1\left(\hat{\underline{i}}_1\right) = \underline{Z}_{11}\hat{\underline{i}}_1 \qquad \text{und} \qquad \hat{\underline{u}}_2\left(\hat{\underline{i}}_1\right) = \underline{Z}_{21}\hat{\underline{i}}_1 \tag{8.223}$$

Analog gilt bei Vorgabe des Stromes $\hat{\underline{i}}_2$ und offenen Eingangsklemmen

$$\hat{\underline{u}}_1\left(\hat{\underline{i}}_2\right) = \underline{Z}_{12}\hat{\underline{i}}_2 \qquad \text{und} \qquad \hat{\underline{u}}_2\left(\hat{\underline{i}}_2\right) = \underline{Z}_{22}\hat{\underline{i}}_2 . \tag{8.224}$$

Die Überlagerung der beiden Fälle führt uns zu dem Gleichungssystem

$$\begin{aligned} \underline{\hat{u}}_1 &= \underline{\hat{u}}_1\left(\underline{\hat{i}}_1\right) + \underline{\hat{u}}_1\left(\underline{\hat{i}}_2\right) = \underline{Z}_{11}\underline{\hat{i}}_1 + \underline{Z}_{12}\underline{\hat{i}}_2 \\ \underline{\hat{u}}_2 &= \underline{\hat{u}}_2\left(\underline{\hat{i}}_1\right) + \underline{\hat{u}}_2\left(\underline{\hat{i}}_2\right) = \underline{Z}_{21}\underline{\hat{i}}_1 + \underline{Z}_{22}\underline{\hat{i}}_2 \end{aligned} \tag{8.225}$$

bzw. in Matrizenschreibweise

$$\begin{pmatrix} \underline{\hat{u}}_1 \\ \underline{\hat{u}}_2 \end{pmatrix} = \begin{pmatrix} \underline{Z}_{11} & \underline{Z}_{12} \\ \underline{Z}_{21} & \underline{Z}_{22} \end{pmatrix} \begin{pmatrix} \underline{\hat{i}}_1 \\ \underline{\hat{i}}_2 \end{pmatrix} \quad \rightarrow \quad \begin{pmatrix} \underline{\hat{u}}_1 \\ \underline{\hat{u}}_2 \end{pmatrix} = \underline{\mathbf{Z}} \begin{pmatrix} \underline{\hat{i}}_1 \\ \underline{\hat{i}}_2 \end{pmatrix}. \tag{8.226}$$

Die einzelnen Koeffizienten der so genannten Impedanzmatrix $\underline{\mathbf{Z}}$ lassen sich messtechnisch oder rechnerisch ermitteln, indem jeweils eines der beiden Tore im Leerlauf betrieben wird:

$$\underline{Z}_{11} = \left.\frac{\underline{\hat{u}}_1}{\underline{\hat{i}}_1}\right|_{\underline{\hat{i}}_2=0} \quad \text{Eingangsimpedanz bei Leerlauf am Ausgang}$$

$$\underline{Z}_{21} = \left.\frac{\underline{\hat{u}}_2}{\underline{\hat{i}}_1}\right|_{\underline{\hat{i}}_2=0} \quad \text{Übertragungsimpedanz vorwärts bei Leerlauf am Ausgang}$$

$$\underline{Z}_{12} = \left.\frac{\underline{\hat{u}}_1}{\underline{\hat{i}}_2}\right|_{\underline{\hat{i}}_1=0} \quad \text{Übertragungsimpedanz rückwärts bei Leerlauf am Eingang}$$

$$\underline{Z}_{22} = \left.\frac{\underline{\hat{u}}_2}{\underline{\hat{i}}_2}\right|_{\underline{\hat{i}}_1=0} \quad \text{Ausgangsimpedanz bei Leerlauf am Eingang.} \tag{8.227}$$

Die Gl. (8.226) ist die adäquate Beschreibung für den Fall, dass die beiden Ströme als voneinander unabhängige Ursachen gegeben sind und die beiden sich einstellenden Spannungen als Wirkungen berechnet werden sollen. Man beachte, dass die geforderte Unabhängigkeit der beiden Ströme die Voraussetzung ist für die Existenz der Impedanzmatrix.

Mit den vier Größen an den beiden Toren existieren insgesamt sechs Kombinationen, bei denen zwei der Größen als unabhängige Ursachen und die anderen beiden als Wirkungen angesehen werden können. Die fehlenden fünf Gleichungssysteme wollen wir im folgenden Abschnitt zusammenstellen.

8.12.2 Weitere Matrixdarstellungen

Die Admittanzmatrix $\underline{\mathbf{Y}}$

Sind die beiden Spannungen gegeben, dann können die Ströme aus den Beziehungen

$$\begin{pmatrix}\hat{\underline{i}}_1\\\hat{\underline{i}}_2\end{pmatrix}=\begin{pmatrix}\underline{Y}_{11} & \underline{Y}_{12}\\\underline{Y}_{21} & \underline{Y}_{22}\end{pmatrix}\begin{pmatrix}\hat{\underline{u}}_1\\\hat{\underline{u}}_2\end{pmatrix} \quad\rightarrow\quad \begin{pmatrix}\hat{\underline{i}}_1\\\hat{\underline{i}}_2\end{pmatrix}=\underline{\mathbf{Y}}\begin{pmatrix}\hat{\underline{u}}_1\\\hat{\underline{u}}_2\end{pmatrix} \tag{8.228}$$

berechnet werden. Alle Koeffizienten dieser Matrix haben die Dimension 1/Ω. Während die Koeffizienten der Impedanzmatrix aus Leerlaufmessungen bestimmt werden können, erhalten wir die einzelnen Werte der Admittanzmatrix aus Kurzschlussmessungen. Die der Gl. (8.227) entsprechenden Beziehungen lauten

$\underline{Y}_{11}=\left.\dfrac{\hat{\underline{i}}_1}{\hat{\underline{u}}_1}\right|_{\hat{\underline{u}}_2=0}$ Eingangsadmittanz bei Kurzschluss am Ausgang

$\underline{Y}_{21}=\left.\dfrac{\hat{\underline{i}}_2}{\hat{\underline{u}}_1}\right|_{\hat{\underline{u}}_2=0}$ Übertragungsadmittanz vorwärts bei Kurzschluss am Ausgang

$\underline{Y}_{12}=\left.\dfrac{\hat{\underline{i}}_1}{\hat{\underline{u}}_2}\right|_{\hat{\underline{u}}_1=0}$ Übertragungsadmittanz rückwärts bei Kurzschluss am Eingang

$\underline{Y}_{22}=\left.\dfrac{\hat{\underline{i}}_2}{\hat{\underline{u}}_2}\right|_{\hat{\underline{u}}_1=0}$ Ausgangsadmittanz bei Kurzschluss am Eingang. (8.229)

Setzt man die Gl. (8.228) in die Gl. (8.226) ein, dann folgt daraus

$$\begin{pmatrix}\hat{\underline{u}}_1\\\hat{\underline{u}}_2\end{pmatrix}=\underline{\mathbf{Z}}\begin{pmatrix}\hat{\underline{i}}_1\\\hat{\underline{i}}_2\end{pmatrix}=\underline{\mathbf{Z}}\,\underline{\mathbf{Y}}\begin{pmatrix}\hat{\underline{u}}_1\\\hat{\underline{u}}_2\end{pmatrix} \quad\rightarrow\quad \underline{\mathbf{Z}}\,\underline{\mathbf{Y}}=\begin{pmatrix}1 & 0\\0 & 1\end{pmatrix}=\mathbf{E}, \tag{8.230}$$

d.h., das Produkt der beiden Matrizen entspricht der Einheitsmatrix **E** oder anders formuliert, die beiden Matrizen sind invers zueinander:

$$\underline{\mathbf{Z}}=\underline{\mathbf{Y}}^{-1} \quad \text{bzw.} \quad \underline{\mathbf{Y}}=\underline{\mathbf{Z}}^{-1}. \tag{8.231}$$

Die Reihen-Parallelmatrix $\underline{\mathbf{H}}$

$$\begin{pmatrix}\hat{\underline{u}}_1\\\hat{\underline{i}}_2\end{pmatrix}=\begin{pmatrix}\underline{H}_{11} & \underline{H}_{12}\\\underline{H}_{21} & \underline{H}_{22}\end{pmatrix}\begin{pmatrix}\hat{\underline{i}}_1\\\hat{\underline{u}}_2\end{pmatrix} \quad\rightarrow\quad \begin{pmatrix}\hat{\underline{u}}_1\\\hat{\underline{i}}_2\end{pmatrix}=\underline{\mathbf{H}}\begin{pmatrix}\hat{\underline{i}}_1\\\hat{\underline{u}}_2\end{pmatrix}. \tag{8.232}$$

Im Gegensatz zu den beiden vorhergehenden Matrizen haben die Koeffizienten dieser Matrix unterschiedliche Dimensionen. Gleiches gilt auch für die folgenden drei Matrizen.

Die Parallel-Reihenmatrix $\underline{\mathbf{G}}$

$$\begin{pmatrix} \hat{\underline{i}}_1 \\ \hat{\underline{u}}_2 \end{pmatrix} = \begin{pmatrix} \underline{G}_{11} & \underline{G}_{12} \\ \underline{G}_{21} & \underline{G}_{22} \end{pmatrix} \begin{pmatrix} \hat{\underline{u}}_1 \\ \hat{\underline{i}}_2 \end{pmatrix} \quad \rightarrow \quad \begin{pmatrix} \hat{\underline{i}}_1 \\ \hat{\underline{u}}_2 \end{pmatrix} = \underline{\mathbf{G}} \begin{pmatrix} \hat{\underline{u}}_1 \\ \hat{\underline{i}}_2 \end{pmatrix}. \tag{8.233}$$

Aus den beiden Gleichungen (8.232) und (8.233) resultiert wieder der Zusammenhang

$$\underline{\mathbf{G}}\,\underline{\mathbf{H}} = \mathbf{E} \quad \rightarrow \quad \underline{\mathbf{G}} = \underline{\mathbf{H}}^{-1} \quad \text{bzw.} \quad \underline{\mathbf{H}} = \underline{\mathbf{G}}^{-1}. \tag{8.234}$$

Die Kettenmatrix $\underline{\mathbf{A}}$

$$\begin{pmatrix} \hat{\underline{u}}_1 \\ \hat{\underline{i}}_1 \end{pmatrix} = \begin{pmatrix} \underline{A}_{11} & \underline{A}_{12} \\ \underline{A}_{21} & \underline{A}_{22} \end{pmatrix} \begin{pmatrix} \hat{\underline{u}}_2 \\ -\hat{\underline{i}}_2 \end{pmatrix} \quad \rightarrow \quad \begin{pmatrix} \hat{\underline{u}}_1 \\ \hat{\underline{i}}_1 \end{pmatrix} = \underline{\mathbf{A}} \begin{pmatrix} \hat{\underline{u}}_2 \\ -\hat{\underline{i}}_2 \end{pmatrix}. \tag{8.235}$$

Bei dieser Matrix werden die Koeffizienten so bestimmt, als ob der Strom an der oberen Ausgangsklemme in Abb. 8.84 nicht zum Zweitor hin, sondern in die umgekehrte Richtung fließt. Der Grund für das Minuszeichen beim Ausgangsstrom liegt in der einfacheren Behandlung von Kettenschaltungen, also der Hintereinanderschaltung mehrerer Zweitore (▶Abb. 8.95). Mit dieser Festlegung sind nämlich die Ausgangsgrößen des vorhergehenden Zweitors identisch mit den Eingangsgrößen des nachfolgenden Zweitors. Eine derartige Schaltung wird in Beispiel 8.10 behandelt.

Die Kettenmatrix rückwärts $\underline{\mathbf{B}}$

$$\begin{pmatrix} \hat{\underline{u}}_2 \\ \hat{\underline{i}}_2 \end{pmatrix} = \begin{pmatrix} \underline{B}_{11} & \underline{B}_{12} \\ \underline{B}_{21} & \underline{B}_{22} \end{pmatrix} \begin{pmatrix} \hat{\underline{u}}_1 \\ -\hat{\underline{i}}_1 \end{pmatrix} \quad \rightarrow \quad \begin{pmatrix} \hat{\underline{u}}_2 \\ \hat{\underline{i}}_2 \end{pmatrix} = \underline{\mathbf{B}} \begin{pmatrix} \hat{\underline{u}}_1 \\ -\hat{\underline{i}}_1 \end{pmatrix}. \tag{8.236}$$

Infolge der Vorzeichenwechsel bei den Strömen sind die beiden Matrizen $\underline{\mathbf{A}}$ und $\underline{\mathbf{B}}$ nicht invers zueinander.

8.12.3 Die Matrizen bei Seitenumkehr

Nehmen wir einmal an, dass die Elemente der Matrizen für ein gegebenes Netzwerk bereits bekannt sind. Wenn das Netzwerk jetzt seitenverkehrt verwendet werden soll, also Eingangs- und Ausgangstor miteinander vertauscht werden, dann können die neuen Matrizenelemente unmittelbar angegeben werden, ohne das Netzwerk nochmals im Detail zu analysieren. Aus ▶Abb. 8.85 ist zu erkennen, dass in den bisherigen Gleichungen sowohl die beiden Ströme als auch die beiden Spannungen miteinander vertauscht werden müssen.

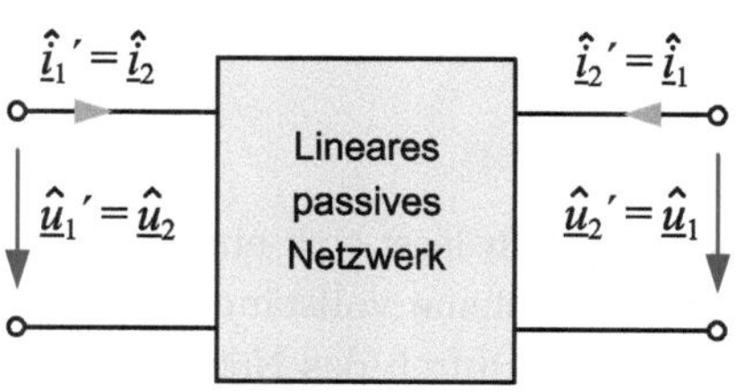

Abbildung 8.85: Zweitorschaltung mit vertauschten Toren

Kennzeichnen wir alle Größen für das umgekehrte Netzwerk mit einem hochgestellten Strich, dann erhalten wir die neue Impedanzmatrix ausgehend von Gl. (8.226), indem wir im ersten Schritt die Vertauschungen vornehmen:

$$\begin{pmatrix} \underline{\hat{u}}_2{}' \\ \underline{\hat{u}}_1{}' \end{pmatrix} = \begin{pmatrix} \underline{Z}_{11} & \underline{Z}_{12} \\ \underline{Z}_{21} & \underline{Z}_{22} \end{pmatrix} \begin{pmatrix} \underline{\hat{i}}_2{}' \\ \underline{\hat{i}}_1{}' \end{pmatrix} \tag{8.237}$$

und im zweiten Schritt diese neuen Gleichungen entsprechend sortieren:

$$\begin{pmatrix} \underline{\hat{u}}_1{}' \\ \underline{\hat{u}}_2{}' \end{pmatrix} = \begin{pmatrix} \underline{Z}_{22} & \underline{Z}_{21} \\ \underline{Z}_{12} & \underline{Z}_{11} \end{pmatrix} \begin{pmatrix} \underline{\hat{i}}_1{}' \\ \underline{\hat{i}}_2{}' \end{pmatrix}. \tag{8.238}$$

Für die Impedanzmatrix nach der Seitenumkehr gilt dann die Beziehung

$$\begin{pmatrix} \underline{\hat{u}}_1{}' \\ \underline{\hat{u}}_2{}' \end{pmatrix} = \underline{\mathbf{Z}}' \begin{pmatrix} \underline{\hat{i}}_1{}' \\ \underline{\hat{i}}_2{}' \end{pmatrix} \quad \text{mit} \quad \underline{\mathbf{Z}}' = \begin{pmatrix} \underline{Z}_{11}{}' & \underline{Z}_{12}{}' \\ \underline{Z}_{21}{}' & \underline{Z}_{22}{}' \end{pmatrix} = \begin{pmatrix} \underline{Z}_{22} & \underline{Z}_{21} \\ \underline{Z}_{12} & \underline{Z}_{11} \end{pmatrix}. \tag{8.239}$$

Mit der gleichen Vorgehensweise erhalten wir für die anderen Matrizen die im Folgenden angegebenen Zusammenhänge:

$$\begin{pmatrix} \underline{\hat{i}}_1{}' \\ \underline{\hat{i}}_2{}' \end{pmatrix} = \begin{pmatrix} \underline{Y}_{22} & \underline{Y}_{21} \\ \underline{Y}_{12} & \underline{Y}_{11} \end{pmatrix} \begin{pmatrix} \underline{\hat{u}}_1{}' \\ \underline{\hat{u}}_2{}' \end{pmatrix} \quad \to \quad \underline{\mathbf{Y}}' = \begin{pmatrix} \underline{Y}_{11}{}' & \underline{Y}_{12}{}' \\ \underline{Y}_{21}{}' & \underline{Y}_{22}{}' \end{pmatrix} = \begin{pmatrix} \underline{Y}_{22} & \underline{Y}_{21} \\ \underline{Y}_{12} & \underline{Y}_{11} \end{pmatrix} \tag{8.240}$$

$$\begin{pmatrix} \underline{\hat{u}}_1{}' \\ \underline{\hat{i}}_2{}' \end{pmatrix} = \begin{pmatrix} \underline{H}_{22} & \underline{H}_{21} \\ \underline{H}_{12} & \underline{H}_{11} \end{pmatrix}^{-1} \begin{pmatrix} \underline{\hat{i}}_1{}' \\ \underline{\hat{u}}_2{}' \end{pmatrix} \quad \to \quad \underline{\mathbf{H}}' = \begin{pmatrix} \underline{H}_{11}{}' & \underline{H}_{12}{}' \\ \underline{H}_{21}{}' & \underline{H}_{22}{}' \end{pmatrix} = \frac{1}{\det \underline{\mathbf{H}}} \begin{pmatrix} \underline{H}_{11} & -\underline{H}_{21} \\ -\underline{H}_{12} & \underline{H}_{22} \end{pmatrix} \tag{8.241}$$

$$\begin{pmatrix} \underline{\hat{i}}_1{}' \\ \underline{\hat{u}}_2{}' \end{pmatrix} = \begin{pmatrix} \underline{G}_{22} & \underline{G}_{21} \\ \underline{G}_{12} & \underline{G}_{11} \end{pmatrix}^{-1} \begin{pmatrix} \underline{\hat{u}}_1{}' \\ \underline{\hat{i}}_2{}' \end{pmatrix} \quad \to \quad \underline{\mathbf{G}}' = \begin{pmatrix} \underline{G}_{11}{}' & \underline{G}_{12}{}' \\ \underline{G}_{21}{}' & \underline{G}_{22}{}' \end{pmatrix} = \frac{1}{\det \underline{\mathbf{G}}} \begin{pmatrix} \underline{G}_{11} & -\underline{G}_{21} \\ -\underline{G}_{12} & \underline{G}_{22} \end{pmatrix} \tag{8.242}$$

$$\begin{pmatrix} \underline{\hat{u}}_1{}' \\ \underline{\hat{i}}_1{}' \end{pmatrix} = \begin{pmatrix} \underline{A}_{11} & -\underline{A}_{12} \\ -\underline{A}_{21} & \underline{A}_{22} \end{pmatrix}^{-1} \begin{pmatrix} \underline{\hat{u}}_2{}' \\ -\underline{\hat{i}}_2{}' \end{pmatrix} \quad \to \quad \underline{\mathbf{A}}' = \begin{pmatrix} \underline{A}_{11}{}' & \underline{A}_{12}{}' \\ \underline{A}_{21}{}' & \underline{A}_{22}{}' \end{pmatrix} = \frac{1}{\det \underline{\mathbf{A}}} \begin{pmatrix} \underline{A}_{22} & \underline{A}_{12} \\ \underline{A}_{21} & \underline{A}_{11} \end{pmatrix} \tag{8.243}$$

$$\begin{pmatrix} \underline{\hat{u}}_2{}' \\ \underline{\hat{i}}_2{}' \end{pmatrix} = \begin{pmatrix} \underline{B}_{11} & -\underline{B}_{12} \\ -\underline{B}_{21} & \underline{B}_{22} \end{pmatrix}^{-1} \begin{pmatrix} \underline{\hat{u}}_1{}' \\ -\underline{\hat{i}}_1{}' \end{pmatrix} \quad \to \quad \underline{\mathbf{B}}' = \begin{pmatrix} \underline{B}_{11}{}' & \underline{B}_{12}{}' \\ \underline{B}_{21}{}' & \underline{B}_{22}{}' \end{pmatrix} = \frac{1}{\det \underline{\mathbf{B}}} \begin{pmatrix} \underline{B}_{22} & \underline{B}_{12} \\ \underline{B}_{21} & \underline{B}_{11} \end{pmatrix} \tag{8.244}$$

Die Berechnungsformel für die Determinante einer 2×2-Matrix ist im Anhang in Gl. (H.37) angegeben.

8.12.4 Matrizenumrechnungen

Nach den vorangegangenen Kapiteln lässt sich eine Zweitorschaltung mit jedem der sechs verschiedenen Gleichungssysteme vollständig beschreiben. Die Matrizen bzw. deren Koeffizienten sind eindeutig durch das Netzwerk festgelegt, ihre Werte unterscheiden sich aber je nach ausgewählter Matrix. Aufgrund der vielfältigen Möglichkeiten stellt sich die Frage, welches der Gleichungssysteme bevorzugt verwendet werden sollte. Die Antwort hängt im Allgemeinen davon ab, wie das Zweitor in die sonstige Schaltungsumgebung eingebunden ist. In Kapitel 8.12.6 werden wir uns die verschiedenen Situationen näher anschauen. Dabei werden wir feststellen, dass wir unter Umständen zwischen den verschiedenen Matrixdarstellungen hin- und herwechseln müssen. Aus diesem Grund werden wir zunächst die Umrechnungsformeln zusammenstellen, die es uns erlauben, ausgehend von einer bekannten Matrix alle anderen Formen auf einfache Weise herzuleiten.

Die Umrechnung zwischen den Matrizen ist relativ einfach. Wir können von einem Gleichungssystem ausgehen, z.B. den Gleichungen (8.225) und diese so umstellen, dass auf der linken Gleichungsseite nicht die beiden Spannungen, sondern die Eingangsspannung $\underline{\hat{u}}_1$ und der Eingangsstrom $\underline{\hat{i}}_1$ stehen. Ein Vergleich mit der Gl. (8.235) liefert uns dann die Vorschrift, wie die Koeffizienten der Kettenmatrix $\underline{\mathbf{A}}$ aus den Koeffizienten der Impedanzmatrix $\underline{\mathbf{Z}}$ zu berechnen sind.

Glücklicherweise ist es nicht erforderlich, für jede der sechs Matrizen die Umrechnungsformeln zur Herleitung der anderen fünf Matrizen einzeln abzuleiten. Es lässt sich nämlich ein einfaches Schema finden, wie diese Umrechnungen durchzuführen sind. Zur Beschreibung verwenden wir die sechs Buchstaben a, b, c, d, e und f, mit denen die Koeffizienten der Matrizen bzw. ein gemeinsamer Faktor, der ausgeklammert werden kann und vor der Matrix steht, bezeichnet werden sollen. Für die sechs Matrizen gelten dann die Darstellungen

$$\underline{\mathbf{Z}} = \frac{1}{a} \cdot \begin{pmatrix} b & c \\ d & e \end{pmatrix}, \quad \underline{\mathbf{Y}} = \frac{1}{f} \cdot \begin{pmatrix} -e & c \\ d & -b \end{pmatrix}, \quad \underline{\mathbf{H}} = \frac{1}{e} \cdot \begin{pmatrix} -f & c \\ -d & a \end{pmatrix},$$

$$\underline{\mathbf{G}} = \frac{1}{b} \cdot \begin{pmatrix} a & -c \\ d & -f \end{pmatrix}, \quad \underline{\mathbf{A}} = \frac{1}{d} \cdot \begin{pmatrix} b & -f \\ a & e \end{pmatrix}, \quad \underline{\mathbf{B}} = \frac{1}{c} \cdot \begin{pmatrix} e & -f \\ a & b \end{pmatrix}. \tag{8.245}$$

Sobald eine Matrix bekannt ist, sind auch fünf der sechs Werte bekannt. Der fehlende sechste Wert muss aus der Gleichung

$$be + af = cd \tag{8.246}$$

berechnet werden.

Beispiel 8.8: Matrizenumrechnung

Die Kettenmatrix $\underline{\mathbf{A}}$ soll bestimmt werden, wenn die Impedanzmatrix $\underline{\mathbf{Z}}$ bekannt ist.

Die Aufgabe besteht also darin, die Werte a bis f zu bestimmen und in die Matrix $\underline{\mathbf{A}}$ einzusetzen. Der Vergleich der Impedanzmatrizen in den Gln. (8.226) und (8.245) liefert die Ergebnisse

$$a = 1, \qquad b = \underline{Z}_{11}, \qquad c = \underline{Z}_{12}, \qquad d = \underline{Z}_{21}, \qquad e = \underline{Z}_{22} \tag{8.247}$$

und mit Gl. (8.246) folgt

$$f = \frac{cd - be}{a} = \underline{Z}_{12}\underline{Z}_{21} - \underline{Z}_{11}\underline{Z}_{22} = -\det\underline{\mathbf{Z}}\,. \tag{8.248}$$

Damit erhalten wir für die Umrechnung das Ergebnis

$$\underline{\mathbf{A}} = \frac{1}{d}\cdot\begin{pmatrix} b & -f \\ a & e \end{pmatrix} = \frac{1}{\underline{Z}_{21}}\cdot\begin{pmatrix} \underline{Z}_{11} & \det\underline{\mathbf{Z}} \\ 1 & \underline{Z}_{22} \end{pmatrix}. \tag{8.249}$$

Das vollständige Gleichungssystem mit der Kettenmatrix lautet dann

$$\begin{pmatrix} \underline{\hat{u}}_1 \\ \underline{\hat{i}}_1 \end{pmatrix} = \begin{pmatrix} \underline{A}_{11} & \underline{A}_{12} \\ \underline{A}_{21} & \underline{A}_{22} \end{pmatrix}\begin{pmatrix} \underline{\hat{u}}_2 \\ -\underline{\hat{i}}_2 \end{pmatrix} = \begin{pmatrix} \underline{Z}_{11}/\underline{Z}_{21} & \det\underline{\mathbf{Z}}/\underline{Z}_{21} \\ 1/\underline{Z}_{21} & \underline{Z}_{22}/\underline{Z}_{21} \end{pmatrix}\begin{pmatrix} \underline{\hat{u}}_2 \\ -\underline{\hat{i}}_2 \end{pmatrix}. \tag{8.250}$$

In den folgenden Gleichungen sind die Umrechnungen zusammengestellt. Auf die in der Praxis wenig bedeutende Kettenmatrix rückwärts $\underline{\mathbf{B}}$ wurde dabei verzichtet.

$$\underline{\mathbf{Z}} = \frac{1}{\det\underline{\mathbf{Y}}}\begin{pmatrix} \underline{Y}_{22} & -\underline{Y}_{12} \\ -\underline{Y}_{21} & \underline{Y}_{11} \end{pmatrix} = \frac{1}{\underline{H}_{22}}\begin{pmatrix} \det\underline{\mathbf{H}} & \underline{H}_{12} \\ -\underline{H}_{21} & 1 \end{pmatrix} = \frac{1}{\underline{G}_{11}}\begin{pmatrix} 1 & -\underline{G}_{12} \\ \underline{G}_{21} & \det\underline{\mathbf{G}} \end{pmatrix} = \frac{1}{\underline{A}_{21}}\begin{pmatrix} \underline{A}_{11} & \det\underline{\mathbf{A}} \\ 1 & \underline{A}_{22} \end{pmatrix} \tag{8.251}$$

$$\underline{\mathbf{Y}} = \frac{1}{\det\underline{\mathbf{Z}}}\begin{pmatrix} \underline{Z}_{22} & -\underline{Z}_{12} \\ -\underline{Z}_{21} & \underline{Z}_{11} \end{pmatrix} = \frac{1}{\underline{H}_{11}}\begin{pmatrix} 1 & -\underline{H}_{12} \\ \underline{H}_{21} & \det\underline{\mathbf{H}} \end{pmatrix} = \frac{1}{\underline{G}_{22}}\begin{pmatrix} \det\underline{\mathbf{G}} & \underline{G}_{12} \\ -\underline{G}_{21} & 1 \end{pmatrix} = \frac{1}{\underline{A}_{12}}\begin{pmatrix} \underline{A}_{22} & -\det\underline{\mathbf{A}} \\ -1 & \underline{A}_{11} \end{pmatrix} \tag{8.252}$$

$$\underline{\mathbf{H}} = \frac{1}{\underline{Z}_{22}}\begin{pmatrix} \det\underline{\mathbf{Z}} & \underline{Z}_{12} \\ -\underline{Z}_{21} & 1 \end{pmatrix} = \frac{1}{\underline{Y}_{11}}\begin{pmatrix} 1 & -\underline{Y}_{12} \\ \underline{Y}_{21} & \det\underline{\mathbf{Y}} \end{pmatrix} = \frac{1}{\det\underline{\mathbf{G}}}\begin{pmatrix} \underline{G}_{22} & -\underline{G}_{12} \\ -\underline{G}_{21} & \underline{G}_{11} \end{pmatrix} = \frac{1}{\underline{A}_{22}}\begin{pmatrix} \underline{A}_{12} & \det\underline{\mathbf{A}} \\ -1 & \underline{A}_{21} \end{pmatrix} \tag{8.253}$$

$$\underline{\mathbf{G}} = \frac{1}{\underline{Z}_{11}}\begin{pmatrix} 1 & -\underline{Z}_{12} \\ \underline{Z}_{21} & \det\underline{\mathbf{Z}} \end{pmatrix} = \frac{1}{\underline{Y}_{22}}\begin{pmatrix} \det\underline{\mathbf{Y}} & \underline{Y}_{12} \\ -\underline{Y}_{21} & 1 \end{pmatrix} = \frac{1}{\det\underline{\mathbf{H}}}\begin{pmatrix} \underline{H}_{22} & -\underline{H}_{12} \\ -\underline{H}_{21} & \underline{H}_{11} \end{pmatrix} = \frac{1}{\underline{A}_{11}}\begin{pmatrix} \underline{A}_{21} & -\det\underline{\mathbf{A}} \\ 1 & \underline{A}_{12} \end{pmatrix} \tag{8.254}$$

$$\underline{\mathbf{A}} = \frac{1}{\underline{Z}_{21}}\begin{pmatrix} \underline{Z}_{11} & \det\underline{\mathbf{Z}} \\ 1 & \underline{Z}_{22} \end{pmatrix} = \frac{-1}{\underline{Y}_{21}}\begin{pmatrix} \underline{Y}_{22} & 1 \\ \det\underline{\mathbf{Y}} & \underline{Y}_{11} \end{pmatrix} = \frac{-1}{\underline{H}_{21}}\begin{pmatrix} \det\underline{\mathbf{H}} & \underline{H}_{11} \\ \underline{H}_{22} & 1 \end{pmatrix} = \frac{1}{\underline{G}_{21}}\begin{pmatrix} 1 & \underline{G}_{22} \\ \underline{G}_{11} & \det\underline{\mathbf{G}} \end{pmatrix} \tag{8.255}$$

8.12.5 Matrizen einfacher Netzwerke

Kompliziertere Netzwerke können häufig durch Stern-Dreieck-Umformungen (siehe Kapitel 3.8.2) auf einfachere Netzwerke zurückgeführt werden. Eine alternative Möglichkeit besteht darin, die komplizierteren Netzwerke durch geeignete Zusammenschaltung von einfachen Netzwerken zu erzeugen (siehe Kapitel 8.12.6). In diesem Abschnitt werden wir daher einige Matrizen von elementaren Zweitornetzwerken angeben. Zur Veranschaulichung der Vorgehensweise betrachten wir das folgende Beispiel.

Beispiel 8.9: Koeffizientenbestimmung der Impedanzmatrix

Für das in ▶Abb. 8.86 dargestellte T-Glied sollen die Koeffizienten der Impedanzmatrix bestimmt werden.

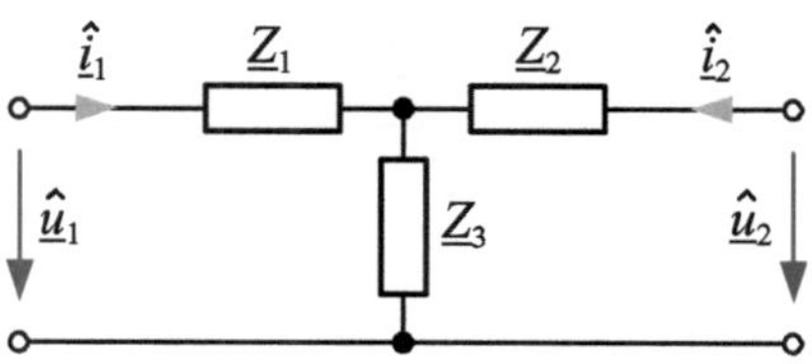

Abbildung 8.86: T-Glied

Zur Lösung kann man von den Kirchhoff'schen Gleichungen ausgehen. Wir wählen einen anderen Weg, indem wir die Koeffizienten mithilfe der Gleichungen (8.227) direkt bestimmen:

$$\underline{Z}_{11} = \left.\frac{\underline{\hat{u}}_1}{\underline{\hat{i}}_1}\right|_{\underline{\hat{i}}_2=0} = \frac{(\underline{Z}_1+\underline{Z}_3)\underline{\hat{i}}_1}{\underline{\hat{i}}_1} = \underline{Z}_1+\underline{Z}_3, \qquad \underline{Z}_{12} = \left.\frac{\underline{\hat{u}}_1}{\underline{\hat{i}}_2}\right|_{\underline{\hat{i}}_1=0} = \frac{\underline{\hat{i}}_2\underline{Z}_3}{\underline{\hat{i}}_2} = \underline{Z}_3 \tag{8.256}$$

$$\underline{Z}_{21} = \left.\frac{\underline{\hat{u}}_2}{\underline{\hat{i}}_1}\right|_{\underline{\hat{i}}_2=0} = \frac{\underline{Z}_3\underline{\hat{i}}_1}{\underline{\hat{i}}_1} = \underline{Z}_3, \qquad \underline{Z}_{22} = \left.\frac{\underline{\hat{u}}_2}{\underline{\hat{i}}_2}\right|_{\underline{\hat{i}}_1=0} = \frac{(\underline{Z}_2+\underline{Z}_3)\underline{\hat{i}}_2}{\underline{\hat{i}}_2} = \underline{Z}_2+\underline{Z}_3 \tag{8.257}$$

Mithilfe der Formeln des letzten Abschnitts sind alle übrigen Matrizen für das T-Glied ebenfalls bekannt.

Die Matrizen der übrigen nachstehend angegebenen Netzwerke können auf die gleiche Weise hergeleitet werden. Alternativ können einige Zweipole auch als Sonderfall des T-Glieds oder π-Glieds aufgefasst werden, wenn einzelne Impedanzen durch einen Kurzschluss bzw. Leerlauf ersetzt werden.

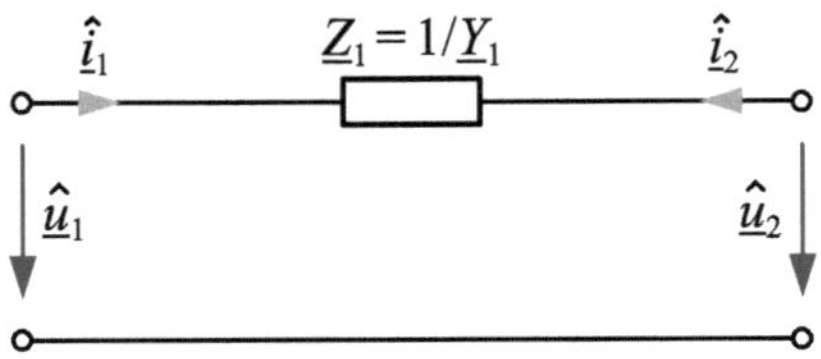

Abbildung 8.87: Längsimpedanz

$$\underline{\mathbf{Z}} = \begin{pmatrix} \text{existiert} \\ \text{nicht} \end{pmatrix}, \quad \underline{\mathbf{Y}} = \begin{pmatrix} \underline{Y}_1 & -\underline{Y}_1 \\ -\underline{Y}_1 & \underline{Y}_1 \end{pmatrix}, \quad \underline{\mathbf{A}} = \begin{pmatrix} 1 & \underline{Z}_1 \\ 0 & 1 \end{pmatrix} \tag{8.258}$$

Bei der Berechnung der Impedanzmatrix $\underline{\mathbf{Z}}$ aus der Admittanzmatrix $\underline{\mathbf{Y}}$ erhält man nach Gl. (8.251) wegen $\det \underline{\mathbf{Y}} = 0$ für alle Koeffizienten das Ergebnis $Z_{ik} = \infty$.

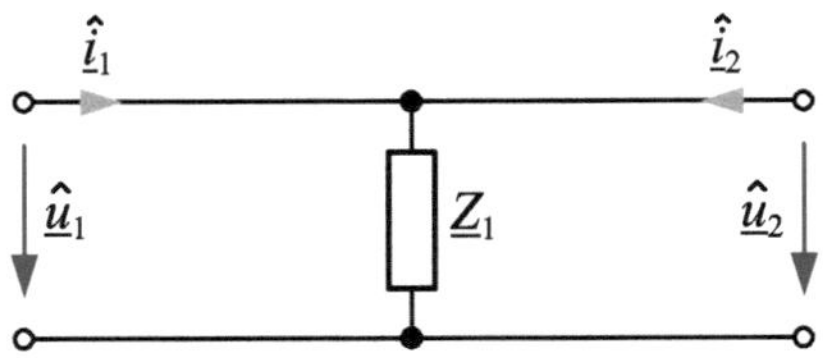

Abbildung 8.88: Querimpedanz

$$\underline{\mathbf{Z}} = \begin{pmatrix} \underline{Z}_1 & \underline{Z}_1 \\ \underline{Z}_1 & \underline{Z}_1 \end{pmatrix}, \quad \underline{\mathbf{Y}} = \begin{pmatrix} \text{existiert} \\ \text{nicht} \end{pmatrix}, \quad \underline{\mathbf{A}} = \begin{pmatrix} 1 & 0 \\ 1/\underline{Z}_1 & 1 \end{pmatrix} \tag{8.259}$$

Die gleiche Situation wie bei der Matrix $\underline{\mathbf{Z}}$ im Falle der Längsimpedanz entsteht bei der Matrix $\underline{\mathbf{Y}}$ im Falle der Querimpedanz.

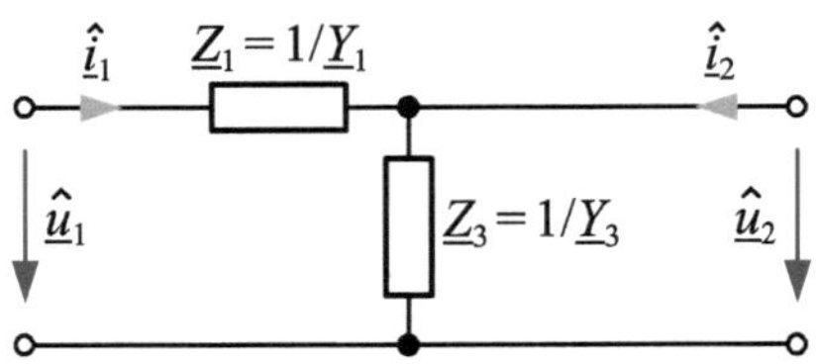

Abbildung 8.89: Linksseitige Hälfte des T-Glieds

$$\underline{\mathbf{Z}} = \begin{pmatrix} \underline{Z}_1 + \underline{Z}_3 & \underline{Z}_3 \\ \underline{Z}_3 & \underline{Z}_3 \end{pmatrix}, \quad \underline{\mathbf{Y}} = \begin{pmatrix} \underline{Y}_1 & -\underline{Y}_1 \\ -\underline{Y}_1 & \underline{Y}_1 + \underline{Y}_3 \end{pmatrix}, \quad \underline{\mathbf{A}} = \begin{pmatrix} 1 + \underline{Z}_1/\underline{Z}_3 & \underline{Z}_1 \\ 1/\underline{Z}_3 & 1 \end{pmatrix} \tag{8.260}$$

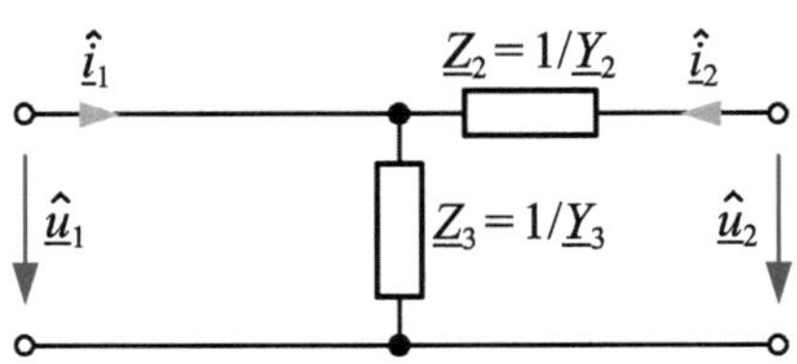

Abbildung 8.90: Rechtsseitige Hälfte des T-Glieds

$$\underline{\mathbf{Z}} = \begin{pmatrix} \underline{Z}_3 & \underline{Z}_3 \\ \underline{Z}_3 & \underline{Z}_2 + \underline{Z}_3 \end{pmatrix}, \quad \underline{\mathbf{Y}} = \begin{pmatrix} \underline{Y}_2 + \underline{Y}_3 & -\underline{Y}_2 \\ -\underline{Y}_2 & \underline{Y}_2 \end{pmatrix}, \quad \underline{\mathbf{A}} = \begin{pmatrix} 1 & \underline{Z}_2 \\ 1/\underline{Z}_3 & 1 + \underline{Z}_2/\underline{Z}_3 \end{pmatrix} \tag{8.261}$$

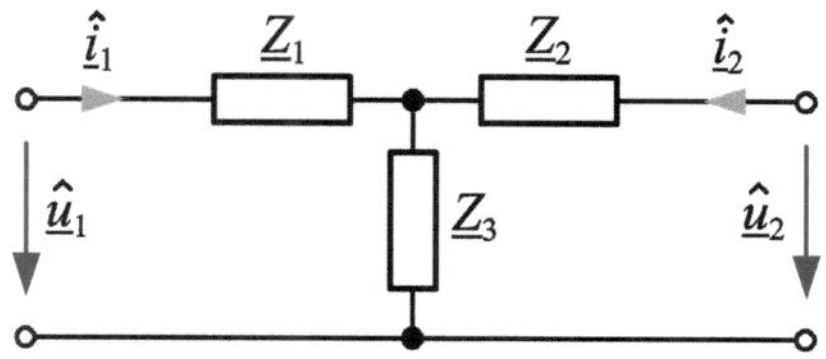

Abbildung 8.91: T-Glied

$$\underline{\mathbf{Z}} = \begin{pmatrix} \underline{Z}_1 + \underline{Z}_3 & \underline{Z}_3 \\ \underline{Z}_3 & \underline{Z}_2 + \underline{Z}_3 \end{pmatrix}, \quad \underline{\mathbf{Y}} = \frac{1}{\underline{Z}_1\underline{Z}_2 + \underline{Z}_1\underline{Z}_3 + \underline{Z}_2\underline{Z}_3} \begin{pmatrix} \underline{Z}_2 + \underline{Z}_3 & -\underline{Z}_3 \\ -\underline{Z}_3 & \underline{Z}_1 + \underline{Z}_3 \end{pmatrix}$$

$$\underline{\mathbf{A}} = \frac{1}{\underline{Z}_3} \begin{pmatrix} \underline{Z}_1 + \underline{Z}_3 & \underline{Z}_1\underline{Z}_2 + \underline{Z}_1\underline{Z}_3 + \underline{Z}_2\underline{Z}_3 \\ 1 & \underline{Z}_2 + \underline{Z}_3 \end{pmatrix} \tag{8.262}$$

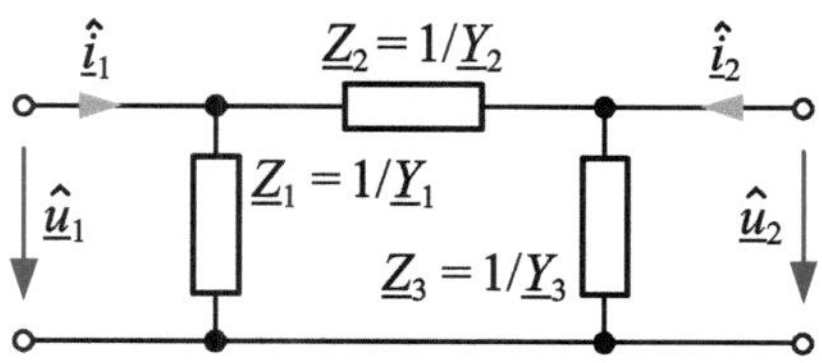

Abbildung 8.92: π-Glied

$$\underline{\mathbf{Z}} = \frac{1}{\underline{Z}_1 + \underline{Z}_2 + \underline{Z}_3} \begin{pmatrix} \underline{Z}_1(\underline{Z}_2 + \underline{Z}_3) & \underline{Z}_1\underline{Z}_3 \\ \underline{Z}_1\underline{Z}_3 & \underline{Z}_3(\underline{Z}_1 + \underline{Z}_2) \end{pmatrix}, \quad \underline{\mathbf{Y}} = \begin{pmatrix} \underline{Y}_1 + \underline{Y}_2 & -\underline{Y}_2 \\ -\underline{Y}_2 & \underline{Y}_2 + \underline{Y}_3 \end{pmatrix}$$

$$\underline{\mathbf{A}} = \begin{pmatrix} 1 + \underline{Z}_2/\underline{Z}_3 & \underline{Z}_2 \\ 1/\underline{Z}_1 + 1/\underline{Z}_3 + \underline{Z}_2/\underline{Z}_1\underline{Z}_3 & 1 + \underline{Z}_2/\underline{Z}_1 \end{pmatrix} \tag{8.263}$$

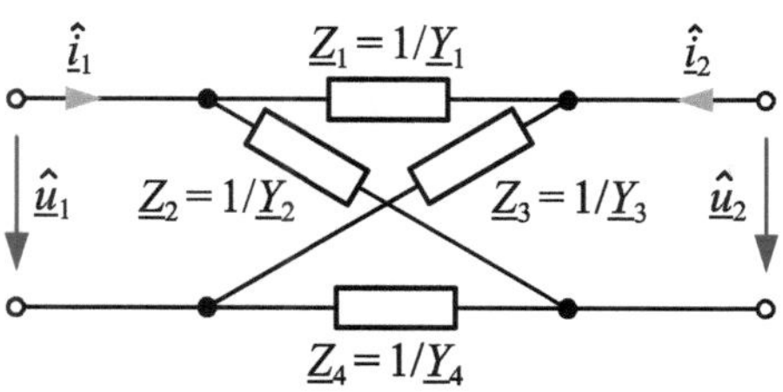

Abbildung 8.93: Kreuzglied

$$\underline{\mathbf{Z}} = \frac{1}{\underline{Z}_1 + \underline{Z}_2 + \underline{Z}_3 + \underline{Z}_4} \begin{pmatrix} (\underline{Z}_1 + \underline{Z}_3)(\underline{Z}_2 + \underline{Z}_4) & \underline{Z}_2\underline{Z}_3 - \underline{Z}_1\underline{Z}_4 \\ \underline{Z}_2\underline{Z}_3 - \underline{Z}_1\underline{Z}_4 & (\underline{Z}_1 + \underline{Z}_2)(\underline{Z}_3 + \underline{Z}_4) \end{pmatrix}$$

$$\underline{\mathbf{Y}} = \frac{1}{\underline{Y}_1 + \underline{Y}_2 + \underline{Y}_3 + \underline{Y}_4} \begin{pmatrix} (\underline{Y}_1 + \underline{Y}_2)(\underline{Y}_3 + \underline{Y}_4) & \underline{Y}_2\underline{Y}_3 - \underline{Y}_1\underline{Y}_4 \\ \underline{Y}_2\underline{Y}_3 - \underline{Y}_1\underline{Y}_4 & (\underline{Y}_1 + \underline{Y}_3)(\underline{Y}_2 + \underline{Y}_4) \end{pmatrix}$$

$$\underline{\mathbf{A}} = \frac{1}{\underline{Z}_2\underline{Z}_3 - \underline{Z}_1\underline{Z}_4} \begin{pmatrix} (\underline{Z}_1 + \underline{Z}_3)(\underline{Z}_2 + \underline{Z}_4) & \underline{Z}_1\underline{Z}_3(\underline{Z}_2 + \underline{Z}_4) + \underline{Z}_2\underline{Z}_4(\underline{Z}_1 + \underline{Z}_3) \\ \underline{Z}_1 + \underline{Z}_2 + \underline{Z}_3 + \underline{Z}_4 & (\underline{Z}_1 + \underline{Z}_2)(\underline{Z}_3 + \underline{Z}_4) \end{pmatrix} \tag{8.264}$$

Diese Gleichungen vereinfachen sich bei einem symmetrischen **Kreuzglied**, bei dem die Impedanzen die Bedingungen $\underline{Z}_1 = \underline{Z}_4$ und $\underline{Z}_2 = \underline{Z}_3$ erfüllen:

$$\underline{\mathbf{Z}} = \frac{1}{2}\begin{pmatrix} \underline{Z}_1 + \underline{Z}_2 & \underline{Z}_2 - \underline{Z}_1 \\ \underline{Z}_2 - \underline{Z}_1 & \underline{Z}_1 + \underline{Z}_2 \end{pmatrix}, \quad \underline{\mathbf{Y}} = \frac{1}{2}\begin{pmatrix} \underline{Y}_1 + \underline{Y}_2 & \underline{Y}_2 - \underline{Y}_1 \\ \underline{Y}_2 - \underline{Y}_1 & \underline{Y}_1 + \underline{Y}_2 \end{pmatrix}$$

$$\underline{\mathbf{A}} = \frac{1}{\underline{Z}_2 - \underline{Z}_1}\begin{pmatrix} \underline{Z}_1 + \underline{Z}_2 & 2\underline{Z}_1\underline{Z}_2 \\ 2 & \underline{Z}_1 + \underline{Z}_2 \end{pmatrix}. \tag{8.265}$$

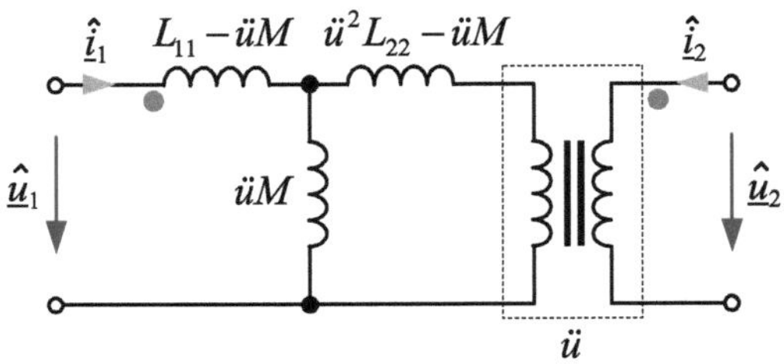

Abbildung 8.94: Übertrager

Für das Ersatzschaltbild des verlustlosen Übertragers aus Abb. 6.52 gelten mit den in Abb. ▶8.94 festgelegten Stromrichtungen die Matrizen

$$\underline{\mathbf{Z}} = \begin{pmatrix} \mathrm{j}\omega L_{11} & \mathrm{j}\omega M \\ \mathrm{j}\omega M & \mathrm{j}\omega L_{22} \end{pmatrix}, \quad \underline{\mathbf{Y}} = \frac{1}{\mathrm{j}\omega(L_{11}L_{22} - M^2)}\begin{pmatrix} L_{22} & -M \\ -M & L_{11} \end{pmatrix}$$

$$\underline{\mathbf{A}} = \frac{1}{\mathrm{j}\omega M}\begin{pmatrix} \mathrm{j}\omega L_{11} & \omega^2(M^2 - L_{11}L_{22}) \\ 1 & \mathrm{j}\omega L_{22} \end{pmatrix}. \tag{8.266}$$

Man beachte, dass die Admittanzmatrix für einen streufreien Übertrager, so wie bei der Querimpedanz in Abb. 8.88, nicht existiert. Für den in Kapitel 6.7.4 beschriebenen idealen Übertrager erhalten wir die Kettenmatrix

$$\underline{\mathbf{A}} = \begin{pmatrix} ü & 0 \\ 0 & 1/ü \end{pmatrix}. \tag{8.267}$$

Impedanz- und Admittanzmatrix existieren in diesem Fall nicht.

8.12.6 Zusammenschaltung von Zweitoren

Die Analyse umfangreicher Netzwerke lässt sich in manchen Fällen einfacher durchführen, wenn es gelingt, das Netzwerk als Zusammenschaltung von Teilnetzwerken aufzufassen, für die die Matrixbeschreibungen einfacher herzuleiten sind oder bereits tabellarisch vorliegen. Allerdings müssen dann die Fragen geklärt werden, wie aus der Zusammenschaltung die Matrixbeschreibung für das Gesamtnetzwerk zu bilden ist und unter welchen Bedingungen diese Vorgehensweise überhaupt zu richtigen Ergebnissen führt. Im Folgenden werden unterschiedliche Möglichkeiten bei der Zusammenschaltung von zwei Netzwerken betrachtet. Zur besseren Unterscheidung werden wir die Parameter des Netzwerks 1 mit einem hochgestellten Strich und die Parameter des Netzwerks 2 mit zwei hochgestellten Strichen kennzeichnen.

Die Kettenschaltung

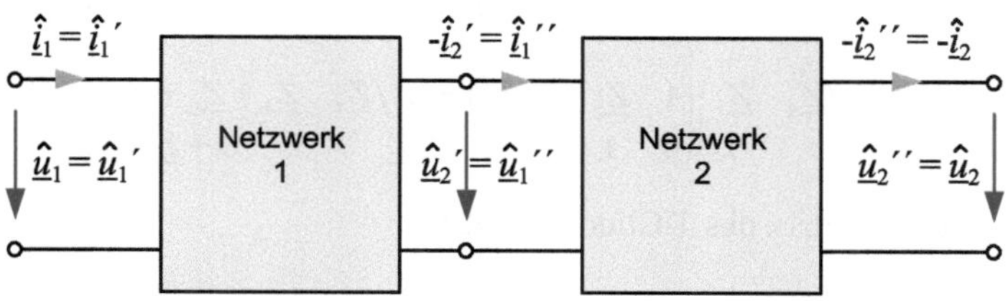

Abbildung 8.95: Kettenschaltung

Diese Zusammenschaltung lässt sich am einfachsten mit der Kettenmatrix $\underline{\mathbf{A}}$ beschreiben. Für die beiden einzelnen Netzwerke gilt mit Gl. (8.235)

$$\begin{pmatrix} \hat{\underline{u}}_1' \\ \hat{\underline{i}}_1' \end{pmatrix} = \underline{\mathbf{A}}' \begin{pmatrix} \hat{\underline{u}}_2' \\ -\hat{\underline{i}}_2' \end{pmatrix} \quad \text{und} \quad \begin{pmatrix} \hat{\underline{u}}_1'' \\ \hat{\underline{i}}_1'' \end{pmatrix} = \underline{\mathbf{A}}'' \begin{pmatrix} \hat{\underline{u}}_2'' \\ -\hat{\underline{i}}_2'' \end{pmatrix}. \tag{8.268}$$

Da die Ausgangsgrößen des Netzwerks 1 identisch sind mit den Eingangsgrößen des Netzwerks 2, erhalten wir für das Gesamtnetzwerk die Beziehung

$$\begin{pmatrix} \hat{\underline{u}}_1 \\ \hat{\underline{i}}_1 \end{pmatrix} = \begin{pmatrix} \hat{\underline{u}}_1' \\ \hat{\underline{i}}_1' \end{pmatrix} = \underline{\mathbf{A}}' \begin{pmatrix} \hat{\underline{u}}_2' \\ -\hat{\underline{i}}_2' \end{pmatrix} = \underline{\mathbf{A}}' \begin{pmatrix} \hat{\underline{u}}_1'' \\ \hat{\underline{i}}_1'' \end{pmatrix} = \underline{\mathbf{A}}'\underline{\mathbf{A}}'' \begin{pmatrix} \hat{\underline{u}}_2'' \\ -\hat{\underline{i}}_2'' \end{pmatrix} = \underline{\mathbf{A}}'\underline{\mathbf{A}}'' \begin{pmatrix} \hat{\underline{u}}_2 \\ -\hat{\underline{i}}_2 \end{pmatrix}. \tag{8.269}$$

Bei der Kettenschaltung ist die resultierende Kettenmatrix durch das Produkt der einzelnen Kettenmatrizen gegeben:

$$\underline{\mathbf{A}} = \underline{\mathbf{A}}'\underline{\mathbf{A}}''. \tag{8.270}$$

Beispiel 8.10: Kettenschaltung

Wir betrachten die Kettenschaltung aus der linksseitigen Hälfte des T-Glieds nach Abb. 8.89 mit der Längsimpedanz nach Abb. 8.87.

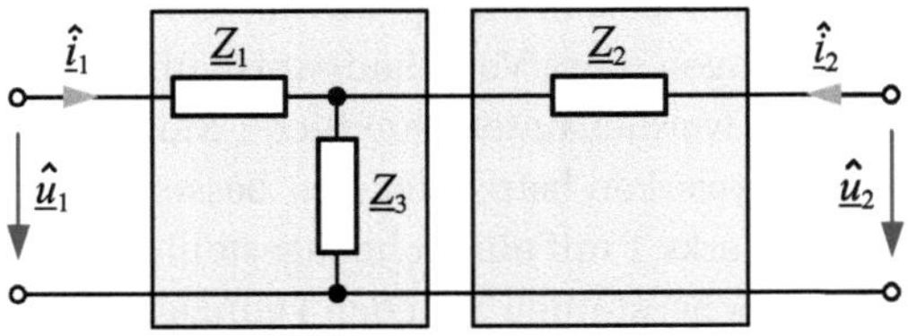

Abbildung 8.96: Kettenschaltung

Das Produkt der beiden Matrizen aus Gl. (8.260) bzw. (8.258) liefert als Ergebnis

$$\underline{\mathbf{A}} = \begin{pmatrix} 1+\underline{Z}_1/\underline{Z}_3 & \underline{Z}_1 \\ 1/\underline{Z}_3 & 1 \end{pmatrix} \begin{pmatrix} 1 & \underline{Z}_2 \\ 0 & 1 \end{pmatrix} \overset{(H.31)}{=} \begin{pmatrix} 1+\underline{Z}_1/\underline{Z}_3 & \underline{Z}_1+\underline{Z}_2+\underline{Z}_1\underline{Z}_2/\underline{Z}_3 \\ 1/\underline{Z}_3 & 1+\underline{Z}_2/\underline{Z}_3 \end{pmatrix} \quad (8.271)$$

richtig die Kettenmatrix des T-Glieds (8.262).

Die Reihenschaltung

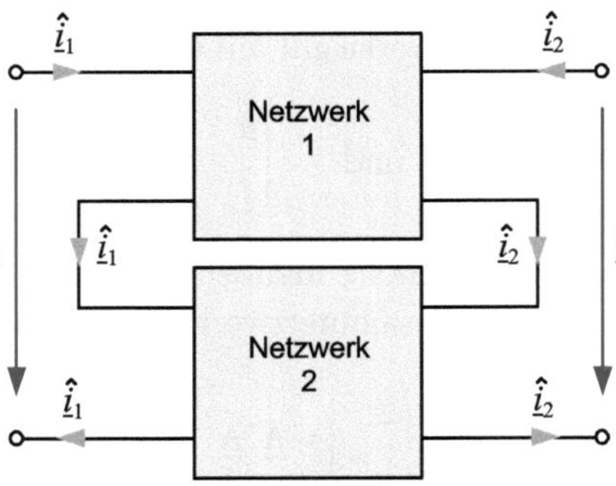

Abbildung 8.97: Reihenschaltung

Bei der Reihenschaltung gilt für die Spannungen

$$\hat{\underline{u}}_1 = \hat{\underline{u}}_1' + \hat{\underline{u}}_1'' \quad \text{und} \quad \hat{\underline{u}}_2 = \hat{\underline{u}}_2' + \hat{\underline{u}}_2'' \quad (8.272)$$

und für die Ströme

$$\hat{\underline{i}}_1 = \hat{\underline{i}}_1' = \hat{\underline{i}}_1'' \quad \text{und} \quad \hat{\underline{i}}_2 = \hat{\underline{i}}_2' = \hat{\underline{i}}_2''. \quad (8.273)$$

Damit ergibt sich die Impedanzmatrix der Reihenschaltung

$$\begin{pmatrix} \hat{\underline{u}}_1 \\ \hat{\underline{u}}_2 \end{pmatrix} = \begin{pmatrix} \hat{\underline{u}}_1' \\ \hat{\underline{u}}_2' \end{pmatrix} + \begin{pmatrix} \hat{\underline{u}}_1'' \\ \hat{\underline{u}}_2'' \end{pmatrix} = \begin{pmatrix} \underline{Z}_{11}' & \underline{Z}_{12}' \\ \underline{Z}_{21}' & \underline{Z}_{22}' \end{pmatrix} \begin{pmatrix} \hat{\underline{i}}_1 \\ \hat{\underline{i}}_2 \end{pmatrix} + \begin{pmatrix} \underline{Z}_{11}'' & \underline{Z}_{12}'' \\ \underline{Z}_{21}'' & \underline{Z}_{22}'' \end{pmatrix} \begin{pmatrix} \hat{\underline{i}}_1 \\ \hat{\underline{i}}_2 \end{pmatrix} = \underline{\mathbf{Z}} \begin{pmatrix} \hat{\underline{i}}_1 \\ \hat{\underline{i}}_2 \end{pmatrix} \quad (8.274)$$

aus der Addition der Impedanzmatrizen der einzelnen Zweitore

$$\underline{\mathbf{Z}} = \underline{\mathbf{Z}}' + \underline{\mathbf{Z}}''. \tag{8.275}$$

Bei dieser Zusammenschaltung kann allerdings ein prinzipielles Problem auftauchen, welches dazu führt, dass die angegebenen Formeln fehlerhafte Ergebnisse liefern. Wir wollen das an einem einfachen Beispiel demonstrieren.

Beispiel 8.11: Fehlerhafte Ergebnisse bei Anwendung der Reihenschaltung

Gesucht ist die resultierende Impedanzmatrix für die in der ▶Abb. 8.98 dargestellte Reihenschaltung aus den beiden Zweitorschaltungen.

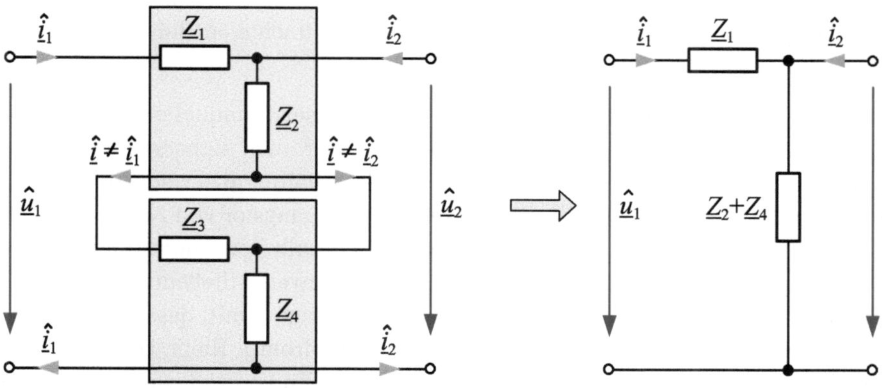

Abbildung 8.98: Reihenschaltung zweier Zweitore

Die Addition der einzelnen Impedanzmatrizen nach Gl. (8.260) liefert formal das Ergebnis

$$\underline{\mathbf{Z}} = \begin{pmatrix} \underline{Z}_1 + \underline{Z}_2 & \underline{Z}_2 \\ \underline{Z}_2 & \underline{Z}_2 \end{pmatrix} + \begin{pmatrix} \underline{Z}_3 + \underline{Z}_4 & \underline{Z}_4 \\ \underline{Z}_4 & \underline{Z}_4 \end{pmatrix} = \begin{pmatrix} \underline{Z}_1 + \underline{Z}_2 + \underline{Z}_3 + \underline{Z}_4 & \underline{Z}_2 + \underline{Z}_4 \\ \underline{Z}_2 + \underline{Z}_4 & \underline{Z}_2 + \underline{Z}_4 \end{pmatrix}. \tag{8.276}$$

Vereinfacht man dagegen das Schaltbild entsprechend der rechten Seite in Abb. 8.98, indem man die kurzgeschlossene Impedanz $\underline{Z}_3$ weglässt und die in Reihe geschalteten Impedanzen $\underline{Z}_2$ und $\underline{Z}_4$ zusammenfasst, dann folgt aus Gl. (8.260) ein anderes, jetzt aber richtiges Ergebnis

$$\underline{\mathbf{Z}} = \begin{pmatrix} \underline{Z}_1 + \underline{Z}_2 + \underline{Z}_4 & \underline{Z}_2 + \underline{Z}_4 \\ \underline{Z}_2 + \underline{Z}_4 & \underline{Z}_2 + \underline{Z}_4 \end{pmatrix}. \tag{8.277}$$

Das Problem wird offensichtlich dadurch verursacht, dass das obere Zweitor an seinen unteren Anschlussklemmen gleiches Potential aufweist, während beim unteren Zweitor zwischen den beiden oberen Anschlussklemmen ein Potentialunterschied, nämlich die Spannung an $\underline{Z}_3$, existiert, die infolge der Reihenschaltung kurzgeschlossen wird. Man kann es auch anders formulieren: durch diese Zusammenschaltung werden die Torbedingungen verletzt. Es ist nämlich nicht mehr gewährleistet, dass sowohl beim Gesamtnetzwerk als auch bei beiden Einzelnetzwerken an jedem Tor hin- und rückfließender Strom gleich sein muss (siehe linkes Teilbild in Abb. 8.98). Wenn diese Voraussetzung nicht erfüllt ist, verlieren die angegebenen Formeln für die Zusammenschaltung ihre Gültigkeit. Dieser Problematik werden wir auch bei den folgenden drei Zusammenschaltungen begegnen.

Bei der Reihenschaltung fällt das Problem offenbar weg, wenn das obere Netzwerk 1 eine leitende Verbindung (interner Kurzschluss) zwischen seinen beiden unteren Anschlüssen aufweist und die gleiche Situation beim unteren Netzwerk 2 zwischen dessen beiden oberen Anschlüssen auftritt. In dem betrachteten Beispiel wäre diese Bedingung mit $\underline{Z}_3 = 0$ erfüllt.

Für Netzwerke, die mit Wechselspannungs- bzw. Wechselstromquellen betrieben werden, lässt sich die Erfüllung der Torbedingungen aber auch sicherstellen, wenn an einem Tor ein idealer Übertrager mit Übersetzungsverhältnis $ü = 1$ eingefügt wird. In ▶Abb. 8.99 ist dieser Übertrager beispielsweise am Eingangstor von Netzwerk 2 angeschlossen. Die Funktionsweise des Übertragers innerhalb der Anordnung ist relativ leicht zu verstehen. Der am Eingangstor des Gesamtnetzwerks fließende Strom $\hat{\underline{i}}_1$ fließt auch durch die Primärseite des Übertragers und erzwingt damit, dass an beiden Eingangsklemmen des Netzwerks 1 ebenfalls der gleiche Strom $\hat{\underline{i}}_1$ fließt. Damit muss aufgrund der Knotenregel auch an beiden Ausgangsklemmen von Netzwerk 1 der jeweils gleiche Strom $\hat{\underline{i}}_2$ fließen. Aus den gleichen Gründen sind dann auch die Torbedingungen am Netzwerk 2 erfüllt.

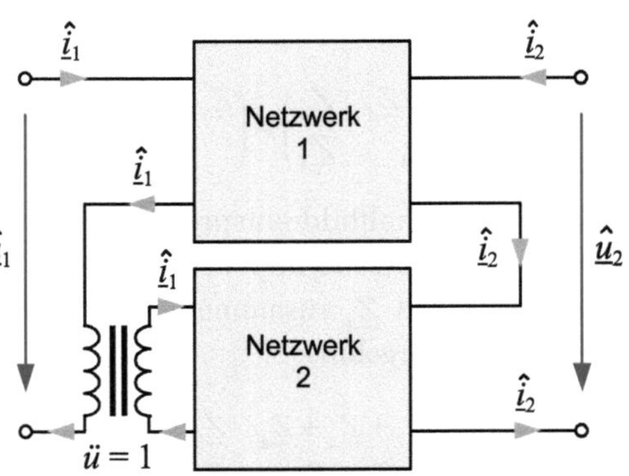

Abbildung 8.99: Erfüllung der Torbedingungen mit einem idealen Übertrager

Die Parallelschaltung

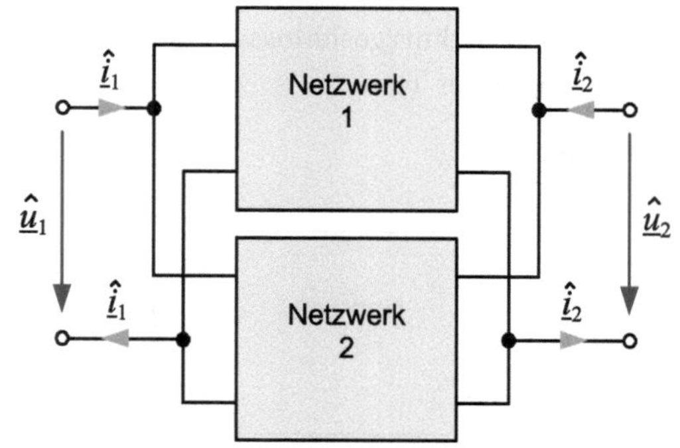

Abbildung 8.100: Parallelschaltung

Da bei der Parallelschaltung die Spannungen identisch sind,

$$\hat{\underline{u}}_1 = \hat{\underline{u}}_1' = \hat{\underline{u}}_1'' \quad \text{und} \quad \hat{\underline{u}}_2 = \hat{\underline{u}}_2' = \hat{\underline{u}}_2'' \tag{8.278}$$

und sich die Ströme addieren,

$$\hat{\underline{i}}_1 = \hat{\underline{i}}_1' + \hat{\underline{i}}_1'' \quad \text{und} \quad \hat{\underline{i}}_2 = \hat{\underline{i}}_2' + \hat{\underline{i}}_2'', \tag{8.279}$$

erhalten wir in Analogie zur Herleitung in Gl. (8.274) die Admittanzmatrix der Gesamtschaltung aus der Addition der Admittanzmatrizen der einzelnen Zweitore

$$\underline{\mathbf{Y}} = \underline{\mathbf{Y}}' + \underline{\mathbf{Y}}''. \tag{8.280}$$

Auch bei dieser Anordnung gibt es Situationen, bei denen die Torbedingungen infolge der Zusammenschaltung verletzt sind. Man kann sich leicht überlegen, dass dieses Problem nicht auftritt, wenn die in ▶Abb. 8.101 eingetragenen Spannungen

$$\hat{\underline{u}}_{b',a'} = \hat{\underline{u}}_{b'',a''} \quad \text{bzw.} \quad \hat{\underline{u}}_{d',c'} = \hat{\underline{u}}_{d'',c''} \tag{8.281}$$

bereits vor dem Zusammenschalten identisch sind. Mit der Erfüllung einer der beiden Bedingungen (8.281) ist die andere infolge des Maschenumlaufs ebenfalls erfüllt.

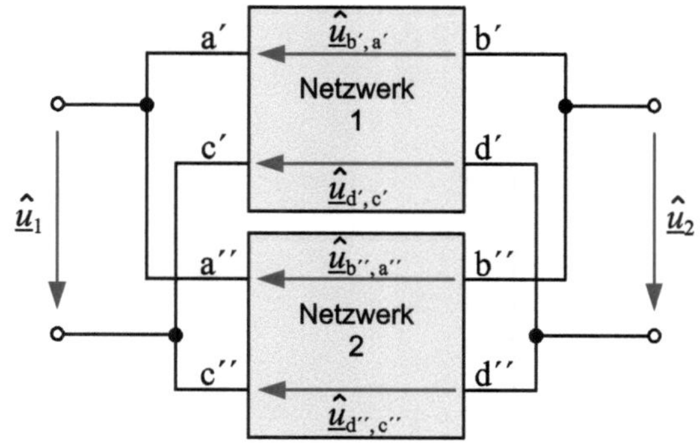

Abbildung 8.101: Parallelschaltung

Die einfachste Möglichkeit besteht darin, dass entweder die Spannungen $\hat{\underline{u}}_{b',a'} = \hat{\underline{u}}_{b'',a''}$ oder aber die Spannungen $\hat{\underline{u}}_{d',c'} = \hat{\underline{u}}_{d'',c''}$ null sind, d.h., die entsprechenden Klemmen der beiden Netzwerke sind intern kurzgeschlossen. Eine Alternative ist wieder ein zusätzlicher Übertrager an einem der Tore.

Die Reihen-Parallelschaltung

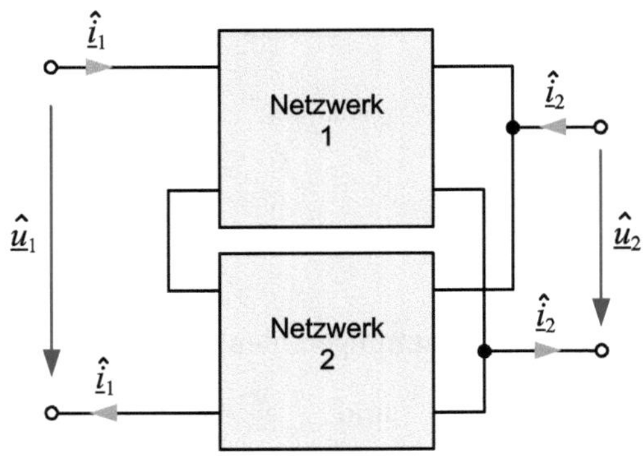

Abbildung 8.102: Reihen-Parallelschaltung

Bei der Reihen-Parallelschaltung gilt

$$\hat{\underline{u}}_1 = \hat{\underline{u}}_1' + \hat{\underline{u}}_1'' \qquad \text{und} \qquad \hat{\underline{u}}_2 = \hat{\underline{u}}_2' = \hat{\underline{u}}_2'' \tag{8.282}$$

bzw.

$$\hat{\underline{i}}_1 = \hat{\underline{i}}_1' = \hat{\underline{i}}_1'' \qquad \text{und} \qquad \hat{\underline{i}}_2 = \hat{\underline{i}}_2' + \hat{\underline{i}}_2'', \tag{8.283}$$

d.h., bei dieser Zusammenschaltung werden die Reihen-Parallelmatrizen addiert:

$$\underline{\mathbf{H}} = \underline{\mathbf{H}}' + \underline{\mathbf{H}}''. \tag{8.284}$$

Voraussetzung für die Gültigkeit dieser Gleichung ist wieder die Erfüllung aller Torbedingungen.

Die Parallel-Reihenschaltung

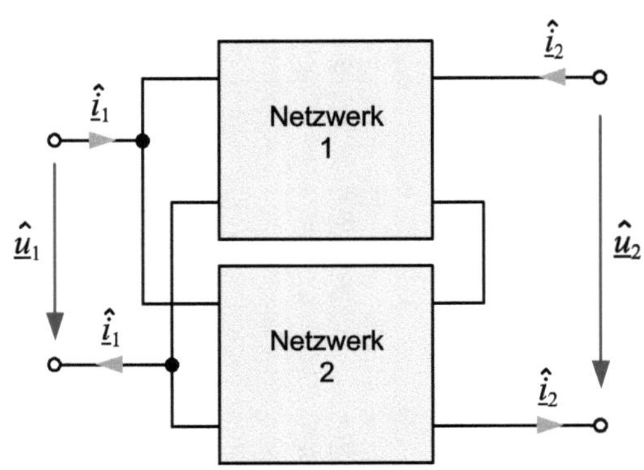

Abbildung 8.103: Parallel-Reihenschaltung

Bei der Parallel-Reihenschaltung gilt

$$\underline{\hat{u}}_1 = \underline{\hat{u}}_1' = \underline{\hat{u}}_1'' \quad \text{und} \quad \underline{\hat{u}}_2 = \underline{\hat{u}}_2' + \underline{\hat{u}}_2'' \tag{8.285}$$

bzw.

$$\underline{\hat{i}}_1 = \underline{\hat{i}}_1' + \underline{\hat{i}}_1'' \quad \text{und} \quad \underline{\hat{i}}_2 = \underline{\hat{i}}_2' = \underline{\hat{i}}_2''. \tag{8.286}$$

Damit müssen die Parallel-Reihenmatrizen der einzelnen Zweitore addiert werden:

$$\underline{\mathbf{G}} = \underline{\mathbf{G}}' + \underline{\mathbf{G}}''. \tag{8.287}$$

Auch hier gelten die gleichen Voraussetzungen.

8.12.7 Das beschaltete Zweitor

Die ▶Abb. 8.104 zeigt den klassischen Anwendungsfall von Zweitorschaltungen. Das Eingangstor wird mit einer unabhängigen Quelle verbunden und das Ausgangstor wird mit einer Lastimpedanz $\underline{Z}_L$ beschaltet.

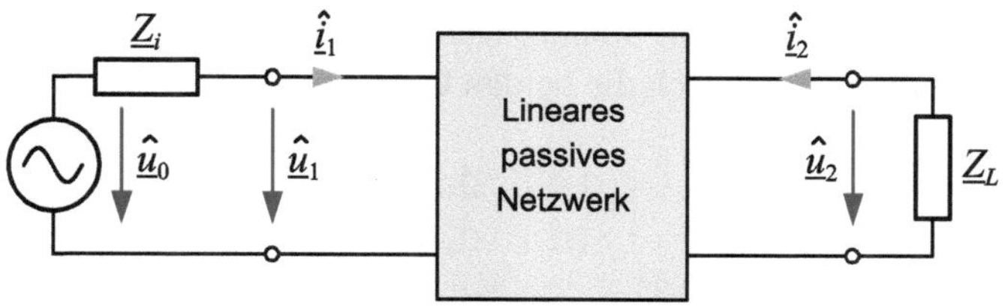

Abbildung 8.104: Beschaltetes Zweitor mit Quelle am Eingang und Lastimpedanz am Ausgang

Die Aufgaben des Netzwerks können sehr unterschiedlicher Art sein, z.B. die Anpassung der Lastimpedanz an die Quellimpedanz im Hinblick auf eine maximale Leistungsübertragung oder auch eine frequenzabhängige Übertragung von Eingangssignalen an die Last im Sinne einer Filterwirkung (siehe Kapitel 8.12.9). Je nach Aufgabenstellung sind dann verschiedene Kenngrößen und deren Frequenzabhängigkeit von Bedeutung. Dazu gehören

- das Spannungsübersetzungsverhältnis $\underline{\hat{u}}_2/\underline{\hat{u}}_1$ bzw. $\underline{\hat{u}}_2/\underline{\hat{u}}_0$,
- das Stromübersetzungsverhältnis $\underline{\hat{i}}_2/\underline{\hat{i}}_1$,
- die Eingangsimpedanz $\underline{Z}_E = \underline{\hat{u}}_1/\underline{\hat{i}}_1$, mit der die Quelle belastet wird,
- die Kenngrößen der Ersatzspannungsquelle (Innenimpedanz und Leerlaufspannung), an die die Lastimpedanz angeschlossen ist.

Zur Berechnung der Ströme und Spannungen an den beiden Toren benötigen wir vier Gleichungen. Zwei Gleichungen erhalten wir aus der Matrixdarstellung, in diesem Fall wählen wir die Kettenmatrix $\underline{\mathbf{A}}$, und zwei weitere Gleichungen resultieren aus den Zusammenhängen am Eingang und Ausgang

$$\underline{\hat{u}}_1 = \underline{\hat{u}}_0 - \underline{Z}_i \underline{\hat{i}}_1 \quad \text{bzw.} \quad \underline{\hat{u}}_2 = -\underline{Z}_L \underline{\hat{i}}_2. \tag{8.288}$$

Werden diese beiden Beziehungen in die Gl. (8.235) eingesetzt, dann erhält man zwei Gleichungen

$$\begin{pmatrix} \underline{\hat{u}}_1 \\ (\underline{\hat{u}}_0 - \underline{\hat{u}}_1)/\underline{Z}_i \end{pmatrix} = \begin{pmatrix} \underline{A}_{11} & \underline{A}_{12} \\ \underline{A}_{21} & \underline{A}_{22} \end{pmatrix} \begin{pmatrix} \underline{\hat{u}}_2 \\ \underline{\hat{u}}_2/\underline{Z}_L \end{pmatrix}, \tag{8.289}$$

die nach den beiden Torspannungen aufgelöst werden können:

$$\frac{\underline{\hat{u}}_1}{\underline{\hat{u}}_0} = \frac{\underline{A}_{11}\underline{Z}_L + \underline{A}_{12}}{\underline{A}_{11}\underline{Z}_L + \underline{A}_{12} + \underline{Z}_i\left(\underline{A}_{21}\underline{Z}_L + \underline{A}_{22}\right)} \tag{8.290}$$

$$\frac{\underline{\hat{u}}_2}{\underline{\hat{u}}_0} = \frac{\underline{Z}_L}{\underline{A}_{11}\underline{Z}_L + \underline{A}_{12} + \underline{Z}_i\left(\underline{A}_{21}\underline{Z}_L + \underline{A}_{22}\right)}. \tag{8.291}$$

Für das Verhältnis der beiden Spannungen folgt dann

$$\frac{\underline{\hat{u}}_2}{\underline{\hat{u}}_1} = \frac{\underline{Z}_L}{\underline{A}_{11}\underline{Z}_L + \underline{A}_{12}} \overset{(8.255)}{=} \frac{\underline{Z}_{21}\underline{Z}_L}{\underline{Z}_{11}\underline{Z}_L + \det \underline{\mathbf{Z}}}. \tag{8.292}$$

Setzt man dagegen die nach den Spannungen aufgelösten Gln. (8.288) in die Beziehung (8.235) ein, dann lassen sich die beiden Gleichungen

$$\begin{pmatrix} \underline{\hat{u}}_0 - \underline{Z}_i\underline{\hat{i}}_1 \\ \underline{\hat{i}}_1 \end{pmatrix} = \begin{pmatrix} \underline{A}_{11} & \underline{A}_{12} \\ \underline{A}_{21} & \underline{A}_{22} \end{pmatrix} \begin{pmatrix} -\underline{Z}_L\underline{\hat{i}}_2 \\ -\underline{\hat{i}}_2 \end{pmatrix} \tag{8.293}$$

nach den Strömen auflösen und wir erhalten

$$\frac{\underline{\hat{i}}_1}{\underline{\hat{u}}_0} = \frac{\underline{A}_{21}\underline{Z}_L + \underline{A}_{22}}{\underline{A}_{11}\underline{Z}_L + \underline{A}_{12} + \underline{Z}_i\left(\underline{A}_{21}\underline{Z}_L + \underline{A}_{22}\right)} \tag{8.294}$$

$$\frac{\underline{\hat{i}}_2}{\underline{\hat{u}}_0} = \frac{-1}{\underline{A}_{11}\underline{Z}_L + \underline{A}_{12} + \underline{Z}_i\left(\underline{A}_{21}\underline{Z}_L + \underline{A}_{22}\right)}. \tag{8.295}$$

Für das Verhältnis der beiden Ströme folgt dann

$$\frac{\underline{\hat{i}}_2}{\underline{\hat{i}}_1} = \frac{-1}{\underline{A}_{21}\underline{Z}_L + \underline{A}_{22}} \overset{(8.255)}{=} \frac{-\underline{Z}_{21}}{\underline{Z}_L + \underline{Z}_{22}}. \tag{8.296}$$

Die Eingangsimpedanz erhält man, indem man die beiden Gleichungen (8.235) durcheinander dividiert:

$$\underline{Z}_E = \frac{\underline{\hat{u}}_1}{\underline{\hat{i}}_1} = \frac{\underline{A}_{11}\underline{Z}_L + \underline{A}_{12}}{\underline{A}_{21}\underline{Z}_L + \underline{A}_{22}} \overset{(8.255)}{=} \underline{Z}_{11} - \frac{\underline{Z}_{12}\underline{Z}_{21}}{\underline{Z}_L + \underline{Z}_{22}}. \tag{8.297}$$

Zur Bestimmung der Ersatzspannungsquelle müssen wir einerseits die Leerlaufspannung am Ausgang ermitteln. Bei verschwindendem Ausgangsstrom gilt

$$\underline{\hat{u}}_L = \underline{\hat{u}}_2\Big|_{\underline{\hat{i}}_2=0} = \frac{\underline{\hat{u}}_1}{\underline{A}_{11}}\Bigg|_{\underline{Z}_L\to\infty} \overset{(8.290)}{=} \frac{1}{\underline{A}_{11}+\underline{A}_{21}\underline{Z}_i}\underline{\hat{u}}_0 \overset{(8.255)}{=} \frac{\underline{Z}_{21}}{\underline{Z}_{11}+\underline{Z}_i}\underline{\hat{u}}_0 . \tag{8.298}$$

Andererseits müssen wir die Quellenspannung $\underline{\hat{u}}_0$ zu null setzen und die Impedanz zwischen den Ausgangsklemmen bei nicht vorhandener Lastimpedanz berechnen. Ausgangspunkt ist wieder die Gl. (8.235):

$$\begin{pmatrix}\underline{\hat{u}}_2\\ \underline{\hat{i}}_2\end{pmatrix} = \begin{pmatrix}\underline{A}_{11} & -\underline{A}_{12}\\ \underline{A}_{21} & -\underline{A}_{22}\end{pmatrix}^{-1}\begin{pmatrix}\underline{\hat{u}}_1\\ \underline{\hat{i}}_1\end{pmatrix} \overset{(8.288)}{=} \frac{-1}{\det\underline{\mathbf{A}}}\begin{pmatrix}-\underline{A}_{22} & \underline{A}_{12}\\ -\underline{A}_{21} & \underline{A}_{11}\end{pmatrix}\begin{pmatrix}\underline{\hat{u}}_1\\ -\underline{\hat{u}}_1/\underline{Z}_i\end{pmatrix}. \tag{8.299}$$

Das Verhältnis dieser beiden Gleichungen liefert die gesuchte Impedanz

$$\underline{Z}_A = \frac{\underline{\hat{u}}_2}{\underline{\hat{i}}_2}\Bigg|_{\underline{\hat{u}}_0=0} = \frac{\underline{A}_{12}+\underline{A}_{22}\underline{Z}_i}{\underline{A}_{11}+\underline{A}_{21}\underline{Z}_i} \overset{(8.255)}{=} \underline{Z}_{22} - \frac{\underline{Z}_{12}\underline{Z}_{21}}{\underline{Z}_{11}+\underline{Z}_i} . \tag{8.300}$$

Das äquivalente Netzwerk zeigt die ▶Abb. 8.105.

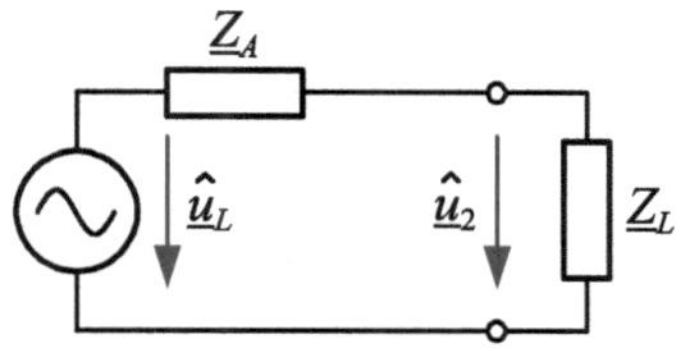

Abbildung 8.105: Lastimpedanz an der Ersatzspannungsquelle

Beispiel 8.12: Schaltung mit Stromquellencharakter

Gegeben ist eine ideale Spannungsquelle $u(t) = \hat{u}\sin(\omega t)$ mit fester Frequenz sowie ein ohmscher Widerstand mit variablem Wert R. Durch das LC-Netzwerk soll erreicht werden, dass der Strom durch den Widerstand immer den gleichen vorgegebenen Wert annimmt, und zwar unabhängig von dem Wert des Widerstands.

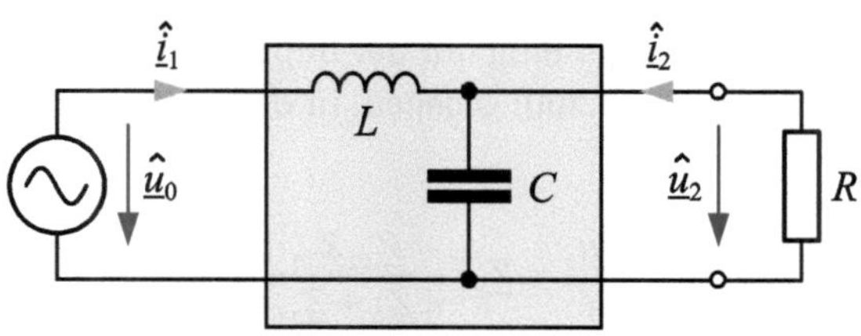

Abbildung 8.106: Transformation der Ausgangsimpedanz

Die Aufgabe besteht also darin, das LC-Netzwerk so zu dimensionieren, dass der Strom $\hat{\underline{i}}_2$ unabhängig von dem Wert R ist. Aus Gl. (8.295) folgt wegen $\underline{Z}_i = 0$ der Strom

$$\hat{\underline{i}}_2 = \frac{-\hat{\underline{u}}_0}{\underline{A}_{11}\underline{Z}_L + \underline{A}_{12}} = \frac{-\hat{\underline{u}}_0}{\underline{A}_{11}R + \underline{A}_{12}}. \tag{8.301}$$

Die Koeffizienten der Kettenmatrix können wir aus Gl. (8.260) übernehmen und erhalten

$$\hat{\underline{i}}_2 = \frac{-\hat{\underline{u}}_0}{\left(1 + \underline{Z}_1/\underline{Z}_3\right)R + \underline{Z}_1} = \frac{-\hat{\underline{u}}_0}{\left(1 - \omega^2 LC\right)R + \mathrm{j}\omega L}. \tag{8.302}$$

Die erste Bestimmungsgleichung folgt aus der Forderung, dass der Strom unabhängig von R sein soll. Es muss also gelten

$$1 - \omega^2 LC = 0 \qquad \text{bzw.} \qquad \omega C = \frac{1}{\omega L}. \tag{8.303}$$

Die zweite Bestimmungsgleichung folgt aus dem vorgegebenen Strom

$$\hat{\underline{i}}_2 = \frac{-\hat{\underline{u}}_0}{\mathrm{j}\omega L} \qquad \text{bzw.} \qquad \omega L = \left|\frac{\hat{\underline{u}}_0}{\hat{\underline{i}}_2}\right| \overset{(8.18)}{=} \frac{\hat{u}_0}{\hat{i}_2}. \tag{8.304}$$

8.12.8 Spezielle Zweitoreigenschaften

Das widerstandssymmetrische Zweitor

Die Eingangsimpedanz $\underline{Z}_E$ des am Ausgang mit der Lastimpedanz $\underline{Z}_L$ beschalteten Zweitors in ▶Abb. 8.107a erhalten wir aus Gl. (8.297):

$$\underline{Z}_E = \frac{\hat{\underline{u}}_1}{\hat{\underline{i}}_1} = \underline{Z}_{11} - \frac{\underline{Z}_{12}\underline{Z}_{21}}{\underline{Z}_L + \underline{Z}_{22}}. \tag{8.305}$$

Wird das gleiche Zweitor eingangsseitig mit der Impedanz $\underline{Z}_L$ beschaltet, dann ist die Ausgangsimpedanz $\underline{Z}_A$ mit Gl. (8.300) gegeben, in der jetzt $\underline{Z}_i$ durch $\underline{Z}_L$ ersetzt werden muss:

$$\underline{Z}_A = \frac{\hat{\underline{u}}_2}{\hat{\underline{i}}_2} = \underline{Z}_{22} - \frac{\underline{Z}_{12}\underline{Z}_{21}}{\underline{Z}_L + \underline{Z}_{11}}. \tag{8.306}$$

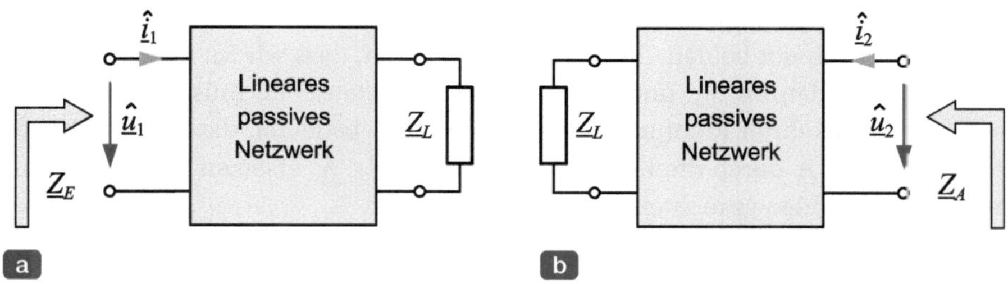

Abbildung 8.107: Netzwerke zur Überprüfung auf Widerstandssymmetrie

Bei Gleichheit der beiden Impedanzen $\underline{Z}_E = \underline{Z}_A$ wird das Zweitor als **widerstandssymmetrisch** bezeichnet. Durch Vergleich der beiden Beziehungen ist zu erkennen, dass diese Bedingung unabhängig von dem Wert der Lastimpedanz immer erfüllt ist, wenn

$$\underline{Z}_{11} = \underline{Z}_{22} \tag{8.307a}$$

gilt. Für die anderen Matrixdarstellungen folgen aus Gl. (8.251) die Forderungen

$$\underline{Y}_{11} = \underline{Y}_{22}, \qquad \det \underline{\mathbf{H}} = 1, \qquad \det \underline{\mathbf{G}} = 1, \qquad \underline{A}_{11} = \underline{A}_{22}\,. \tag{8.307b}$$

Das übertragungssymmetrische (reziproke) Zweitor

Wir betrachten jetzt die beiden Teilbilder in ▶Abb. 8.108. Das Zweitor ist jeweils eingangsseitig mit der Impedanz $\underline{Z}_1$ und ausgangsseitig mit der Impedanz $\underline{Z}_2$ beschaltet. Der Unterschied besteht in der Position der Spannungsquelle, die beim Teilbild a im Eingangskreis in Serie zur Impedanz $\underline{Z}_1$ liegt, während sie beim Teilbild b im Ausgangskreis in Serie zur Impedanz $\underline{Z}_2$ liegt.

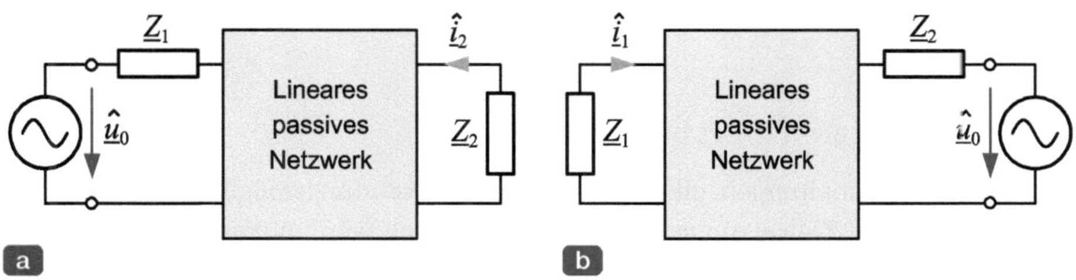

Abbildung 8.108: Netzwerke zur Überprüfung auf Übertragungssymmetrie

Als übertragungssymmetrisch wird das Zweitor bezeichnet, wenn die beiden in der Abbildung eingetragenen Ströme $\hat{\underline{i}}_1$ und $\hat{\underline{i}}_2$ identisch sind. Bei der Spannungsquelle im Eingangskreis wird also der Ausgangsstrom $\hat{\underline{i}}_2$ betrachtet und bei der Spannungsquelle im Ausgangskreis entsprechend der Eingangsstrom $\hat{\underline{i}}_1$.

Den Strom in Teilbild a erhalten wir aus der Beziehung (8.295) mit $\underline{Z}_i = \underline{Z}_1$ und $\underline{Z}_L = \underline{Z}_2$:

$$\frac{\hat{\underline{i}}_2}{\hat{\underline{u}}_0} = \frac{-1}{\underline{A}_{11}\underline{Z}_2 + \underline{A}_{12} + \underline{Z}_1\left(\underline{A}_{21}\underline{Z}_2 + \underline{A}_{22}\right)}\,. \tag{8.308}$$

Um den Strom $\hat{\underline{i}}_1$ in Teilbild b zu bestimmen, können wir von der Gl. (8.308) ausgehen. Ein Vergleich der beiden Teilbilder zeigt nämlich, dass wir im Ergebnis lediglich die beiden Impedanzen $\underline{Z}_1$ und $\underline{Z}_2$ miteinander vertauschen müssen und dass das Zweitor in umgekehrter Richtung betrieben wird. Das bedeutet, dass wir die Koeffizienten der Matrix $\underline{\mathbf{A}}$ durch die Koeffizienten der Matrix $\underline{\mathbf{A}}'$ ersetzen müssen. Resultierend erhalten wir den gesuchten Strom

$$\frac{\hat{\underline{i}}_1}{\hat{\underline{u}}_0} = \frac{-1}{\underline{A}_{11}'\underline{Z}_1 + \underline{A}_{12}' + \underline{Z}_2\left(\underline{A}_{21}'\underline{Z}_1 + \underline{A}_{22}'\right)} \overset{(8.243)}{=} \frac{-\det \underline{\mathbf{A}}}{\underline{A}_{22}\underline{Z}_1 + \underline{A}_{12} + \underline{Z}_2\left(\underline{A}_{21}\underline{Z}_1 + \underline{A}_{11}\right)}. \quad (8.309)$$

Aus der geforderten Gleichheit der beiden Ströme $\hat{\underline{i}}_1$ und $\hat{\underline{i}}_2$ folgt unmittelbar die Bedingung für die Übertragungssymmetrie

$$\det \underline{\mathbf{A}} = \underline{A}_{11}\underline{A}_{22} - \underline{A}_{12}\underline{A}_{21} = 1. \quad (8.310a)$$

Für die anderen Matrixdarstellungen folgen die Bedingungen aus der Gl. (8.255):

$$\underline{Z}_{12} = \underline{Z}_{21}, \qquad \underline{Y}_{12} = \underline{Y}_{21}, \qquad \underline{H}_{12} = -\underline{H}_{21}, \qquad \underline{G}_{12} = -\underline{G}_{21}. \quad (8.310b)$$

Das symmetrische Zweitor

Gilt bei einem Zweitor gleichzeitig Widerstandssymmetrie und Übertragungssymmetrie, dann spricht man allgemein von einem symmetrischen Zweitor. Mit den Bedingungen (8.307a) und (8.310b) enthält z.B. die Impedanzmatrix $\underline{\mathbf{Z}}$ dann nur noch zwei unterschiedliche Koeffizienten und unterscheidet sich nicht mehr von der Impedanzmatrix $\underline{\mathbf{Z}}'$, d.h., die Eingangs- und Ausgangsseite können vertauscht werden, ohne die Ströme und Spannungen an den beiden Toren zu beeinflussen:

$$\underline{\mathbf{Z}} = \begin{pmatrix} \underline{Z}_{11} & \underline{Z}_{12} \\ \underline{Z}_{12} & \underline{Z}_{11} \end{pmatrix} \overset{(8.239)}{=} \underline{\mathbf{Z}}'. \quad (8.311)$$

8.12.9 Elementare Filterstrukturen

Für die Zweitorschaltungen gibt es vielfältige Anwendungsmöglichkeiten mit sehr unterschiedlichen Zielsetzungen. In diesem Kapitel werden wir uns mit einigen grundlegenden Filterschaltungen beschäftigen, um zumindest den Einstieg in diese Thematik vorzubereiten. Die Aufgabe der Filterschaltungen besteht darin, die von einer Quelle gelieferten zeitabhängigen Signale je nach Frequenz unterschiedlich zu beeinflussen und an die Lastimpedanz zu übertragen. Einfache Filterschaltungen wie z.B. die Tiefpass- und Hochpassschaltungen haben wir bereits in Kapitel 8.3 kennen gelernt. Bei den dort analysierten Schaltungen haben wir das Spannungsübersetzungsverhältnis bei sekundärseitigem Leerlauf betrachtet, d.h. den Sonderfall der Gl. (8.292) mit $\underline{Z}_L \to \infty$.

In den meisten praktischen Anwendungsfällen werden die Filterschaltungen so ausgelegt, dass sie mindestens einen Frequenzbereich aufweisen, in dem sie die Eingangssignale möglichst unverändert an die Lastimpedanz übertragen (Durchlassbereich) und mindestens einen weiteren Frequenzbereich, in dem die Eingangssignale unterdrückt und nicht an den Ausgang übertragen werden sollen (Sperrbereich). Diese ideale Situation lässt sich in der Praxis natürlich nicht realisieren. Widerstände dämpfen die Signale, d.h., selbst bei Filterstrukturen, die nur aus Spulen und Kondensatoren aufgebaut sind, müssen deren parasitäre Eigenschaften berücksichtigt werden, sodass sich eine gewisse Dämpfung auch im Durchlassbereich nicht vermeiden lässt. Eine perfekte Dämpfung im Sperrbereich lässt sich ebenfalls nicht realisieren. Bei den Schaltungen in Kapitel 8.3 haben wir bereits gesehen, dass die Frequenzen umso stärker gedämpft werden, je weiter sie von der Übergangsstelle zwischen Durchlass- und Sperrbereich, also der Grenzfrequenz oder Eckfrequenz, entfernt liegen.

Bevor wir uns die unterschiedlichen Filtercharakteristiken anschauen, wollen wir vorher noch einen Aspekt behandeln, der bei der Realisierung von Filtern eine Rolle spielt. Dazu betrachten wir die beiden linearen passiven Netzwerke in ▶Abb. 8.109.

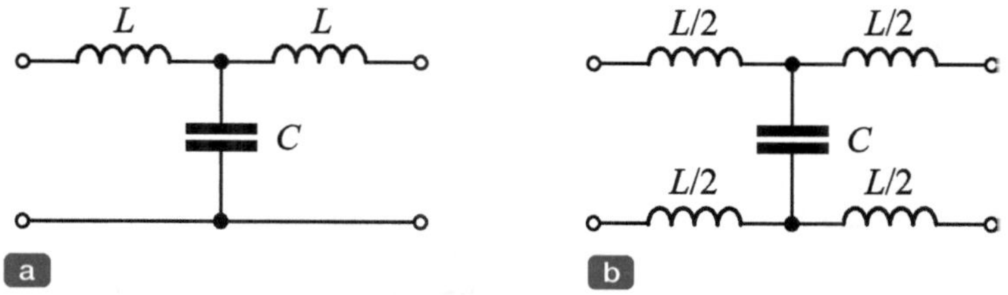

Abbildung 8.109: Filter mit unterschiedlichem Aufbau aber gleichen Matrixelementen

Es lässt sich mithilfe der Zusammenschaltung von Teilnetzwerken leicht nachweisen, dass die Matrizen dieser beiden Zweitore identisch sind, d.h., auch die Übertragungseigenschaften der beiden Netzwerke sind identisch (zumindest für die hier betrachtete Situation) und wir können uns bei den folgenden Untersuchungen auf die Anordnung in Teilbild a beschränken. Dass in der Praxis dennoch in vielen Fällen der scheinbar aufwändigere Aufbau aus Teilbild b realisiert wird, hängt damit zusammen, dass häufig eine weitere Verbindung zwischen Quelle und Last, z.B. in Form einer Erdschleife existiert. Ein Beispiel ist der Schutzleiter beim Anschluss an das Wechselspannungsnetz. In anderen Fällen spielen parasitäre Kapazitäten zwischen der Schaltung und metallischen Strukturen in der Umgebung, wie z.B. dem Gehäuse, eine vergleichbare Rolle. Für die Ströme, die über den Schutzleiter fließen, ist das Verhalten der beiden Filterstrukturen in Abb. 8.109 unterschiedlich, da sich diese Ströme in Teilbild a ungleichmäßig auf die beiden Eingangsklemmen aufteilen, in Teilbild b dagegen gleichmäßig. Die Dämpfungswirkungen der beiden Filter unterscheiden sich also im Hinblick auf diese Ströme. Bei den in den folgenden Abschnitten betrachteten Anordnungen existiert kein weiterer Leiter und dieser Unterschied spielt daher keine Rolle.

Im Folgenden werden wir uns einige elementare Filterstrukturen und deren Eigenschaften etwas näher anschauen. Dazu legen wir die Schaltung aus ▶Abb. 8.104 mit den Impedanzen $\underline{Z}_i = R_i$ und $\underline{Z}_L = R_L$ zugrunde. Da wir die Ausgangsgrößen auf die Filtereingangsspannung $\underline{\hat{u}}_1$ beziehen, spielt die Quellenimpedanz $\underline{Z}_i$ keine Rolle. Bei den betrachteten Beispielen handelt es sich um so genannte **Reaktanzfilter**, d.h., als Filterelemente kommen ausschließlich Induktivitäten und Kapazitäten zum Einsatz.

Der Tiefpass

Die Tiefpassschaltung gehört insofern zu den einfacheren Filterschaltungen, da sie nur eine Eckfrequenz mit einem Durchlassbereich unterhalb und einem Sperrbereich oberhalb aufweist. Die Funktionsweise der in ▶Abb. 8.110 dargestellten Filterschaltung ist relativ einfach zu verstehen: an der unteren Frequenzgrenze $f = 0$, d.h. bei Gleichspannung, wird die Induktivität zum Kurzschluss und die Kapazität zum Leerlauf. Das Filter ist ohne Einfluss und die beiden eingetragenen Spannungen sind identisch. Bei sehr hohen Frequenzen ist die Situation umgekehrt. Mit steigender Frequenz steigt die Impedanz der Spule, d.h., es fließt weniger Strom in den Filtereingang. Auf der Ausgangsseite wird der Kondensator zunehmend zum Kurzschluss und leitet den Strom parallel zum Widerstand ab. Im Grenzfall $f \to \infty$ verschwindet die Ausgangsspannung.

Für das Spannungsübersetzungsverhältnis erhalten wir nach Gl. (8.292) die Beziehung

$$\frac{\underline{\hat{u}}_2}{\underline{\hat{u}}_1} = \frac{R_L}{\underline{A}_{11}R_L + \underline{A}_{12}} \stackrel{(8.260)}{=} \frac{R_L}{\left(1-\omega^2 LC\right)R_L + \mathrm{j}\omega L} \stackrel{(8.60)}{=} \frac{\hat{u}_2}{\hat{u}_1}\mathrm{e}^{\mathrm{j}\Delta\varphi}. \tag{8.312}$$

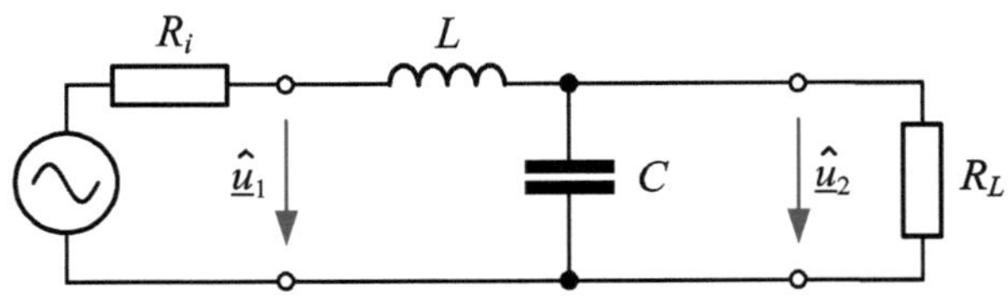

Abbildung 8.110: Tiefpassschaltung mit zwei Reaktanzen

In der Praxis ist insbesondere der Amplitudengang von Bedeutung, d.h. der Betrag des Spannungsverhältnisses als Funktion der Frequenz, den man zur besseren Übersicht so, wie bereits in Kapitel 8.3 diskutiert, mit einer logarithmischen Skalierung darstellt. Das Spannungsverhältnis wird dabei in dB (**Dezibel**) angegeben und folgendermaßen umgerechnet:

$$\frac{\hat{u}_2}{\hat{u}_1}\frac{1}{\mathrm{dB}} = 20\cdot\log\left(\left|\frac{\underline{\hat{u}}_2}{\underline{\hat{u}}_1}\right|\right). \tag{8.313}$$

Bemerkung: Häufig wird bei der Auswertung der Ergebnisse die so genannte Dämpfung a/dB (abgekürzt von attenuation) dargestellt:

$$\frac{a}{\mathrm{dB}} = 20\cdot\log\left(\left|\frac{\underline{\hat{u}}_1}{\underline{\hat{u}}_2}\right|\right) = -20\cdot\log\left(\left|\frac{\underline{\hat{u}}_2}{\underline{\hat{u}}_1}\right|\right). \tag{8.314}$$

Der Unterschied zum Ergebnis (8.313) besteht lediglich im Vorzeichen. Aus den anschließend dargestellten Kurven beim Amplitudengang erhält man die Dämpfung, indem die Kurven an der horizontalen 0dB-Linie gespiegelt werden. Der Begriff Dämpfung wird nicht nur für das Spannungsverhältnis, sondern auch für das Verhältnis der Ströme und der Leistungen verwendet. Bezeichnet P_1 die dem Filter auf der

Eingangsseite zugeführte Wirkleistung und P_2 die am Ausgang abgegebene Wirkleistung, dann gilt für die Wirkleistungsdämpfung

$$\frac{a}{\mathrm{dB}} = 10 \cdot \log\left(\frac{P_1}{P_2}\right). \tag{8.315}$$

Mit der Gl. (8.312) erhalten wir den Amplitudengang der dargestellten Tiefpassschaltung:

$$\frac{\hat{u}_2}{\hat{u}_1}\frac{1}{\mathrm{dB}} = 20 \cdot \log\left(\frac{1}{\sqrt{\left(1-\omega^2 LC\right)^2 + \left(\omega L / R_L\right)^2}}\right) = -20 \cdot \log\left(\sqrt{\left(1-\omega^2 LC\right)^2 + \left(\omega L / R_L\right)^2}\right). \tag{8.316}$$

An diesem Ergebnis lassen sich bereits einige Eigenschaften der Filtercharakteristik erkennen. Betrachten wir zunächst den Sonderfall mit offenem Ausgang. Mit $R_L \to \infty$ erhalten wir aus Gl. (8.316) für sehr kleine Frequenzen $\omega \to 0$ wegen $\log(1) = 0$ das Ergebnis $\hat{u}_2 / \hat{u}_1 = 0\,\mathrm{dB}$ bzw. $\hat{u}_2 = \hat{u}_1$. Frequenzen in diesem Bereich werden praktisch ungedämpft an den Ausgang übertragen. Für sehr große Frequenzen kann die Gl. (8.316) näherungsweise durch den Ausdruck

$$\frac{\hat{u}_2}{\hat{u}_1}\frac{1}{\mathrm{dB}} \approx -20 \cdot \log\left(\omega^2 LC\right) \tag{8.317}$$

ersetzt werden. Eine Erhöhung der Frequenz um einen Faktor 10 bedeutet in dem Gültigkeitsbereich dieser Gleichung eine Reduzierung des Spannungsverhältnisses um einen Faktor 100 bzw. um 40dB. Der Amplitudengang kann wieder durch zwei Geraden approximiert werden, eine Konstante mit 0dB im unteren Frequenzbereich und eine mit 40dB pro Frequenzdekade abfallende Gerade im oberen Frequenzbereich. Der Schnittpunkt dieser beiden Geraden liegt bei der Resonanzstelle $\omega^2 LC = 1$. In dem Übergangsbereich wird die Ausgangsspannung größer als die Eingangsspannung. Diese Resonanzüberhöhung wird durch einen endlichen Lastwiderstand R_L umso stärker bedämpft, je kleiner der Wert des Lastwiderstands wird. Die Abb. 8.111a zeigt die Auswertung der Gl. (8.316) für das Zahlenbeispiel L = 1mH und C = 2,533nF, d.h. bei einer Resonanzfrequenz von 100kHz und für verschiedene Lastwiderstände R_L. In Teilbild b ist der Phasengang nach Gleichung (8.312) dargestellt.

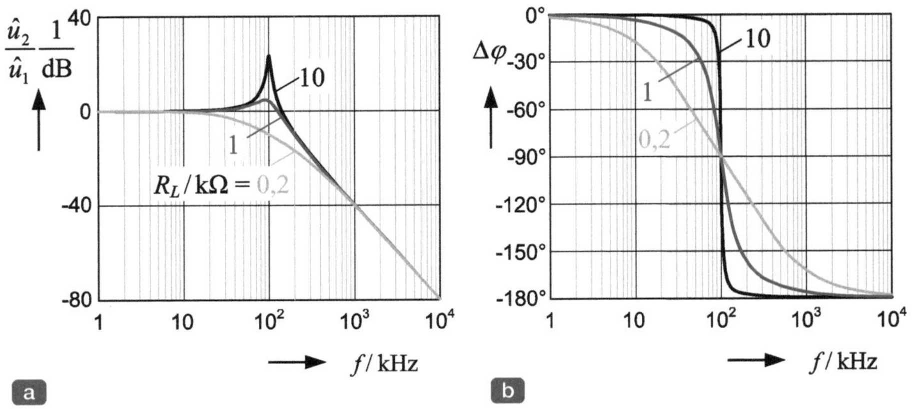

Abbildung 8.111: Amplituden- und Phasengang der Tiefpassschaltung

An dieser Stelle ist ein Vergleich der Ergebnisse der beiden Tiefpassschaltungen in den Abbildungen 8.24 und 8.110 angebracht. Die Schaltung in Abb. 8.110 entspricht der um den Kondensator im Querzweig erweiterten Schaltung aus Abb. 8.24, d.h., die Anzahl der Reaktanzen hat sich von 1 auf 2 erhöht. Im unteren Frequenzbereich sind die Auswirkungen vernachlässigbar, beide Schaltungen verhalten sich gleich. Die Unterschiede treten vor allem bei der Grenzfrequenz und im Sperrbereich auf. An der Übergangsstelle zwischen Durchlass- und Sperrbereich kann es bei der gleichzeitigen Verwendung von Induktivitäten und Kapazitäten zu Resonanzerscheinungen kommen. Sind diese Spannungsüberhöhungen am Ausgang unerwünscht, dann muss die Schwingkreisgüte durch Einfügung von Widerständen reduziert werden. Im Sperrbereich sinkt die Ausgangsspannung bei einer Erhöhung der Frequenz um eine Dekade in Abb. 8.25 um einen Faktor 10 bzw. 20dB, in Abb. ▶8.111 dagegen um einen Faktor 100 bzw. 40dB. Die Phasenverschiebung der Ausgangsspannung gegenüber der Eingangsspannung beträgt bei der Spule 90°, nach Hinzunahme des Kondensators dagegen 180°. Diese Aussagen lassen sich verallgemeinern.

Merke

Bei der Kettenschaltung mehrerer Tiefpassstufen (Längsinduktivität bzw. Querkapazität) trägt jede Stufe im Sperrbereich mit 20dB pro Frequenzdekade zur Dämpfung der Ausgangsspannung bei. Die Phasenverschiebung wird durch jede zusätzliche Stufe um weitere 90° erhöht. Enthält die Lastimpedanz nicht nur einen ohmschen Widerstand, sondern z.B. zusätzlich einen induktiven Anteil, dann wird die Frequenzabhängigkeit von Amplituden- und Phasengang entsprechend beeinflusst.

Eine bessere Dämpfung im Sperrbereich bedeutet also einen größeren Aufwand in Form von zusätzlichen Filterstufen. Die Abb. ▶8.112 zeigt diesen Zusammenhang am Beispiel der drei eingetragenen Filter. Für die Auswertung wurden die bisherigen Werte L und C verwendet, der Lastwiderstand beträgt in allen Fällen 1kΩ.

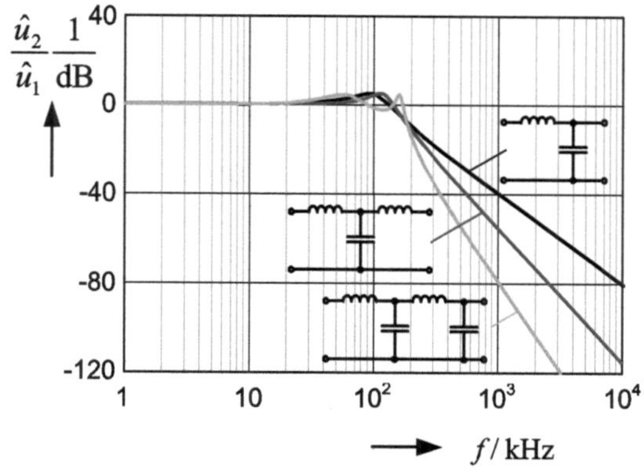

Abbildung 8.112: Amplitudengang der Tiefpassschaltung, $R_L = 1\,\text{k}\Omega$

Der Hochpass

Die zur Abb. 8.110 analoge Hochpassschaltung in Abb. ▶8.113 erhalten wir einfach dadurch, dass wir Induktivitäten und Kapazitäten gegeneinander austauschen. Dadurch werden auch Durchlass- und Sperrbereich miteinander vertauscht.

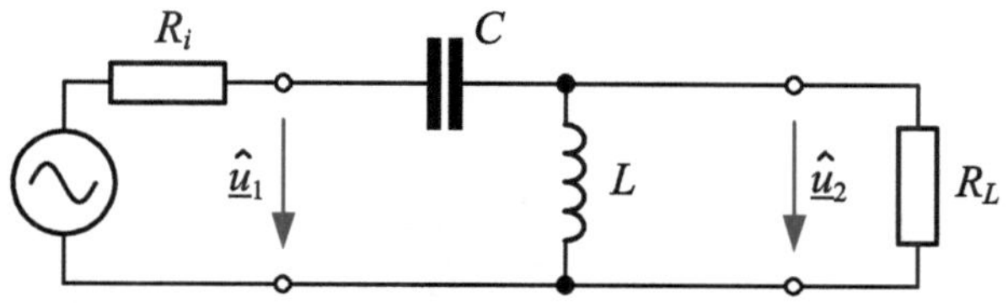

Abbildung 8.113: Hochpassschaltung mit zwei Reaktanzen

Mit den gleichen Zahlenwerten für die Impedanzen entspricht der Amplitudengang dem zur Resonanzstelle spiegelbildlichen Verlauf beim Tiefpassfilter. Der Phasengang ändert sein Vorzeichen (▶Abb. 8.114).

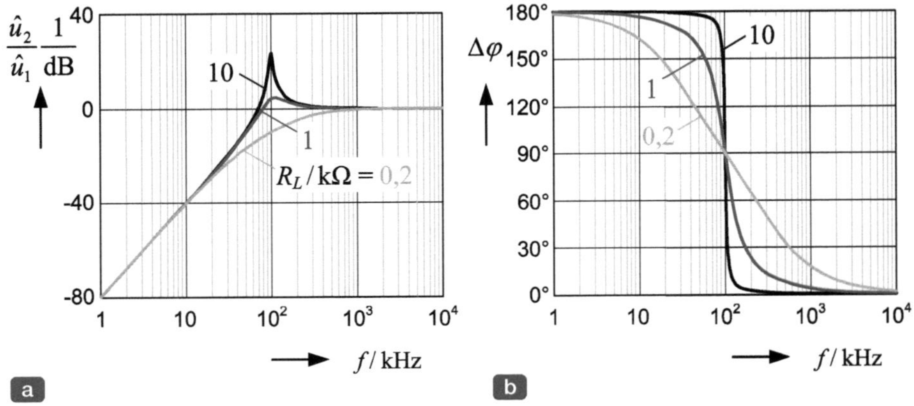

Abbildung 8.114: Amplituden- und Phasengang der Hochpassschaltung

Wir wollen noch zwei weitere Grundschaltungen betrachten, bei denen jetzt aber drei Bereiche auftreten, die durch zwei Grenzfrequenzen voneinander getrennt sind. Beim Bandpass existiert ein Durchlassbereich zwischen zwei Sperrbereichen, bei der Bandsperre ist die Situation umgekehrt.

Der Bandpass

Bei den bisherigen Filterstrukturen haben wir gesehen, dass die Längselemente für die Frequenzen im Durchlassbereich und die Querelemente für die Frequenzen im Sperrbereich jeweils niedrige Impedanzen aufweisen müssen. Ausgehend von dieser Überlegung erhalten wir die in ▶Abb. 8.115 dargestellte Anordnung für eine Bandpassschaltung.

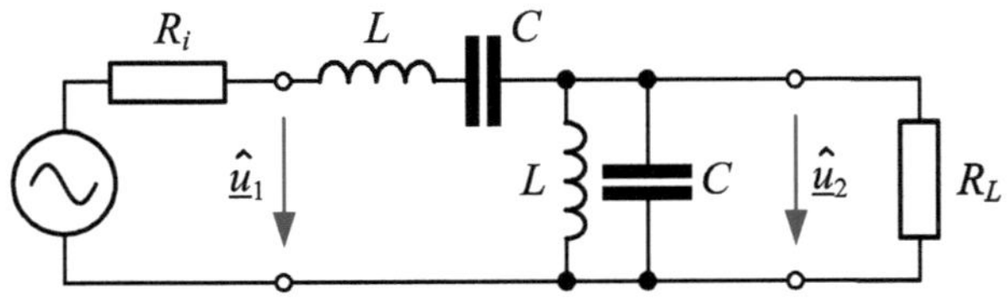

Abbildung 8.115: Bandpassschaltung mit zwei Schwingkreisen

Der Reihenschwingkreis besitzt eine niedrige Impedanz in der Nähe seiner Resonanzfrequenz (Durchlassbereich), der Parallelschwingkreis besitzt dort eine große Impedanz und entsprechend eine niedrige Impedanz in den entfernteren Frequenzbereichen (Sperrbereiche). Mit den bisherigen Werten der Induktivitäten und Kapazitäten erhalten wir den in ▶Abb. 8.116 dargestellten Amplituden- und Phasengang der Bandpassschaltung. Im Sperrbereich erkennt man wieder den Abfall der Ausgangsspannung mit 40 dB pro Frequenzdekade.

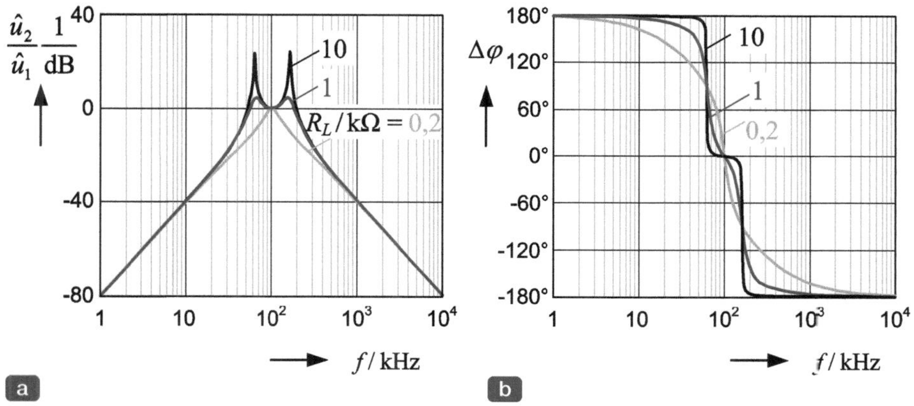

Abbildung 8.116: Amplituden- und Phasengang der Bandpassschaltung

Bei sehr kleinen Frequenzen wird der Strom durch den Kondensator im Längszweig bestimmt. Auf der Ausgangsseite fließt er im Wesentlichen durch die Querinduktivität. Die Schaltung verhält sich in diesem Frequenzbereich genauso wie die Hochpassschaltung in Abb. 8.113. Bei der Resonanzfrequenz ist der Serienschwingkreis ein Kurzschluss, der Parallelschwingkreis ein Leerlauf, d.h., die beiden Spannungen $\hat{\underline{u}}_1$ und $\hat{\underline{u}}_2$ sind identisch. Bei sehr hohen Frequenzen sind die Längsinduktivität und die Querkapazität die dominierenden Einflussgrößen. Die Eigenschaften des Filters entsprechen dann denen der Tiefpassschaltung in Abb. 8.110.

Die Bandsperre

Die Schaltung für die Bandsperre in ▶Abb. 8.117 erhalten wir aus der Bandpassschaltung, indem wir wieder Längs- und Querzweig miteinander vertauschen.

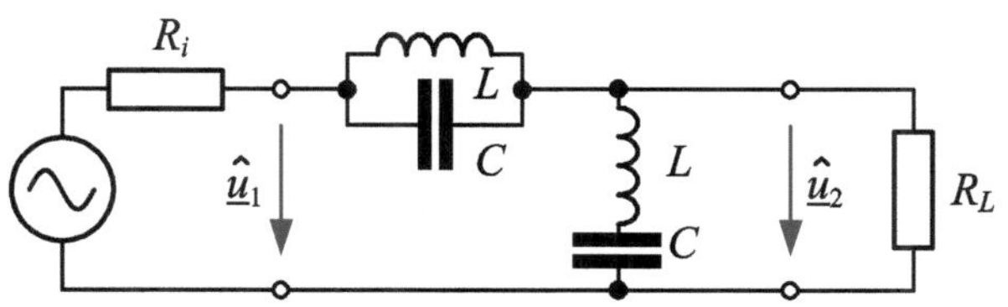

Abbildung 8.117: Bandsperre mit zwei Schwingkreisen

Die Auswertung mit den gleichen Daten wie zuvor liefert die Kurvenverläufe in Abb. ▶8.118. Bei tiefen Frequenzen erkennen wir das Verhalten der Tiefpassschaltung, bei sehr hohen Frequenzen das Verhalten der Hochpassschaltung. Im Bereich der Resonanzfrequenz besitzt der Parallelschwingkreis als Längsglied eine sehr hohe Impedanz und der Reihenschwingkreis als Querglied eine sehr niedrige Impedanz, sodass dieser Bereich eine sehr hohe Dämpfung aufweist.

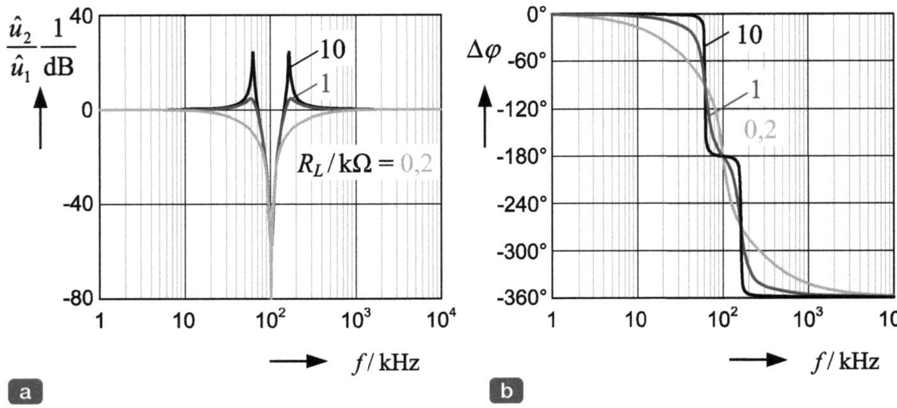

Abbildung 8.118: Amplituden- und Phasengang der Bandsperre

ZUSAMMENFASSUNG

- **Sinusförmige Ströme und Spannungen** können in der zweidimensionalen Ebene entweder in der bekannten Weise als sinusförmiger Kurvenverlauf $u(t)$ bzw. $i(t)$ grafisch dargestellt werden oder aber als rotierende Zeiger, deren Länge die Amplitude der darzustellenden Größe beschreibt und deren Phasenlage sich gegenüber einem Bezugswert linear mit der Zeit ändert.
- Die **Addition und Subtraktion von Zeigern** (entsprechend der Addition und Subtraktion von Strömen und Spannungen bei den Kirchhoff'schen Gleichungen) können auf elegante Weise mit der komplexen Rechnung durchgeführt werden.
- Die im Zeitbereich auftretenden **Netzwerkgleichungen** enthalten neben den Strömen und Spannungen auch deren zeitliche Ableitungen. Mithilfe der symbolischen Methode werden diese Differentialgleichungen zurückgeführt auf einfache lineare, jetzt aber komplexe Gleichungen. Zeitliche Ableitungen werden durch eine Multiplikation mit dem Faktor $j\omega$ ersetzt, die Integration über die Zeit durch eine Division durch $j\omega$.
- Da alle **Ströme und Spannungen im Netzwerk** die gleiche Frequenz aufweisen, die Zeiger also mit der gleichen Geschwindigkeit rotieren, bleiben die Phasenlagen der einzelnen Größen zueinander zeitlich konstant. Zur Lösung der Netzwerkgleichungen kann die Drehbewegung (Faktor $e^{j\omega t}$) daher unberücksichtigt bleiben.
- Die Kombination der Komponenten R, L und C ermöglicht den Aufbau **frequenzabhängiger Spannungsteiler**.
- In Netzwerken, die gleichzeitig Induktivitäten und Kapazitäten enthalten, können **Resonanzerscheinungen** auftreten. Wie stark diese Resonanzen ausgeprägt sind, hängt vor allem von der Güte bzw. deren Kehrwert, dem Verlustfaktor ab. Diese Güten werden wesentlich durch die im Netzwerk enthaltenen Widerstände bestimmt.
- Während der Strom durch einen Widerstand immer mit der Umwandlung elektrischer Energie in **Wärme** einhergeht, findet bei den reinen Blindelementen L und C aufgrund der Phasenverschiebung von 90° zwischen Strom und Spannung lediglich ein **Energieaustausch** statt. Kapazitäten speichern elektrische Energie, Induktivitäten magnetische Energie. Diese Energie wird bei einer Abnahme der Spannung an der Kapazität bzw. einer Abnahme des Stromes durch die Induktivität wieder an die Schaltung abgegeben.
- Die von einer Wechselspannungsquelle abgegebene Leistung ist zeitabhängig. Die Zusammenschaltung von drei Quellen mit jeweils 120° Phasenverschiebung zu einem Drehstromsystem ermöglicht bei symmetrischer Belastung eine zeitlich konstante Leistungsabgabe an den Verbraucher.

- Die Eigenschaften von passiven Zweitorschaltungen können unabhängig von deren innerem Aufbau allein durch die Ströme und Spannungen am Eingangs- und Ausgangstor beschrieben werden. Da nur zwei der vier Variablen linear unabhängig sind, genügen zur Beschreibung zwei Gleichungen. Als Voraussetzung müssen die Torbedingungen erfüllt sein (gleiche Ströme an den beiden Eingangsklemmen und gleiche Ströme an den beiden Ausgangsklemmen) und es dürfen keine externen Verbindungen von den Eingangs- zu den Ausgangsklemmen existieren.

MyLab | Elektrotechnik

Viele Aufgaben mit wechselnden Zahlenwerten, Schritt-für-Schritt-Lösungen, Klausurtrainer und Empfehlungen finden Sie unter MyLab | Elektrotechnik.

Zugangsdaten vorne im Buch.

Übungsaufgaben

Aufgabe 8.1 Zeigerdiagramm

Gegeben ist das Netzwerk in Abbildung ▸8.119 mit den folgenden Daten:

$R_1 = 45\ \Omega$, $R_2 = 60\ \Omega$, $R_3 = 20\ \Omega$, $\omega L_2 = 30\ \Omega$ und $\hat{u} = 90$ V.

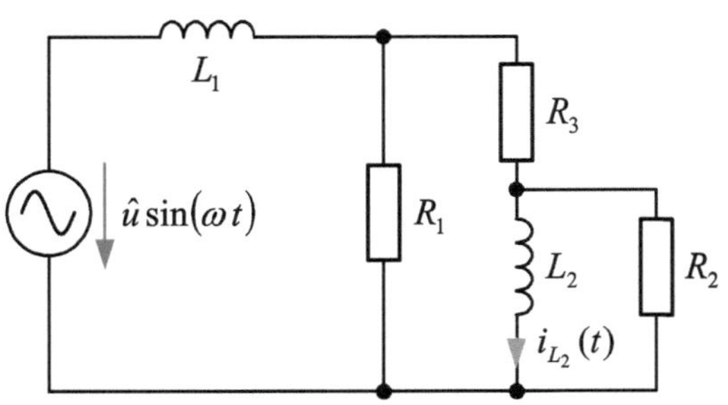

Abbildung 8.119: Netzwerk mit zwei Induktivitäten

1. Bestimmen Sie mithilfe des Zeigerdiagramms auf grafischem Wege das Verhältnis L_1/L_2 so, dass die Spannung an dem Widerstand R_2 in Phase mit der Quellenspannung ist.
2. Berechnen Sie mit dem Ergebnis aus Teilaufgabe 1 den Strom $i_{L_2}(t)$ durch L_2.

3. Bestimmen Sie mithilfe der komplexen Wechselstromrechnung das Verhältnis L_1/L_2 so, dass die Spannung an dem Widerstand R_2 in Phase mit der Quellenspannung ist.

Aufgabe 8.2 Frequenzweiche

Das Ausgangssignal eines Audioverstärkers soll mithilfe einer Lautsprecherweiche an drei unterschiedliche Lautsprecher, einen Hochtöner, einen Mitteltöner und einen Tieftöner verteilt werden. Die Lautsprecher werden jeweils durch einen Widerstand von $R = 8\ \Omega$ charakterisiert.

1. Berechnen Sie die komplexen Amplituden der Ströme i_1, i_2 und i_3.

   Für die Netzwerkelemente gilt jetzt: $C_1 = 8{,}2\ \mu\text{F}$, $C_2 = 27\ \mu\text{F}$, $L_2 = 0{,}25$ mH und $L_3 = 0{,}75$ mH.
2. Welche Eckfrequenz gilt für den Zweig mit Tiefpasscharakter?

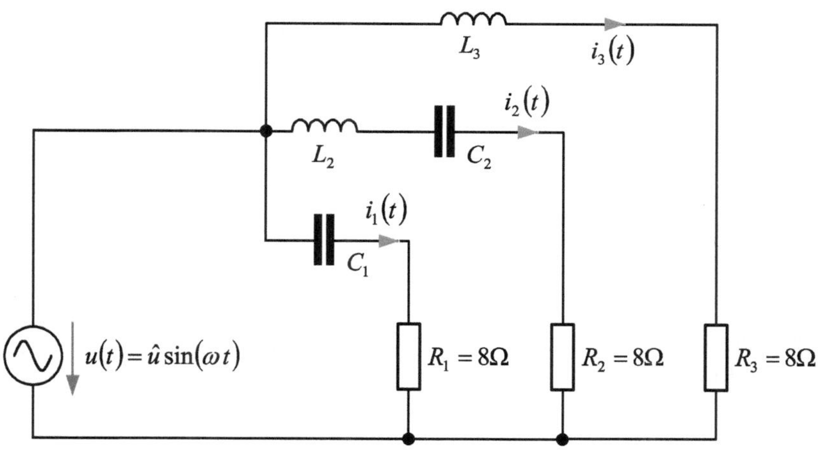

Abbildung 8.120: Schaltung zur Trennung verschiedener Frequenzbereiche

3. Welche Eckfrequenz gilt für den Zweig mit Hochpasscharakter?
4. Welche Resonanzfrequenz besitzt der Zweig für den Mitteltöner?

Aufgabe 8.3 Impedanztransformation

Die Schaltung in ▶Abb. 8.121 zeigt einen idealen Übertrager mit dem Übersetzungsverhältnis $ü = N_p/N_s$ und mit einer auf der Sekundärseite angeschlossenen Impedanz $\underline{Z}$.

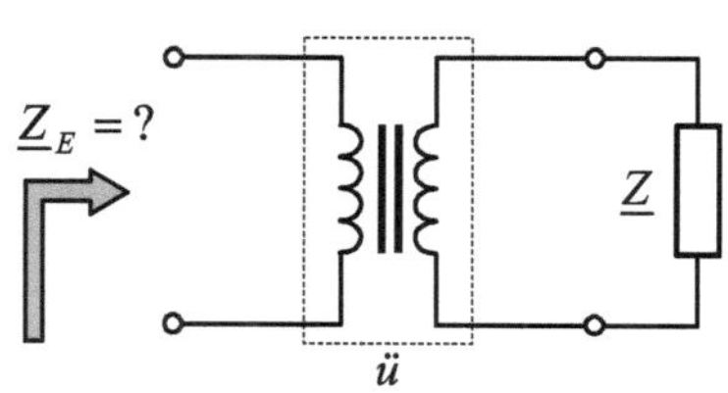

Abbildung 8.121: Schaltung zur Impedanztransformation

1. Bestimmen Sie die Eingangsimpedanz $\underline{Z}_E$ des Netzwerks.
2. Welche Eingangsimpedanz stellt sich ein, wenn für die Impedanz $\underline{Z}$ ein ohmscher Widerstand R, eine Spule mit der Induktivität L oder ein Kondensator mit der Kapazität C verwendet wird?
3. Welche Resonanzfrequenz weist die Eingangsimpedanz auf, wenn am Ausgang ein Serienschwingkreis mit den Komponenten R, L, C angeschlossen wird?

Aufgabe 8.4 Phasenbrücke, (Ortskurvenberechnung)

Eine aus zwei gleichen Widerständen und zwei gleichen Kondensatoren bestehende Brückenschaltung soll durch das Netzwerk in ▶Abb. 8.122 mit idealen Komponenten modelliert werden.

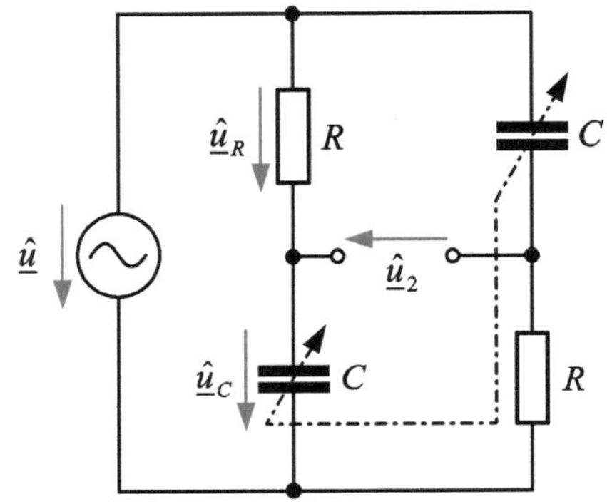

Abbildung 8.122: Phasenschiebernetzwerk

Wie ändert sich das Verhältnis von Brückenspannung zu Quellenspannung $\underline{\hat{u}}_2 / \underline{\hat{u}}$, wenn die Kapazität C der beiden Kondensatoren den Wertebereich $0 \le C < \infty$ durchläuft? Das Ergebnis ist als Ortskurve darzustellen.

Aufgabe 8.5 Zweitorschaltung

Gegeben ist das folgende Netzwerk mit einem idealen Übertrager mit dem Übersetzungsverhältnis $ü = N_p/N_s = 1/2$ und einer Mittelanzapfung auf der Sekundärseite.

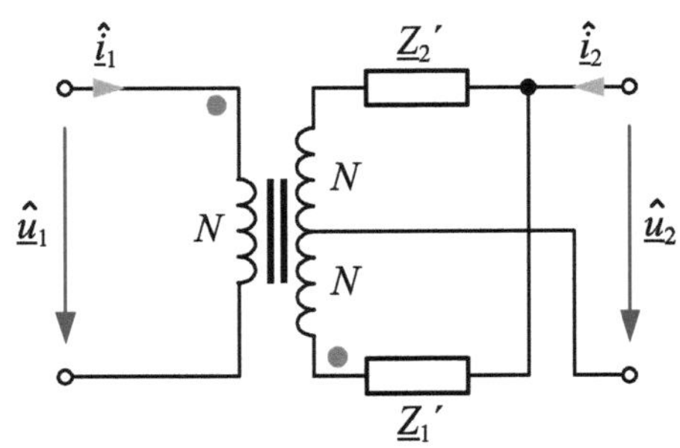

Abbildung 8.123: Gegebene Zweitorschaltung

1. Bestimmen Sie die Impedanzmatrix für dieses Netzwerk.
2. Geben Sie die Bedingungen an, unter denen dieses Netzwerk äquivalent ist zu dem symmetrischen Kreuzglied.

Aufgabe 8.6 Zweitorschaltungen

Gegeben sind die beiden in ▶Abb. 8.124 dargestellten Netzwerke.

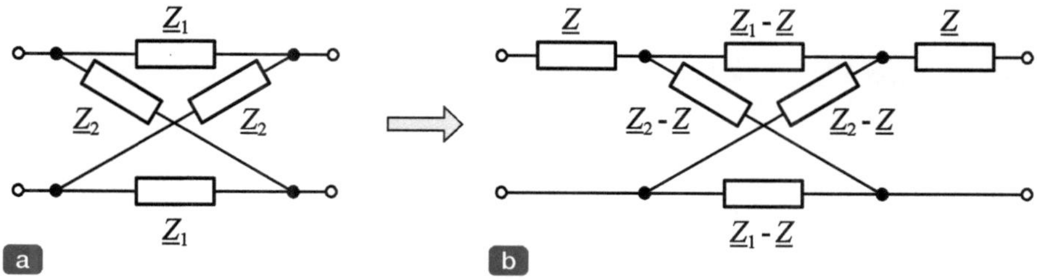

Abbildung 8.124: Äquivalente Zweitorschaltungen

1. Beweisen Sie folgende Aussage: Wenn man bei allen Impedanzen eines symmetrischen Kreuzglieds die gleiche Impedanz abspaltet und diese auf beiden Seiten gemäß Teilbild b in Reihe schaltet, ändern sich die Matrizen zur Beschreibung des Zweitors nicht. Die beiden Zweitore verhalten sich also gleich.
2. Wie kann das Netzwerk vereinfacht werden ohne die Zweitoreigenschaften zu verändern?
3. Wie sieht die vereinfachte Schaltung aus, wenn $\underline{Z}_1 = \underline{Z}_2$ gilt?

Zeitlich periodische Vorgänge beliebiger Kurvenform

9

ÜBERBLICK

Einführung

» In diesem Kapitel werden wir die harmonische Analyse, auch als Fourier-Entwicklung bekannt, verwenden, um einen beliebigen periodischen Signalverlauf in eine Summe einzelner sinus- bzw. cosinusförmiger Schwingungen zu zerlegen. Die Grundschwingung oder erste Harmonische besitzt die gleiche Periodendauer T wie das Ausgangssignal. Die Frequenz der Grundschwingung ist also durch den Kehrwert $f = 1/T$ festgelegt. Prinzipiell treten unendlich viele Harmonische auf, wobei allgemein die n-te Harmonische die Frequenz $f_n = nf$, also ein ganzzahliges Vielfaches der Grundfrequenz, aufweist. In der Praxis tritt häufig der Fall auf, dass bestimmte Harmonische je nach vorgegebenem Kurvenverlauf den Wert null annehmen. Die Frage, mit welcher Anzahl von Harmonischen welche Genauigkeit bei der Übereinstimmung mit der Ausgangskurve erreicht wird, wird durch die Konvergenzbetrachtungen in Kapitel G im Anhang beantwortet.

Bei den voraussetzungsgemäß linearen Netzwerken darf die Berechnung für jede einzelne Harmonische separat durchgeführt werden. Die Gesamtlösung ist dann durch einfache Überlagerung der Teillösungen gegeben. Da die Schaltungsanalyse für eine einzelne Harmonische mit der komplexen Wechselstromrechnung durchgeführt werden kann, eröffnet die harmonische Analyse jetzt auch die Möglichkeit, lineare Schaltungen zu analysieren, bei denen die Strom- und Spannungsformen einen beliebigen, zeitlich periodischen Verlauf aufweisen. «

LERNZIELE

Nach Durcharbeiten dieses Kapitels und dem Lösen der Übungsaufgaben werden Sie in der Lage sein,

- beliebige periodische Strom- und Spannungsformen in eine Summe von Schwingungen mit diskreten Frequenzen zu zerlegen,
- bestimmte Symmetrieeigenschaften der Signalformen auszunutzen, um die Berechnung der einzelnen Summanden zu vereinfachen,
- Strom- und Spannungsverläufe in den Netzwerken zu berechnen, auch für die Fälle, bei denen die Quellen periodische, aber nicht mehr unbedingt sinusförmige Zeitverläufe aufweisen,
- die Ergebnisse in Spektraldarstellung anzugeben,
- Leistungsbetrachtungen anzustellen und
- weitere Kenngrößen wie Klirrfaktor, Formfaktor oder Welligkeit zu berechnen.

In Kapitel 8 haben wir uns auf zeitlich periodische sinusförmige Signalverläufe beschränkt. Die Anwendung der komplexen Wechselstromrechnung setzte außerdem eine einheitliche Frequenz bei allen Strom- und Spannungsverläufen im Netzwerk voraus. Durch Anwendung des Überlagerungsprinzips sind wir aber bereits in der Lage, Netzwerke zu behandeln, in denen sich Gleichspannungs- und Wechselspannungsquellen und ebenso Stromquellen unterschiedlicher Frequenzen befinden, indem wir jeweils nur eine Quelle betrachten und die übrigen Quellen zu null setzen, d.h., Spannungsquellen durch Kurzschluss und Stromquellen durch Leerlauf ersetzen. Die Überlagerung der so berechneten Teillösungen stellt die Gesamtlösung für das betrachtete Netzwerk dar.

Im folgenden Kapitel werden wir zunächst zeigen, dass durch geeignete Überlagerung von Wechselgrößen, deren unterschiedliche Frequenzen zueinander in einem bestimmten Verhältnis stehen, andere periodische Signalformen erzeugt werden können, die innerhalb der Periodendauer T einen beliebigen, nicht mehr sinusförmigen Verlauf annehmen.

Mit der anschließend zu behandelnden harmonischen Analyse werden wir dann ein mathematisches Verfahren kennen lernen, mit dessen Hilfe der umgekehrte Weg beschritten werden kann, nämlich die Zerlegung einer beliebigen periodischen Funktion in eine Summe von Sinus- und Kosinusfunktionen unterschiedlicher Frequenzen. Die bereits erwähnte Vorgehensweise, nämlich die separate Berechnung des Netzwerks für jede einzelne Frequenz mithilfe der komplexen Wechselstromrechnung und die anschließende Überlagerung der Teillösungen, wird uns in die Lage versetzen, Ströme und Spannungen in den Netzwerken auch dann zu berechnen, wenn die Quellen beliebige, zeitlich periodische Kurvenformen aufweisen.

9.1 Grundlegende Betrachtungen

Zum leichteren Einstieg in diese Thematik betrachten wir als Beispiel die RL-Reihenschaltung in ▶Abb. 9.1, die an eine Quelle mit der zeitabhängigen Spannung

$$u(t) = U_0 + \hat{u}_1 \cos(\omega_1 t) + \hat{u}_2 \cos(\omega_2 t) \tag{9.1}$$

angeschlossen ist. Dieses Netzwerk lässt sich auf einfache Weise behandeln, indem wir uns die Spannungsquelle, wie auf der rechten Seite der Abbildung dargestellt, in drei einzelne in Reihe liegende Quellen zerlegt denken. Auf ähnliche Weise kann man sich Stromquellen in parallel liegende Einzelquellen zerlegt denken.

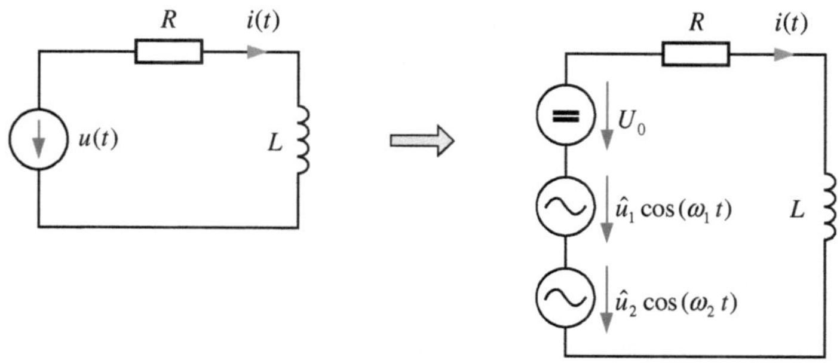

Abbildung 9.1: Überlagerung von Quellen mit unterschiedlichen Frequenzen

Betrachten wir nur die Gleichspannungsquelle, dann erhalten wir als erste Teillösung den zeitlich konstanten Strom $I = U_0/R$ (die Induktivität stellt bei der Frequenz null einen Kurzschluss dar). Die Teillösungen infolge der beiden Wechselspannungsquellen können ebenfalls unabhängig voneinander berechnet werden. Wir übernehmen diese Lösungen aus Gl. (8.55) und erhalten den Gesamtstrom

$$\begin{aligned} i(t) = \frac{U_0}{R} &+ \frac{\hat{u}_1}{\sqrt{R^2 + (\omega_1 L)^2}} \cos\left(\omega_1 t - \arctan\frac{\omega_1 L}{R}\right) \\ &+ \frac{\hat{u}_2}{\sqrt{R^2 + (\omega_2 L)^2}} \cos\left(\omega_2 t - \arctan\frac{\omega_2 L}{R}\right). \end{aligned} \tag{9.2}$$

Damit haben wir den allgemeinen Stromverlauf im Netzwerk auf der linken Seite der Abb. 9.1 mit der dort angegebenen zeitabhängigen Spannung berechnet. Wenn es also gelingt, einen beliebig vorgegebenen zeitlichen Verlauf der Quellenspannung bzw. des Quellenstromes durch eine Überlagerung von Sinus- und Kosinusfunktionen unterschiedlicher Frequenzen mit eventuell noch einem zusätzlichen Gleichanteil darzustellen, dann können wir jedes lineare Netzwerk mit den bereits bekannten Methoden berechnen.

Im Folgenden soll an drei charakteristischen Beispielen die additive Überlagerung zweier Kosinusfunktionen mit unterschiedlicher Frequenz gezeigt werden. Dabei werden wir feststellen, dass die Summensignale sehr unterschiedliche Eigenschaften aufweisen können. Die Überlagerung zweier Frequenzen, die in einem ganzzahligen Verhältnis zueinander stehen, wird uns den Weg zeigen zu einer Behandlung allgemeiner periodischer Signalformen.

1. Fall: $\omega_1 << \omega_2$

Wir betrachten zunächst den einfachen Fall, dass die Kreisfrequenz $\omega_1 = 2\pi f_1$ in Gl. (9.1) wesentlich kleiner als die Kreisfrequenz ω_2 ist. Die ▶Abb. 9.2 zeigt eine Auswertung für $U_0 = 0$, $\hat{u}_1 = 0{,}5\,\hat{u}$, $\hat{u}_2 = \hat{u}$ sowie $f_1 = 10\text{Hz}$ und $f_2 = 100\text{Hz}$.

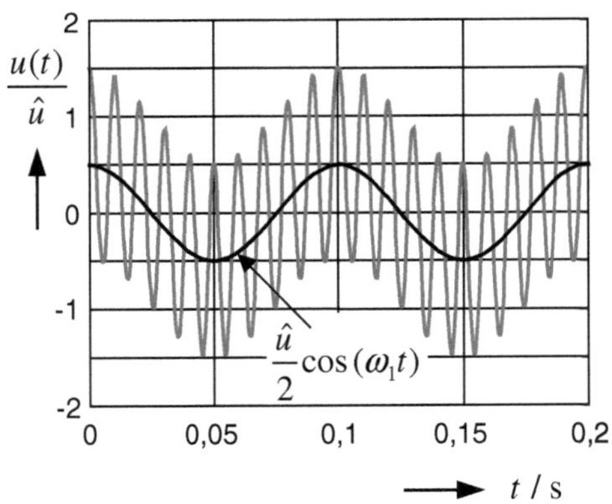

Abbildung 9.2: Überlagerung zweier Wechselspannungen mit sehr unterschiedlichen Frequenzen

Das Summensignal besteht aus der höherfrequenten Schwingung, die im Rhythmus und mit der Amplitude der kleineren Frequenz in Richtung der Ordinate ausgelenkt ist.

2. Fall (Schwebung): $\omega_1 \approx \omega_2$

Ein weiterer, interessanter Fall liegt vor, wenn sich die beiden Kreisfrequenzen ω_1 und ω_2 nur geringfügig voneinander unterscheiden. Wir setzen den Gleichanteil wieder zu null und formen die Quellenspannung (9.1) zunächst in der folgenden Weise um:

$$\begin{aligned} u(t) &= \hat{u}_1 \cos(\omega_1 t) + \hat{u}_2 \cos(\omega_2 t) \\ &= \hat{u}_1 \left[\cos(\omega_1 t) + \cos(\omega_2 t)\right] + (\hat{u}_2 - \hat{u}_1) \cos(\omega_2 t) \\ &\overset{(H.10)}{=} 2\hat{u}_1 \cos\left(\frac{\omega_1 + \omega_2}{2} t\right) \cos\left(\frac{\omega_1 - \omega_2}{2} t\right) + (\hat{u}_2 - \hat{u}_1) \cos(\omega_2 t) . \end{aligned} \tag{9.3}$$

Für den Sonderfall gleicher Amplituden $\hat{u}_1 = \hat{u}_2$ besteht die Summenspannung aus einer Schwingung der mittleren Frequenz $(\omega_1 + \omega_2)/2$, deren Amplitude von der halben Differenzfrequenz $(\omega_1 - \omega_2)/2$ beeinflusst ist. Bei ungleichen Ausgangsamplituden tritt noch eine weitere Kosinusfunktion im Summensignal (9.3) auf. In ▶Abb. 9.3 sind zwei Auswertungen mit den Frequenzen $f_1 = 90\,\text{Hz}$ und $f_2 = 100\,\text{Hz}$ dargestellt. In Teilbild a sind die Amplituden der beiden Ausgangsspannungen gleich $\hat{u}_1 = \hat{u}_2 = \hat{u}$, in Teilbild b sind die Amplituden $\hat{u}_1 = \hat{u}/2$ und $\hat{u}_2 = 3\hat{u}/2$ zugrunde gelegt. Eine derartige Signalform wird allgemein als **Schwebung** bezeichnet. Die Einhüllende der hochfrequenten Schwingung schwankt zwischen der Summe $\hat{u}_1 + \hat{u}_2$ und der Differenz $|\hat{u}_1 - \hat{u}_2|$ der beiden Amplituden. Für $\hat{u}_1 = \hat{u}_2$ geht die Einhüllende bis auf null zurück, die Schwebung ist in diesem Fall am stärksten ausgeprägt.

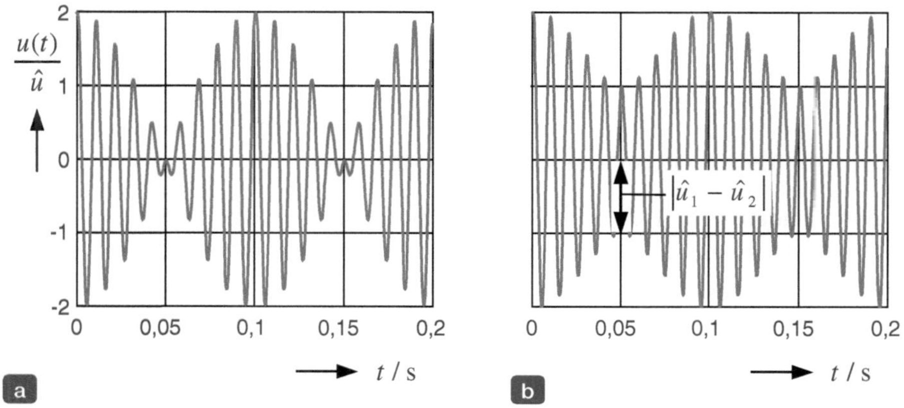

Abbildung 9.3: Überlagerung zweier Wechselspannungen mit annähernd gleicher Frequenz

Da die Kreisfrequenzen ω_1 und ω_2 in den beiden bisher betrachteten Fällen in einem beliebigen Verhältnis zueinander stehen können, lässt sich im Allgemeinen keine Periodendauer T finden, nach deren Ablauf sich das Summensignal entsprechend der Gl. (7.6) exakt wiederholt. Diese Fälle werden wir im Folgenden nicht weiter betrachten.

3. Fall (Grund- und Oberschwingung): $\omega_2 = n\omega_1$ mit $n = 2,3, \ldots$

Wesentlich wichtiger für unsere weiteren Betrachtungen ist der Fall, bei dem die Kreisfrequenz ω_2 ein ganzzahliges Vielfaches der Kreisfrequenz ω_1 ist. Die Schwingung mit der kleineren Frequenz f_1 wird als **Grundschwingung** oder **1. Harmonische** bezeichnet, die Schwingung mit der Frequenz nf_1 als **n-te Harmonische**. Häufig werden auch die Bezeichnungen **Grund-** und **Oberschwingungen** verwendet. Die 2. Harmonische entspricht dann der 1. Oberschwingung, die 3. Harmonische entspricht der 2. Oberschwingung usw.

Als Beispiel betrachten wir die in ▶Abb. 9.4 dargestellte Auswertung für den Spannungsverlauf

$$u(t) = \frac{1}{2}U_0 - U_0 \frac{4}{\pi^2}\left[\cos(\omega_1 t) + \frac{1}{3^2}\cos(3\omega_1 t)\right]. \tag{9.4}$$

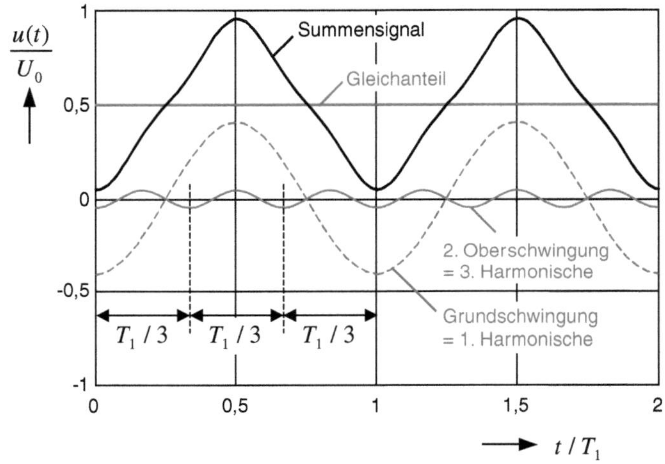

Abbildung 9.4: Überlagerung zweier Harmonischer mit einem Gleichanteil

Die Periodendauer der 1. Harmonischen ist durch die Grundfrequenz $T_1 = 1/f_1$ gegeben. Die 3. Harmonische besitzt die Frequenz $3f_1$ und daher gilt für ihre Periodendauer $T_3 = T_1/3$. Aus der Abbildung ist unmittelbar zu erkennen, dass das aus einer Grundschwingung und ihren Harmonischen gebildete Summensignal die gleiche Periodendauer wie die Grundschwingung aufweist. Die zusätzliche Überlagerung eines Gleichanteils verschiebt das Summensignal lediglich entlang der vertikalen Achse.

Aus der Abbildung ist weiterhin zu erkennen, dass es uns offenbar gelungen ist, durch die Überlagerung von drei Anteilen mit geeignet gewählten Amplituden eine nicht sinusförmige periodische Summenspannung mit näherungsweise dreieckförmigem Verlauf zusammenzusetzen. Die *Synthese* gegebener periodischer Spannungsverläufe durch *Ausprobieren* verschiedener Werte bei den Amplituden und Phasen der einzelnen Harmonischen ist natürlich mühsam. In den folgenden Kapiteln werden wir uns daher mit der als **harmonische Analyse** bzw. **Fourier-Analyse** (nach Jean Baptiste Fourier, 1768–1830) bezeichneten Methode beschäftigen, mit deren Hilfe wir die Amplituden und Phasen der einzelnen Harmonischen für eine gegebene, zeitabhängige periodische Funktion gezielt berechnen können.

9.2 Die harmonische Analyse

Der französische Mathematiker J. B. Fourier hat gezeigt, dass eine mit 2π periodische Funktion $f(x)$, die die **Dirichlet'schen Bedingungen** erfüllt, d.h.,

- die Funktion ist endlich und
- das Intervall $0 \le x \le 2\pi$ lässt sich in endlich viele Teilintervalle zerlegen, in denen $f(x)$ stetig und monoton ist,

durch eine Summe von trigonometrischen Funktionen dargestellt werden kann:

$$\begin{aligned} f(x) = a_0 &+ \hat{a}_1 \cos(x) + \hat{a}_2 \cos(2x) + \hat{a}_3 \cos(3x) + \ldots \\ &+ \hat{b}_1 \sin(x) + \hat{b}_2 \sin(2x) + \hat{b}_3 \sin(3x) + \ldots \end{aligned} \tag{9.5}$$

Wir können davon ausgehen, dass die genannten Bedingungen bei den in der Praxis auftretenden Problemen immer erfüllt sind. Da wir fast ausschließlich mit zeitabhängigen Strömen $i(t)$ und Spannungen $u(t)$ rechnen, deren Periodizität durch die Gl. (7.6), d.h. durch die Periodendauer $T = 2\pi/\omega$ beschrieben wird, werden wir für die folgenden Betrachtungen die Reihenentwicklung (9.5) mit den entsprechend angepassten Bezeichnungen verwenden. Die Darstellung mit den beiden trigonometrischen Funktionen

$$\begin{aligned} u(t) &= a_0 + \sum_{n=1}^{\infty} \left[\hat{a}_n \cos(n\omega t) + \hat{b}_n \sin(n\omega t) \right] \\ &= a_0 + \sum_{n=1}^{\infty} \left[\hat{a}_n \cos\left(n2\pi \frac{t}{T} \right) + \hat{b}_n \sin\left(n2\pi \frac{t}{T} \right) \right] \end{aligned} \tag{9.6}$$

wird als **Normalform** der Fourier-Entwicklung bezeichnet. Durchläuft die Zeit t den Bereich $0 \le t \le T$, dann durchläuft das Argument $x = \omega t$ den Bereich $0 \le \omega t \le 2\pi$. Die beiden Darstellungen (9.5) und (9.6) sind also äquivalent.

Liegt die Funktion $u(t)$ nur in einem abgeschlossenen Intervall der Länge T vor, ohne aber periodisch zu sein, dann kann man sich die Funktion außerhalb des Intervalls nach beiden Seiten periodisch fortgesetzt denken und genauso durch die Summe (9.6) darstellen. Die Reihendarstellung erlaubt dann zwar auch die Berechnung von Funktionswerten außerhalb des Intervalls, diese sind aber nicht von Interesse.

Die vorgegebene Funktion $u(t)$ wird nach Gl. (9.6) in einen von der Zeit unabhängigen Gleichanteil (Mittelwert) a_0 und in eine Summe von Sinus- und Kosinusfunktionen zerlegt. Die Frequenz der Grundschwingung $f = 1/T = \omega/2\pi$ wird durch die Länge des Zeitintervalls T festgelegt. Glieder mit der Ordnungszahl n (n-te Harmonische) besitzen die Periodendauer T/n und damit die Frequenz nf.

Wir wollen zunächst die Gleichwertigkeit der Normalform (9.6) mit der als **Spektralform** der Fourier-Entwicklung bezeichneten Beziehung

$$u(t) = a_0 + \sum_{n=1}^{\infty} \hat{c}_n \sin(n\omega t + \varphi_n) = a_0 + \sum_{n=1}^{\infty} \hat{c}_n \cos(n\omega t - \psi_n) \tag{9.7}$$

nachweisen, indem wir die Umrechnungsformeln von den Koeffizienten der Normalform zu den Koeffizienten der Spektralform angeben. Aus der geforderten Übereinstimmung der phasenverschobenen Sinusfunktion in Gl. (9.7)

$$\hat{c}_n \sin(n\omega t + \varphi_n) \overset{(H.4)}{=} \hat{c}_n \cos(\varphi_n) \sin(n\omega t) + \hat{c}_n \sin(\varphi_n) \cos(n\omega t) \tag{9.8}$$

mit den beiden Funktionen in Gl. (9.6) folgen unmittelbar die beiden Bestimmungsgleichungen

$$\hat{c}_n \sin(\varphi_n) = \hat{a}_n \quad \text{und} \quad \hat{c}_n \cos(\varphi_n) = \hat{b}_n \tag{9.9}$$

für die Werte $\hat{c}_n$ und φ_n. Mit elementarer Rechnung erhalten wir die Zusammenhänge

$$\hat{a}_n^{\,2} + \hat{b}_n^{\,2} = \hat{c}_n^{\,2} \sin^2(\varphi_n) + \hat{c}_n^{\,2} \cos^2(\varphi_n) \overset{(H.1)}{=} \hat{c}_n^{\,2} \quad \rightarrow \quad \hat{c}_n = \sqrt{\hat{a}_n^{\,2} + \hat{b}_n^{\,2}} \tag{9.10}$$

und

$$\frac{\hat{a}_n}{\hat{b}_n} = \frac{\hat{c}_n \sin(\varphi_n)}{\hat{c}_n \cos(\varphi_n)} \quad \rightarrow \quad \tan(\varphi_n) = \frac{\hat{a}_n}{\hat{b}_n}. \tag{9.11}$$

Auf die gleiche Weise lässt sich mit dem Additionstheorem (H.5) nachweisen, dass die Amplitude bei den phasenverschobenen Kosinusfunktionen ebenfalls durch die Gl. (9.10) gegeben ist, während für den mit negativem Vorzeichen im Argument eingeführten Phasenwinkel ψ_n die folgende Beziehung gilt

$$\tan(\psi_n) = \frac{\hat{b}_n}{\hat{a}_n}. \tag{9.12}$$

Bei der Auflösung der beiden Gleichungen (9.11) und (9.12) nach den Winkeln φ_n und ψ_n ist die Periodizität der tan-Funktion zu beachten (siehe Gl. (E.4)).

Die Entwicklung der zeitlich periodischen Funktion $u(t)$ in die Fourier-Reihe (9.6) erfordert die Berechnung der Koeffizienten a_0, $\hat{a}_n$ und $\hat{b}_n$. Bei der Ableitung der dazu benötigten Bestimmungsgleichungen machen wir von einer besonderen Eigenschaft der in Gl. (9.6) enthaltenen trigonometrischen Funktionen Gebrauch.[1] Integriert man nämlich das Produkt zweier beliebiger Funktionen über die komplette Periodendauer, dann verschwindet das Integral immer dann, wenn es sich entweder um verschiedene Funktionen (Konstante oder Sinus- oder Kosinusfunktion) oder um gleiche Funktionen, aber mit unterschiedlichen Ordnungszahlen n handelt. Bezeichnen wir mit $g_1(t)$ und $g_2(t)$ zwei beliebige Funktionen aus der Fourier-Reihe (9.6), dann lässt sich der Zusammenhang formelmäßig folgendermaßen darstellen:

$$\int_0^T g_1(t)\, g_2(t)\, \mathrm{d}t = \begin{cases} 0 & \text{für} \quad g_1 \neq g_2 \\ > 0 & \phantom{\text{für}} \quad g_1 = g_2 \end{cases}. \tag{9.13}$$

Diese für die folgenden Betrachtungen außerordentlich wichtige Beziehung wird als **Orthogonalitätsrelation** bezeichnet. Zur Veranschaulichung betrachten wir das Produkt der beiden Kosinusfunktionen mit den Ordnungszahlen 1 und 2. Es ist offensichtlich, dass das Integral über die Funktion in ▶Abb. 9.5 wegen der gleichen Flächen oberhalb und unterhalb der t-Achse verschwinden muss.

1 Das konstante Glied vor der Summe ist in die Aussagen einbezogen, da es wegen cos(0) = 1 als Kosinusfunktion mit der Ordnungszahl $n = 0$ angesehen werden kann.

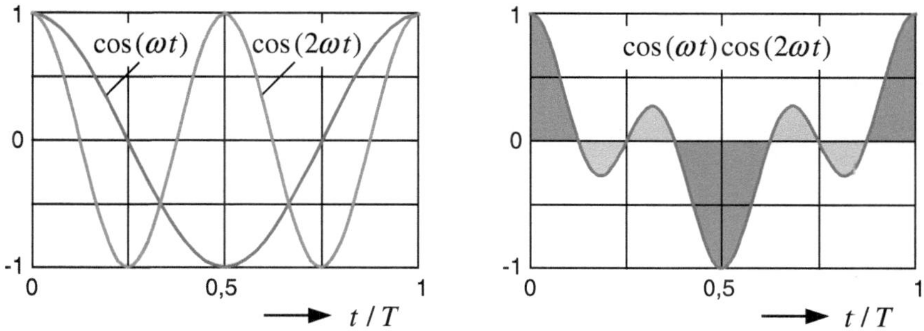

Abbildung 9.5: Zur Veranschaulichung der Orthogonalitätsrelation an einem Beispiel

Diese Situation trifft in den genannten Fällen immer zu. Handelt es sich dagegen um das Produkt zweier gleicher Funktionen mit der gleichen Ordnungszahl, also um das *Quadrat* einer Funktion, dann ist der Integrand immer positiv und liefert im Ergebnis einen positiven Wert. Alle möglichen, durch Gl. (9.13) erfassten Kombinationen sind in den Gleichungen (H.19) bis (H.25) zusammengestellt und ausgewertet. Die Integrale über die Quadrate der Funktionen liefern unterschiedliche Ergebnisse, je nachdem, ob über die Konstante oder über die trigonometrischen Funktionen integriert wird:

$$\int_0^T 1^2 \mathrm{d}\,t = T \qquad \text{und} \qquad \int_0^T \sin^2(n\omega t)\,\mathrm{d}\,t = \int_0^T \cos^2(n\omega t)\,\mathrm{d}\,t = \frac{T}{2}\,. \tag{9.14}$$

Nach diesen Vorüberlegungen sollen jetzt die Bestimmungsgleichungen für die Koeffizienten abgeleitet werden. Dabei können wir folgendermaßen vorgehen:

- Wir wählen eine Funktion $g(t)$ aus der Reihendarstellung (9.6) aus und multiplizieren damit beide Seiten der Gl. (9.6).
- Wir integrieren diesen Ausdruck über die komplette Periodendauer $0 \le t \le T$.
- Auf der linken Gleichungsseite erhalten wir ein Integral über das Produkt der gewählten Funktion $g(t)$ mit der zu entwickelnden Funktion $u(t)$.
- Auf der rechten Gleichungsseite verschwinden alle Integrale mit einer einzigen Ausnahme. Lediglich das Integral über das Quadrat der gewählten Funktion liefert einen von null verschiedenen Wert. Damit verbleibt auf der rechten Gleichungsseite nur ein einziger Koeffizient, nämlich genau derjenige, der vor der gewählten Funktion $g(t)$ steht. Mit der Auswahl von $g(t)$ erhalten wir also die Bestimmungsgleichung für den betreffenden Koeffizienten.

Zur Bestimmung des Mittelwertes a_0 multiplizieren wir die Gl. (9.6) mit der Konstanten $g(t) = 1$ und integrieren über die komplette Periodendauer:

$$\begin{aligned}\int_0^T u(t)\,\mathrm{d}\,t &= \int_0^T a_0\,\mathrm{d}\,t + \sum_{n=1}^{\infty}\int_0^T \left[\hat{a}_n\cos(n\omega t) + \hat{b}_n\sin(n\omega t)\right]\mathrm{d}\,t \\ &= a_0\,T + \sum_{n=1}^{\infty}\left[\hat{a}_n\int_0^T \cos(n\omega t)\,\mathrm{d}\,t + \hat{b}_n\int_0^T \sin(n\omega t)\,\mathrm{d}\,t\right].\end{aligned} \tag{9.15}$$

Da die über die Periode T berechneten Integrale der trigonometrischen Funktionen nach Gl. (H.20) verschwinden, liefert die Summe auf der rechten Seite der Gl. (9.15) keinen Beitrag und für den Mittelwert a_0 verbleibt in Übereinstimmung mit Gl. (7.8) die Bestimmungsgleichung

$$a_0 = \frac{1}{T}\int_0^T u(t)\,\mathrm{d}t\,. \tag{9.16}$$

Im nächsten Schritt soll der Koeffizient $\hat{a}_m$ bestimmt werden. Der Index m steht stellvertretend für einen Wert aus der Reihe $n = 1,2, \ldots$. Zu diesem Zweck wird die Gl. (9.6) zunächst mit der Funktion $\cos(m\omega t)$ multipliziert und anschließend über die komplette Periodendauer integriert:

$$\begin{aligned}\int_0^T u(t)\cos(m\omega t)\,\mathrm{d}t &= \int_0^T a_0\cos(m\omega t)\,\mathrm{d}t \\ &+ \sum_{n=1}^{\infty}\left[\hat{a}_n\int_0^T \cos(n\omega t)\cos(m\omega t)\,\mathrm{d}t + \hat{b}_n\int_0^T \sin(n\omega t)\cos(m\omega t)\,\mathrm{d}t\right].\end{aligned} \tag{9.17}$$

Das erste Integral auf der rechten Seite verschwindet wegen Gl. (9.13) bzw. (H.20). In der Summe verschwinden nach Gl. (9.13) ebenfalls alle Integrale, bei denen der Integrand aus dem Produkt einer Sinus- und einer Kosinusfunktion besteht. Das Integral über das Produkt der beiden Kosinusfunktionen liefert nur für den Sonderfall $n = m$ einen von null verschiedenen Wert, sodass auf der rechten Gleichungsseite nur der Ausdruck mit $\hat{a}_m$ verbleibt:

$$\int_0^T u(t)\cos(m\omega t)\,\mathrm{d}t = \hat{a}_m\int_0^T \cos^2(m\omega t)\,\mathrm{d}t \overset{(9.14)}{=} \hat{a}_m\frac{T}{2}\,. \tag{9.18}$$

Lassen wir den Wert m jetzt der Reihe nach alle Werte 1,2, ... durchlaufen, dann erhalten wir nacheinander die Bestimmungsgleichungen für alle Koeffizienten $\hat{a}_n$. Diese Gleichung hat immer denselben Aufbau und kann durch Umstellung der Beziehung (9.18) auf die folgende Form gebracht werden:

$$\hat{a}_n = \frac{2}{T}\int_0^T u(t)\cos(n\omega t)\,\mathrm{d}t\,. \tag{9.19}$$

Damit verbleibt noch die Frage nach der Bestimmung der Koeffizienten $\hat{b}_n$. Der einzige Unterschied zu bisher besteht darin, dass wir die Ausgangsgleichung (9.6) jetzt mit der entsprechenden Sinusfunktion multiplizieren. Mit den gleichen Rechenschritten erhalten wir die völlig analog aufgebaute Beziehung

$$\hat{b}_n = \frac{2}{T}\int_0^T u(t)\sin(n\omega t)\,\mathrm{d}t\,. \tag{9.20}$$

Wir fassen die Ergebnisse nochmals übersichtlich zusammen: Abhängig von der Wahl der Integrationsvariablen t bzw. ωt können die **Fourier-Koeffizienten** durch Auswertung der folgenden Integrale bestimmt werden:

$$a_0 = \frac{1}{T}\int_0^T u(t)\,\mathrm{d}t \qquad\qquad a_0 = \frac{1}{2\pi}\int_0^{2\pi} u(\omega t)\,\mathrm{d}(\omega t)$$

$$\hat{a}_n = \frac{2}{T}\int_0^T u(t)\cos(n\omega t)\,\mathrm{d}t \quad \text{bzw.} \quad \hat{a}_n = \frac{1}{\pi}\int_0^{2\pi} u(\omega t)\cos(n\omega t)\,\mathrm{d}(\omega t) \tag{9.21}$$

$$\hat{b}_n = \frac{2}{T}\int_0^T u(t)\sin(n\omega t)\,\mathrm{d}t \qquad\qquad \hat{b}_n = \frac{1}{\pi}\int_0^{2\pi} u(\omega t)\sin(n\omega t)\,\mathrm{d}(\omega t)\,.$$

Handelt es sich bei der Funktion $u(t)$ nicht nur um eine im Intervall $0 \le t \le T$ vorgegebene, sondern um eine mit der Periodendauer T periodische Funktion, dann können die Integrale (9.21) auch in dem Bereich $t_0 \le t \le t_0 + T$ bzw. $\varphi_0 \le \omega t \le \varphi_0 + 2\pi$ mit beliebigen Anfangswerten t_0 und φ_0 berechnet werden. Der Integrationsbereich wird dann meistens im Hinblick auf einfacher auszuwertende Integrale festgelegt.

Beispiel 9.1: Reihenentwicklung einer Dreiecksfunktion

Der in ▶Abb. 9.6 dargestellte dreieckförmige periodische Spannungsverlauf, der in dem Bereich $0 \le t \le T$ durch die Beziehung

$$u(t) = 2\hat{u}\cdot\begin{cases} t/T & \text{für} \quad 0 \le t \le T/2 \\ 1 - t/T & \phantom{\text{für}} \quad T/2 \le t \le T \end{cases} \tag{9.22}$$

beschrieben wird, soll in eine Fourier-Reihe nach Gl. (9.6) entwickelt werden.

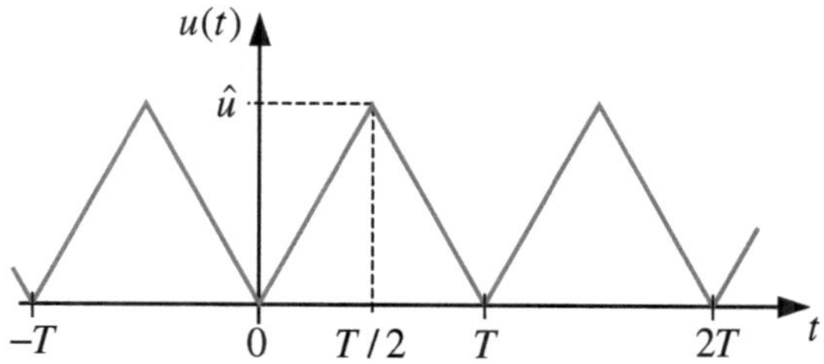

Abbildung 9.6: Dreieckförmiger periodischer Spannungsverlauf

Für den Gleichanteil erhalten wir mit der Fläche unter dem Dreieck das Ergebnis

$$a_0 = \frac{1}{T}\int_0^T u(t)\,\mathrm{d}t = \frac{1}{T}\frac{\hat{u}T}{2} = \frac{1}{2}\hat{u}\,. \tag{9.23}$$

Bei der Berechnung der übrigen Koeffizienten muss das jeweilige Integral entsprechend der abschnittsweise unterschiedlich definierten Funktion (9.22) in zwei Teilintegrale aufgespalten werden. Damit gilt

$$\begin{aligned}
\hat{a}_n &\overset{(9.21)}{=} \frac{2}{T}\int_0^T u(t)\cos(n\omega t)\,\mathrm{d}t \\
&\overset{(9.22)}{=} \frac{4\hat{u}}{T^2}\int_0^{T/2} t\cos(n\omega t)\,\mathrm{d}t + \frac{4\hat{u}}{T}\underbrace{\int_{T/2}^{T}\cos(n\omega t)\,\mathrm{d}t}_{0} - \frac{4\hat{u}}{T^2}\int_{T/2}^{T} t\cos(n\omega t)\,\mathrm{d}t \\
&\overset{(H.18)}{=} \frac{4\hat{u}}{T^2}\left[\frac{\cos(n\omega t)}{(n\omega)^2} + \frac{t\sin(n\omega t)}{n\omega}\right]\Bigg|_0^{T/2} - \frac{4\hat{u}}{T^2}\left[\frac{\cos(n\omega t)}{(n\omega)^2} + \frac{t\sin(n\omega t)}{n\omega}\right]\Bigg|_{T/2}^{T} \\
&= \frac{4\hat{u}}{T^2(n\omega)^2}\left[2\cos(n\pi) - 2\right] = \frac{2\hat{u}}{(n\pi)^2}\left[\cos(n\pi) - 1\right]
\end{aligned} \tag{9.24}$$

und

$$\begin{aligned}
\hat{b}_n &\overset{(9.21)}{=} \frac{2}{T}\int_0^T u(t)\sin(n\omega t)\,\mathrm{d}t \\
&\overset{(9.22)}{=} \frac{4\hat{u}}{T^2}\int_0^{T/2} t\sin(n\omega t)\,\mathrm{d}t + \frac{4\hat{u}}{T}\int_{T/2}^{T}\sin(n\omega t)\,\mathrm{d}t - \frac{4\hat{u}}{T^2}\int_{T/2}^{T} t\sin(n\omega t)\,\mathrm{d}t \\
&\overset{(H.17)}{=} \frac{4\hat{u}}{T^2}\left[-\frac{T\cos(n\pi)}{2n\omega}\right] + \frac{4\hat{u}}{T}\,\frac{\cos(n\pi)-1}{n\omega} - \frac{4\hat{u}}{T^2}\left[-\frac{T\cos(n2\pi)}{n\omega} + \frac{T\cos(n\pi)}{2n\omega}\right] \\
&= \frac{4\hat{u}}{n\omega T}\left[-\frac{\cos(n\pi)}{2} + \cos(n\pi) - 1 + \cos(n2\pi) - \frac{\cos(n\pi)}{2}\right] = 0\,.
\end{aligned} \tag{9.25}$$

Berücksichtigt man noch, dass der Ausdruck $\cos(n\pi)-1$ für gerade n verschwindet und für ungerade n den Wert –2 annimmt, dann ist die Dreiecksfunktion in Abb. 9.6 resultierend durch die nachstehende Fourier-Reihe gegeben:

$$\begin{aligned}
u(t) &= \frac{\hat{u}}{2} - \frac{4\hat{u}}{\pi^2}\left[\cos(\omega t) + \frac{1}{3^2}\cos(3\omega t) + \frac{1}{5^2}\cos(5\omega t) + \ldots\right] \\
&= \frac{\hat{u}}{2} - \frac{4\hat{u}}{\pi^2}\sum_{n=1,3,..}^{\infty}\frac{1}{n^2}\cos(n\omega t)\,.
\end{aligned} \tag{9.26}$$

Ein Vergleich dieser Beziehung mit der Gl. (9.4) zeigt, dass das Summensignal in Abb. 9.4 nicht zufällig die Form eines Dreiecks annimmt. Es wurde nämlich aus dem Gleichanteil und den beiden ersten Harmonischen der exakten Reihenentwicklung nach Gl. (9.26) berechnet. Die bereits gute Übereinstimmung zwischen dem Summensignal und der Dreiecksfunktion in Abb. 9.6 resultiert aus dem schnellen Abklingen der Amplituden der Oberschwingungen, die im vorliegenden Beispiel mit dem Quadrat der Ordnungszahl n abnehmen. Im Allgemeinen hängt die Konvergenz von dem Verlauf der Ausgangsfunktion ab. Auch wenn eine exakte Übereinstimmung zwischen der ursprünglichen Funktion und der Fourier-Darstellung erst bei unendlich vielen Gliedern erreicht wird, ist für die Praxis die Verwendung einer geringen Anzahl von Summanden hinreichend genau.

9.2.1 Die komplexe Form der Fourier-Reihe

Ausgehend von der Euler'schen Formel (E.6) können die trigonometrischen Funktionen in der Form

$$\cos(n\omega t) = \frac{1}{2}\left(e^{jn\omega t} + e^{-jn\omega t}\right) \quad \text{und} \quad \sin(n\omega t) = \frac{1}{2j}\left(e^{jn\omega t} - e^{-jn\omega t}\right) \tag{9.27}$$

geschrieben werden. Damit lässt sich die trigonometrische Fourier-Reihe (9.6) auf die komplexe Form

$$\begin{aligned} u(t) &= a_0 + \sum_{n=1}^{\infty}\left[\hat{a}_n \frac{1}{2}\left(e^{jn\omega t} + e^{-jn\omega t}\right) - \hat{b}_n \frac{j}{2}\left(e^{jn\omega t} - e^{-jn\omega t}\right)\right] \\ &= a_0 + \sum_{n=1}^{\infty}\left[\frac{\hat{a}_n - j\hat{b}_n}{2} e^{jn\omega t} + \frac{\hat{a}_n + j\hat{b}_n}{2} e^{-jn\omega t}\right] \end{aligned} \tag{9.28}$$

bringen, die mit den Abkürzungen

$$c_0 = a_0, \quad \underline{\hat{c}}_n = \frac{\hat{a}_n - j\hat{b}_n}{2} \quad \text{und} \quad \underline{\hat{c}}_{-n} = \frac{\hat{a}_n + j\hat{b}_n}{2} = \underline{\hat{c}}_n^{\,*} \tag{9.29}$$

folgendermaßen geschrieben werden kann:

$$u(t) = c_0 + \sum_{n=1}^{\infty}\left[\underline{\hat{c}}_n e^{jn\omega t} + \underline{\hat{c}}_{-n} e^{-jn\omega t}\right]. \tag{9.30}$$

Lässt man die Summation nicht von 1 bis ∞, sondern von −∞ bis ∞ laufen, dann ergibt sich mit $c_0 = \underline{\hat{c}}_0$ die kompakte Schreibweise

$$u(t) = \sum_{n=-\infty}^{\infty} \underline{\hat{c}}_n e^{jn\omega t}. \tag{9.31}$$

Die **komplexen Koeffizienten** $\underline{\hat{c}}_n$ werden aus der Gleichung

$$\begin{aligned} \underline{\hat{c}}_{\pm n} &\overset{(9.29)}{=} \frac{\hat{a}_n \mp j\hat{b}_n}{2} \overset{(9.21)}{=} \frac{1}{T}\int_0^T u(t)\cos(n\omega t)\,dt \mp j\frac{1}{T}\int_0^T u(t)\sin(n\omega t)\,dt \\ &= \frac{1}{T}\int_0^T u(t)\, e^{\mp jn\omega t}\,dt \end{aligned} \tag{9.32}$$

bzw. mit der vereinfachten Darstellung

$$\underline{\hat{c}}_n = \frac{1}{T}\int_0^T u(t)\, e^{-jn\omega t}\,dt \tag{9.33}$$

bestimmt. Der Index n durchläuft jetzt den Wertebereich der ganzen Zahlen $n = \ldots -2, -1, 0, 1, 2, \ldots$ Die Gl. (9.33) hat gegenüber den Bestimmungsgleichungen (9.21) den Vorteil, dass nur ein Integral auszuwerten ist. Die reellen Koeffizienten können aus diesem Ergebnis mithilfe der Gl. (9.29) auf einfache Weise ermittelt werden:

$$a_0 = c_0, \quad \hat{a}_n = \underline{\hat{c}}_n + \underline{\hat{c}}_{-n} = 2\,\mathrm{Re}\{\underline{\hat{c}}_n\} \quad \text{und} \quad \hat{b}_n = j\left(\underline{\hat{c}}_n - \underline{\hat{c}}_{-n}\right) = -2\,\mathrm{Im}\{\underline{\hat{c}}_n\}. \tag{9.34}$$

Beispiel 9.2: Reihenentwicklung einer Rechteckfunktion

Für die in ▶Abb. 9.7 dargestellte Rechteckfunktion sollen die komplexen Koeffizienten $\hat{\underline{c}}_n$ und daraus die reellen Koeffizienten $\hat{a}_n$ und $\hat{b}_n$ der Fourier-Reihen (9.31) bzw. (9.6) bestimmt werden.

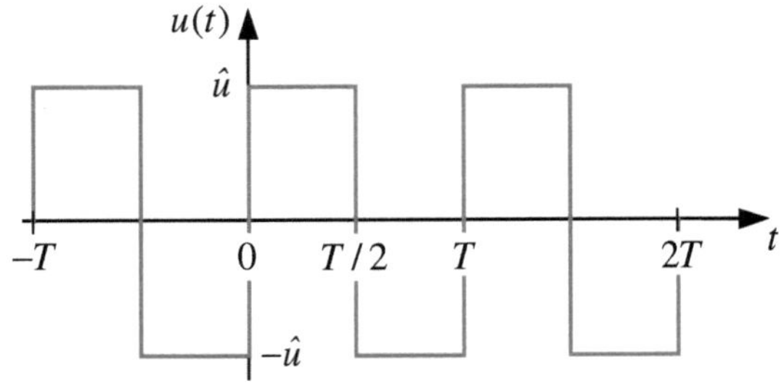

Abbildung 9.7: Rechteckförmiger periodischer Spannungsverlauf

Aus Gl. (9.33) erhalten wir das Integral

$$\begin{aligned}\hat{\underline{c}}_n &= \frac{\hat{u}}{T}\int_0^{T/2} e^{-jn\omega t}\,dt - \frac{\hat{u}}{T}\int_{T/2}^{T} e^{-jn\omega t}\,dt \\ &= \frac{\hat{u}}{-jn\omega T}\left[e^{-jn\omega T/2} - e^0 - e^{-jn\omega T} + e^{-jn\omega T/2}\right] = \frac{j\hat{u}}{n2\pi}\left[e^{-jn\pi} - 1 - 1 + e^{-jn\pi}\right].\end{aligned} \tag{9.35}$$

Die eckige Klammer verschwindet für gerade Werte n und liefert –4 für ungerade n. Die resultierenden komplexen Koeffizienten

$$\hat{\underline{c}}_n = -\frac{j2\hat{u}}{n\pi} \quad \text{mit} \quad n = \ldots -3,-1,1,3,\ldots \tag{9.36}$$

sind rein imaginär. Mit Gl. (9.34) erhalten wir die reellen Koeffizienten

$$a_0 = 0, \quad \hat{a}_n = 2\,\mathrm{Re}\left\{\hat{\underline{c}}_n\right\} = 0 \quad \text{und} \quad \hat{b}_n = -2\,\mathrm{Im}\left\{\hat{\underline{c}}_n\right\} = \frac{4\hat{u}}{n\pi} \tag{9.37}$$

und daraus die Reihenentwicklung in Normalform

$$u(t) = \frac{4\hat{u}}{\pi}\left[\sin(\omega t) + \frac{1}{3}\sin(3\omega t) + \frac{1}{5}\sin(5\omega t) + \ldots\right]. \tag{9.38}$$

Im Zusammenhang mit den Fourier-Entwicklungen in den beiden vorangegangenen Beispielen fallen einige Besonderheiten auf, auf die wir etwas detaillierter eingehen wollen:

- Die Berechnung der Koeffizienten (9.21) ist unter Umständen recht aufwändig. Da aber nicht immer alle Koeffizienten benötigt werden (siehe Gl. (9.25)), werden wir uns im nächsten Kapitel mit den Kriterien beschäftigen, unter denen eine vereinfachte Berechnung möglich ist.
- Zur exakten Darstellung der Ausgangsfunktion werden theoretisch unendlich viele Oberschwingungen benötigt. Für eine Auswertung können aber immer nur endlich viele Glieder der Summe berücksichtigt werden. Je schneller die Amplituden der Oberschwingungen abklingen, desto weniger Glieder aus der Summe müssen zur Unterschreitung einer gegebenen Fehlerschranke tatsächlich berücksichtigt werden. Diese Konvergenzfragen stehen insbesondere für die Praxis nicht so sehr im Vordergrund und sind auch für das Verständnis der weiteren Kapitel nicht unbedingt erforderlich. Die Frage, wie der Verlauf der zeitabhängigen Ausgangsfunktion die Konvergenz der Reihenentwicklung und damit den Fehler beeinflusst, der bei einem Abbruch der Summation nach n_{max} Gliedern entsteht, ist daher für den interessierten Leser in Kapitel G im Anhang beantwortet.

9.2.2 Vereinfachungen bei der Bestimmung der Fourier-Koeffizienten

In Gl. (9.25) haben wir mit großem Aufwand das triviale Ergebnis $\hat{b}_n = 0$ berechnet. Hätten wir das nicht einfacher haben können? Um diese Frage zu beantworten, müssen wir uns die Bedeutung der einzelnen Funktionen in der Fourier-Entwicklung (9.6) etwas näher ansehen.

Beginnen wir mit dem Gleichanteil a_0. Die Bestimmungsgleichung für diesen Koeffizienten ist identisch mit der Gl. (7.8) zur Berechnung des Mittelwertes der gegebenen Funktion. Das zu bildende Integral entspricht der Fläche, die zwischen der Funktion und der horizontalen Achse eingeschlossen ist (▶Abb. 9.8). Das Rechteck mit der festen Seitenlänge T und der zu bestimmenden Seitenlänge a_0 besitzt den gleichen Flächeninhalt. Sind also gleich große Flächen oberhalb und unterhalb der horizontalen Achse zwischen der Funktion und der Achse eingeschlossen, dann verschwindet das Integral und es gilt $a_0 = 0$. Diese Situation ist in vielen Fällen unmittelbar an dem Verlauf der gegebenen Funktion zu erkennen, wenn diese z.B. symmetrisch zur horizontalen Achse verläuft (vgl. z.B. die Rechteckfunktion in Abb. 9.7).

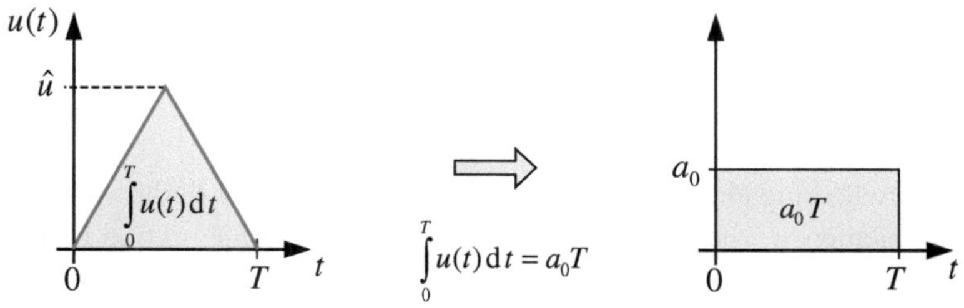

Abbildung 9.8: Zur Berechnung des Mittelwertes

Symmetrieeigenschaften

Subtrahieren wir von der Ausgangsfunktion den Gleichanteil, dann muss die verbleibende Kurvenform allein durch die Sinus- und Kosinusfunktionen beschrieben werden. Die Frage, welche der Koeffizienten $\hat{a}_n$ und $\hat{b}_n$ in der Fourier-Reihe benötigt werden, hängt entscheidend von den Symmetrieeigenschaften der gegebenen Funktion ab. Betrachten wir unter diesem Aspekt zunächst die trigonometrischen Funktionen.

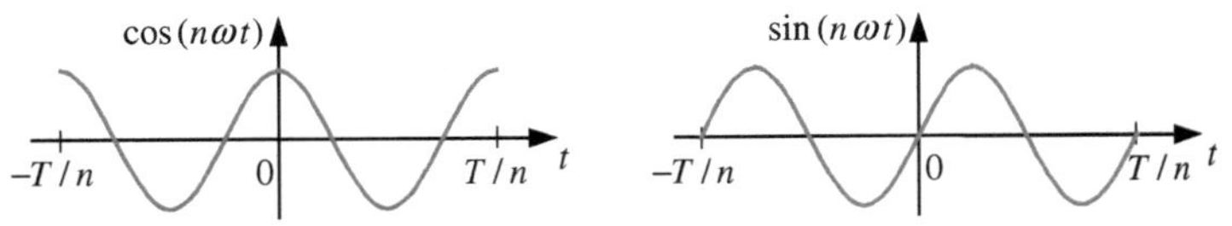

Abbildung 9.9: Gerade und ungerade Funktion

Aus der Abbildung ist unschwer zu erkennen, dass die Kosinusfunktionen **symmetrisch** bezüglich der vertikalen Achse sind, d.h., es gilt

$$\cos(n\omega t) = \cos(-n\omega t) . \tag{9.39}$$

Allgemein wird eine Funktion mit der Eigenschaft $u(t) = u(-t)$ als **gerade Funktion** bezeichnet. Diese Namensgebung hängt damit zusammen, dass ganze rationale Funktionen mit ausschließlich geraden Exponenten diese Eigenschaft aufweisen. Die Konstante a_0 ist in diesem Sinne auch eine gerade Funktion, man könnte sie wegen $a_0 \cos(0\omega t) = a_0$ auch als ein Glied der Summe mit dem Zählindex $n = 0$ auffassen. Die in Gl. (9.39) beschriebene Eigenschaft heißt **Symmetrie erster Art**.

Demgegenüber sind die Sinusfunktionen **schiefsymmetrisch** bezüglich der vertikalen Achse, d.h., es gilt

$$\sin(n\omega t) = -\sin(-n\omega t) . \tag{9.40}$$

Funktionen mit der Eigenschaft $u(t) = -u(-t)$ werden als **ungerade Funktionen** bezeichnet, da ganze rationale Funktionen mit ausschließlich ungeraden Exponenten genau dieses Verhalten aufweisen. In diesem Fall spricht man von der **Symmetrie zweiter Art**.

In welcher Weise können uns diese unterschiedlichen Eigenschaften der beiden Funktionen jetzt weiterhelfen? Zunächst gilt die für die einzelne Kosinusfunktion geltende Eigenschaft (9.39) auch für die Summe aller Kosinusfunktionen in der Fourier-Entwicklung (9.6), einschließlich des Gleichanteils. Es ist leicht einzusehen, dass durch diese Summe gerader Funktionen auch nur eine andere gerade Funktion dargestellt werden kann. Ebenso kann durch die Summe aller Sinusfunktionen mit der Eigenschaft (9.40) auch nur eine andere ungerade Funktion dargestellt werden. Daraus lässt sich folgender Umkehrschluss ziehen:

Merke

Bei der Entwicklung einer *geraden* Funktion in eine Fourier-Reihe verschwinden alle Koeffizienten $\hat{b}_n$, bei der Entwicklung einer *ungeraden* Funktion in eine Fourier-Reihe verschwinden die Koeffizienten a_0 und $\hat{a}_n$.

Außerdem lässt sich in beiden Fällen der Integrationsbereich halbieren. Das Produkt aus einer geraden Funktion $u(t)$ mit der geraden Kosinusfunktion in Gl. (9.21) ist wieder eine gerade Funktion. Ebenso ist das Produkt aus einer ungeraden Funktion mit der ungeraden Sinusfunktion eine gerade Funktion. Berechnen wir also das Integral nicht über den Bereich $0 \le t \le T$, sondern über den Bereich $-T/2 \le t \le T/2$, dann ist in beiden Fällen wegen der Integration einer jeweils geraden Funktion unmittelbar zu erkennen, dass die beiden Teilbereiche $-T/2 \le t \le 0$ und $0 \le t \le T/2$ den gleichen Beitrag zum Integral liefern. Bei der Berechnung der Koeffizienten kann also der doppelte Wert der Integrale über den Bereich $0 \le t \le T/2$ genommen werden (vgl. Tab. 9.1).

Betrachten wir jetzt noch einmal die Abb. 9.6. Da es sich hier um eine gerade Funktion handelt, hätten wir uns die Berechnung der Koeffizienten $\hat{b}_n$ in Gl. (9.25) mit den Kenntnissen aus diesem Abschnitt ersparen können und bei der Berechnung der Koeffizienten $\hat{a}_n$ in Gl. (9.24) hätten wir nur das erste Integral berechnen müssen.

Eine weitere Symmetrieeigenschaft liegt vor, wenn eine Funktion die Bedingung $u(t) = -u(t + T/2)$ erfüllt. In diesem Fall spricht man von **Halbwellensymmetrie** oder von der **Symmetrie dritter Art**. Eine Funktion mit dieser Eigenschaft kann auch nur durch trigonometrische Funktionen dargestellt werden, die die gleiche Eigenschaft aufweisen, d.h., für die Funktionen in der Fourier-Reihe muss gelten:

$$\cos(n\omega t) = -\cos\left[n\omega\left(t+\frac{T}{2}\right)\right] \quad \text{und} \quad \sin(n\omega t) = -\sin\left[n\omega\left(t+\frac{T}{2}\right)\right]. \tag{9.41}$$

Mithilfe der Additionstheoreme (H.4) und (H.5) lässt sich zeigen, dass diese Bedingungen nur für ungerade n erfüllt sind, d.h. bei Halbwellensymmetrie verschwinden die Koeffizienten a_0 sowie $\hat{a}_n$ und $\hat{b}_n$ für $n = 2,4, \ldots$. Auch in diesem Fall kann der doppelte Wert der Integrale über den Bereich $0 \le t \le T/2$ genommen werden.

Tritt bei einer geraden oder ungeraden Funktion gleichzeitig Halbwellensymmetrie auf, dann liegt eine **Symmetrie vierter Art** vor. In diesen Fällen verschwinden die entsprechenden Koeffizienten infolge der Eigenschaft gerade oder ungerade und zusätzlich alle Koeffizienten mit gerader Ordnungszahl. Das Integrationsintervall kann auf den Bereich $0 \le t \le T/4$ beschränkt werden, wenn das Integral mit dem Faktor 4 multipliziert wird.

Die verschiedenen Möglichkeiten sind für beispielhafte Kurvenverläufe und mit den dazugehörigen Bestimmungsgleichungen für die Koeffizienten in Tab. 9.1 zusammengestellt.[2]

---

2 Bei den in Tab. 9.1 betrachteten Symmetrien tritt kein Fall auf, bei dem die Koeffizienten ausschließlich gerade Ordnungszahlen aufweisen, im Gegensatz zu der Fourier-Entwicklung Nr. 13 in Tab. H.1. Eigentlich handelt es sich in diesem Fall auch nicht um eine Symmetrie, sondern die Bezeichnung T wurde in Abwandlung der üblichen Vorgehensweise für zwei komplette Periodendauern verwendet. Die Ursache ist darin begründet, dass diese Funktion durch Gleichrichtung, z.B. aus der 50-Hz-Netzwechselspannung, entsteht. Da gleichzeitig Netzspannung und gleich gerichtete Spannung in einer Schaltung existieren, bezieht man üblicherweise alle Signale auf die gleiche Periodendauer. Mit der Beibehaltung von $T = 20\,\text{ms}$ besteht die Fourier-Reihe dann aus den geradzahligen Oberschwingungen der Netzfrequenz. In der gleichen Weise wird bei dem gleich gerichteten Dreiphasenstrom (Nr. 16 in Tab. H.1) die Periodendauer der Netzfrequenz beibehalten, obwohl die Frequenz der Grundschwingung bei dieser Kurvenform um den Faktor 3 größer ist und die Periodendauer nur $T/3$ beträgt.

Tabelle 9.1

Symmetrieeigenschaften von Funktionen

Symmetrieeigenschaft	Eigenschaften der Koeffizienten
Gerade Funktion 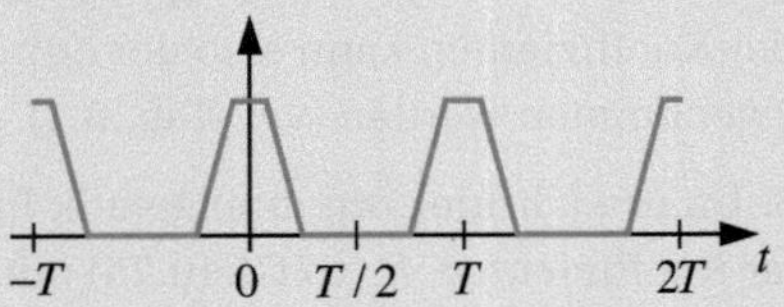	$u(t) = u(-t)$ $a_0 = \frac{2}{T}\int_0^{T/2} u(t)\,\mathrm{d}t$ $\hat{a}_n = \frac{4}{T}\int_0^{T/2} u(t)\cos(n\omega t)\,\mathrm{d}t\,,\quad \hat{b}_n = 0$
Ungerade Funktion 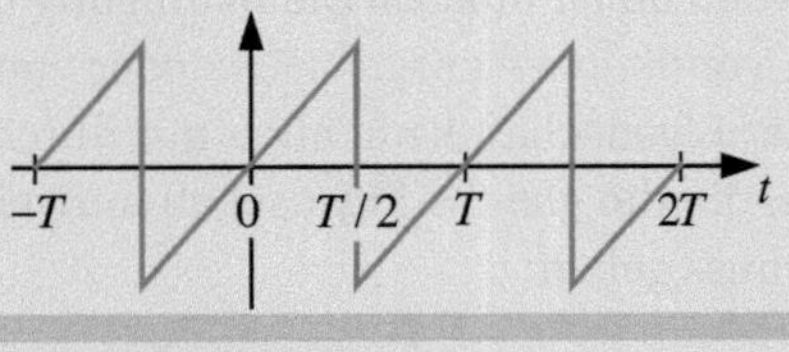	$u(t) = -u(-t)$ $a_0 = 0\,,\quad \hat{a}_n = 0$ $\hat{b}_n = \frac{4}{T}\int_0^{T/2} u(t)\sin(n\omega t)\,\mathrm{d}t$
Halbwellensymmetrie 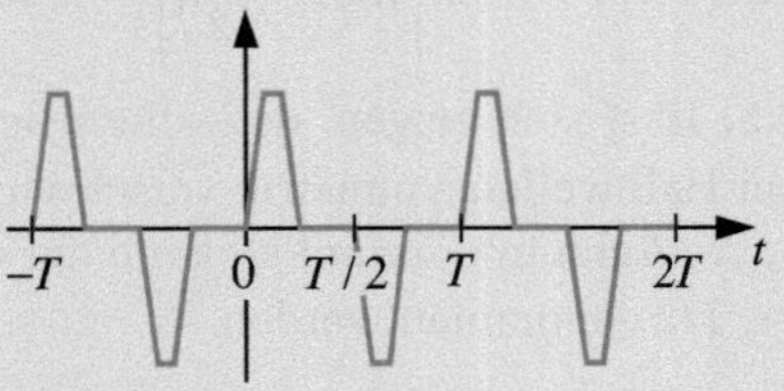	$u(t) = -u(t + T/2)$ $a_0 = 0\,,\quad \hat{a}_{2n} = 0\,,\quad \hat{b}_{2n} = 0$ $\hat{a}_{2n-1} = \frac{4}{T}\int_0^{T/2} u(t)\cos\left[(2n-1)\omega t\right]\mathrm{d}t$ $\hat{b}_{2n-1} = \frac{4}{T}\int_0^{T/2} u(t)\sin\left[(2n-1)\omega t\right]\mathrm{d}t$
Gerade Funktion mit Halbwellensymmetrie 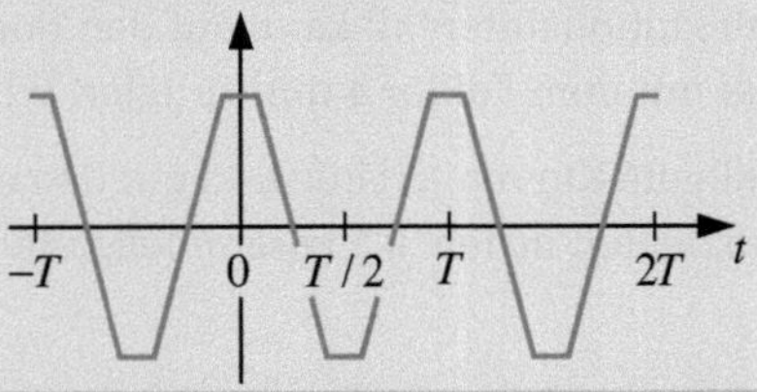	$u(t) = u(-t) = -u(t + T/2)$ $a_0 = 0\,,\quad \hat{a}_{2n} = 0$ $\hat{a}_{2n-1} = \frac{8}{T}\int_0^{T/4} u(t)\cos\left[(2n-1)\omega t\right]\mathrm{d}t$ $\hat{b}_n = 0$
Ungerade Funktion mit Halbwellensymmetrie 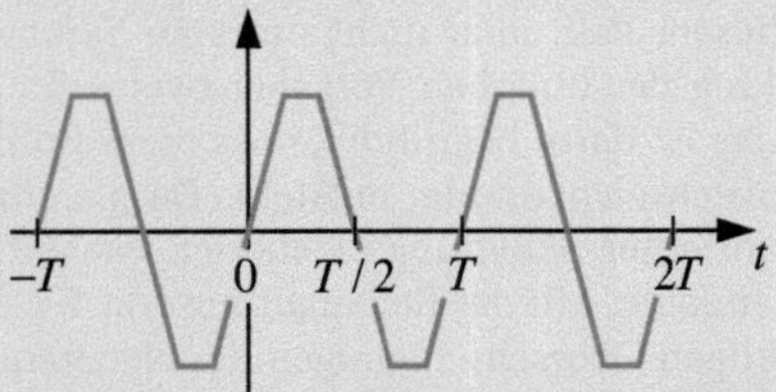	$u(t) = -u(-t) = -u(t + T/2)$ $a_0 = 0\,,\quad \hat{a}_n = 0\,,\quad \hat{b}_{2n} = 0$ $\hat{b}_{2n-1} = \frac{8}{T}\int_0^{T/4} u(t)\sin\left[(2n-1)\omega t\right]\mathrm{d}t$

Bei manchen Funktionen sind die Symmetrieeigenschaften zunächst nicht unmittelbar zu erkennen, da sie infolge eines Gleichanteils entlang der vertikalen Achse verschoben sind. Betrachten wir die Sägezahnkurve in ▶Abb. 9.10, dann trifft auf diese Kurve keine der genannten Symmetrien zu. Zieht man aber den auf der rechten Seite der Abbildung gestrichelt dargestellten Gleichanteil ab, dann verbleibt eine ungerade Funktion. In der Fourier-Darstellung treten bei dieser Funktion keine Kosinusfunktionen auf und die Koeffizienten $\hat{a}_n$ verschwinden (vgl. Beispiel Nr. 3 in Tab. H.1). Die Entscheidung, ob es sich um eine gerade oder ungerade Funktion handelt, sollte also erst getroffen werden, nachdem der Gleichanteil abgespalten wurde.

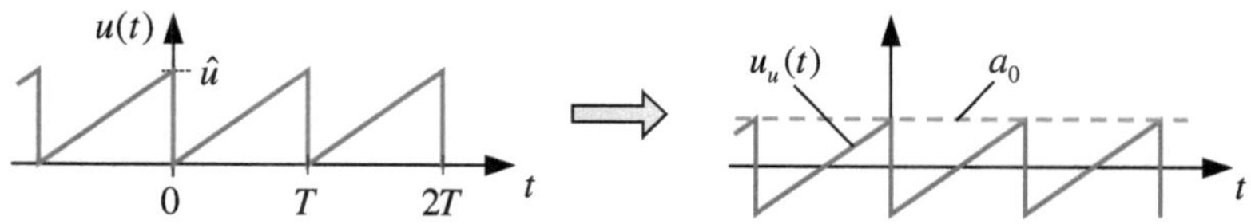

Abbildung 9.10: Ungerade Funktion mit überlagertem Gleichanteil

Erzeugung gerader und ungerader Funktionen durch Achsenverschiebung

Der Aufwand bei der Berechnung der Koeffizienten kann in vielen Fällen durch einfache Verschiebung der Funktion entlang der horizontalen Achse reduziert werden. Betrachten wir als Beispiel die Rechteckfunktion mit verschwindendem Mittelwert in ▶Abb. 9.11a. Bei dieser Festlegung des Nullpunktes treten sowohl gerade als auch ungerade Anteile auf, d.h., es müssen beide Integrale zur Bestimmung von $\hat{a}_n$ und $\hat{b}_n$ berechnet werden.

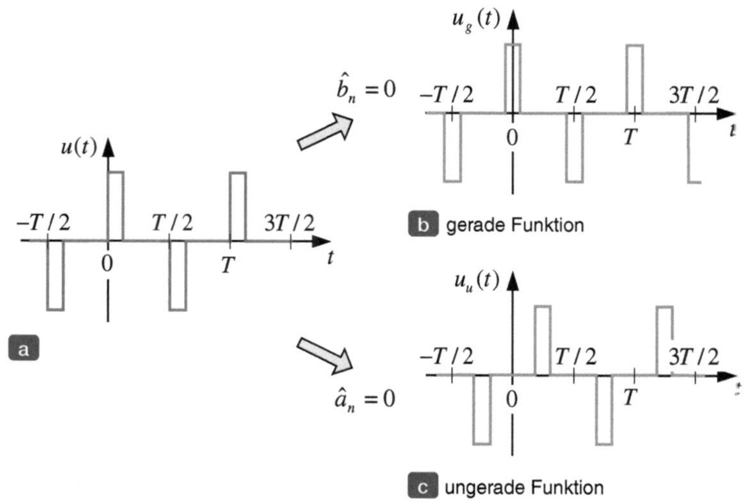

Abbildung 9.11: Vereinfachte Koeffizientenberechnung durch geänderte Festlegung des Nullpunktes

Wird der Nullpunkt jedoch so wie in Teilbild b gewählt, dann erhalten wir eine gerade Funktion und die Koeffizienten $\hat{b}_n$ verschwinden. Mit der Wahl des Nullpunktes entsprechend Teilbild c wird die Ausgangsfunktion zur ungeraden Funktion und die Berechnung der Koeffizienten $\hat{a}_n$ entfällt.

Zerlegung einer Funktion in ihren geraden und ungeraden Anteil

Im allgemeinen Fall lässt sich eine periodische Funktion jedoch nicht allein durch gerade oder ungerade Anteile beschreiben (▶Abb. 9.12). Bei der Entwicklung in eine Fourier-Reihe werden dann sowohl die Kosinusfunktionen als auch die Sinusfunktionen benötigt. In manchen Fällen wird die Berechnung der Koeffizienten aber dadurch erleichtert, dass die Ausgangsfunktion $u(t)$ vorab in ihren geraden $u_g(t)$ und ihren ungeraden Anteil $u_u(t)$ zerlegt wird, insbesondere dann, wenn die Fourier-Entwicklungen der Funktionen $u_g(t)$ bzw. $u_u(t)$ bereits tabellarisch erfasst sind. Eine erneute Berechnung der betreffenden Koeffizienten ist dann nicht mehr erforderlich.

Zur Aufspaltung einer Funktion in die beiden Anteile können die folgenden Beziehungen verwendet werden:

$$u(t) = u_g(t) + u_u(t) \qquad \text{mit} \qquad \begin{aligned} u_g(t) &= \frac{1}{2}\left[u(t) + u(-t)\right] \\ u_u(t) &= \frac{1}{2}\left[u(t) - u(-t)\right] \end{aligned} \, . \tag{9.42}$$

Zur Überprüfung dieser Aussage bilden wir zunächst die Summe der beiden Funktionen $u_g(t)$ und $u_u(t)$ und erhalten richtig die Ausgangsfunktion $u(t)$. Da die beiden angegebenen Funktionen auf der rechten Seite der Gleichung außerdem die Bedingungen $u_g(t) = u_g(-t)$ und $u_u(t) = -u_u(-t)$ erfüllen, handelt es sich dabei tatsächlich um die Zerlegung in eine gerade und eine ungerade Funktion.

Beispiel 9.3: Zerlegung in geraden und ungeraden Anteil

Die in Abb. 9.12 dargestellte Funktion

$$u(t) = 2\hat{u} \cdot \begin{cases} t/T & \text{für} \quad 0 \le t \le T/2 \\ 0 & \phantom{\text{für}} \quad T/2 < t \le T \end{cases} \tag{9.43}$$

soll in die beiden Teilfunktionen $u_g(t)$ und $u_u(t)$ zerlegt werden.

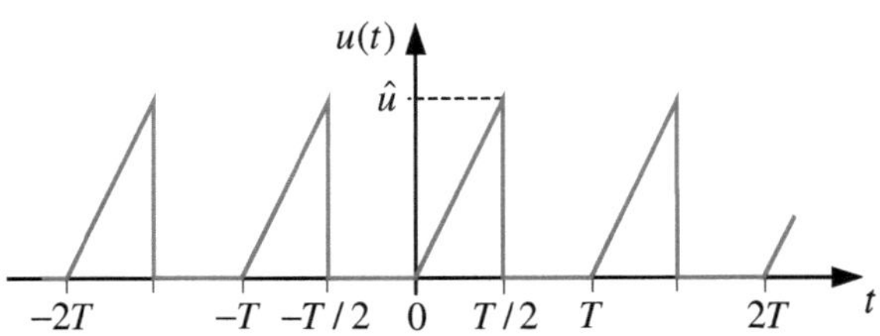

Abbildung 9.12: Ausgangsfunktion für die Zerlegung in geraden und ungeraden Anteil

Nach Gl. (9.42) werden dazu die Funktionen $u(t)/2$ und $u(-t)/2$ benötigt. Diese sind in den beiden oberen Diagrammen der ▶Abb. 9.13 dargestellt. Die Funktion $u(-t)/2$ erhält man auf anschauliche Weise aus der Funktion $u(t)/2$, indem die Variable t durch $-t$ ersetzt, d.h. die Funktion $u(t)/2$ an der vertikalen Achse gespiegelt wird.

Jetzt muss nur noch die Summe bzw. die Differenz dieser beiden Funktionen gebildet werden, um $u_g(t)$ bzw. $u_u(t)$ zu erhalten.

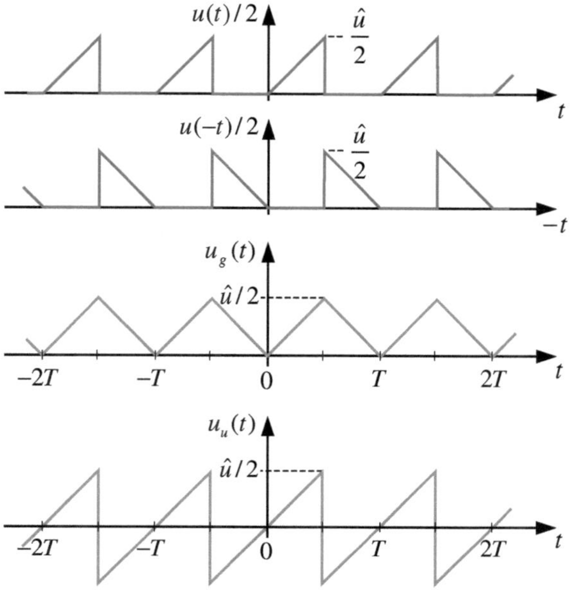

Abbildung 9.13: Beispiel für die Zerlegung einer periodischen Funktion in ihren geraden und ungeraden Anteil

Die Funktion $u_g(t)$ entspricht der bereits bekannten Dreiecksfunktion, jetzt allerdings mit halber Amplitude, deren Koeffizienten a_0 und $\hat{a}_n$ bereits in Gl. (9.26) angegeben sind. Für die noch durchzuführende Berechnung der Koeffizienten $\hat{b}_n$ integrieren wir die Sägezahnkurve $u_u(t) = \hat{u}\,t/T$ in Abb. 9.13 über den Bereich $0 \le t \le T/2$ entsprechend Tab. 9.1:

$$\begin{aligned}\hat{b}_n &= \frac{4\hat{u}}{T^2}\int_0^{T/2} t\sin(n\omega t)\,\mathrm{d}t \overset{(\mathrm{H.17})}{=} \frac{4\hat{u}}{T^2}\left[\frac{\sin(n\omega t)}{(n\omega)^2} - \frac{t\cos(n\omega t)}{n\omega}\right]_0^{T/2} \\ &= \frac{4\hat{u}}{T^2}\left[-\frac{T\cos(n\pi)}{2n\omega}\right] = -\frac{\hat{u}}{n\pi}\cos(n\pi) = \frac{\hat{u}}{n\pi}(-1)^{n+1}\,.\end{aligned} \tag{9.44}$$

Zusammenfassend erhalten wir die Fourier-Entwicklung der Funktion (9.43) durch Überlagerung der Ergebnisse (9.26) unter Berücksichtigung des Faktors 1/2 und der Sinusfunktionen mit den Amplituden aus Gl. (9.44):

$$\begin{aligned}u(t) &= \frac{\hat{u}}{4} - \frac{2\hat{u}}{\pi^2}\left[\cos(\omega t) + \frac{1}{3^2}\cos(3\omega t) + \frac{1}{5^2}\cos(5\omega t) + \ldots\right] \\ &\quad + \frac{\hat{u}}{\pi}\left[\frac{\sin(\omega t)}{1} - \frac{\sin(2\omega t)}{2} + \frac{\sin(3\omega t)}{3} - \frac{\sin(4\omega t)}{4} + - \ldots\right].\end{aligned} \tag{9.45}$$

9.2.3 Tabellarische Zusammenstellung wichtiger Fourier-Reihen

Für einige in der Elektrotechnik häufig vorkommende Funktionen ist die Fourier-Entwicklung in Kapitel H.4 im Anhang angegeben.

Einfache Herleitung weiterer Fourier-Reihen

Zur Herleitung weiterer Reihen gibt es verschiedene Möglichkeiten. Es ist nicht unbedingt erforderlich, die Koeffizienten nach Gl. (9.21) jeweils neu zu berechnen. Oft lassen sich die Kurvenformen aus den bereits tabellarisch erfassten Funktionen erzeugen. Sehr vielfältige Möglichkeiten ergeben sich z.B. durch lineare Überlagerung. Die Entwicklung der durch Einweggleichrichtung entstandenen Funktion Nr. 15 (vgl. Tab. H.1) erhält man z.B. aus der Addition der Reihe Nr. 13 mit einer Sinusfunktion (linke Seite der ▶Abb. 9.14) und anschließender Halbierung des Ergebnisses (vgl. auch die Koeffizienten bei den genannten Beispielen in der Tab. H.1).

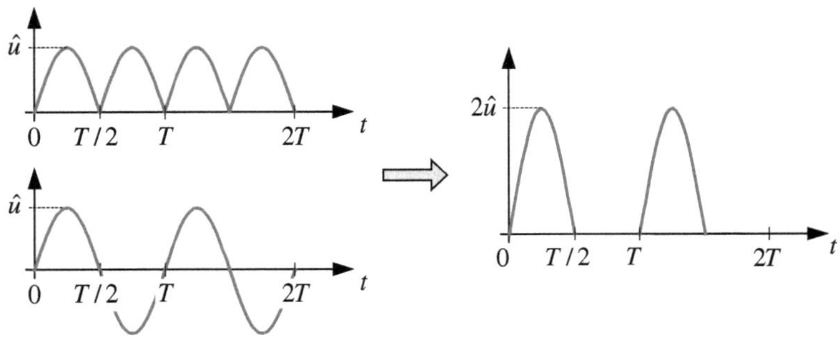

Abbildung 9.14: Überlagerung bekannter Reihenentwicklungen

Insbesondere mit der Zeitfunktion Nr. 10 und den daraus abgeleiteten Sonderfällen Nr. 11 und 12 in der Tabelle lassen sich kompliziertere, stückweise lineare Funktionsverläufe zusammensetzen.

In manchen Fällen muss eine Funktion zunächst auf der Zeitachse verschoben werden, bevor sie mit anderen Funktionen überlagert wird. Bei einer Verschiebung der Kurvenform $u(t)$ um die Zeitspanne t_0 muss t durch $(t - t_0)$ ersetzt werden. Der bisherige Punkt $u(t = 0)$ wandert auf der Zeitachse nach rechts an die Stelle $u(t = t_0)$. Durch Einsetzen dieser **Zeitverschiebung** in die Fourier-Entwicklung (9.6) und anschließende Anwendung der Additionstheoreme (H.4) und (H.5) erhalten wir die Gleichung

$$\begin{aligned} u(t) &= a_0 + \sum_{n=1}^{\infty}\left[\hat{a}_n \cos(n\omega(t-t_0)) + \hat{b}_n \sin(n\omega(t-t_0))\right] \\ &= a_0 + \sum_{n=1}^{\infty}\left\{\left[\hat{a}_n \cos(n\omega t_0) - \hat{b}_n \sin(n\omega t_0)\right]\cos(n\omega t)\right. \\ &\qquad \left. + \left[\hat{a}_n \sin(n\omega t_0) + \hat{b}_n \cos(n\omega t_0)\right]\sin(n\omega t)\right\}, \end{aligned} \tag{9.46}$$

aus der die Vorschrift zur Berechnung der neuen, in eckigen Klammern stehenden Koeffizienten direkt abgelesen werden kann.

Beispiel 9.4: Verschiebung auf der Zeitachse

Ausgehend von der Reihenentwicklung Nr. 13 soll die Fourier-Entwicklung für die gleich gerichtete Kosinusfunktion (Nr. 14) abgeleitet werden.

In der Entwicklung Nr. 13 verschwinden die Koeffizienten $\hat{b}_n = 0$ und n nimmt nur gerade Werte an. Wegen der Verschiebung um $t_0 = T/4$ bzw. $\omega t_0 = \pi/2$ gelten für die neuen Koeffizienten die Beziehungen

$$\hat{a}_{n,neu} = \hat{a}_n \cos\left(n\frac{\pi}{2}\right) + 0 = (-1)^{n/2}\,\hat{a}_n \quad \text{und} \quad \hat{b}_{n,neu} = 0 + 0\,. \tag{9.47}$$

9.2.4 Die Linienspektren

Mit der harmonischen Analyse haben wir eine weitere Möglichkeit zur Beschreibung einer periodischen Funktion kennen gelernt. Einerseits lässt sich die Funktion in der Form $u(t)$, also im **Zeitbereich**, mathematisch beschreiben und auch entsprechend grafisch darstellen, andererseits ist aber die gleiche Information in anderer Form auch in der Reihenentwicklung enthalten. Bei der Fourier-Reihe wird die Funktion charakterisiert durch die Amplituden und Phasen der einzelnen Harmonischen, und zwar bei der Frequenz der Grundschwingung und bei den Vielfachen dieser Frequenz, d.h. bei den Oberschwingungen. Man spricht in diesem Fall von der Darstellung der Funktion im **Frequenzbereich**. In der dazugehörigen grafischen Darstellung werden dann die Amplituden $\hat{c}_n$ nach Gl. (9.7) bzw. die Phasen φ_n oder ψ_n als Funktion der Frequenz aufgetragen. Da sich in diesem Fall nur diskrete Werte bei der Grundfrequenz und deren Vielfachen ergeben, erhalten wir ein so genanntes **Linienspektrum**, im konkreten Fall also ein **Amplitudenspektrum** bzw. ein **Phasenspektrum**. Der Gleichanteil a_0 wird gegebenenfalls beim Amplitudenspektrum mit eingezeichnet.

In vielen praktischen Situationen wie z.B. bei der Verlustberechnung oder der Untersuchung der gegenseitigen Beeinflussung von Schaltungen und Systemen (Elektromagnetische Verträglichkeit) spielen insbesondere die *Amplituden* der Oberschwingungen eine bedeutende Rolle. Aus diesem Grund kann auch die Berechnung der Koeffizienten der Fourier-Entwicklung durch Achsenverschiebung vereinfacht werden (vgl. Abb. 9.11), da sich die Amplituden (9.10) durch diese Maßnahme nicht ändern. Will man jedoch aus den Spektren die Zeitfunktion wieder zusammensetzen, dann wird auch das Phasenspektrum benötigt.

Die beiden Darstellungsarten sind am Beispiel der Dreiecksfunktion in ▶Abb. 9.15 nochmals gegenübergestellt. Das schnelle Abklingen der höheren Harmonischen im Amplitudenspektrum deutet darauf hin, dass nur wenige Glieder aus der Fourier-Entwicklung benötigt werden, um eine gute Annäherung an die Ausgangskurve zu erreichen.

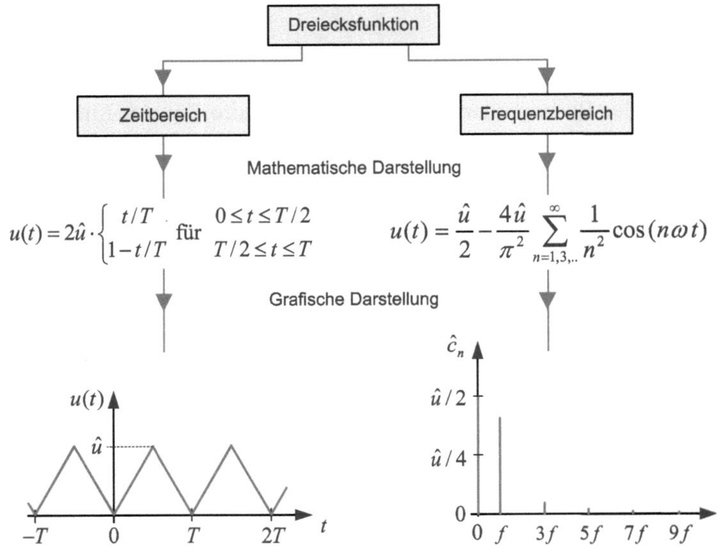

Abbildung 9.15: Darstellung der Dreiecksfunktion im Zeit- und Frequenzbereich

9.3 Anwendung der Fourier-Reihen in der Schaltungsanalyse

9.3.1 Der Ablaufplan

Die Vorgehensweise bei der Analyse linearer Netzwerke, die an zeitlich periodische Strom- und Spannungsquellen angeschlossen sind, ist als Ablaufplan in ▶Abb. 9.16 nochmals zusammengestellt.

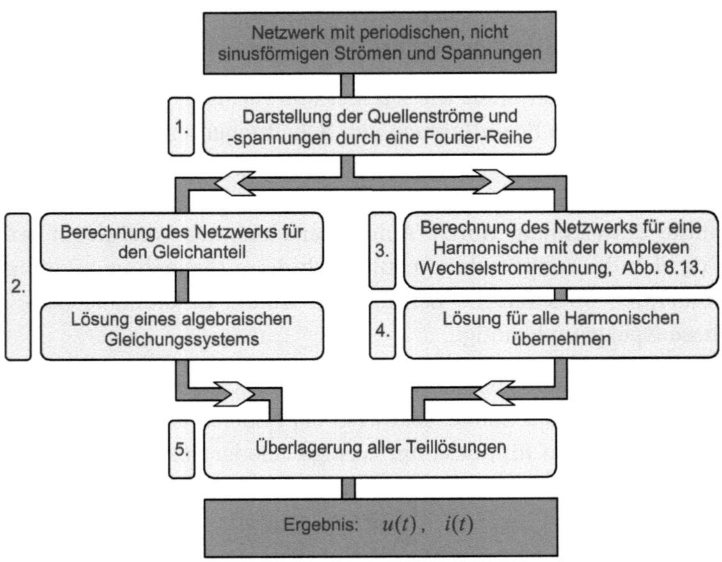

Abbildung 9.16: Berechnungsschema bei periodischen, nicht sinusförmigen Quellen

1. Im ersten Schritt wird die periodische Signalform in eine Fourier-Reihe (9.6) entwickelt. Dies kann mithilfe der Tabellen in Kapitel H.4 oder durch Berechnung der Koeffizienten nach Gl. (9.21) oder Gl. (9.33) erfolgen.

2. Sofern die Reihe einen Gleichanteil a_0 enthält, wird das Netzwerk für den Gleichstrom bzw. für die Gleichspannung berechnet. Induktivitäten werden in diesem Fall durch einen Kurzschluss, Kapazitäten durch einen Leerlauf ersetzt.

3. Die Quelle wird durch eine einfache Wechselstrom- bzw. Wechselspannungsquelle ersetzt und das Netzwerk wird mithilfe der komplexen Wechselstromrechnung bei der angenommenen Amplitude und Kreisfrequenz ω analysiert.

4. Die Lösung aus der komplexen Wechselstromrechnung wird für alle Harmonischen mit den entsprechenden Amplituden aus der Fourier-Reihe und den zugehörigen Kreisfrequenzen $n\omega$ übernommen.

5. Die Gesamtlösung ergibt sich durch Überlagerung aller Teillösungen. Befinden sich mehrere Quellen im Netzwerk, dann werden die bisherigen Schritte für alle Quellen durchgeführt und die Lösungen für die einzelnen Quellen wiederum überlagert.

9.3.2 Eine einfache Schaltung

Nachdem wir in den vorangegangenen Kapiteln die verschiedenen Aspekte der Fourier-Entwicklung untersucht haben, soll ihre Anwendung an einer konkreten Schaltung demonstriert werden. Die *RL*-Reihenschaltung in ▶Abb. 9.17 wird an eine gleich gerichtete Wechselspannung $u(t) = \hat{u}\left|\sin(\omega t)\right|$ angeschlossen. Der in diesem Netzwerk fließende zeitabhängige Strom $i(t)$ soll berechnet werden.

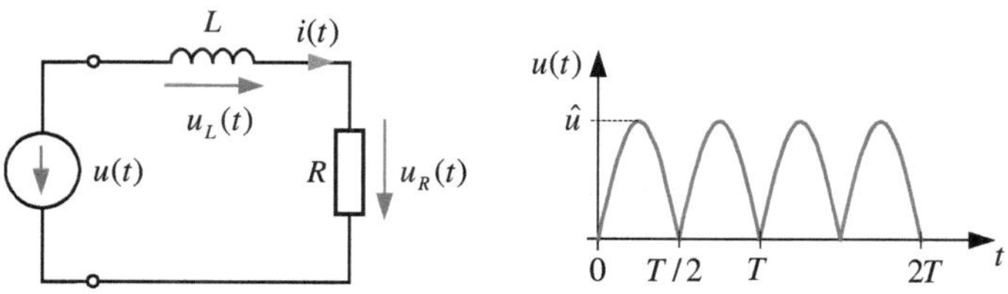

Abbildung 9.17: *RL*-Reihenschaltung an gleich gerichteter Wechselspannung

Schritt 1:

Der Ausgangspunkt für die weiteren Betrachtungen ist die in Tab. H.1 Nr. 13 angegebene Fourier-Darstellung der gleich gerichteten Spannung:

$$\begin{aligned} u(t) &= \frac{2\hat{u}}{\pi} - \frac{4\hat{u}}{\pi}\left[\frac{\cos(2\omega t)}{1\cdot 3} + \frac{\cos(4\omega t)}{3\cdot 5} + \frac{\cos(6\omega t)}{5\cdot 7} + \ldots\right] \\ &= \frac{2\hat{u}}{\pi} - \frac{4\hat{u}}{\pi}\sum_{n=2,4,..}^{\infty}\frac{1}{n^2-1}\cos(n\omega t)\,. \end{aligned} \tag{9.48}$$

Schritte 2 bis 5:

Der Unterschied zur Gl. (9.1) besteht jetzt lediglich darin, dass die Summe (9.48) unendlich viele Glieder enthält, die wir uns als Reihenschaltung unendlich vieler Einzelquellen entsprechend Abb. 9.1 vorstellen können. Damit erhalten wir für den Strom ebenfalls eine unendliche Summe, die wir in Analogie zur Gl. (9.2) bereits angeben können:

$$i(t) = \frac{2\hat{u}}{R\pi} - \frac{4\hat{u}}{\pi} \sum_{n=2,4,..}^{\infty} \frac{1}{\left(n^2-1\right)\sqrt{R^2+(n\omega L)^2}} \cos\left(n\omega t - \arctan\frac{n\omega L}{R}\right). \qquad (9.49)$$

Auswertung des Ergebnisses:

Wir wollen jetzt den zeitabhängigen Strom für drei unterschiedliche Werte der Induktivität auswerten. Betrachten wir zunächst den Grenzfall $L = 0$. Bei nicht vorhandener Induktivität vereinfacht sich die Beziehung (9.49) und wir erhalten den erwarteten Zusammenhang $i(t) = u(t)/R$. Der Strom hat den gleichen zeitlichen Verlauf wie die in Abb. 9.17 dargestellte Spannung. Im anderen Grenzfall $L \to \infty$ verschwindet jedes Glied der Summe in Gl. (9.49) und der Strom nimmt den zeitlich konstanten, in Gl. (7.10) berechneten Gleichrichtwert an. Auch diese Situation ist leicht einzusehen, da die Impedanz der Reihenschaltung $R + j\omega L$ für alle Frequenzen unendlich groß wird und somit nur noch ein Gleichstrom fließen kann.

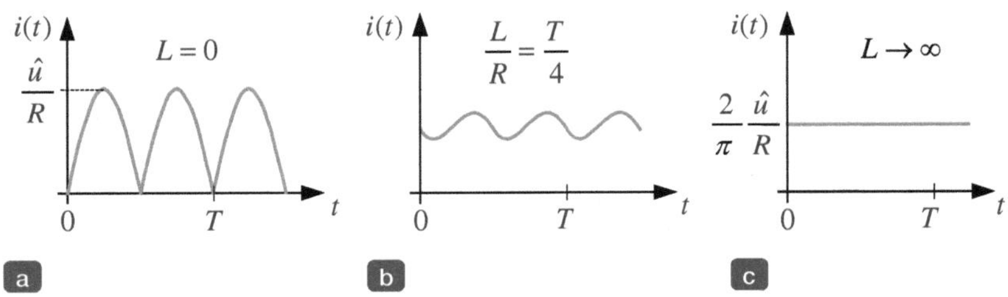

Abbildung 9.18: Stromverlauf in der *RL*-Reihenschaltung bei verschiedenen Induktivitäten

Wird die Induktivität ausgehend von dem Anfangswert $L = 0$ erhöht, dann muss sich auch der Strom ausgehend von der Kurvenform der Spannung in ▶Abb. 9.18a in Richtung auf den konstanten Wert in ▶Abb. 9.18c ändern. Wird die Induktivität so gewählt, dass das Verhältnis L/R einem Viertel der Periodendauer entspricht, dann nimmt der Strom den in ▶Abb. 9.18b dargestellten Verlauf an.

Infolge der frequenzabhängigen Impedanz der Reihenschaltung weicht die periodische, zeitabhängige Stromform wesentlich von der Spannungsform ab. Der Anteil der Oberschwingungen ist beim Strom deutlich geringer, d.h., die Induktivität wirkt wegen der mit der Frequenz zunehmenden Impedanz glättend auf den Strom. Wir erkennen hier wieder das Verhalten der *RL*-Tiefpass-Schaltung in Abb. 8.24, deren Amplitudengang in Abb. 8.25 dargestellt ist.

Man beachte, dass bei den vorausgesetzten linearen Komponenten keine zusätzlichen Harmonischen entstehen, im Gegensatz zu Schaltungen mit nichtlinearen Komponenten. Die Stromverformung wird allein durch die stärkere Dämpfung der höheren Harmonischen verursacht.

9.3.3 Die Erzeugung von Subharmonischen

Bei einigen in der Praxis verwendeten Schaltungen führt die spezielle Betriebsweise dazu, dass trotz einer eingangs angeschlossenen sinusförmigen Spannungsquelle mit vorgegebener Frequenz f innerhalb der Schaltung Strom- und Spannungsverläufe entstehen, deren Spektrum sich nicht nur aus der Frequenz f und deren Vielfachen nf zusammensetzt, sondern es entstehen auch Spektralanteile unterhalb von f. Wir sprechen in diesem Fall von Subharmonischen. Zur Illustration betrachten wir eine einfache Schaltung zur Steuerung der Leistung an einem ohmschen Verbraucher, der an das Wechselspannungsnetz angeschlossen ist.

Beispiel 9.5: Pulspaketsteuerung

Ein Heizwiderstand R ist gemäß ▶Abb. 9.19 an die Netzwechselspannung $\hat{u}\sin(\omega t)$ mit $\omega = 2\pi \cdot 50\text{Hz}$ angeschlossen. Zur Reduzierung der Heizleistung ist ein elektronischer Schalter S vorgesehen, der die Verbindung zwischen Quelle und Verbraucher jeweils für komplette Netzhalbwellen unterbrechen kann.

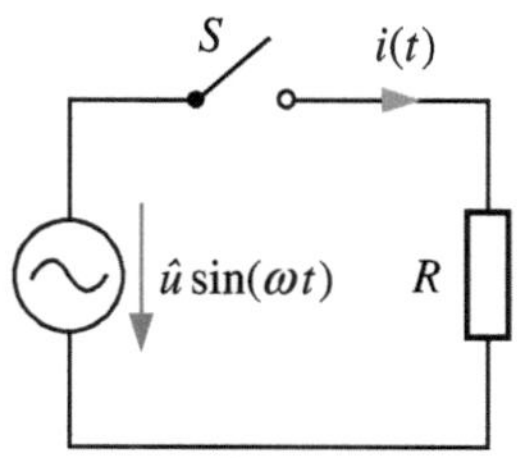

Abbildung 9.19: Steuerung der Verbraucherleistung mit einem Schalter

Aus der Vielzahl der Möglichkeiten wählen wir ein konkretes Beispiel mit festgelegtem Schaltmuster aus. Um die Leistung im Mittel auf 60 % des Maximalwertes abzusenken, wird der Schalter abwechselnd für drei Netzhalbwellen geschlossen und anschließend für zwei Netzhalbwellen geöffnet. Der dazugehörige Netzstrom ist in ▶Abb. 9.20 dargestellt.

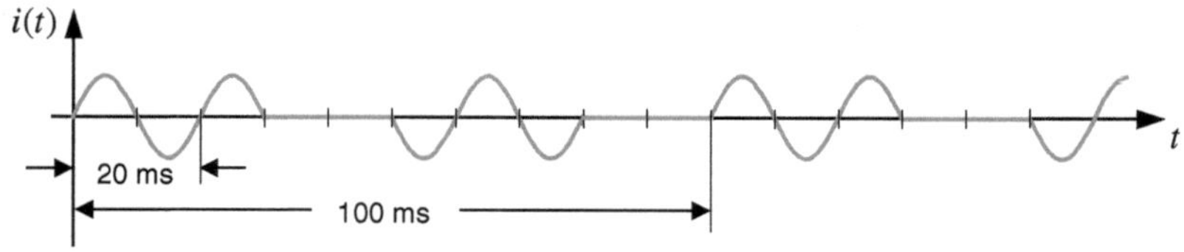

Abbildung 9.20: Pulsmuster des Netzstromes

Die Periodendauer der Quellenspannung beträgt $T = 1/50\text{Hz} = 20\text{ms}$. Für den Netzstrom trifft diese Periodendauer aber nicht mehr zu. Die Stromform wiederholt sich auf die gleiche Weise erst nach zehn Netzhalbwellen. Um Verwechslungen zu vermeiden, wollen wir die Periodendauer beim Strom mit τ bezeichnen. Wegen $\tau = 5T$ ist die Frequenz der Grundschwingung beim Strom $f = 1/\tau = 10\text{Hz}$ um den Faktor 5 geringer als die Frequenz der Netzwechselspannung. Die Oberschwingungen des Netzstromes treten also bei Vielfachen von 10Hz auf. Durch die besondere Betriebsweise dieser Schaltung werden Ströme auf den Netzleitungen erzeugt, mit Frequenzen sowohl unterhalb der Netzfrequenz (**Subharmonische**) als auch zwischen den Vielfachen von 50Hz (**Zwischenharmonische**).

Im nächsten Schritt wollen wir das Amplitudenspektrum des Netzstromes nach Abb. 9.20 berechnen. Die Anzahl der positiven und negativen Halbwellen des Stromes innerhalb der Periodendauer τ ist gleich, d.h., der Mittelwert verschwindet in jedem Fall und es gilt $a_0 = 0$. Zur Reduzierung des Rechenaufwandes verschieben wir die Zeitachse derart, dass entweder die Koeffizienten $\hat{a}_n$ oder $\hat{b}_n$ verschwinden. Mit der willkürlichen Wahl des Anfangspunktes $t = 0$ in ▶Abb. 9.21 erhalten wir eine ungerade Funktion und es gilt $\hat{a}_n = 0$.

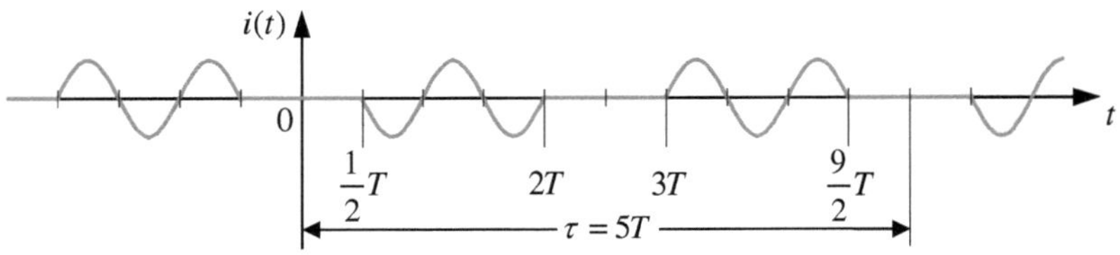

Abbildung 9.21: Erzeugung einer ungeraden Funktion durch Achsenverschiebung

Bei geschlossenem Schalter ist der Strom proportional zur Spannung und besitzt die Amplitude $\hat{i} = \hat{u}/R$. Er kann also im Zeitbereich folgendermaßen dargestellt werden:

$$i(t) = \hat{i} \cdot \begin{cases} \sin(\omega t) & \text{für} \quad T/2 \le t \le 2T \quad \text{und} \quad 3T \le t \le 9T/2 \\ 0 & \text{sonst} \end{cases} . \tag{9.50}$$

Im Frequenzbereich wird er ausschließlich durch Sinusfunktionen beschrieben, wobei die Periodendauer der Grundschwingung durch $\tau = 5T$ gegeben ist. Zur Unterscheidung von der Kreisfrequenz $\omega = 2\pi/T$ der Netzspannung bezeichnen wir jetzt die Kreisfrequenz bei der Grundschwingung des Stromes mit $\tilde{\omega} = 2\pi/\tau = \omega/5$. Für die Fourier-Darstellung des Stromes gilt dann

$$i(t) = \sum_{n=1}^{\infty} \hat{b}_n \sin(n\tilde{\omega}t) = \sum_{n=1}^{\infty} \hat{b}_n \sin\left(n 2\pi \frac{t}{\tau}\right). \tag{9.51}$$

Die Amplituden der Harmonischen erhalten wir durch Berechnung des folgenden Integrals, das aber nur in den Bereichen nicht verschwindenden Stromes einen Beitrag liefert

$$\hat{b}_n = \frac{4}{\tau}\int_0^{\tau/2} i(t)\,\sin(n\tilde{\omega}t)\,\mathrm{d}t = \frac{4\hat{i}}{\tau}\int_{T/2}^{2T} \sin(\omega t)\,\sin(n\tilde{\omega}t)\,\mathrm{d}t\,. \tag{9.52}$$

Das Integral kann mit den Formeln in Kapitel H.2 berechnet werden. Es ist jedoch darauf zu achten, dass für $n\tilde{\omega} = \omega$, d.h. für $n = 5$ die Beziehung (H.11) und für $n \neq 5$ die Beziehung (H.12) zu verwenden ist. Als Ergebnis erhalten wir die Koeffizienten

$$\hat{b}_n = \hat{i}\cdot\begin{cases} 0 & & n \text{ gerade} \\ \frac{3}{5} & \text{für} & n = 5 \\ \frac{20}{\pi(n^2-25)}\sin\left(\frac{n\pi}{5}\right) & & n \text{ ungerade und } n \neq 5\ . \end{cases} \tag{9.53}$$

Zur Darstellung des Amplitudenspektrums werden entsprechend

$$\hat{c}_n \overset{(9.10)}{=} +\sqrt{\hat{a}_n{}^2 + \hat{b}_n{}^2} = \left|\hat{b}_n\right| \tag{9.54}$$

die Beträge der Koeffizienten (9.53) verwendet. Das Ergebnis ist in ▶Abb. 9.22 dargestellt.

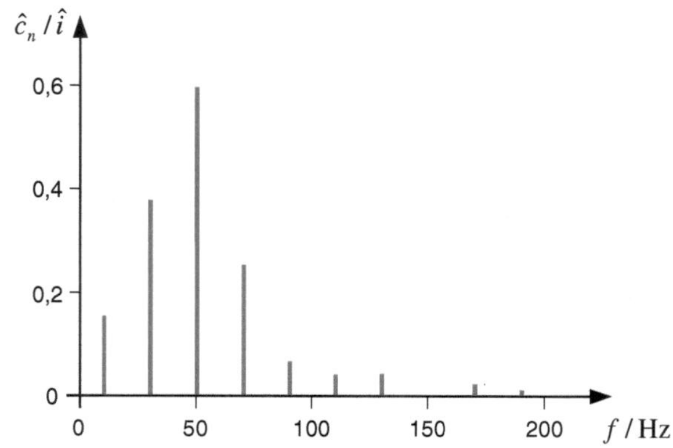

Abbildung 9.22: Amplitudenspektrum für den Strom in Abb. 9.20 bzw. 9.21

Diese Amplituden fallen im Bereich $n > 5$ sehr schnell mit wachsender Ordnungszahl ab. Es fällt auf, dass bei der Netzfrequenz 50Hz die Amplitude den Wert $\hat{b}_5 = 0{,}6\,\hat{i}$ annimmt, in Übereinstimmung mit der im Mittel auf 60 % des Maximalwertes reduzierten Leistung. Auf diese Besonderheit kommen wir in Beispiel 9.7 noch einmal zurück.

9.3.4 Effektivwert und Leistung

Die Berechnung der Verluste in einem ohmschen Widerstand erfordert nach Gl. (7.13) die Berechnung des Effektivwertes von Strom oder Spannung. Liegt die Spannung in ▶Abb. 9.23 in Form einer Fourier-Entwicklung nach Gl. (9.6) vor, dann muss entsprechend der Definition in Gl. (7.11) das Quadrat dieser Funktion über die Periodendauer integriert werden.

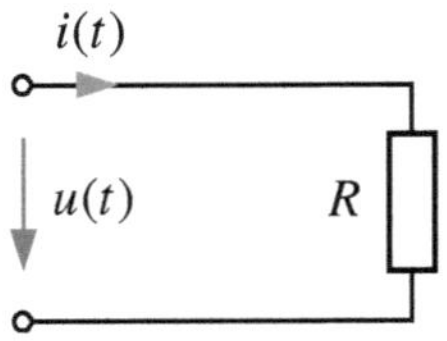

Abbildung 9.23: Verlustberechnung bei periodischem Spannungsverlauf

Für den Effektivwert gilt die Beziehung

$$U=\sqrt{\frac{1}{T}\int_0^T u^2(t)\,\mathrm{d}t} \overset{(9.6)}{=} \sqrt{\frac{1}{T}\int_0^T \left\{a_0+\sum_{n=1}^{\infty}\left[\hat{a}_n\cos(n\omega t)+\hat{b}_n\sin(n\omega t)\right]\right\}^2 \mathrm{d}t}\,. \qquad (9.55)$$

Aufgrund der Orthogonalitätsrelation (9.13) liefern wieder nur die quadratischen Glieder einen Beitrag zum Integral, sodass der Effektivwert mithilfe der Fourier-Koeffizienten die resultierende Form

$$U=\sqrt{a_0{}^2+\frac{1}{2}\sum_{n=1}^{\infty}\left(\hat{a}_n{}^2+\hat{b}_n{}^2\right)} \overset{(9.10)}{=} \sqrt{a_0{}^2+\sum_{n=1}^{\infty}\left(\frac{\hat{c}_n}{\sqrt{2}}\right)^2} \qquad (9.56)$$

annimmt (vgl. die **Parseval'sche Gleichung** (G.17) im Anhang). Zusammenfassend gilt die Aussage:

> **Merke**
>
> Das Quadrat des Effektivwertes einer als Fourier-Entwicklung vorliegenden Funktion ist gegeben durch die Summe aus dem Quadrat des Mittelwertes und den Quadraten der Effektivwerte aller Harmonischen. Die Phasenwinkel haben keinen Einfluss.

Der Effektivwert einer periodischen Funktion kann also einerseits mithilfe der Gl. (7.11) durch Integration über das Quadrat der zeitabhängigen Funktion berechnet werden, andererseits durch geometrische Addition der bekannten Fourier-Koeffizienten. Für die in Tab. H.1 aufgelisteten Beispiele sind die Effektivwerte jeweils mit angegeben.

Ausgehend von der Gl. (9.56) lässt sich ein weiteres Linienspektrum zur Charakterisierung der Leistungsverteilung angeben. Die Darstellung der Quadrate der Effektivwerte bei den einzelnen Harmonischen $(\hat{a}_n{}^2+\hat{b}_n{}^2)/2$ wird als **Leistungsspektrum** bezeichnet.

Beispiel 9.6: Effektivwert und Leistungsspektrum einer Dreiecksfunktion

Für die in Abb. 9.6 dargestellte dreieckförmige periodische Spannung soll der Effektivwert bestimmt werden, und zwar einerseits mit der zeitabhängigen Funktion nach Gl. (9.22) und andererseits mit der Fourier-Darstellung (9.26).

Ausgehend von Gl. (7.11) erhalten wir die Beziehung

$$U=\sqrt{\frac{1}{T}\int_0^T u^2(t)\,\mathrm{d}t}=\sqrt{\frac{2}{T}\int_0^{T/2} u^2(t)\,\mathrm{d}t}\overset{(9.22)}{=}\sqrt{\frac{8\hat{u}^2}{T^3}\int_0^{T/2} t^2\,\mathrm{d}t}=\frac{\hat{u}}{\sqrt{3}}. \tag{9.57}$$

Das Einsetzen der Fourier-Koeffizienten in die Gl. (9.56) liefert zunächst ein Zwischenergebnis mit einer unendlichen Summe:

$$\begin{aligned}U&=\sqrt{a_0{}^2+\frac{1}{2}\sum_{n=1}^{\infty}\left(\hat{a}_n{}^2+\hat{b}_n{}^2\right)}\overset{(9.26)}{=}\sqrt{\frac{\hat{u}^2}{4}+\frac{1}{2}\sum_{n=1,3,\,..}^{\infty}\left(\frac{-4\hat{u}}{\pi^2}\frac{1}{n^2}\right)^2}\\&=\sqrt{\frac{\hat{u}^2}{4}+\frac{8\hat{u}^2}{\pi^4}\sum_{n=1,3,\,..}^{\infty}\frac{1}{n^4}}=\sqrt{\frac{\hat{u}^2}{4}+\frac{8\hat{u}^2}{\pi^4}\left[1+\frac{1}{3^4}+\frac{1}{5^4}+\frac{1}{7^4}+\dots\right]}.\end{aligned} \tag{9.58}$$

Mit dem in [3] angegebenen Summenwert der numerischen Reihe

$$1+\frac{1}{3^4}+\frac{1}{5^4}+\frac{1}{7^4}+\dots=\frac{\pi^4}{96} \tag{9.59}$$

erhalten wir wieder das gleiche Ergebnis

$$U=\sqrt{\frac{\hat{u}^2}{4}+\frac{\hat{u}^2}{12}}=\frac{\hat{u}}{\sqrt{3}}. \tag{9.60}$$

Liegt also diese dreieckförmige Spannung an einem Widerstand R, dann können die Verluste durch Einsetzen des aus der Tabelle bekannten Effektivwertes in die Beziehung (7.13) direkt angegeben werden:

$$P=\frac{U^2}{R}=\frac{\hat{u}^2}{3R}. \tag{9.61}$$

Das Leistungsspektrum können wir unmittelbar der Gl. (9.58) entnehmen. Der Gleichanteil liefert den Beitrag $\hat{u}^2/4$. Die 1. Harmonische trägt $0{,}328\cdot\hat{u}^2/4$ und die 3. Harmonische nur noch $0{,}004\cdot\hat{u}^2/4$ zur Gesamtleistung bei. Zur Leistungsberechnung genügt bei dieser Kurvenform bereits der Gleichanteil mit der Grundschwingung. Alle höheren Harmonischen können vernachlässigt werden.

Mit der Beziehung (9.56) können die Verluste aber nur berechnet werden, wenn der Zweipol ein reiner Widerstand ist. Für den in ▶Abb. 9.24 dargestellten verallgemeinerten Fall eines beliebigen linearen Zweipols haben wir bereits in Kapitel 8.8 aus der Kenntnis von Wechselspannung und Wechselstrom die Wirkleistung berechnet. Diese dort abgeleitete Beziehung soll jetzt auf den Fall eines periodischen, nicht sinusförmigen Verlaufs von Strom und Spannung erweitert werden.

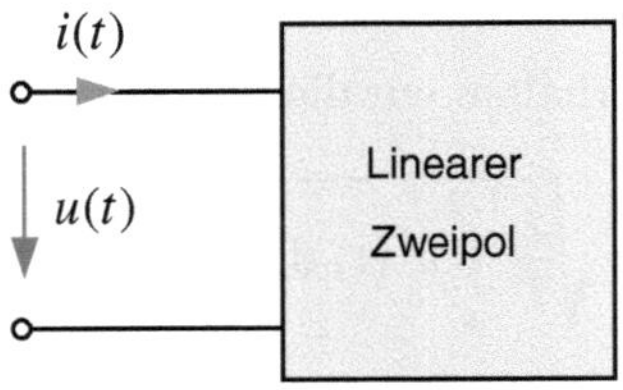

Abbildung 9.24: Leistungsbetrachtungen bei periodischen, nicht sinusförmigen Größen

Wir gehen davon aus, dass sowohl die Spannung als auch der Strom in Abb. 9.24 in der Normalform der Fourier-Entwicklung nach Gl. (9.6) vorliegen:

$$\begin{aligned} u(t) &= U_0 + \sum_{n=1}^{\infty} \left[\hat{u}_{g\,n} \cos(n\omega t) + \hat{u}_{u\,n} \sin(n\omega t) \right] \\ &= U_0 + \sum_{n=1}^{\infty} \left[\sqrt{2}\, U_{g\,n} \cos(n\omega t) + \sqrt{2}\, U_{u\,n} \sin(n\omega t) \right] \\ i(t) &= I_0 + \sum_{n=1}^{\infty} \left[\hat{i}_{g\,n} \cos(n\omega t) + \hat{i}_{u\,n} \sin(n\omega t) \right] \\ &= I_0 + \sum_{n=1}^{\infty} \left[\sqrt{2}\, I_{g\,n} \cos(n\omega t) + \sqrt{2}\, I_{u\,n} \sin(n\omega t) \right] . \end{aligned} \tag{9.62}$$

Die Gleichanteile sollen mit U_0 und I_0 bezeichnet werden. Die Koeffizienten werden durch die Indizes g für die geraden und u für die ungeraden Anteile gekennzeichnet.

Die Momentanleistung entspricht dem Produkt der Augenblickswerte und kann durch Einsetzen der Gl. (9.62) für jeden Zeitpunkt angegeben werden. Zur Berechnung der **Wirkleistung** muss dieser Ausdruck nach Gl. (8.147) über eine komplette Periode integriert werden:

$$P = \frac{1}{T}\int_0^T p(t)\,\mathrm{d}t = \frac{1}{T}\int_0^T u(t)\; i(t)\,\mathrm{d}t . \tag{9.63}$$

Dabei verschwinden aufgrund der Beziehung (9.13) wieder alle Mischglieder, sodass lediglich die Integration über die Quadrate der Funktionen auszuführen ist:

$$P = \frac{1}{T}\int_0^T \left\{ U_0 I_0 + \sum_{n=1}^{\infty} \left[\hat{u}_{g\,n}\hat{i}_{g\,n} \cos^2(n\omega t) + \hat{u}_{u\,n}\hat{i}_{u\,n} \sin^2(n\omega t) \right] \right\} \mathrm{d}t . \tag{9.64}$$

Mit den Ergebnissen dieser Integrale nach Gl. (9.14) kann die Wirkleistung in der folgenden Form dargestellt werden:

$$P = U_0 I_0 + \frac{1}{2}\sum_{n=1}^{\infty}\left[\hat{u}_{gn}\hat{i}_{gn} + \hat{u}_{un}\hat{i}_{un}\right] = U_0 I_0 + \sum_{n=1}^{\infty}\left[U_{gn}I_{gn} + U_{un}I_{un}\right]. \tag{9.65}$$

Sie setzt sich zusammen aus dem Produkt der Gleichanteile (dies entspricht dem Gleichstromfall, wenn keine Harmonischen vorliegen) und den Produkten der Effektivwerte von Strom und Spannung für die Sinusfunktionen gleicher Frequenz und ebenso für die Kosinusfunktionen gleicher Frequenz.

Wir betrachten jetzt noch den zweiten Fall, bei dem die Fourier-Darstellung mit den in der Phase verschobenen Sinusfunktionen nach Gl. (9.7) vorliegt:

$$\begin{aligned} u(t) &= U_0 + \sum_{n=1}^{\infty}\hat{u}_n \sin\left(n\omega t + \varphi_{u_n}\right) = U_0 + \sum_{n=1}^{\infty}\sqrt{2}\,U_n \sin\left(n\omega t + \varphi_{u_n}\right) \\ i(t) &= I_0 + \sum_{n=1}^{\infty}\hat{i}_n \sin\left(n\omega t + \varphi_{i_n}\right) = I_0 + \sum_{n=1}^{\infty}\sqrt{2}\,I_n \sin\left(n\omega t + \varphi_{i_n}\right). \end{aligned} \tag{9.66}$$

Wird das Produkt dieser beiden Funktionen über die Periodendauer T integriert, dann verschwinden wegen Gl. (H.24) wieder alle Glieder mit unterschiedlichem Zählindex und es verbleiben nach Anwendung eines Additionstheorems zunächst nur zwei Integrale

$$\begin{aligned} P &= \frac{1}{T}\int_0^T U_0 I_0 \,\mathrm{d}t + \sum_{n=1}^{\infty}\left[\hat{u}_n\hat{i}_n \frac{1}{T}\int_0^T \sin\left(n\omega t + \varphi_{u_n}\right)\sin\left(n\omega t + \varphi_{i_n}\right)\mathrm{d}t\right] \\ &\overset{(\mathrm{H.6})}{=} U_0 I_0 + \sum_{n=1}^{\infty}\left[\frac{\hat{u}_n\hat{i}_n}{2T}\left(\int_0^T \cos\left(\varphi_{u_n} - \varphi_{i_n}\right)\mathrm{d}t - \int_0^T \cos\left(2n\omega t + \varphi_{u_n} + \varphi_{i_n}\right)\mathrm{d}t\right)\right], \end{aligned} \tag{9.67}$$

von denen das zweite keinen Beitrag liefert. Das Endergebnis

$$P = U_0 I_0 + \frac{1}{2}\sum_{n=1}^{\infty}\hat{u}_n\hat{i}_n \cos\left(\varphi_{u_n} - \varphi_{i_n}\right) = U_0 I_0 + \sum_{n=1}^{\infty}U_n I_n \cos\left(\varphi_{u_n} - \varphi_{i_n}\right) \tag{9.68}$$

hat die gleiche Form wie die Beziehung (8.158), mit dem Unterschied, dass jetzt über alle Harmonischen summiert wird. In dieser Darstellung sind die bisher betrachteten Fälle für reinen Gleichstrom oder Wechselstrom als Sonderfälle mit enthalten. Die beiden Beziehungen (9.65) und (9.68) sind natürlich gleichwertig und können mit den Formeln (9.10) bis (9.12) ineinander umgerechnet werden.

Das Ergebnis (9.68) hätten wir auch erhalten, wenn wir von der Fourier-Darstellung (9.7) mit den in der Phase verschobenen Kosinusfunktionen ausgegangen wären. Der Übergang von den Sinus- zu den Kosinusfunktionen bedeutet nach (H.5) eine Phasenverschiebung um jeweils $\pi/2$, die aber wegen der Differenzbildung im Argument der Kosinusfunktion (9.68) keinen Einfluss hat.

Merke

Die an einem linearen Zweipol entstehende Wirkleistung setzt sich zusammen aus dem Produkt der Gleichanteile (Mittelwerte) von Strom und Spannung sowie der Summe der Wirkleistungen bei allen Harmonischen.

Die Produkte aus Strom und Spannung unterschiedlicher Frequenzen tragen nicht zur Wirkleistung bei.

Die **Scheinleistung** wird genauso wie bereits in Gl. (8.164) als das Produkt der Effektivwerte von Strom und Spannung definiert und führt mit Gl. (9.56) auf das Ergebnis

$$S = U I = \sqrt{\left[U_0^2 + \sum_{n=1}^{\infty} U_n^2\right]\left[I_0^2 + \sum_{n=1}^{\infty} I_n^2\right]} . \tag{9.69}$$

In dem Produkt der Effektivwerte von Strom und Spannung treten Mischterme auf, d.h., die Scheinleistung kann nicht durch Addition der Scheinleistungen bei den einzelnen Harmonischen berechnet werden. Die Definition der Blindleistung folgt ebenfalls der Gl. (8.164):

$$Q^2 = S^2 - P^2 . \tag{9.70}$$

Auch die Blindleistung besteht wegen der zusätzlich auftretenden gemischten Glieder nicht mehr allein aus der Summation der Beiträge

$$\tilde{Q} = \frac{1}{2} \sum_{n=1}^{\infty} \hat{u}_n \hat{i}_n \sin\left(\varphi_{u_n} - \varphi_{i_n}\right) = \sum_{n=1}^{\infty} U_n I_n \sin\left(\varphi_{u_n} - \varphi_{i_n}\right) \tag{9.71}$$

bei den einzelnen Harmonischen entsprechend Gl. (8.159), sondern es tritt ein weiterer als **Verzerrungsblindleistung** D bezeichneter Anteil auf

$$S = \sqrt{P^2 + Q^2} = \sqrt{P^2 + \tilde{Q}^2 + D^2} . \tag{9.72}$$

Der Leistungsfaktor λ ist analog zur Gl. (8.165) aus dem Verhältnis von Wirkleistung zu Scheinleistung definiert:

$$\lambda = \frac{P}{S} = \frac{U_0 I_0 + \sum_{n=1}^{\infty} U_n I_n \cos\left(\varphi_{u_n} - \varphi_{i_n}\right)}{\sqrt{\left[U_0^2 + \sum_{n=1}^{\infty} U_n^2\right]\left[I_0^2 + \sum_{n=1}^{\infty} I_n^2\right]}} . \tag{9.73}$$

Für den Sonderfall, dass die Fourier-Entwicklung nur aus einer, z.B. der k-ten Harmonischen besteht, vereinfacht sich diese Gleichung zu

$$\lambda = \frac{U_k I_k \cos\left(\varphi_{u_k} - \varphi_{i_k}\right)}{\sqrt{U_k^2 I_k^2}} = \cos\left(\varphi_{u_k} - \varphi_{i_k}\right) , \tag{9.74}$$

d.h., der Leistungsfaktor (8.165) ist als Sonderfall in der allgemeineren Beziehung (9.73) enthalten.

Beispiel 9.7: Leistungsberechnungen

An dieser Stelle wollen wir noch einmal an das Beispiel 9.5 anknüpfen und die Leistung am Verbraucher berechnen. Da in dieser Schaltung keine Energiespeicherung stattfindet, muss die gesamte von der Quelle abgegebene mittlere Leistung P_0 gleich sein zu der am Widerstand verbrauchten Leistung P_V. Wir werden zum Vergleich diese beiden in ▶Abb. 9.25 an den entsprechenden Stellen eingetragenen Leistungen berechnen.

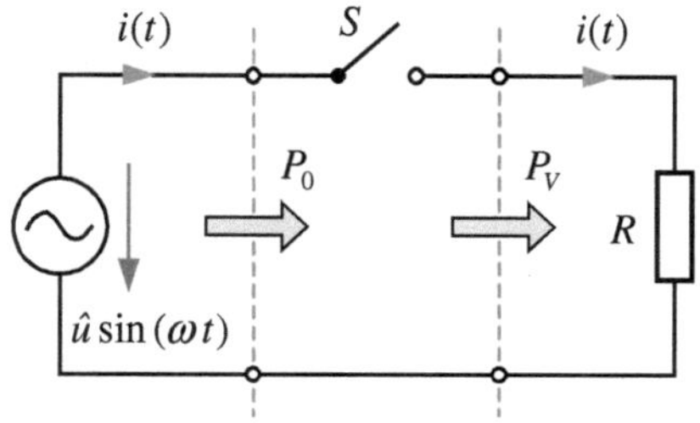

Abbildung 9.25: Alternative Möglichkeiten zur Berechnung der Leistung

Die von der Spannungsquelle in Abb. 9.25 gelieferte Wirkleistung P_0 entspricht der über eine komplette Periodendauer $\tau = 5T$ integrierten Momentanleistung. Mit der sinusförmigen Spannung und dem Strom aus Gl. (9.51) gilt

$$P_0 \overset{(8.147)}{=} \frac{1}{\tau}\int_0^{\tau} u(t)\, i(t)\, \mathrm{d}t \overset{(9.51)}{=} \frac{\hat{u}}{5T}\sum_{n=1}^{\infty} \hat{b}_n \int_0^{5T} \sin(\omega t)\, \sin\left(\frac{n}{5}\omega t\right) \mathrm{d}t\,. \tag{9.75}$$

Dieses Integral verschwindet nach Gl. (H.21) für $n \neq 5$ und liefert für $n = 5$ das Ergebnis $\tau/2 = 5T/2$, sodass sich aus der Forderung, dass die resultierende Leistung 60 % des Maximalwertes annehmen soll, zwangsläufig der Wert $\hat{b}_5 = 0{,}6\,\hat{i}$ in Gl. (9.53) ergeben musste:

$$P_0 = \frac{\hat{u}}{5T}\hat{b}_5\frac{5T}{2} = \frac{\hat{u}}{2}\hat{b}_5 \overset{(9.53)}{=} \frac{3}{5}\frac{\hat{u}\,\hat{i}}{2} \overset{!}{=} 0{,}6\,P_{\max}\,. \tag{9.76}$$

Die Ursache für den besonderen Amplitudenwert $\hat{b}_5$ ist also darin begründet, dass nur das Produkt aus Strom und Spannung mit der gleichen Frequenz $\omega = 5\tilde{\omega}$ zur Wirkleistung beiträgt.

Betrachten wir jetzt die Leistung an den Klemmen des Widerstandes. Zur Berechnung können wir nicht die sinusförmige Eingangsspannung verwenden, da bei geöffnetem Schalter kein Strom fließt und damit auch keine Spannung am Widerstand anliegt. Die Eingangsspannung fällt in diesen Zeitintervallen am Schalter ab. Wir können aber von der Gl. (9.68) ausgehen oder wegen der verschwindenden Phasenverschiebung direkt von der Effektivwertberechnung in Gl. (9.56). Mit der Fourier-Entwicklung des Stromes erhalten wir nach Auswertung der Summation den Effektivwert

$$I = \sqrt{\sum_{n=1}^{\infty} I_n^{\,2}} \overset{(9.53)}{=} \frac{\hat{i}}{\sqrt{2}} \sqrt{\frac{9}{25} + \frac{400}{\pi^2} \sum_{\substack{n=1,3,..\\ n\neq 5}}^{\infty} \frac{1}{\left(n^2-25\right)^2} \sin^2\left(\frac{n\pi}{5}\right)} = \frac{\hat{i}}{\sqrt{2}}\sqrt{\frac{3}{5}}\,, \tag{9.77}$$

sodass die beiden unterschiedlichen Berechnungen erwartungsgemäß das gleiche Ergebnis

$$P_V = R I^2 \overset{(9.77)}{=} R \frac{\hat{i}^2}{2} \frac{3}{5} = 0{,}6\, P_{\max} \tag{9.78}$$

liefern. An diesem Beispiel ist zu erkennen, dass die Rechnung mit den unendlichen Summen aufwändig sein kann, während eine alternative Lösung, in diesem Fall die Berechnung der Leistung an den Klemmen der Quelle, unmittelbar auf einen geschlossenen Ausdruck führt.

Für die Scheinleistung ergibt sich nach Gl. (9.69) wegen den Harmonischen des Stromes der Ausdruck

$$S = U I \overset{(9.77)}{=} \frac{\hat{u}\,\hat{i}}{2}\sqrt{\frac{3}{5}} \overset{(9.76)}{=} \sqrt{\frac{5}{3}}\, P_0 = \sqrt{\frac{5}{3}}\, P_V\,. \tag{9.79}$$

Infolge der unterschiedlichen Werte von Schein- und Wirkleistung tritt auch bei dieser Schaltung, in der keine energiespeichernden Komponenten enthalten sind, eine Blindleistung, in diesem Fall eine reine Verzerrungsblindleistung, auf

$$D = \sqrt{S^2 - P_V^{\,2}} \overset{(9.79)}{=} P_V \sqrt{\frac{5}{3} - 1} = \sqrt{\frac{2}{3}}\, P_V\,, \tag{9.80}$$

die zu erhöhten Verlusten in den Zuleitungen führt. Ein um den Faktor 5/3 größerer Widerstand, der permanent mit der Spannungsquelle verbunden ist, nimmt die gleiche mittlere Leistung bei entsprechend reduziertem Effektivstrom und damit geringeren Leitungsverlusten auf.

9.3.5 Weitere Kenngrößen

Die Abweichung einer periodischen Funktion von der Sinusform kann zwar durch Amplituden- und Phasenspektrum charakterisiert werden, in manchen Fällen ist man aber nur an einer relativ einfachen Beschreibung dieser *Verzerrung* interessiert. Neben den in Kapitel 7.4 bereits definierten Kenngrößen verwendet man häufig die folgenden Kenngrößen:

Effektivwert des Wechselanteils

Darunter versteht man den Effektivwert entsprechend der Gl. (9.56), jedoch ohne Berücksichtigung des Gleichanteils:

$$U_{\sim} = \sqrt{\sum_{n=1}^{\infty} U_n^{\,2}} = \sqrt{U^2 - U_0^{\,2}}\,. \tag{9.81}$$

Grundschwingungsgehalt

Diese Größe beschreibt das Verhältnis aus dem Effektivwert der Grundschwingung zu dem Effektivwert des Wechselanteils:

$$g = \frac{U_1}{U_\sim} . \tag{9.82}$$

Klirrfaktor (Oberschwingungsgehalt)

Der Klirrfaktor ist ein Maß für den Oberschwingungsgehalt der Kurvenform. Oft wird unterschieden zwischen dem **Gesamtklirrfaktor**, der das Verhältnis aus dem Effektivwert aller Oberschwingungen zu dem Effektivwert des Wechselanteils beschreibt

$$k = \frac{\sqrt{\sum_{n=2}^{\infty} U_n^{\,2}}}{U_\sim} = \sqrt{1-g^2} , \tag{9.83}$$

und den **Klirrfaktoren m-ter Ordnung**, bei denen nur der Effektivwert der m-ten Oberschwingung zu dem Effektivwert des Wechselanteils ins Verhältnis gesetzt wird:

$$k_m = \frac{U_m}{U_\sim} . \tag{9.84}$$

Aus den beiden letzten Gleichungen folgt der Zusammenhang

$$k^2 = \sum_{n=2}^{\infty} k_n^{\,2} . \tag{9.85}$$

Bei einer reinen Sinuskurve gilt $g = 1$ und $k = 0$.

Scheitelfaktor

Der Scheitelfaktor, der das Verhältnis vom Spitzenwert zum Effektivwert des Wechselanteils bezeichnet

$$\xi = \frac{\hat{u}}{U_\sim} , \tag{9.86}$$

nimmt bei einer reinen Sinuskurve den Wert $\xi = \sqrt{2}$ an.

Formfaktor

Der Formfaktor bezeichnet das Verhältnis vom Effektivwert des Wechselanteils zum Gleichrichtwert:

$$F = \frac{U_\sim}{\overline{|u|}} . \tag{9.87}$$

Bei einer reinen Sinuskurve gilt mit Gl. (7.10) $F = \pi / \sqrt{8} \approx 1{,}11$.

Welligkeit

Bei Netzteilen oder generell bei Gleichrichterschaltungen ist der auf der Ausgangsgleichspannung überlagerte Wechselanteil (**Brummspannung**) von Interesse. Als Welligkeit definiert man das Verhältnis aus dem Effektivwert des Wechselanteils zum Gleichanteil:

$$w = \frac{U_{\sim}}{U_0}. \tag{9.88}$$

Beispiel 9.8: Welligkeit bei der RL-Reihenschaltung

Als Beispiel betrachten wir noch einmal die an der gleich gerichteten Netzwechselspannung liegende RL-Reihenschaltung in Abb. 9.17. Zu bestimmen ist die Welligkeit der Spannung am Widerstand in Abhängigkeit von dem Wert der vorgeschalteten Induktivität L.

Die Spannung $u_R(t)$ ist mit Gl. (9.49) bereits bekannt:

$$u_R(t) = R\,i(t) \overset{(9.49)}{=} \frac{2\hat{u}}{\pi} - \frac{4\hat{u}}{\pi} \sum_{n=2,4,..}^{\infty} \frac{1}{\left(n^2-1\right)\sqrt{1+(n\omega L/R)^2}} \cos\left(n\omega t - \varphi_n\right). \tag{9.89}$$

Mit den Definitionen (9.88) und (9.81) gilt dann

$$w = \frac{\pi}{2\hat{u}} \sqrt{\frac{8\hat{u}^2}{\pi^2} \sum_{n=2,4,..}^{\infty} \frac{1}{\left(n^2-1\right)^2 \left[1+\left(\frac{n\omega L}{R}\right)^2\right]}} = \sqrt{\sum_{n=2,4,..}^{\infty} \frac{2}{\left(n^2-1\right)^2 \left[1+\left(\frac{n 2\pi L}{RT}\right)^2\right]}}. \tag{9.90}$$

Dieses Ergebnis wird von dem Verhältnis L/RT, d.h. von den beiden Komponenten R und L sowie von der Periodendauer T der Eingangsspannung beeinflusst. Die Welligkeit ist in Abhängigkeit von diesem Verhältnis in ▶Abb. 9.26 dargestellt. Für $L = 0$ erhalten wir die Welligkeit $w = 0{,}483$ der Funktion $\hat{u}\left|\sin(\omega t)\right|$. Mit größer werdender Induktivität nimmt die Welligkeit des Stromes bzw. der Spannung am Widerstand infolge der stärkeren Bedämpfung der höheren Harmonischen ab.

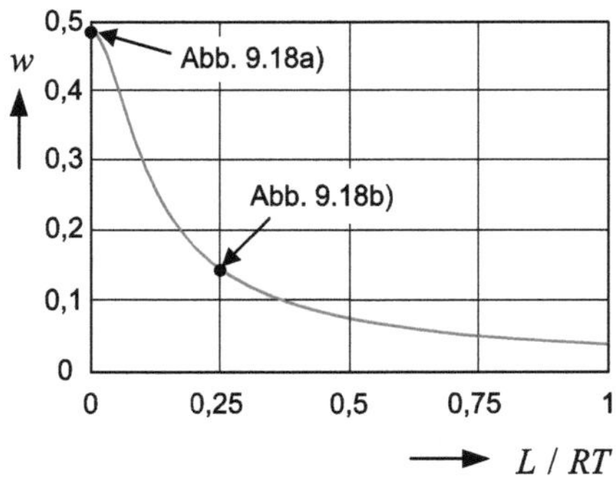

Abbildung 9.26: Welligkeit der Spannung am Widerstand der RL-Reihenschaltung

ZUSAMMENFASSUNG

- Beliebige **periodische Kurvenformen** können in eine Summe von Einzelschwingungen, wir sprechen von Harmonischen, zerlegt werden.
- Die **Grundschwingung** bzw. erste Harmonische besitzt die gleiche Periodendauer wie die Ausgangskurve. Die Frequenz der n-ten Harmonischen entspricht dem n-Fachen der Frequenz bei der Grundschwingung.
- Bestimmte Symmetrieeigenschaften bei der Ausgangskurve können zur vereinfachten Bestimmung der **Fourier-Koeffizienten** ausgenutzt werden.
- Besitzt ein lineares Netzwerk eine Quelle mit einem beliebigen periodischen Zeitverlauf, dann setzen sich die Strom- und Spannungsverläufe in den einzelnen Zweigen aus der Lösung für den Gleichanteil sowie der Überlagerung aller Teillösungen bei allen auftretenden Harmonischen zusammen.
- Eine elegante Möglichkeit zur Darstellung der Ergebnisse bieten die **Linienspektren**, bei denen eine Kenngröße, z.B. die Amplitude der einzelnen Harmonischen über der Frequenzachse, aufgetragen wird.
- Bei der Berechnung von **Effektivwerten** einer als Fourier-Reihe vorliegenden Funktion genügt es, nur Produkte aus Harmonischen mit gleicher Frequenz zu berücksichtigen. Das Produkt aus zwei Harmonischen unterschiedlicher Frequenz liefert bei der Integration über eine Periodendauer den Wert null.

Übungsaufgaben

Aufgabe 9.1 Amplitudenspektrum

Wir betrachten noch einmal die bereits in Aufgabe 7.2 behandelte Dimmschaltung mit dem in ▶Abb. 9.27b dargestellten Netzstrom ($T = 20$ ms).

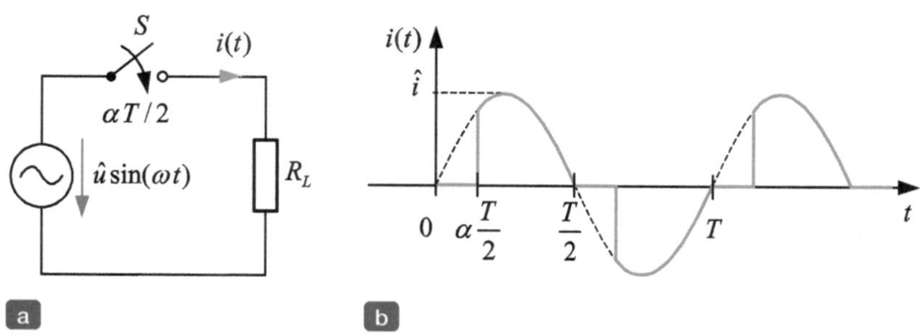

Abbildung 9.27: Phasenanschnittssteuerung

Berechnen Sie das Amplitudenspektrum in Abhängigkeit des Steuerparameters α und stellen Sie es für $\alpha = 0{,}5$ im Frequenzbereich $0 < f < 2$ kHz dar.

Aufgabe 9.2 Spannungsstabilisierung

Ein Verbraucher, symbolisiert durch den Widerstand R, wird gemäß ▶Abb. 9.28a an eine Stromquelle mit dem zeitabhängigen dreieckförmigen Strom $i(t)$ aus ▶Abb. 9.28b angeschlossen.

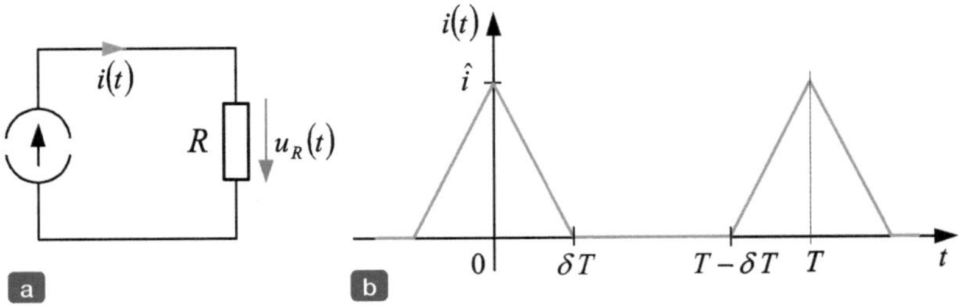

Abbildung 9.28: Stromquelle mit zeitabhängigem Strom und Verbraucher

1. Berechnen Sie das Fourier-Spektrum des Stromes $i(t)$ und stellen Sie das Amplitudenspektrum mit doppelt logarithmischer Skalierung dar. Für die Auswertung soll $\delta = 0{,}25$ gewählt werden.

Die starken Spannungsschwankungen am Verbraucher sollen jetzt durch einen parallel geschalteten Kondensator nach ▶Abb. 9.29 reduziert werden.

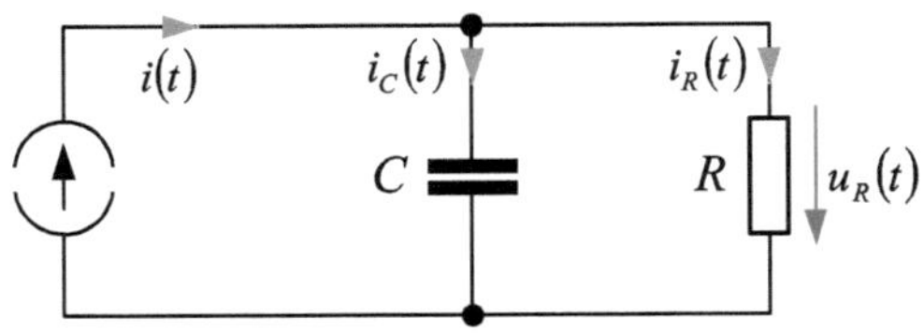

Abbildung 9.29: Parallelkondensator zur Stabilisierung der Ausgangsspannung

2. Berechnen Sie das Spektrum (Fourier-Entwicklung) des Stromes $i_R(t)$.
3. Stellen Sie den zeitlichen Verlauf der Spannung am Widerstand für $\hat{i} = 1$ A, $\delta = 0{,}25$, $f = 10$ kHz, $R = 100\,\Omega$ und für die Kapazitätswerte $C = 0\,\mu$F, $C = 0{,}1\,\mu$F, $C = 1\,\mu$F und $C = 10\,\mu$F dar.
4. Berechnen Sie die Welligkeit der Ausgangsspannung $u_R(t)$.
5. Ist die Leistung am Widerstand abhängig von dem Wert der Kapazität C?

Schaltvorgänge in einfachen elektrischen Netzwerken

10

ÜBERBLICK

Einführung

» Im folgenden Kapitel werden wir unsere Möglichkeiten, Vorgänge in elektrischen Netzwerken zu berechnen, nochmals erweitern. Während sich in den bisherigen Kapiteln alle zeitabhängigen Strom- und Spannungsformen nach einer konstanten Periodendauer T wiederholten und mithilfe der Fourier-Entwicklung auf die Überlagerung sinusförmiger Zeitverläufe zurückgeführt werden konnten, werden wir jetzt einmalige Änderungen im Netzwerk wie z.B. Schaltvorgänge betrachten. Da wir die komplexe Wechselstromrechnung in diesen Fällen nicht mehr anwenden können, müssen wir versuchen, die Lösung der aus den Kirchhoff'schen Gleichungen entstehenden Differentialgleichungen auf anderem Wege zu bestimmen.

Wir werden untersuchen, wie sich das Zuschalten einer Quelle an ein Netzwerk, aber auch die Trennung der Quelle vom Netzwerk auswirkt. Der Verlauf der Quellenströme bzw. -spannungen kann dabei zeitlich konstant sein oder auch eine beliebige periodische Form aufweisen. An einer einfachen Spannungswandlerschaltung lernen wir auch die Vorgehensweise kennen, wie ein Netzwerk behandelt wird, dessen Topologie sich durch das Hinzu- oder Wegschalten einzelner Zweige ändert. «

LERNZIELE

Nach Durcharbeiten dieses Kapitels und dem Lösen der Übungsaufgaben werden Sie in der Lage sein,

- Schaltvorgänge in Netzwerken mit einem Energiespeicher bei zeitlich konstantem oder beliebig periodischem Verlauf der Quellengröße zu berechnen,
- den Begriff Zeitkonstante im *RC*- oder *RL*-Netzwerk zu erklären,
- die Konsequenzen aus den Forderungen nach der Stetigkeit der elektrischen Energie an der Kapazität und der Stetigkeit der magnetischen Energie an der Induktivität für die Schaltvorgänge zu beurteilen,
- eine einfache Schaltung zur Umwandlung einer Eingangsgleichspannung in eine höhere Ausgangsgleichspannung zu berechnen,
- Wirkungsgradbetrachtungen bei Schaltvorgängen, z.B. bei der Energieübertragung zwischen Kapazitäten, anzustellen und die Gesamtverluste zu berechnen,
- Schaltvorgänge in Netzwerken mit mehreren Energiespeichern zu berechnen.

In diesem Kapitel wollen wir uns etwas eingehender mit den Schaltvorgängen beschäftigen. In der Praxis treten diese Vorgänge z.B. auf, wenn eine Schaltung mit der Spannungsquelle verbunden oder von ihr getrennt wird. Auch in Fehlerfällen entstehen vergleichbare Situationen, wenn beispielsweise einzelne Bauteile infolge von Überlastung zerstört werden oder wenn Sicherungen auslösen. Abgesehen von diesen eher unerwünschten Schalthandlungen werden in der Praxis häufig Transistoren eingesetzt, um durch gezieltes Ein- und Ausschalten bestimmte Verhaltensweisen einer Schaltung zu realisieren.

Für die betrachteten Netzwerke bedeutet das, dass die zeitabhängigen Strom- und Spannungsverläufe in diesen Fällen nicht mehr periodisch sind. In Netzwerken ohne Energiespeicher findet ein unmittelbarer Übergang zwischen den beiden Zuständen vor bzw. nach dem Schaltvorgang statt. Enthält das Netzwerk jedoch Induktivitäten oder Kapazitäten, die einem Strom- bzw. Spannungssprung nicht folgen können, dann benötigt das Netzwerk eine Übergangszeit, um von dem stationären Zustand vor dem Schaltvorgang in den neuen stationären Zustand nach dem Schaltvorgang zu gelangen. Wir werden dieses Verhalten, das in gewissem Sinne mit einer *Trägheit* vergleichbar ist, in den folgenden Abschnitten näher untersuchen. Das durch die Schaltvorgänge hervorgerufene Übergangsverhalten klingt mit der Zeit ab, die plötzlichen Strom- und Spannungsänderungen gleichen sich in dem geänderten Netzwerk wieder aus. Daher bezeichnet man die Schaltvorgänge allgemein auch als **Ausgleichsvorgänge**.

In der Praxis wird der eigentliche Schaltvorgang, z.B. der Übergang eines Transistors vom leitenden in den gesperrten Zustand, eine gewisse Zeit in Anspruch nehmen. Die Berücksichtigung des zeitabhängigen Widerstandes, der sich von $R = 0$ (Kurzschluss) auf $R \to \infty$ (Leerlauf) verändert, erschwert die Netzwerkanalyse erheblich. Wir werden daher bei den folgenden Untersuchungen die Schalter als ideal annehmen, d.h., im leitenden Zustand gilt $R = 0$ und damit $u = 0$, im gesperrten Zustand gilt $R \to \infty$ und damit $i = 0$. Der Übergang zwischen den beiden Zuständen soll sprungartig erfolgen, d.h. keine Zeit in Anspruch nehmen.

Die Anwendung der Kirchhoff'schen Gleichungen auf die Knoten und Maschen eines Netzwerks, das Induktivitäten oder Kapazitäten enthält, führt mit den in Kapitel 7.3 angegebenen Zusammenhängen zwischen den zeitabhängigen Strömen und Spannungen an den Komponenten auf Differentialgleichungssysteme, in denen neben den Strömen und Spannungen auch deren zeitliche Ableitungen auftreten. Die Lösungen dieser Netzwerkgleichungen setzen sich aus zwei Anteilen zusammen, einerseits aus einer **homogenen Lösung** und andererseits aus einer **partikulären Lösung**. Die homogene Lösung beschreibt den Übergang des Netzwerks von dem einen in den anderen Zustand infolge des Schaltvorganges. Ihr Beitrag zur Gesamtlösung verschwindet nach Beendigung des Ausgleichsvorganges. Die partikuläre Lösung dagegen beschreibt den Zustand des Netzwerks nach dem Schaltvorgang, nachdem der Ausgleichsvorgang bereits abgeklungen ist. Diese Teillösung kann mit den Methoden aus den vorangegangenen Kapiteln berechnet werden. Zur Bestimmung der homogenen Lösung ist dagegen eine andere Vorgehensweise erforderlich.

10.1 RC-Reihenschaltung an Gleichspannung

Wir beginnen die Betrachtung mit der *RC*-Reihenschaltung in ▶Abb. 10.1. Ein zunächst ungeladener Kondensator C wird zum Zeitpunkt $t = t_0$ über einen Widerstand R mit einer idealen Gleichspannungsquelle U verbunden. Dadurch wird sich ein durch den Widerstand R begrenzter Strom einstellen, sodass Ladungen auf die Kondensatorplatten transportiert werden. Mit ansteigender Kondensatorspannung $u_C(t)$ wird die Spannung am Widerstand $u_R(t) = U - u_C(t)$ geringer und der Strom $i_C(t) = u_R(t)/R$ nimmt ab. Dieser Vorgang dauert so lange an, bis $u_C(t)$ den Wert der Quellenspannung U erreicht hat. Es lassen sich somit insgesamt drei Zustände unterscheiden:

1. Zustand vor dem Schaltvorgang
2. Ausgleichsvorgang
3. stationärer Endzustand

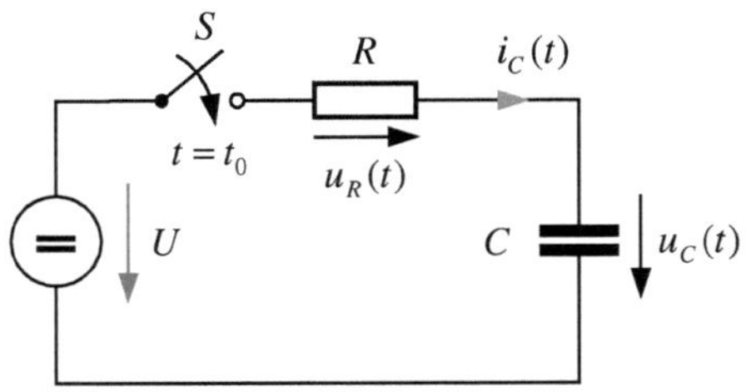

Abbildung 10.1: Aufladen eines Kondensators

Wir wollen jetzt versuchen, den zeitabhängigen Strom- und Spannungsverlauf am Kondensator zu berechnen. Für den Zeitbereich $t \geq t_0$ (geschlossener Schalter) gilt der Maschenumlauf

$$U = u_R(t) + u_C(t) \overset{(7.3)}{=} R\,i_C(t) + u_C(t) \overset{(7.5)}{=} RC\frac{\mathrm{d}u_C(t)}{\mathrm{d}t} + u_C(t)\,. \tag{10.1}$$

Die Gleichung zur Bestimmung der Kondensatorspannung ist eine inhomogene Differentialgleichung (DGL) erster Ordnung. Sie ist inhomogen, da auf der linken Gleichungsseite der nicht verschwindende, von der gesuchten Größe $u_C(t)$ unabhängige Wert U steht, und erster Ordnung bedeutet, dass neben der zeitabhängigen Größe $u_C(t)$ auch deren erste Ableitung auftritt. Die Lösung dieser DGL setzt sich zusammen aus der homogenen Lösung $u_{Ch}(t)$, die den zeitabhängigen Ausgleichsvorgang beschreibt, und aus der partikulären Lösung $u_{Cp}(t)$, die den stationären Endzustand beschreibt:

$$u_C(t) = u_{Ch}(t) + u_{Cp}(t) \quad \overset{(10.1)}{\rightarrow} \quad RC\frac{\mathrm{d}}{\mathrm{d}t}\left[u_{Ch}(t) + u_{Cp}(t)\right] + u_{Ch}(t) + u_{Cp}(t) = U\,. \tag{10.2}$$

Nach Abklingen des Einschwingvorganges für $t \to \infty$ sind alle Ströme und Spannungen in dem Netzwerk zeitlich konstant. Da sich die Kondensatorspannung dann nicht mehr ändert, muss der Strom verschwinden. Die partikuläre Lösung ist wegen der zeitlich konstanten Quellenspannung keine Funktion der Zeit und es muss also gelten $\mathrm{d}u_{Cp}/\mathrm{d}t = 0$.

Die Differentialgleichung (10.2) zerfällt in einen zeitabhängigen Anteil und in einen von der Zeit unabhängigen Anteil:

$$\begin{aligned} &RC\frac{\mathrm{d}u_{Ch}(t)}{\mathrm{d}t}+u_{Ch}(t)=0 && \text{homogene DGL} \\ &RC\underbrace{\frac{\mathrm{d}u_{Cp}}{\mathrm{d}t}}_{0}+u_{Cp}=U && \rightarrow \quad u_{Cp}=U. \end{aligned} \tag{10.3}$$

Man erkennt leicht, dass die Addition der beiden Gln. (10.3) identisch ist zur Ausgangsgleichung (10.2), sodass sich das Gesamtergebnis aus den beiden Teillösungen zusammensetzt. Während die partikuläre Lösung in Gl. (10.3) bereits angegeben ist, muss die homogene Lösung noch berechnet werden. In der homogenen DGL tritt aber sowohl die Spannung $u_{Ch}(t)$ als auch ihre zeitliche Ableitung auf. Da diese Gleichung für alle Zeitpunkte t erfüllt sein muss, stellen wir den Ansatz mit einer Exponentialfunktion auf, deren Zeitableitung wieder auf eine Funktion mit gleicher Zeitabhängigkeit führt:

$$u_{Ch}(t)=k\,\mathrm{e}^{pt} \quad \rightarrow \quad \frac{\mathrm{d}}{\mathrm{d}t}u_{Ch}(t)=p\,k\,\mathrm{e}^{pt}=p\,u_{Ch}(t)\,. \tag{10.4}$$

Die unbekannten Faktoren k und p müssen aus weiteren Forderungen bestimmt werden. Wir überprüfen zunächst, ob die homogene Differentialgleichung mit dem Ansatz (10.4) erfüllt werden kann. Durch Einsetzen in die Gl. (10.3) erhalten wir die Bedingung

$$RC\,p\,k\,\mathrm{e}^{pt}+k\,\mathrm{e}^{pt}=0 \quad \rightarrow \quad (RC\,p+1)\underbrace{k\,\mathrm{e}^{pt}}_{u_{Ch}(t)\neq 0}=0 \quad \rightarrow \quad p=-\frac{1}{RC}\,. \tag{10.5}$$

Mit dem Ansatz (10.4) wird die Ausgangsgleichung (10.3) genau dann erfüllt, wenn der Faktor p den in Gl. (10.5) berechneten Wert annimmt. Das Produkt RC hat die Dimension s und wird als **Zeitkonstante** τ bezeichnet. Fassen wir alle bisherigen Ergebnisse zusammen, dann nimmt die Kondensatorspannung die Form

$$u_C(t)=u_{Cp}+k\,\mathrm{e}^{-\frac{t}{RC}}=U+k\,\mathrm{e}^{-\frac{t}{\tau}} \qquad \text{mit} \qquad \tau=RC \tag{10.6}$$

an. Diese Lösung erfüllt die Maschengleichung (10.1) und beschreibt richtig das Verhalten der Kondensatorspannung für den stationären Endzustand $t\rightarrow\infty$. Von den eingangs erwähnten drei Netzwerkzuständen werden die letzten beiden richtig beschrieben. Die noch verbleibende unbekannte Konstante k muss aus der **Anfangsbedingung** des Netzwerks zum Zeitpunkt $t = t_0$ bestimmt werden, um den Zustand vor dem Schaltvorgang ebenfalls richtig zu erfassen. Die Kondensatorspannung war zu diesem Zeitpunkt null, d.h., es muss gelten

$$u_C(t=t_0)\overset{!}{=}0\overset{(10.6)}{=}U+k\,\mathrm{e}^{-\frac{t_0}{\tau}} \quad \rightarrow \quad k=-U\,\mathrm{e}^{\frac{t_0}{\tau}}\,. \tag{10.7}$$

Damit ist die Kondensatorspannung zu jedem Zeitpunkt eindeutig bestimmt:

$$u_C(t)=U\left(1-\mathrm{e}^{-\frac{t-t_0}{RC}}\right)=U\left(1-\mathrm{e}^{-\frac{t-t_0}{\tau}}\right). \tag{10.8}$$

Der zugehörige Kondensatorstrom lässt sich mithilfe der Gl. (7.5) berechnen:

$$i_C(t) \overset{(7.5)}{=} C\frac{\mathrm{d}}{\mathrm{d}t}u_C(t) \overset{(10.8)}{=} \frac{U}{R}\,\mathrm{e}^{-\frac{t-t_0}{RC}} \quad \rightarrow \quad i_C(t) = \frac{U}{R}\,\mathrm{e}^{-\frac{t-t_0}{\tau}}\,. \tag{10.9}$$

In ▶Abb. 10.2 sind Strom und Spannung am Kondensator als Funktion der Zeit dargestellt. Wegen $1-\mathrm{e}^{-1} \approx 0{,}632$ nimmt die Kondensatorspannung nach Ablauf der Zeit $t-t_0=\tau$, d.h. nach Ablauf einer Zeitkonstante RC, bereits 63 % ihres Endwertes an. Nach drei Zeitkonstanten $1-\mathrm{e}^{-3} \approx 0{,}95$ hat sie bereits 95 % des Endwertes erreicht.

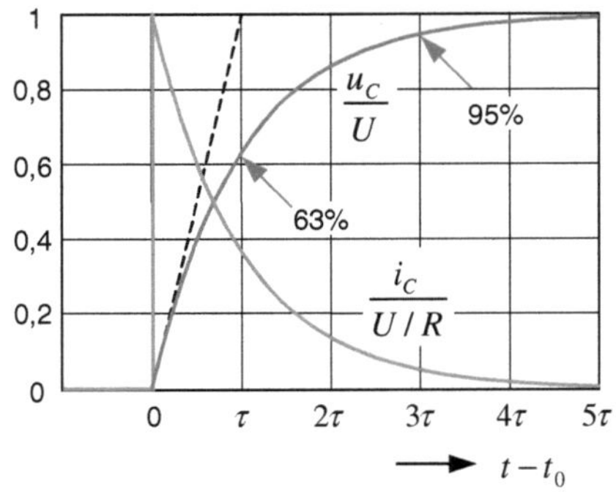

Abbildung 10.2: Strom und Spannung am Kondensator

Der Strom $i_C(t) = [U-u_C(t)]/R$ ist proportional zur Spannungsdifferenz zwischen Quellen- und Kondensatorspannung. Je mehr sich die Kondensatorspannung der Quellenspannung nähert, desto geringer wird der Strom. Während $i_C(t)$ im Schaltaugenblick t_0 auf den Wert U/R springt und dann entsprechend der Exponentialfunktion (10.9) abfällt, ändert sich $u_C(t)$ kontinuierlich. Eine sprungförmige Änderung der Kondensatorspannung würde bedeuten, dass eine endliche Ladungsmenge in unendlich kurzer Zeit auf die Platten des Kondensators gebracht wird. Dies ist physikalisch nicht möglich, sodass die folgende Aussage gilt:

Merke

Der Spannungsverlauf an einer Kapazität ist immer stetig.

Die Anfangssteigung der Kondensatorspannung kann mithilfe der Gl. (10.8) berechnet werden:

$$\left.\frac{\mathrm{d}}{\mathrm{d}t}u_C(t)\right|_{t=t_0} = \left.\frac{U}{RC}\,\mathrm{e}^{-\frac{t-t_0}{RC}}\right|_{t=t_0} = \frac{U}{RC} = \frac{U}{\tau}\,. \tag{10.10}$$

Diese Gerade ist in Abb. 10.2 gestrichelt eingezeichnet. Mit dieser Steigung würde die Spannung nach der Zeitspanne τ ihren Endwert erreichen. Die Anfangssteigung wird also durch die Zeitkonstante τ festgelegt. Diese Aussage lässt sich noch verallgemeinern. Betrachten wir nämlich die Ausgangsgleichung (10.1) in der umgestellten Form

$$U - u_C(t) \overset{(10.1)}{=} \tau \frac{\mathrm{d}u_C(t)}{\mathrm{d}t}, \tag{10.11}$$

dann ist zu erkennen, dass die Differenz zwischen Quellenspannung und zeitabhängiger Kondensatorspannung zu jedem Zeitpunkt t identisch ist zu dem Produkt aus der zeitlichen Änderung von $u_C(t)$, d.h. der Steigung dieser Kurve, und der Zeitkonstanten τ.

Merke

Der Anstieg der Kondensatorspannung als Funktion der Zeit ist zu jedem Zeitpunkt genau so groß, dass die Spannung $u_C(t)$ bei konstant gehaltener Steigung nach Ablauf einer Zeitspanne $\tau = RC$ ihren Endwert U erreicht.

Dieser Sachverhalt ist in ▶Abb. 10.3 durch die Tangenten an die Kondensatorspannung zu verschiedenen Zeitpunkten verdeutlicht. Alle Tangenten weisen nach Ablauf von τ einen Schnittpunkt mit der Spannung U auf.

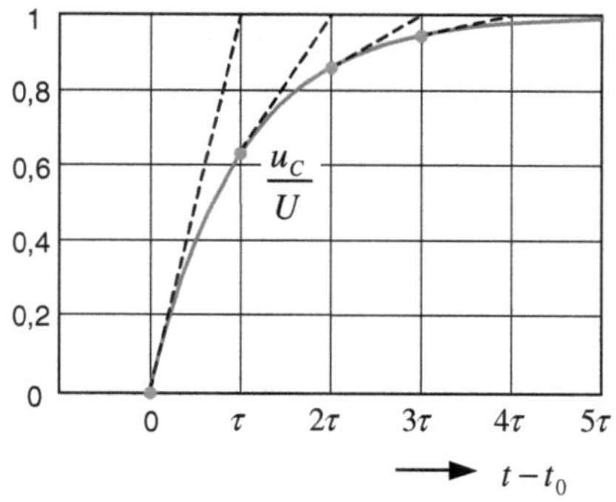

Abbildung 10.3: Zur Interpretation der Zeitkonstanten

10.2 Reihenschaltung von Kondensator und Stromquelle

Eine besondere Situation liegt vor, wenn ein Kondensator in Reihe zu einer Gleichstromquelle geschaltet wird. In diesem Fall wird die Spannung an dem Kondensator entsprechend der Beziehung (7.5) linear mit der Zeit ansteigen und die partikuläre Lösung nimmt den Wert $u_{Cp} \to \infty$ an. In der Praxis treten solche Netzwerke nur in begrenzten Zeitabschnitten auf.

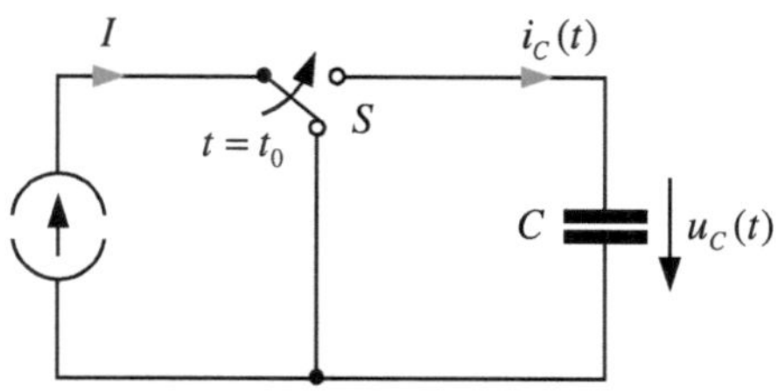

Abbildung 10.4: Kondensator in Reihe mit einer Stromquelle

Als Beispiel betrachten wir die Anordnung in ▶Abb. 10.4. Der Schalter S wird zum Zeitpunkt $t = t_0$ umgeschaltet, sodass der Strom I aus der Stromquelle für $t > t_0$ durch den Kondensator fließt. Ausgehend von der Gl. (7.5) erhalten wir die Kondensatorspannung zu einem späteren Zeitpunkt $t_1 > t_0$:

$$\mathrm{d}u_C(t) = \frac{1}{C} i_C(t)\,\mathrm{d}t \quad \rightarrow \quad \int_{u_C(t_0)}^{u_C(t_1)} \mathrm{d}u_C(t) = \frac{1}{C}\int_{t_0}^{t_1} i_C(t)\,\mathrm{d}t \quad \rightarrow$$
$$u_C(t_1) = u_C(t_0) + \frac{1}{C} I(t_1 - t_0)\,. \tag{10.12}$$

Sie steigt also beginnend bei dem Anfangswert $u_C(t_0)$ linear mit der Zeit an. Ein eventuell in Reihe mit dem Kondensator liegender ohmscher Widerstand hat wegen des eingeprägten Stromes keinen Einfluss auf den Spannungsanstieg.

10.3 RL-Reihenschaltung an Gleichspannung

Als nächstes Beispiel betrachten wir eine Induktivität L, die zum Zeitpunkt $t = t_0$ über einen in Reihe liegenden Widerstand R mit einer idealen Gleichspannungsquelle U verbunden wird. Die Maschengleichung liefert die Beziehung

$$U = u_R(t) + u_L(t) = R\,i_L(t) + L\frac{\mathrm{d}i_L(t)}{\mathrm{d}t}\,. \tag{10.13}$$

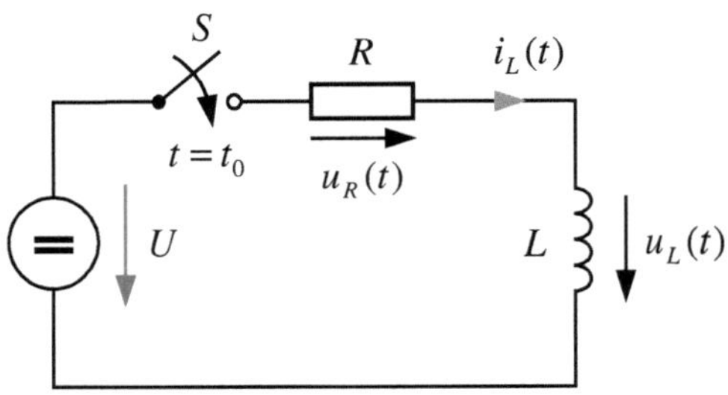

Abbildung 10.5: *RL*-Netzwerk an Gleichspannung

Wir erhalten wieder eine inhomogene Differentialgleichung erster Ordnung zur Bestimmung des Spulenstromes, der sich aus einer homogenen und einer partikulären Lösung zusammensetzt:

$$i_L(t) = i_{Lh}(t) + i_{Lp}(t) \quad \overset{(10.13)}{\rightarrow} \quad L\frac{\mathrm{d}}{\mathrm{d}t}\left[i_{Lh}(t) + i_{Lp}(t)\right] + R\left[i_{Lh}(t) + i_{Lp}(t)\right] = U\,. \tag{10.14}$$

Die partikuläre Lösung dieser DGL beschreibt wieder den stationären Endzustand, bei dem alle Ströme und Spannungen zeitunabhängig sind. Wegen $\mathrm{d}\,i_{Lp}(t)/\mathrm{d}t = 0$ erhält man jetzt die Aufteilung der DGL (10.14) in der folgenden Form:

$$L\frac{\mathrm{d}\,i_{Lh}(t)}{\mathrm{d}t} + R\,i_{Lh}(t) = 0 \qquad \text{homogene DGL}$$

$$L\underbrace{\frac{\mathrm{d}\,i_{Lp}}{\mathrm{d}t}}_{0} + R\,i_{Lp} = U \qquad \rightarrow \qquad i_{Lp} = \frac{U}{R}\,. \tag{10.15}$$

Die Lösung der homogenen DGL finden wir wieder mit dem Ansatz

$$i_{Lh}(t) = k\,\mathrm{e}^{pt} \qquad \rightarrow \qquad \frac{\mathrm{d}}{\mathrm{d}t}i_{Lh}(t) = p\,k\,\mathrm{e}^{pt} = p\,i_{Lh}(t) \tag{10.16}$$

mit den zunächst unbekannten Faktoren k und p. Durch Einsetzen in die Gl. (10.15) folgt die Bedingung

$$L\,p\,k\,\mathrm{e}^{pt} + R\,k\,\mathrm{e}^{pt} = 0 \qquad \rightarrow \qquad (L\,p+R)\underbrace{k\,\mathrm{e}^{pt}}_{i_{Lh}(t)\neq 0} = 0 \qquad \rightarrow \qquad p = -\frac{R}{L}\,. \tag{10.17}$$

Das Verhältnis L/R hat die Dimension s und wird als **Zeitkonstante** τ bezeichnet. Mit den bisherigen Ergebnissen nimmt der Spulenstrom die Form

$$i_L(t) = i_{Lp} + k\,\mathrm{e}^{-\frac{R}{L}t} = \frac{U}{R} + k\,\mathrm{e}^{-\frac{t}{\tau}} \qquad \text{mit} \qquad \tau = \frac{L}{R} \tag{10.18}$$

an. Die verbleibende unbekannte Konstante k muss aus der Anfangsbedingung des Netzwerks zum Zeitpunkt $t = t_0$ bestimmt werden:

$$i_L(t=t_0) \overset{!}{=} 0 \overset{(10.18)}{=} \frac{U}{R} + k\,\mathrm{e}^{-\frac{t_0}{\tau}} \qquad \rightarrow \qquad k = -\frac{U}{R}\mathrm{e}^{\frac{t_0}{\tau}}\,. \tag{10.19}$$

Damit ist der Spulenstrom zu jedem Zeitpunkt eindeutig bestimmt:

$$i_L(t) = \frac{U}{R}\left(1-\mathrm{e}^{-\frac{R}{L}(t-t_0)}\right) = \frac{U}{R}\left(1-\mathrm{e}^{-\frac{t-t_0}{\tau}}\right). \tag{10.20}$$

Die Spulenspannung wird mithilfe der Gl. (7.4) bestimmt:

$$u_L(t) \overset{(7.4)}{=} L\frac{\mathrm{d}}{\mathrm{d}t}i_L(t) \overset{(10.20)}{=} U\mathrm{e}^{-\frac{t-t_0}{\tau}} \qquad \rightarrow \qquad u_L(t) = U\mathrm{e}^{-\frac{t-t_0}{\tau}}\,. \tag{10.21}$$

In ▶Abb. 10.6 sind Strom und Spannung an der Spule als Funktion der Zeit dargestellt.

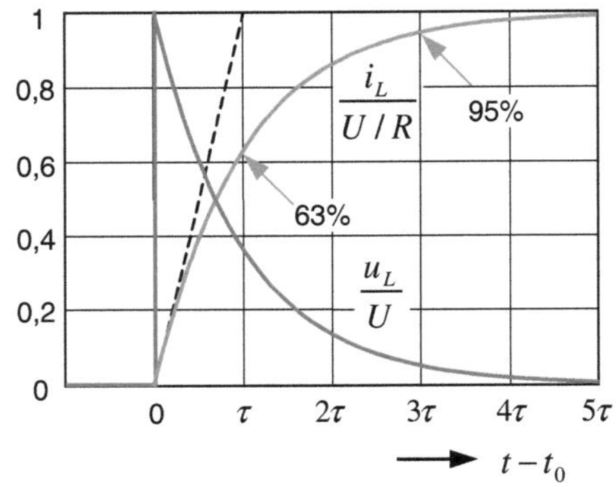

Abbildung 10.6: Strom und Spannung an der Spule

Während die Spulenspannung im Schaltaugenblick auf den Wert U springt und dann entsprechend der Exponentialfunktion (10.21) abfällt, ändert sich der Spulenstrom kontinuierlich. Eine sprungförmige Änderung von $i_L(t)$ würde bedeuten, dass eine endliche Energiezunahme in unendlich kurzer Zeit stattfinden würde. Dies ist physikalisch nicht möglich, sodass die folgende Aussage gilt:

Merke

Der Strom durch eine Induktivität ist immer stetig.

10.4 Parallelschaltung von Induktivität und Spannungsquelle

Einen ähnlichen Sonderfall wie den eines Kondensators in Reihe mit einer Gleichstromquelle findet man auch bei den Induktivitäten. Liegt nämlich eine Gleichspannungsquelle parallel zu einer Induktivität, dann wird der Spulenstrom, der jetzt nicht mehr durch einen Widerstand auf einen maximalen Wert begrenzt wird, entsprechend der Beziehung (7.4) linear mit der Zeit ansteigen und für $t \to \infty$ über alle Grenzen wachsen. Als Beispiel betrachten wir das Netzwerk in ▶Abb. 10.7.

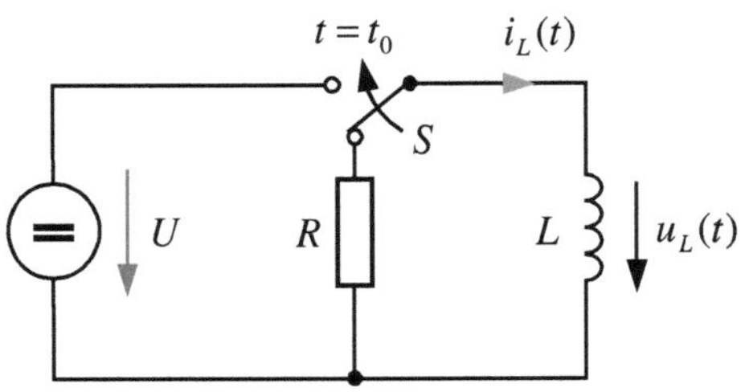

Abbildung 10.7: Spule parallel zu einer Spannungsquelle

Wird der Schalter S zum Zeitpunkt $t = t_0$ umgeschaltet, dann liegt die Spannung U an der Spule. Ausgehend von der Gl. (7.4) erhalten wir den Spulenstrom zu einem späteren Zeitpunkt $t_1 > t_0$:

$$\mathrm{d}\, i_L(t) = \frac{1}{L} u_L(t)\, \mathrm{d}t \quad \to \quad \int_{i_L(t_0)}^{i_L(t_1)} \mathrm{d}\, i_L(t) = \frac{1}{L} \int_{t_0}^{t_1} u_L(t)\, \mathrm{d}t \quad \to$$
$$i_L(t_1) = i_L(t_0) + \frac{U}{L}(t_1 - t_0)\,. \tag{10.22}$$

Der Spulenstrom steigt also, beginnend von dem Anfangswert $i_L(t_0)$, linear mit der Zeit an. Wir kommen auf diese Situation in Kapitel 10.9 noch einmal zurück.

10.5 Schaltvorgänge in Netzwerken mit Wechselspannungsquellen

In diesem Abschnitt wollen wir die bisher betrachteten Schaltvorgänge dahingehend erweitern, dass wir die Gleichspannungsquelle durch eine Wechselspannungsquelle ersetzen. Da sich die Vorgehensweise bei der Berechnung der zeitabhängigen Größen prinzipiell nicht ändert, werden wir nur ein ausgewähltes Beispiel betrachten. Die *RL*-Reihenschaltung in ▶Abb. 10.8 wird zum Zeitpunkt $t = t_0$ mit einer Spannungsquelle $\hat{u}\cos(\omega t + \varphi_u)$ verbunden. Im Gegensatz zu dem Schaltvorgang in Kapitel 10.3 hängt der Ausgleichsvorgang aber wegen der zeitabhängigen Eingangsspannung von dem gewählten Schaltzeitpunkt t_0 ab.

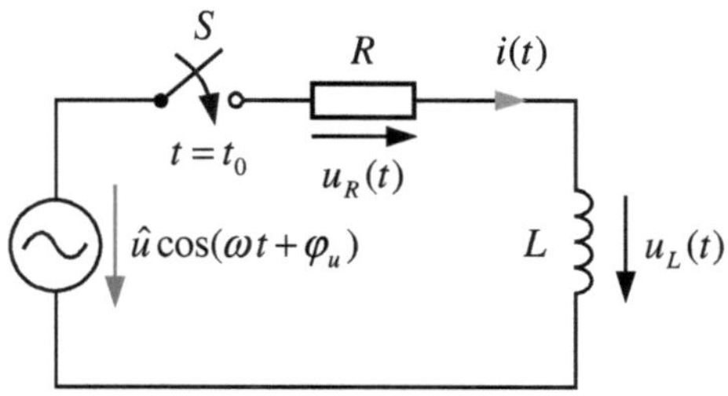

Abbildung 10.8: *RL*-Netzwerk an Wechselspannung

Wir setzen die Gesamtlösung $i(t)$ wieder aus einer homogenen Lösung $i_h(t)$ zur Beschreibung des Ausgleichsvorganges und einer partikulären Lösung $i_p(t)$ zur Beschreibung des eingeschwungenen Zustandes zusammen. Mit dieser Aufteilung für den Strom erhalten wir entsprechend Gl. (10.14) den Maschenumlauf

$$L\frac{\mathrm{d}}{\mathrm{d}t}\left[i_h(t) + i_p(t)\right] + R\left[i_h(t) + i_p(t)\right] = \hat{u}\cos(\omega t + \varphi_u)\,. \tag{10.23}$$

Im eingeschwungenen Zustand für $t \to \infty$ ist der Ausgleichsvorgang abgeklungen, d.h., der homogene Anteil des Stromes ist verschwunden und es gilt der Maschenumlauf

$$L\frac{\mathrm{d}}{\mathrm{d}t} i_p(t) + R\, i_p(t) = \hat{u}\cos(\omega t + \varphi_u)\,, \tag{10.24}$$

sodass für den homogenen Anteil (Subtraktion der Gl. (10.24) von der Gl. (10.23)) die Beziehung

$$L\frac{\mathrm{d}}{\mathrm{d}t}i_h(t)+R\,i_h(t)=0 \tag{10.25}$$

verbleibt. Während wir die partikuläre Lösung in Gl. (10.15) direkt angeben konnten, gestaltet sich die Lösung der Gl. (10.24) etwas schwieriger. Mit der komplexen Wechselstromrechnung haben wir aber eine effiziente Methode zur Lösung derartiger Gleichungen bereits kennen gelernt. Das Netzwerk wird nämlich so behandelt, als sei der Schalter schon seit unendlich langer Zeit geschlossen. Für die vorliegende Schaltung können wir die Lösung aus dem Beispiel 8.2 übernehmen. Mit den Gln. (8.53) und (8.54) gilt

$$i_p(t)=\hat{i}\,\cos(\omega t+\varphi_i)\quad\text{mit}\quad \hat{i}=\frac{\hat{u}}{\sqrt{R^2+(\omega L)^2}}\quad\text{und}\quad \varphi_i=\varphi_u-\arctan\frac{\omega L}{R}\,. \tag{10.26}$$

Die ▶Abb. 10.9 zeigt die Quellenspannung für den Sonderfall $\varphi_u=0$ sowie die partikuläre Lösung für den Strom nach Gl. (10.26) für das Zahlenbeispiel $\omega L=R$ bzw. $\arctan 1=45°$.

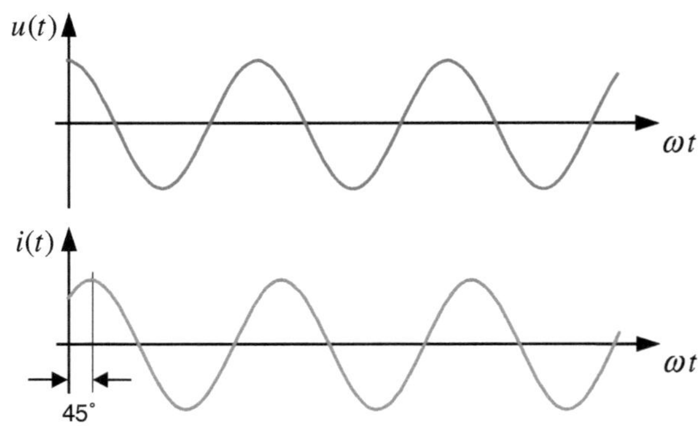

Abbildung 10.9: Quellenspannung und Stromverlauf im eingeschwungenen Zustand

Die homogene DGL ist unabhängig von der Quellenspannung. Die Gln. (10.15) und (10.25) sind identisch, sodass wir den Ansatz aus den Gln. (10.16) und (10.17) mit der zunächst noch unbekannten Konstanten k übernehmen können:

$$i_h(t)=k\,\mathrm{e}^{-\frac{R}{L}t}\,. \tag{10.27}$$

Die Überlagerung der beiden Teillösungen (10.26) und (10.27) erfüllt den Maschenumlauf (10.23) für jeden Zeitpunkt und beschreibt richtig das Verhalten des Netzwerks für den eingeschwungenen Zustand $t\to\infty$. Die noch verbleibende unbekannte Konstante k muss aus der Anfangsbedingung des Netzwerks zum Zeitpunkt $t = t_0$ bestimmt werden. Der Spulenstrom war zu diesem Zeitpunkt null, d.h. es muss gelten

$$i(t_0) = i_h(t_0) + i_p(t_0) = k\,\mathrm{e}^{-\frac{R}{L}t_0} + \hat{i}\cos(\omega t_0 + \varphi_i) \stackrel{!}{=} 0\,. \tag{10.28}$$

Mit der Bestimmung von k aus dieser Gleichung sind der Gesamtstrom und durch Anwendung der Gleichungen in Tab. 7.1 auch die Spannungen an den Komponenten bekannt:

$$i(t) = -\hat{i}\cos(\omega t_0 + \varphi_i)\,\mathrm{e}^{-\frac{R}{L}(t-t_0)} + \hat{i}\cos(\omega t + \varphi_i)\,. \tag{10.29}$$

Der erste Anteil in Gl. (10.29) beschreibt den Übergang des Netzwerks von dem Zustand bei geöffnetem Schalter $i(t) = 0$ zu dem eingeschwungenen Zustand $i(t) = i_p(t)$, nachdem der Schalter schon seit langer Zeit geschlossen und der Ausgleichsvorgang abgeklungen ist. Der homogene Anteil des Stromes verschwindet entsprechend der Exponentialfunktion mit der Zeitkonstanten $\tau = L/R$. Wir haben bereits erwähnt, dass der Schaltzeitpunkt wegen der zeitabhängigen Eingangsspannung den Ausgleichsvorgang beeinflusst. In Gl. (10.29) ist t_0 in dem Vorfaktor bei der homogenen Lösung enthalten. Dieser Faktor verschwindet, falls t_0 einen der Werte

$$t_0 = \frac{1}{\omega}\left(\frac{\pi}{2} + n\pi - \varphi_i\right) \quad \text{mit} \quad n = 0,1,2,\ldots \tag{10.30}$$

annimmt. Zu den Zeitpunkten t mit

$$t = \frac{1}{\omega}\left(\frac{\pi}{2} + n\pi - \varphi_i\right) \quad \text{mit} \quad n = 0,1,2,\ldots \tag{10.31}$$

verschwindet aber auch die Kosinusfunktion bei der partikulären Lösung, sodass die allgemeine Aussage gilt:

Merke

Wird der Schalter zu einem Zeitpunkt $t = t_0$ geschlossen, in dem der Spulenstrom bei der partikulären Lösung identisch ist zu dem Spulenstrom unmittelbar vor dem Schaltvorgang – in dem vorliegenden Beispiel also gerade verschwindet –, dann geht das *RL*-Netzwerk ohne Einschwingvorgang direkt in den eingeschwungenen Zustand über.

Ein Beispiel für einen derartigen Schaltzeitpunkt ist in dem mittleren Diagramm der ►Abb. 10.10 dargestellt. Der homogene Anteil verschwindet und der Strom entspricht bereits unmittelbar nach dem Schalten der eingeschwungenen Lösung.

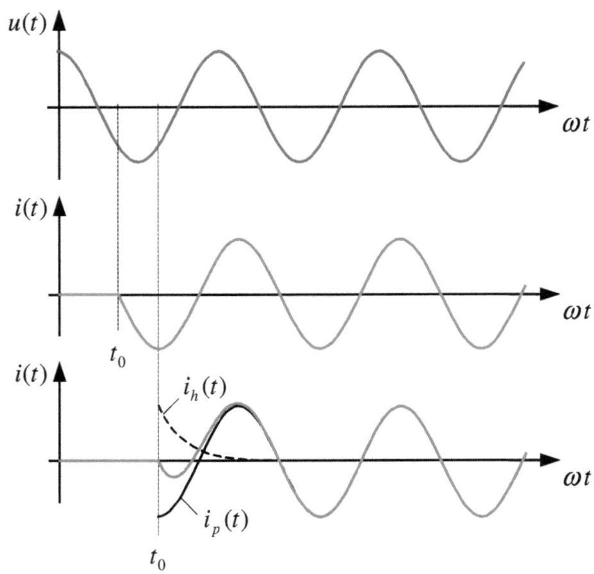

Abbildung 10.10: Stromverlauf bei unterschiedlichen Schaltzeitpunkten

Bei allen anderen Schaltzeitpunkten besitzt der Strom $i_p(t_0)$ einen von dem Anfangswert null abweichenden Wert. Da sich aber der Strom durch die Induktivität nicht sprungartig von dem Wert vor dem Schalten auf den Wert der partikulären Lösung unmittelbar nach dem Schalten ändern kann, tritt ein Einschwingvorgang auf. Der zugehörige Strom $i_h(t)$ muss also wegen der Stetigkeit des Spulenstromes unmittelbar nach dem Schalten den negativen Wert des partikulären Stromes aufweisen. Die größte Amplitude nimmt die homogene Lösung bei

$$t_0 = \frac{1}{\omega}(n\pi - \varphi_i) \qquad \text{mit} \qquad n = 0,1,2, \ldots \tag{10.32}$$

an, wenn also in einem Zeitpunkt geschaltet wird, in dem die partikuläre Lösung ihren Maximalwert aufweist. Das untere Diagramm in Abb. 10.10 zeigt den Stromverlauf für diesen Fall. Bei dem angenommenen Zahlenbeispiel $\omega L = R$ klingt die Exponentialfunktion (10.29) bereits innerhalb einer Periodendauer $\omega T = 2\pi$ praktisch völlig ab.

Der Strom $i_p(t)$ wird zwar unmittelbar nach dem Schaltvorgang durch den Strom $i_h(t)$ kompensiert, in der folgenden Stromhalbwelle überlagern sich die beiden Anteile aber mit gleichem Vorzeichen, sodass eine Stromüberhöhung auftritt. Im Falle einer wesentlich größeren Zeitkonstante $\tau = L/R$ klingt die Exponentialfunktion entsprechend langsam ab, sodass der Gesamtstrom Werte annehmen kann, die annähernd doppelt so groß sind wie die Amplitude im eingeschwungenen Zustand. Der qualitative Stromverlauf ist zum Vergleich für eine zehnfach größere Zeitkonstante in ▶Abb. 10.11 dargestellt.

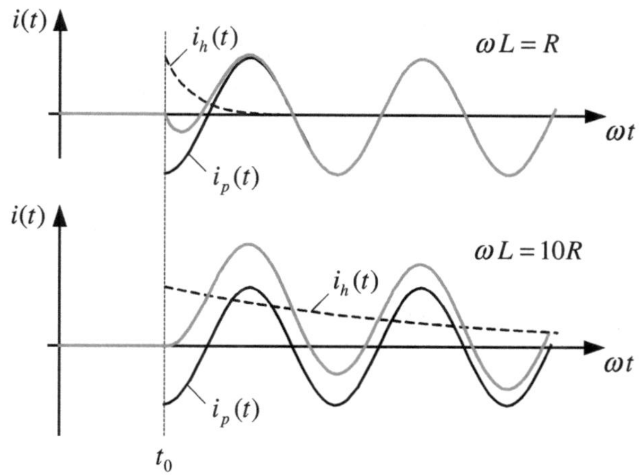

Abbildung 10.11: Ausgleichsvorgang bei unterschiedlichen Zeitkonstanten

10.6 Quellen mit periodischen, nicht sinusförmigen Strom- und Spannungsformen

Die Erweiterung der Analysemöglichkeiten auch auf Netzwerke, in denen die Quellen einen zeitlich periodischen, aber nicht mehr sinusförmigen Spannungs- oder Stromverlauf aufweisen, ist jetzt relativ einfach. Da wir bereits Gleich- und Wechselquellen in geschalteten Netzwerken behandeln können und da wir außerdem unter der Voraussetzung linearer Netzwerke Teillösungen überlagern dürfen, können wir unter Einbeziehung der harmonischen Analyse auch solche Quellen im Netzwerk zulassen, deren Signalformen durch eine Fourier-Reihe darstellbar sind.

Wir demonstrieren die Vorgehensweise an einem konkreten Beispiel. Ausgangspunkt sei die *RL*-Reihenschaltung in ▸Abb. 10.12, die zu einem beliebigen Zeitpunkt t_0 an die gleich gerichtete Wechselspannung $u(t) = \hat{u}|\sin(\omega t)|$ angeschlossen werden soll. Der Spannungsverlauf an der Reihenschaltung springt zum Schaltzeitpunkt $t = t_0$, wie auf der rechten Seite der Abb. 10.12 angedeutet, von null auf den momentanen Wert der Quellenspannung.

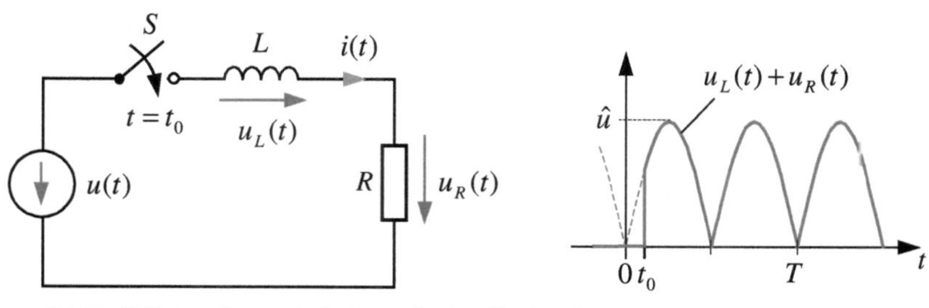

Abbildung 10.12: *RL*-Netzwerk an periodischer, nicht sinusförmiger Spannung

Die Lösung erfolgt in der gleichen Weise wie im vorangegangenen Kapitel. Die partikuläre Lösung nach Beendigung des Ausgleichsvorganges haben wir für dieses Beispiel bereits berechnet. Das Ergebnis können wir aus Gl. (9.49) übernehmen,

$$i_p(t) = \frac{2\hat{u}}{R\pi} - \frac{4\hat{u}}{\pi} \sum_{n=2,4,..}^{\infty} \frac{1}{\left(n^2-1\right)\sqrt{R^2+(n\omega L)^2}} \cos\left(n\omega t + \varphi_{in}\right), \tag{10.33}$$

mit $\varphi_{in} = -\arctan(n\omega L / R)$.

Der Ansatz für die homogene Lösung kann aus Gl. (10.27) übernommen werden und hat die Form

$$i_h(t) = k\,\mathrm{e}^{-\frac{R}{L}t}. \tag{10.34}$$

Die unbekannte Konstante k muss wieder aus der Anfangsbedingung des Netzwerks zum Zeitpunkt $t = t_0$ bestimmt werden. Der Spulenstrom war zu diesem Zeitpunkt null, d.h., es muss gelten

$$i(t_0) = i_h(t_0) + i_p(t_0) \overset{!}{=} 0. \tag{10.35}$$

Durch Einsetzen der beiden Gln. (10.33) und (10.34) mit $t = t_0$ erhalten wir die Bestimmungsgleichung für k

$$k\,\mathrm{e}^{-\frac{R}{L}t_0} = -\frac{2\hat{u}}{R\pi} + \frac{4\hat{u}}{\pi} \sum_{n=2,4,..}^{\infty} \frac{1}{\left(n^2-1\right)\sqrt{R^2+(n\omega L)^2}} \cos\left(n\omega t_0 + \varphi_{in}\right) \tag{10.36}$$

und resultierend die Gesamtlösung durch Überlagerung

$$i(t) = \frac{2\hat{u}}{R\pi}\left(1-\mathrm{e}^{-\frac{R}{L}(t-t_0)}\right) - \frac{4\hat{u}}{\pi} \sum_{n=2,4,..}^{\infty} \frac{1}{\left(n^2-1\right)\sqrt{R^2+(n\omega L)^2}} \cdot \left[\cos\left(n\omega t + \varphi_{in}\right) - \cos\left(n\omega t_0 + \varphi_{in}\right)\mathrm{e}^{-\frac{R}{L}(t-t_0)}\right]. \tag{10.37}$$

►Abb. 10.13 zeigt eine Auswertung dieser Gleichung für den Fall $L/R = T/4$ und für einen Einschaltmoment $t_0 = T/6$. Der Strom geht bereits innerhalb der ersten beiden Periodendauern in den eingeschwungenen Zustand über (vgl. Abb. 9.18b).

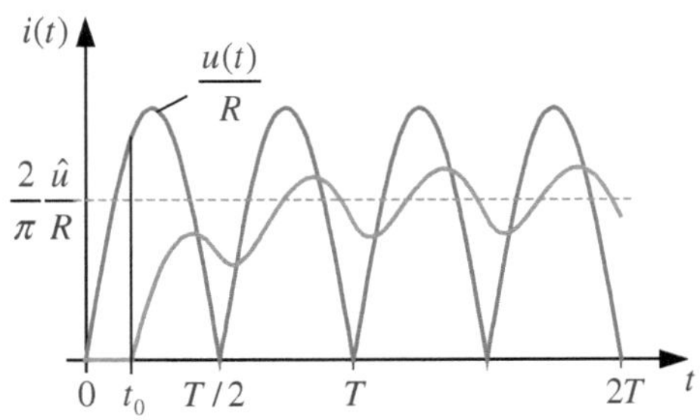

Abbildung 10.13: Stromverlauf nach dem Schaltvorgang

10.7 Konsequenzen aus den Stetigkeitsforderungen

An dieser Stelle soll ein Problem angesprochen werden, das generell im Zusammenhang mit der Stetigkeit von Spulenstrom und Kondensatorspannung auftritt. Nehmen wir an, das Netzwerk in Abb. 10.8 befindet sich im eingeschwungenen Zustand und der Schalter S soll wieder geöffnet werden. Fällt der gewählte Schaltzeitpunkt mit dem Nulldurchgang des Spulenstromes zusammen, dann bleibt dieser anschließend null und es treten keine weiteren Probleme auf. Wird der Schalter allerdings zu einem anderen Zeitpunkt geöffnet, dann müsste der Spulenstrom von seinem nicht verschwindenden Momentanwert augenblicklich auf den Wert null springen. Beim Einschalten reagierte das Netzwerk mit einem überlagerten Ausgleichsvorgang, der den Sprung bei dem Spulenstrom verhinderte. Nach dem Öffnen der Masche mit einem als ideal angenommenen Schalter kann aber kein Ausgleichsvorgang stattfinden. Da sich die Energie in dem Magnetfeld nicht sprungartig ändern kann, muss der Strom so lange weiterfließen, bis die gesamte Energie abgebaut ist. In der Praxis wird sich die Spannung so weit erhöhen (Produkt aus Spulenstrom und steigendem Widerstand an dem Schalter), dass der Spulenstrom stetig bleibt und die Energie an dem Widerstand des Schalters verbraucht wird. Bei einem mechanischen Schalter kann die entstehende Spannung so hoch werden, dass zwischen den sich öffnenden Kontakten ein Lichtbogen entsteht. Diese **Überspannung** führt oft zur Zerstörung einzelner Bauteile.

Die Abhilfe für dieses Problem besteht allgemein darin, dem Strom einen alternativen Pfad (**Freilaufpfad**) anzubieten, über den die Energie abgebaut werden kann. Eine der Möglichkeiten werden wir bei der Spannungswandlerschaltung in Abb. 10.23 kennen lernen. Nach dem Öffnen des Schalters fließt der Spulenstrom über die so genannte **Freilaufdiode** und die im Magnetfeld gespeicherte Energie wird in den Ausgangskondensator übertragen.

Das gleiche Problem kann auch bei einem Einschaltvorgang entstehen, wenn eine Induktivität in Reihe mit einer Stromquelle geschaltet werden soll. Auch in diesem Fall muss vorübergehend ein zusätzlicher Strompfad vorgesehen werden, der den Strom so lange übernimmt, bis der Spulenstrom dem Quellenstrom entspricht.

Die erforderliche Stetigkeit der Kondensatorspannung führt zu ähnlichen Situationen, wenn z.B. ein geladener Kondensator kurzgeschlossen wird oder wenn ein ungeladener Kondensator unmittelbar parallel zu einer Spannungsquelle geschaltet werden soll. So wie der unbegrenzte Anstieg der Spannung an der Spule durch einen parallelen Strompfad verhindert werden kann, so wird der unbegrenzte Anstieg des Stromes beim Kondensator durch einen in Reihe liegenden Widerstand verhindert.

Merke

Eine stromführende Masche mit einer Induktivität darf nicht unterbrochen werden.

Ein geladener Kondensator darf nicht kurzgeschlossen werden.

10.8 Vereinfachte Analyse für Netzwerke mit einem Energiespeicher

Bei Netzwerken mit nur einem Energiespeicher lässt sich die Kondensatorspannung bzw. der Spulenstrom auch ohne den Umweg über die Lösung einer DGL auf einfache Weise ermitteln. Wir betrachten im Folgenden beliebige Widerstandsnetzwerke mit gegebenenfalls mehreren Schaltern und auch mehreren Spannungs- und Stromquellen, in denen sich aber nur ein Speicherelement befindet. Das Netzwerk darf auch ideale Übertrager enthalten, die nur durch das Übersetzungsverhältnis charakterisiert sind und keine Energie speichern. Die Schalter können beliebig im Netzwerk angeordnet sein, sofern die in Kapitel 10.7 beschriebenen Einschränkungen berücksichtigt werden.

10.8.1 Kondensator und Widerstandsnetzwerk

Für die Schaltung in ▶Abb. 10.14 sollen Strom und Spannung am Kondensator für den Fall berechnet werden, dass die zeitlich periodische Quellenspannung mithilfe einer Fourier-Reihe darstellbar ist.

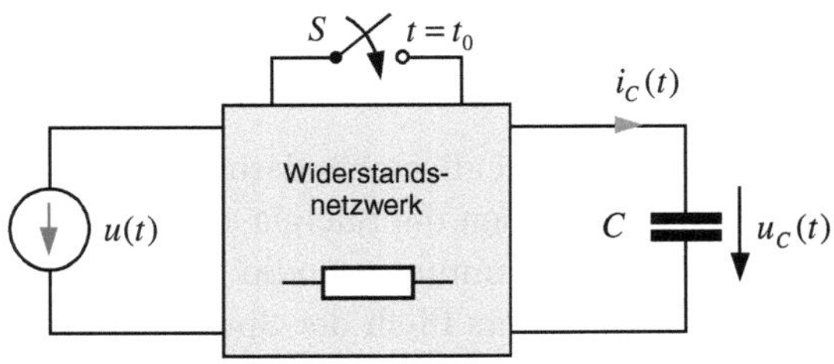

Abbildung 10.14: *RC*-Netzwerk

Im ersten Schritt wird die partikuläre Lösung ermittelt. Diese lässt sich bei einer Gleichspannungsquelle einfach dadurch finden, dass man den Kondensator durch einen Leerlauf ersetzt und die Leerlaufspannung an den beiden Klemmen berechnet. Bei einer zeitlich periodischen Quellenspannung wird das Netzwerk mithilfe der komplexen Wechselstromrechnung für eine angenommene Frequenz berechnet. Die Anwendung dieser Lösung auf alle Harmonischen der Quellenspannung liefert die für $t \to \infty$ gültige partikuläre Lösung (vgl. Kapitel 10.6). Befinden sich mehrere Quellen im Netzwerk, dann setzt sich die partikuläre Lösung aus der linearen Überlagerung der Beiträge aller Quellen zusammen.

Zur Berechnung der homogenen Lösung wurde bei dem Beispiel in Kapitel 10.1 die homogene DGL (10.3) zugrunde gelegt. Diese Gleichung beschreibt das Ausgangsnetzwerk 10.1 nach dem Schaltvorgang, im vorliegenden Beispiel also bei geschlossenem Schalter, wobei die Quellenspannung zu null gesetzt, d.h. kurzgeschlossen ist. Diese Vorgehensweise übertragen wir jetzt auf das Netzwerk der Abb. 10.14. Wir schließen ebenfalls die Quellenspannung kurz und berechnen aus dem resultierenden Netzwerk einen Ersatzwiderstand R_g, der entsprechend ▶Abb. 10.15 mit den Kondensatorklemmen verbunden ist. Das Netzwerk repräsentiert, von den Klemmen des Kondensators aus betrachtet, einen Zweipol, der nur Widerstände enthält und damit auch allein durch einen resultierenden Ersatzwiderstand beschrieben werden kann. Diese Aussage bleibt auch gültig, wenn sich ideale Übertrager in dem Netzwerk befinden, die einen Widerstand von der Sekundärseite auf ihre Primärseite transformieren.

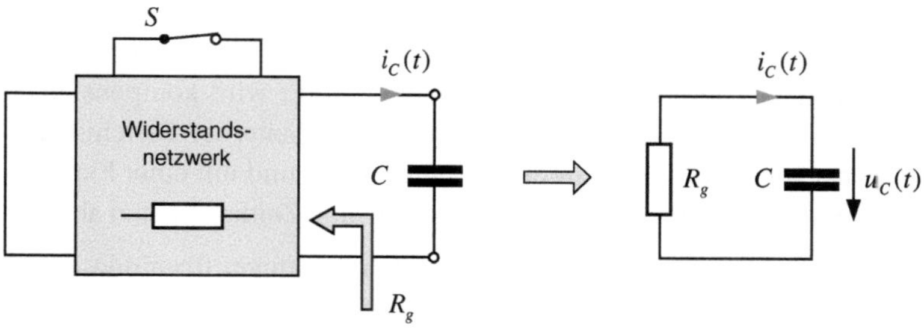

Abbildung 10.15: Netzwerk zur Bestimmung des Ersatzwiderstandes

Handelt es sich bei der Quelle im Schaltbild 10.14 nicht um eine Spannungsquelle, sondern um eine Stromquelle, dann muss darauf geachtet werden, dass die Überlagerung der Teillösungen (homogen und partikulär) den Strom in dem Zweig mit der Stromquelle nicht verändert. So wie die Spannungsquelle in Abb. 10.15 bei der Berechnung der homogenen Lösung durch einen Kurzschluss ersetzt werden muss, so muss eine Stromquelle durch einen Leerlauf ersetzt werden (vgl. Kapitel 3.9).

Für das Netzwerk auf der rechten Seite der Abb. 10.15 führt der Maschenumlauf wieder auf die homogene DGL (10.3), mit dem Unterschied, dass jetzt der Ersatzwiderstand R_g anstelle von R zu verwenden ist. Ihre zeitabhängige Lösung ist aber aus den Gln. (10.4) und (10.5) bereits bekannt.

Fassen wir die bisherigen Erkenntnisse zusammen, dann erhalten wir für das Netzwerk in Abb. 10.14 aus der Überlagerung von partikulärer und homogener Lösung die Gleichung

$$u_C(t) \overset{(10.6)}{=} u_{Cp}(t) + k\,\mathrm{e}^{-\frac{t}{R_g C}}. \tag{10.38}$$

Als Zeitkonstante gilt jetzt das Produkt $\tau = R_g C$. Dieses Ergebnis berücksichtigt noch nicht den Anfangswert $u_C(t_0) = u_{C0}$ der Kondensatorspannung zum Schaltzeitpunkt $t = t_0$. Da sich diese Spannung nicht sprungartig ändern kann, besitzt sie unmittelbar vor und nach dem Schaltzeitpunkt den gleichen Wert. Aus dieser Forderung erhalten wir die Unbekannte k

$$u_C(t_0) = u_{C0} \overset{(10.38)}{=} u_{Cp}(t_0) + k\,\mathrm{e}^{-\frac{t_0}{R_g C}} \quad \rightarrow \quad k = \left[u_{C0} - u_{Cp}(t_0)\right]\mathrm{e}^{\frac{t_0}{R_g C}} \tag{10.39}$$

und durch Einsetzen die vollständige Lösung

$$u_C(t) = u_{Cp}(t) - \left[u_{Cp}(t_0) - u_{C0}\right]\mathrm{e}^{-\frac{t-t_0}{R_g C}}. \tag{10.40}$$

Dieses Ergebnis beschreibt den allgemeinen Ausgleichsvorgang für ein Netzwerk mit einem Kondensator und mehreren Strom- und Spannungsquellen. Der erste Ausdruck auf der rechten Seite beschreibt den Zustand für $t \rightarrow \infty$, also nachdem der Ausgleichsvorgang abgeklungen ist. Dieser Lösungsanteil beinhaltet die Beiträge aller im Netzwerk vorhandenen Quellen.

Stimmt die Kondensatorspannung, die sich aus der partikulären Lösung unmittelbar nach dem Schaltvorgang berechnet, nicht mit der Kondensatorspannung unmittelbar vor dem Schaltvorgang überein, dann bedeutet dies einen Spannungssprung, der am Kondensator aufgrund der Stetigkeitsforderung nicht auftreten kann. Er wird kompensiert durch den zweiten Ausdruck (homogene Lösung) auf der rechten Seite der Gleichung, der in der eckigen Klammer genau diesen Spannungssprung enthält und mit einer Exponentialfunktion entsprechend der durch das Netzwerk vorgegebenen Zeitkonstanten abklingt.

Alle in den vorhergehenden Kapiteln berechneten Lösungen für einen Schaltvorgang mit einem Kondensator sind als Sonderfall in der Gl. (10.40) enthalten.

Befindet sich ein Kondensator in einem Netzwerk, das aus ohmschen Widerständen und idealen Übertragern sowie mehreren Strom- und Spannungsquellen besteht, dann kann die Kondensatorspannung nach einem Schaltvorgang ohne den Umweg über die Lösung der DGL in folgenden Schritten unmittelbar angegeben werden:

1. Bestimmung der partikulären Lösung $u_{Cp}(t)$ für den Netzwerkzustand nach dem Schaltvorgang
2. Bestimmung der Differenz aus Kondensatorspannung u_{C0} unmittelbar vor dem Schaltvorgang und Kondensatorspannung $u_{Cp}(t_0)$ aufgrund der partikulären Lösung unmittelbar nach dem Schaltvorgang
3. Bestimmung des Eingangswiderstandes R_g aus dem Netzwerk 10.15 (Spannungsquelle durch Kurzschluss, Stromquelle durch Leerlauf ersetzen, Kondensator entfernen und an diesen Klemmen R_g bestimmen)
4. Ergebnisse in die Gl. (10.40) mit Schaltzeitpunkt t_0 einsetzen

Enthält das Netzwerk mehrere Schalter oder wird der Schalter mehrmals betätigt, dann ist die beschriebene Rechnung, beginnend bei jedem Schaltvorgang, erneut durchzuführen. Die in dem jeweiligen Schaltaugenblick vorhandene Kondensatorspannung legt den Anfangswert für den jeweils folgenden Zeitabschnitt fest.

10.8.2 Induktivität und Widerstandsnetzwerk

Wir betrachten jetzt das gleiche Netzwerk wie in Abb. 10.14, jedoch mit einer Induktivität.

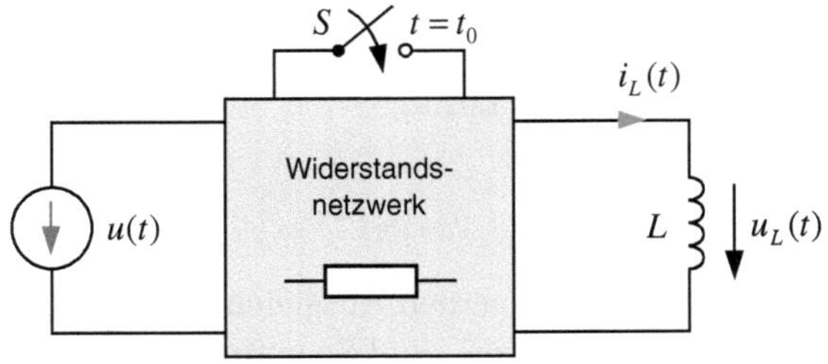

Abbildung 10.16: *RL*-Netzwerk

Die partikuläre Lösung lässt sich bei einer Gleichspannungs- oder Gleichstromquelle einfach dadurch finden, dass die Spule durch einen Kurzschluss ersetzt und der Kurzschlussstrom durch diesen Zweig berechnet wird. Bei einer zeitlich periodischen Quellenspannung wird die komplexe Wechselstromrechnung verwendet, analog zur Vorgehensweise beim Kondensator.

Zur Berechnung der homogenen Lösung wird das Ausgangsnetzwerk 10.16 bei geschlossenem Schalter und kurzgeschlossener Quellenspannung bzw. durch Leerlauf ersetzter Stromquelle betrachtet (▶Abb. 10.17). Aus diesem resultierenden Netzwerk wird der Ersatzwiderstand R_g berechnet, der zusammen mit der Spule die Reihenschaltung auf der rechten Seite der Abbildung ergibt. Die zeitabhängige Lösung der für dieses Netzwerk geltenden homogenen DGL (10.15) ist bereits aus den Gln. (10.16) und (10.17) bekannt.

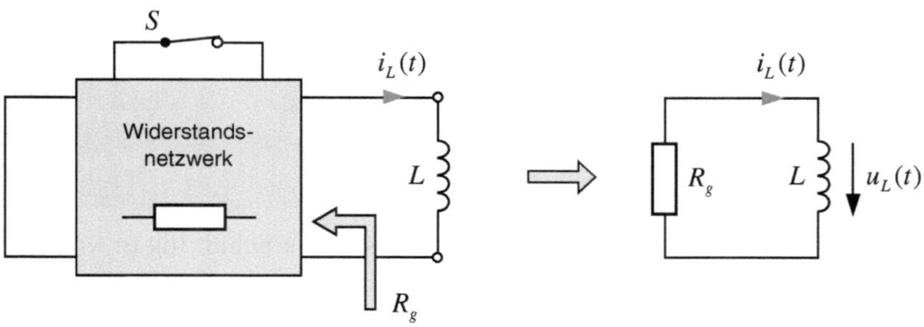

Abbildung 10.17: Netzwerk zur Bestimmung des Ersatzwiderstandes

Durch Zusammenfassung der bisherigen Erkenntnisse erhalten wir aus der Überlagerung von partikulärer und homogener Lösung die Gleichung

$$i_L(t) \overset{(10.18)}{=} i_{Lp}(t) + k\,\mathrm{e}^{-\frac{R_g}{L}t} = i_{Lp}(t) + k\,\mathrm{e}^{-\frac{t}{\tau}}. \tag{10.41}$$

Als Zeitkonstante gilt jetzt das Verhältnis $\tau = L/R_g$. Dieses Ergebnis berücksichtigt noch nicht den Anfangswert des Spulenstromes im Schaltzeitpunkt $t = t_0$. Da sich dieser Strom nicht sprungartig ändern kann, besitzt er unmittelbar vor und nach dem Schaltvorgang den gleichen Wert. Es muss also gelten

$$i_L(t_0) = i_{L0} \overset{(10.41)}{=} i_{Lp}(t_0) + k\,\mathrm{e}^{-\frac{t_0}{\tau}} \quad \to \quad k = \left[\, i_{L0} - i_{Lp}(t_0)\right] \mathrm{e}^{\frac{t_0}{\tau}}. \tag{10.42}$$

Damit lässt sich das allgemeine Ergebnis folgendermaßen angeben:

$$i_L(t) = i_{Lp}(t) - \left[\, i_{Lp}(t_0) - i_{L0}\right] \mathrm{e}^{-\frac{R_g}{L}(t-t_0)}. \tag{10.43}$$

Diese Gleichung hat denselben Aufbau wie die Beziehung (10.40), sodass die im Zusammenhang mit der Lösung für das Kondensatornetzwerk gemachten Aussagen auch hier gelten, wobei jetzt der Spulenstrom die Stetigkeitsforderung zu erfüllen hat. Befindet sich eine Induktivität in einem Netzwerk, das aus ohmschen Widerständen und idealen Übertragern sowie mehreren Strom- und Spannungsquellen besteht, dann kann der Strom durch die Induktivität nach einem Schaltvorgang ohne den Umweg über die Lösung der DGL in folgenden Schritten unmittelbar angegeben werden:

1. Bestimmung der partikulären Lösung $i_{Lp}(t)$ für den Netzwerkzustand nach dem Schaltvorgang
2. Bestimmung der Differenz aus Spulenstrom i_{L0} unmittelbar vor dem Schaltvorgang und Spulenstrom $i_{Lp}(t_0)$ aufgrund der partikulären Lösung unmittelbar nach dem Schaltvorgang
3. Bestimmung des Eingangswiderstandes R_g aus dem Netzwerk 10.17 (Spannungsquelle durch Kurzschluss, Stromquelle durch Leerlauf ersetzen, Spule entfernen und an diesen Klemmen R_g bestimmen)
4. Ergebnisse in die Gl. (10.43) mit Schaltzeitpunkt t_0 einsetzen

Beispiel 10.1: Schaltvorgang in einem Netzwerk mit Induktivität und Gleichstromerregung

Zur Anwendung der abgeleiteten Gleichungen soll die Schaltung in ▶Abb. 10.18 berechnet werden. Bei dem in einem stationären Zustand befindlichen Netzwerk wird zum Zeitpunkt $t = t_0$ der Schalter S geschlossen. Zu berechnen ist die in der Abb. 10.18 eingetragene, an dem Querwiderstand abfallende Spannung $u_R(t)$.

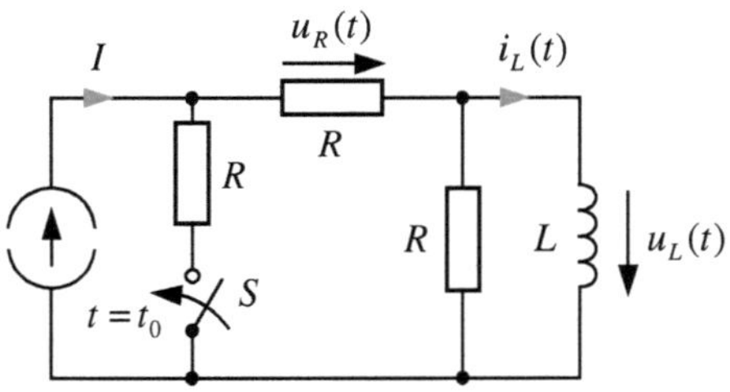

Abbildung 10.18: Geschaltetes Netzwerk mit einer Induktivität

Im ersten Schritt wird die partikuläre Lösung für $t \to \infty$ bestimmt. Der Schalter ist geschlossen und die Spule wird durch einen Kurzschluss ersetzt (▶Abb. 10.19).

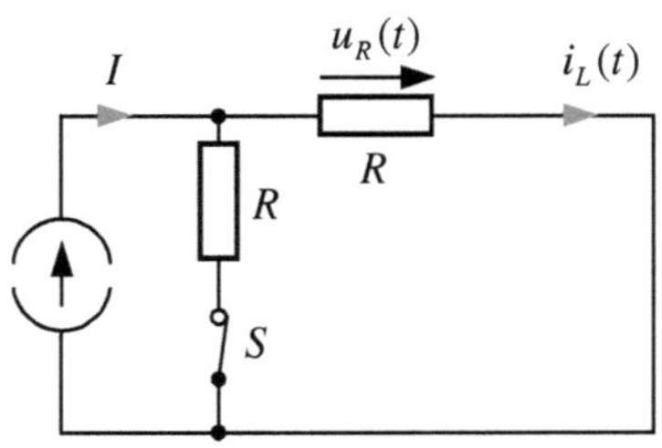

Abbildung 10.19: Netzwerk zur Bestimmung der partikulären Lösung

Der Strom I teilt sich je zur Hälfte auf die beiden Zweige auf, sodass für den Endwert des Spulenstromes $i_{Lp} = I/2$ gilt.

Der Anfangswert des Spulenstromes $i_L(t_0) = i_{L0}$ vor dem Schaltvorgang ergibt sich aus dem stationären Zustand des Netzwerks vor dem Schließen des Schalters. Lässt man also den Schalter geöffnet und ersetzt die Spule durch einen Kurzschluss, dann fließt der gesamte Strom durch die Spule, sodass $i_{L0} = I$ gilt.

Im dritten Schritt wird der Eingangswiderstand R_g bei geschlossenem Schalter entsprechend Abb. 10.17 bestimmt. Die Stromquelle wird durch einen Leerlauf ersetzt und das Netzwerk nimmt die in ▶Abb. 10.20 dargestellte Form an.

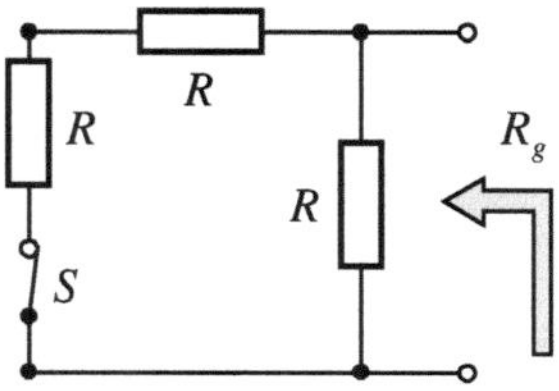

Abbildung 10.20: Netzwerk zur Bestimmung von R_g

Für den Widerstand erhalten wir aus der Parallelschaltung den Wert

$$R_g = \frac{R \cdot 2R}{R+2R} = \frac{2}{3}R\,. \tag{10.44}$$

Die Ergebnisse werden nun im vierten Schritt in die Gl. (10.43) eingesetzt:

$$i_L(t) = \frac{I}{2} - \left(\frac{I}{2} - I\right) \mathrm{e}^{-\frac{2R}{3L}(t-t_0)} = \frac{I}{2}\left(1 + \mathrm{e}^{-\frac{2R}{3L}(t-t_0)}\right). \tag{10.45}$$

Damit sind zunächst der Spulenstrom und mit Gl. (7.4)

$$u_L(t) = L\frac{\mathrm{d}}{\mathrm{d}t} i_L(t) = -\frac{1}{3} RI\,\mathrm{e}^{-\frac{2R}{3L}(t-t_0)} \tag{10.46}$$

auch die Spulenspannung bekannt. Zur Berechnung der gesuchten Spannung $u_R(t)$ an dem Widerstand kann das Netzwerk in ▶Abb. 10.21 zugrunde gelegt werden.

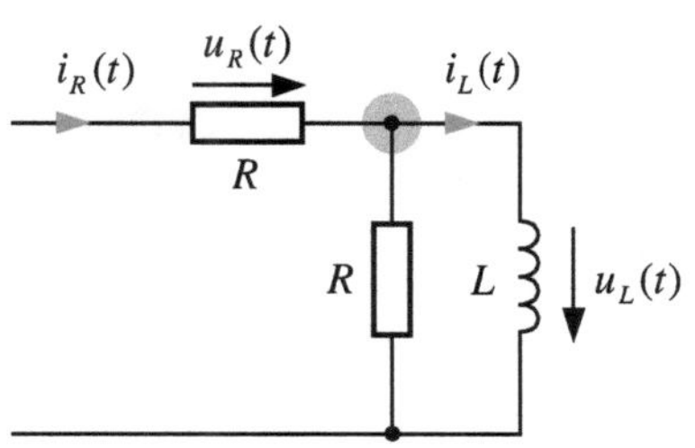

Abbildung 10.21: Knotengleichung

Aus der Knotengleichung folgt unmittelbar

$$\begin{aligned} u_R(t) = R\,i_R(t) &= R\left[i_L(t) + \frac{1}{R}u_L(t)\right] \\ &= R\frac{I}{2}\left(1+\mathrm{e}^{-\frac{2R}{3L}(t-t_0)}\right) - R\frac{I}{3}\mathrm{e}^{-\frac{2R}{3L}(t-t_0)} = \frac{1}{2}RI\left[1+\frac{1}{3}\mathrm{e}^{-\frac{2R}{3L}(t-t_0)}\right]. \end{aligned} \tag{10.47}$$

Die ▶Abb. 10.22 zeigt den zeitlichen Verlauf der Spannung $u_R(t)$ an dem Widerstand. Diese fällt im Schaltaugenblick sprungartig von dem Wert RI auf den Wert $(2/3)RI$ und klingt dann entsprechend der Exponentialfunktion auf den Endwert $(1/2)RI$ ab.

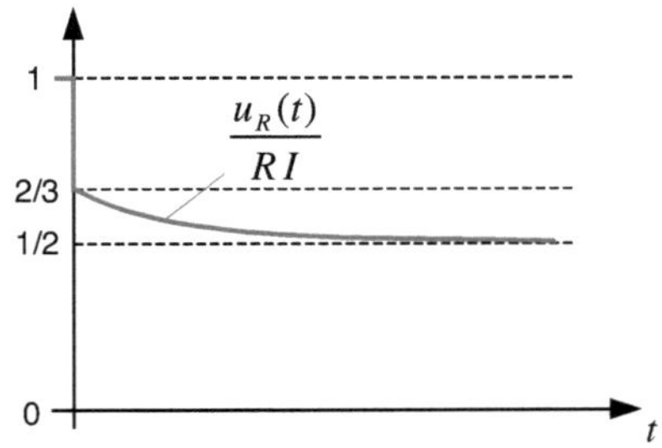

Abbildung 10.22: Zeitlicher Verlauf der Spannung am Widerstand

10.9 Spannungswandlerschaltung

Zur Vertiefung und Anwendung der bisherigen Kenntnisse soll als praktisches Beispiel die Schaltung in ▶Abb. 10.23 betrachtet werden, mit deren Hilfe eine niedrige Eingangsgleichspannung U_1 in eine höhere Ausgangsgleichspannung U_2 umgewandelt werden soll. Während diese Aufgabe bei Wechselspannungen mit Transformatoren gelöst wird, wird die Umwandlung von Gleichspannungen mithilfe von Schaltvorgängen durchgeführt.[1]

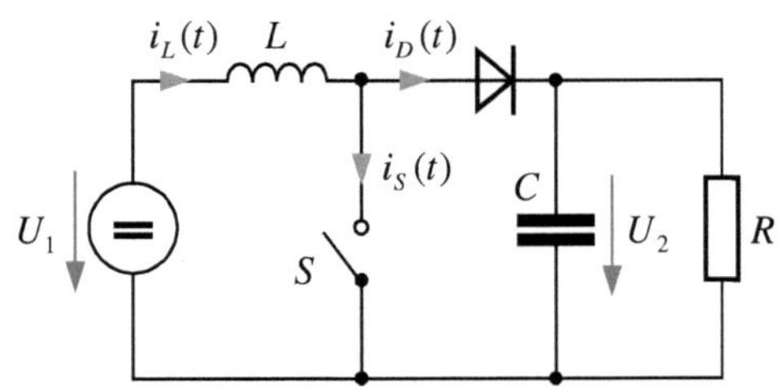

Abbildung 10.23: Spannungswandler (Typ Hochsetzsteller, *boost-converter*)

1 Die Erzeugung einer niedrigeren Gleichspannung aus einer höheren kann natürlich auch mit Widerstandsteilern realisiert werden. Bei der Übertragung größerer Leistungen werden aber auch in diesem Fall zur Verbesserung des Wirkungsgrades hochfrequent getaktete Spannungswandler eingesetzt.

Um die vorliegende Schaltung mit den bereits bekannten Methoden analysieren zu können, wollen wir einige Vereinfachungen vornehmen, die aber in der Praxis hinreichend gut erfüllt sind. Die berechneten Ergebnisse werden also nur unwesentlich von dem Verhalten einer realen Schaltung abweichen.

- Die Kapazität C des Ausgangskondensators wird üblicherweise so dimensioniert, dass die Spannungsschwankung, d.h. der Unterschied zwischen Maximal- und Minimalwert von $u_C(t)$ innerhalb einer Schaltperiode so klein ist, dass er vernachlässigt werden kann. Zur Vereinfachung darf die Spannung $u_C(t) = U_2$ für die Schaltungsanalyse als konstant angesehen werden. Damit liegt wieder ein Netzwerk mit nur noch einem Energiespeicher vor.
- Der Hochfrequenzschalter S wird in der Praxis durch einen Transistor realisiert. Wir wollen ihn hier als verlustlosen idealen Schalter betrachten, der je nach Schaltzustand den Widerstand $R = 0$ (Kurzschluss) bzw. $R \to \infty$ (Leerlauf) aufweist.
- Die reale Diode soll ebenfalls durch ein ideales Netzwerkelement modelliert werden, das den Strom nur in Durchlassrichtung führen kann und dabei den Widerstand null aufweist (Kurzschluss). Ein Spannungsabfall an der Diode entsteht in diesem Fall nicht. Ein Strom in umgekehrter Richtung wird von der Diode nicht zugelassen. Sie stellt in dieser Richtung einen unendlich großen Widerstand (Leerlauf) dar, an dem eine beliebige Spannung abfallen kann.

Bevor wir die Schaltung im Detail analysieren, wollen wir zumindest prinzipiell verstehen, warum bei dieser Schaltung $U_2 > U_1$ gelten muss. Bei ständig geöffnetem Schalter S fließt ein Strom durch die Spule und die Diode in den Ausgangskondensator und ruft an diesem eine Spannung $U_2 = U_1$ hervor, d.h., die Ausgangsspannung ist mindestens so groß wie die Eingangsspannung.

Im Schaltbetrieb ändert sich diese Situation jedoch. Bei geschlossenem Schalter liegt die Eingangsspannung an der Spule und verursacht nach Gl. (10.22) einen linear *ansteigenden* Strom durch die Spule. Während dieser Zeitspanne wird also Energie in der Spule gespeichert, die nach Öffnen des Schalters an den Ausgangskondensator abgegeben wird. Energieabgabe bedeutet aber *abnehmenden* Strom in der Spule und ist nach Gl. (7.4) gleichbedeutend mit einer Spannungsumkehr an der Spule, sodass die Ausgangsspannung U_2 gemäß dem Maschenumlauf im Schaltbetrieb größer sein muss als die Eingangsspannung U_1.

Betrachten wir nun die einzelnen Netzwerkzustände für eine komplette Schaltperiode. In dem Zeitbereich $0 \le t < \delta T$ ist der Schalter S geschlossen (Kurzschluss). Die Ausgangsspannung U_2 liegt in Sperrrichtung an der Diode und der Diodenstrom ist null in diesem Zeitintervall (Leerlauf). Das resultierende Netzwerk ist in ▶Abb. 10.24 dargestellt. Es zerfällt in zwei unabhängige Maschen. Auf der Ausgangsseite wird die dem Verbraucher R zugeführte Leistung aus dem Kondensator entnommen (die geringfügige Abnahme der Kondensatorspannung während dieser Zeitspanne wird vernachlässigt).

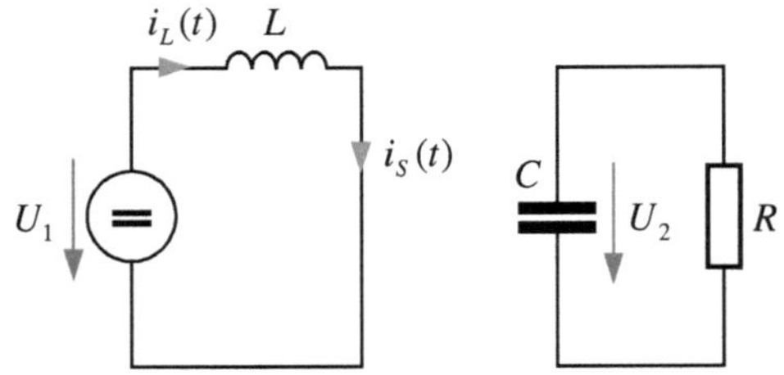

Abbildung 10.24: Ersatznetzwerk bei geschlossenem Schalter S

Auf der Eingangsseite ist die Induktivität L mit der Gleichspannungsquelle U_1 verbunden. Die Ströme $i_L(t)$ und $i_S(t)$ sind identisch. Die Analyse dieses Teilnetzwerks ist sehr einfach. Es entspricht nämlich dem in Abb. 10.7 dargestellten Sonderfall, wobei hier als Anfangszeitpunkt $t_0 = 0$ gewählt werden soll. Für den zeitabhängigen Verlauf des Stromes $i_L(t)$ gilt nach Gl. (10.22)

$$i_L(t) = i_L(0) + \frac{U_1}{L} t \quad \text{für} \quad 0 \le t < \delta T. \tag{10.48}$$

Er beginnt bei $i_L(0)$ und steigt in dem betrachteten Zeitbereich linear an. Im Ausschaltzeitpunkt $t = \delta T$ nimmt er seinen Maximalwert

$$i_L(\delta T) = i_L(0) + \frac{U_1}{L} \delta T \tag{10.49}$$

an. Die einzelnen Stromverläufe in dem Netzwerk sind in ▶Abb. 10.26 dargestellt. In dem betrachteten Zeitintervall wird Energie aus der Spannungsquelle U_1 entnommen und im Magnetfeld der Spule gespeichert. Ebenso wird auf der Ausgangsseite Energie aus dem Kondensator entnommen und dem Verbraucher zugeführt.

Zum Zeitpunkt $t = \delta T$ wird der Schalter S geöffnet (Leerlauf). In Kapitel 10.3 haben wir bereits gesehen, dass sich die in der Spule gespeicherte Energie nicht sprungartig ändern kann und dass der Strom durch die Induktivität daher stetig sein muss. Die Induktivität wirkt wie eine Stromquelle und der Strom muss in der gleichen Richtung weiterfließen. Infolge des offenen Schalters fließt der Strom jetzt durch die Diode in den Ausgangskondensator. Die Diode stellt dabei einen Kurzschluss dar. Das in dem Zeitintervall $\delta T \le t < T$ gültige Ersatznetzwerk ist in ▶Abb. 10.25 dargestellt.

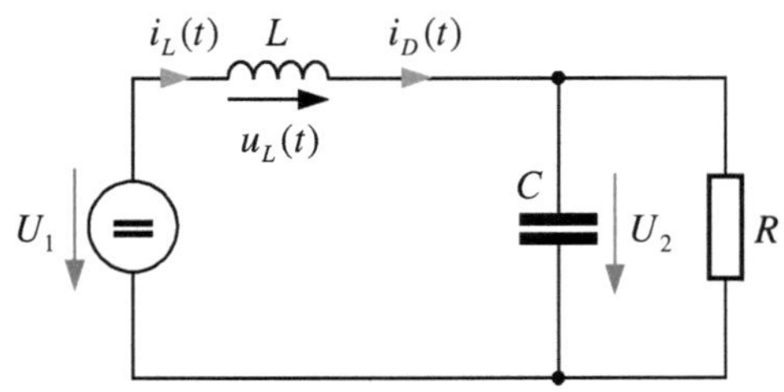

Abbildung 10.25: Ersatznetzwerk bei geöffnetem Schalter S

Die Spulenspannung $u_L(t)$ nimmt in diesem zweiten Zeitintervall $\delta T \le t < T$ den konstanten Wert $u_L(t) = U_1 - U_2 < 0$ an. Den zeitabhängigen Verlauf des Stromes $i_L(t)$ erhalten wir wieder nach Gl. (10.22):

$$i_L(t) = i_L(\delta T) + \frac{U_1 - U_2}{L}(t - \delta T) \quad \text{für} \quad \delta T \le t < T. \tag{10.50}$$

Wegen $U_2 > U_1$ fällt der Strom linear mit der Zeit ab. Im eingeschwungenen (periodischen) Zustand sind Anfangswert und Endwert des Spulenstromes identisch $i_L(0) = i_L(T)$. Die beim Abbau des Magnetfeldes frei werdende Energie sowie die zusätzlich aus der Spannungsquelle U_1 entnommene Energie wird dem Ausgangskreis zugeführt. Sie wird teilweise an den Verbraucher geliefert und teilweise zum Nachladen des Kondensators benötigt.

Die Abb. 10.26 zeigt die Stromverläufe für zwei komplette Schaltperioden. Die bisher beschriebene Betriebsart, bei der der Spulenstrom immer größer als null ist, wird als **kontinuierlicher Betrieb** bezeichnet.

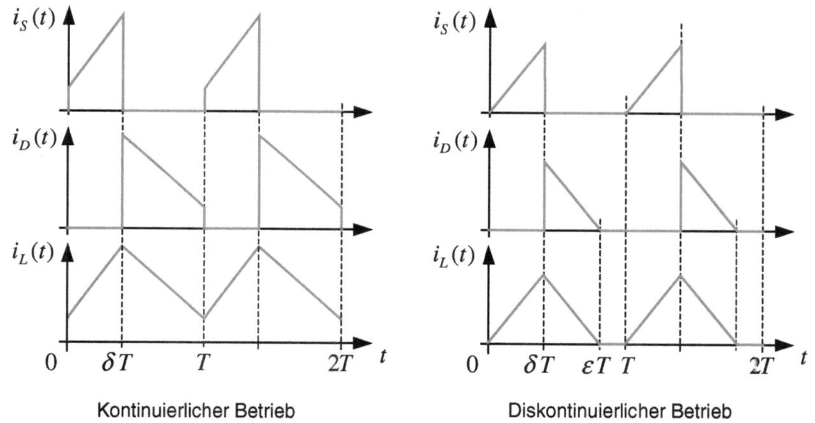

Abbildung 10.26: Stromverläufe im Netzwerk

Beim so genannten **diskontinuierlichen Betrieb** ist der Spulenstrom am Anfang und Ende jeder Schaltperiode immer gleich null. Stellen wir uns vor, dass der Spulenstrom, beginnend beim Zeitpunkt δT, linear abfällt und den Wert null bereits zu einem Zeitpunkt $t < T$ erreicht. Da die Ausgangsspannung U_2 größer ist als die Eingangsspannung U_1, müsste der Spulenstrom aufgrund der Gl. (10.50) weiterhin linear abfallen und damit negativ werden. Dies wird aber durch die dann sperrende Diode verhindert, sodass der Spulenstrom null bleibt. Es bildet sich also in dem Zeitbereich zwischen dem Verschwinden des Spulenstromes (in Abb. 10.26 mit εT bezeichnet) und dem Ende der Schaltperiode T ein weiterer Netzwerkzustand aus, in dem sowohl der Schalter S als auch die Diode einen Leerlauf bilden und ausschließlich Strom aus dem Kondensator durch den Verbraucher fließt.

Im Grenzfall zwischen den beiden Betriebsarten gilt $\varepsilon = 1$. Der Abfall des Spulenstromes auf den Wert null fällt exakt mit dem Ende der Schaltperiode zusammen. Die Frage, in welcher Betriebsart sich die Schaltung befindet, hängt von der Induktivität L, der Schaltfrequenz f und der zu übertragenden Leistung P ab.

10.10 Wirkungsgradbetrachtungen bei Schaltvorgängen

In diesem Kapitel wollen wir einige Fragen nach Verlusten und Wirkungsgrad bei den Schaltvorgängen untersuchen. Als erstes Beispiel betrachten wir noch einmal den Aufladevorgang eines Kondensators aus einer Spannungsquelle nach Abb. 10.1. Der zugehörige zeitliche Verlauf von Kondensatorspannung und Strom ist in Abb. 10.2 angegeben. Die Spannung am Widerstand $u_R(t)$ ist proportional zum Strom und muss wegen des Maschenumlaufs zusammen mit der Kondensatorspannung $u_C(t)$ die Quellenspannung U ergeben. Die ▶Abb. 10.27 zeigt noch einmal die Schaltung mit den Spannungsverläufen, wobei wir zur Vereinfachung jetzt $t_0 = 0$ setzen wollen.

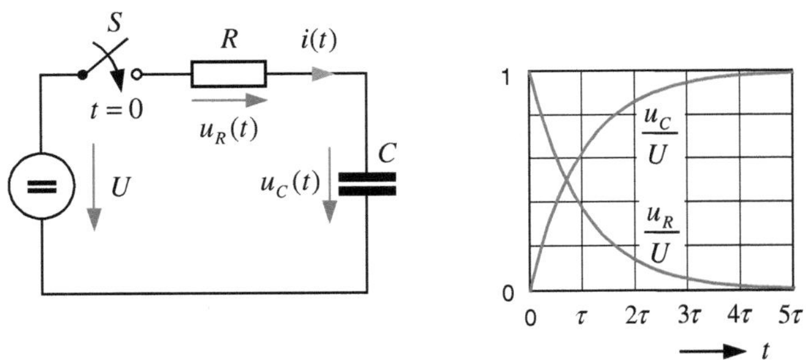

Abbildung 10.27: Spannungsverläufe nach dem Schaltvorgang

Die von der Quelle gelieferte zeitabhängige Leistung

$$p(t) = U\,i(t) \overset{(10.9)}{=} \frac{U^2}{R}\,\mathrm{e}^{-\frac{t}{RC}} \tag{10.51}$$

teilt sich auf in eine Leistung am Kondensator (Zunahme der gespeicherten elektrischen Energie)

$$p_C(t) = u_C(t)\,i(t) \overset{(10.8,10.9)}{=} U\left(1-\mathrm{e}^{-\frac{t}{RC}}\right)\frac{U}{R}\,\mathrm{e}^{-\frac{t}{RC}} = \frac{U^2}{R}\left(\mathrm{e}^{-\frac{t}{RC}} - \mathrm{e}^{-2\frac{t}{RC}}\right) \tag{10.52}$$

und in eine Leistung am Widerstand (Wärmeentwicklung)

$$p_R(t) = \left[U - u_C(t)\right] i(t) = p(t) - p_C(t) = \frac{U^2}{R}\mathrm{e}^{-2\frac{t}{RC}}. \tag{10.53}$$

Aus der Darstellung dieser Funktionen in ▶Abb. 10.28a ist zu erkennen, dass unmittelbar nach dem Schaltvorgang die gesamte von der Quelle abgegebene Leistung an dem Widerstand in Wärme umgewandelt wird. Wegen der noch nicht vorhandenen Kondensatorspannung fällt nämlich die gesamte Quellenspannung an dem Widerstand ab. Die Energiespeicherung im Kondensator erfolgt in diesem Zeitbereich mit einem sehr geringen Wirkungsgrad. Mit zunehmender Kondensatorspannung wird das Verhältnis von der an den Kondensator abgegebenen Energie zu der von der Quelle gelieferten Energie günstiger und der Wirkungsgrad steigt. Der in ▶Abb. 10.28b dargestellte zeitliche Verlauf des Wirkungsgrades wird durch die gleiche Funktion beschrieben wie das Verhältnis von Kondensatorspannung zu Quellenspannung:

$$\eta(t) = \frac{p_C(t)}{p(t)} \cdot 100\% = \frac{u_C(t)}{U} \cdot 100\% = \left(1 - \mathrm{e}^{-\frac{t}{RC}}\right) \cdot 100\% . \tag{10.54}$$

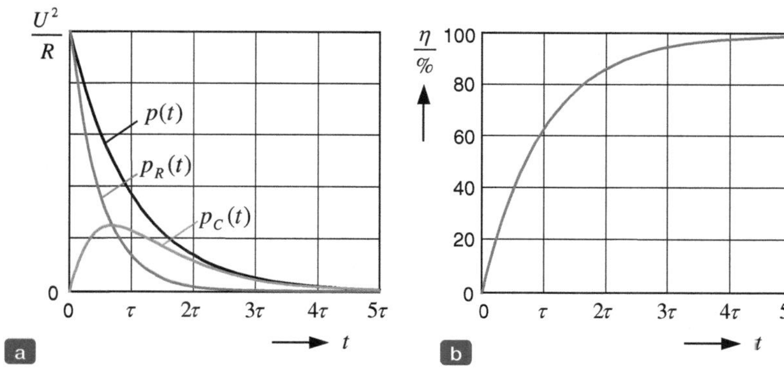

Abbildung 10.28: Momentanleistungen und momentaner Wirkungsgrad

In vielen Fällen ist der Gesamtwirkungsgrad von Interesse. Setzt man die nach Abschluss des Ladevorgangs im Kondensator gespeicherte Energie

$$W_e = \int_0^\infty p_C(t)\,\mathrm{d}t \overset{(10.52)}{=} \frac{U^2}{R} \int_0^\infty \left(\mathrm{e}^{-\frac{t}{RC}} - \mathrm{e}^{-2\frac{t}{RC}}\right) \mathrm{d}t = \frac{1}{2} C U^2 \tag{10.55}$$

zu der insgesamt von der Quelle gelieferten Energie

$$W = \int_0^\infty p(t)\,\mathrm{d}t \overset{(10.51)}{=} \frac{U^2}{R} \int_0^\infty \mathrm{e}^{-\frac{t}{RC}}\,\mathrm{d}t = C U^2 \tag{10.56}$$

ins Verhältnis, dann erhält man den Gesamtwirkungsgrad

$$\eta_{ges} = \frac{W_e}{W} \cdot 100\% = 50\% . \tag{10.57}$$

Bei kleinerem Widerstand R ist die Zeitkonstante $\tau = RC$ geringer, d.h., der Ladevorgang erfolgt in entsprechend kürzerer Zeit, gleichzeitig wird aber der Strom größer und die Momentanverluste am Widerstand steigen nach Gl. (10.53) mit dem Kehrwert des Widerstandes an. Diese beiden Effekte kompensieren sich gegenseitig, sodass das Ergebnis (10.57) unabhängig von dem Wert des Widerstandes ist.

Wird der Kondensator nicht bis auf den vollen Wert der Quellenspannung aufgeladen, dann wird der Gesamtwirkungsgrad noch deutlich schlechter, da in Abb. 10.28b nur der Bereich mit geringen η-Werten durchlaufen wird. Der Gesamtwirkungsgrad als Funktion der maximalen Kondensatorspannung lässt sich auf einfache Weise berechnen. Wir nehmen an, dass der Kondensator in Abb. 10.27 auf den Endwert $u_C = kU$ mit $0 \le k \le 1$ aufgeladen werden soll. Diese Spannung wird zu einem Zeitpunkt t_1 erreicht, der mit Gl. (10.8) berechnet werden kann:

$$kU = U\left(1 - \mathrm{e}^{-\frac{t_1}{RC}}\right) \quad \rightarrow \quad \mathrm{e}^{-\frac{t_1}{RC}} = 1 - k \quad \rightarrow \quad t_1 = -RC\ln(1-k)\,. \qquad (10.58)$$

Wird der Schalter zu diesem Zeitpunkt wieder geöffnet, dann ist im Kondensator die Energie

$$W_e = \frac{1}{2}C(kU)^2 \qquad (10.59)$$

gespeichert. Mit der bis zu diesem Zeitpunkt von der Quelle gelieferten Energie

$$W \overset{(10.56)}{=} \frac{U^2}{R}\int_0^{t_1} \mathrm{e}^{-\frac{t}{RC}}\,\mathrm{d}t = CU^2\left(1 - \mathrm{e}^{-\frac{t_1}{RC}}\right) \overset{(10.58)}{=} kCU^2 \qquad (10.60)$$

erhalten wir den Gesamtwirkungsgrad aus dem Verhältnis

$$\eta_{ges} = \frac{W_e}{W}\cdot 100\% = k\cdot 50\%\,. \qquad (10.61)$$

Dieser Gesamtwirkungsgrad ist in ►Abb. 10.29 als Funktion der bezogenen Kondensatorspannung u_C/U dargestellt und nimmt im günstigsten Fall den Wert 50 % an. Wird der Kondensator z.B. nur auf 40 % der Quellenspannung aufgeladen, dann erfolgt dieser Ladevorgang mit einem Gesamtwirkungsgrad von lediglich 20 %.

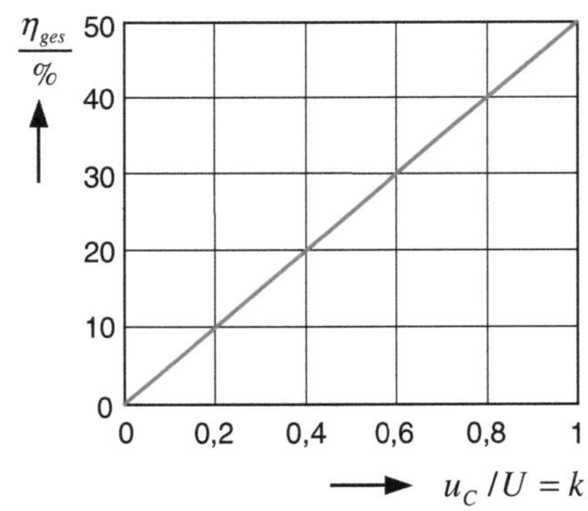

Abbildung 10.29: Gesamtwirkungsgrad als Funktion der bezogenen Kondensatorspannung

Merke

Das Aufladen eines zunächst ungeladenen Kondensators aus einer Spannungsquelle mit der Spannung U auf den Wert kU mit $0 \le k \le 1$ erfolgt mit einem Wirkungsgrad von $k\cdot 50$ %. Dieser Wert ist unabhängig von der Größe eines in Reihe liegenden Widerstandes.

Gute Wirkungsgrade lassen sich bei dieser Energieübertragung zwischen Spannungsquelle und Kondensator bzw. zwischen zwei Kondensatoren nach Abb. 10.28 nur erzielen, wenn die Spannungsdifferenz zwischen den beiden Kondensatoren gering ist, d.h., ein aufzuladender bzw. nachzuladender Kondensator sollte vor dem Ladevorgang bereits eine Spannung aufweisen, die prozentual nur wenig unterhalb der Quellenspannung liegt.

Beispiel 10.2: Energieübertragung zwischen Kondensatoren

In diesem Beispiel wird eine Situation mit sehr geringem Wirkungsgrad untersucht. Ein Eingangskondensator C mit der Anfangsspannung U wird gemäß ▸Abb. 10.30 zum Zeitpunkt $t = 0$ über einen Widerstand R mit einem ungeladenen Ausgangskondensator verbunden, der eine um den Faktor 9 höhere Kapazität aufweist. Zu berechnen ist der zeitabhängige Strom- und Spannungsverlauf an den Komponenten, der Gesamtwirkungsgrad der Energieübertragung sowie die Spannung an den Kondensatoren nach Abschluss des Umladevorganges.

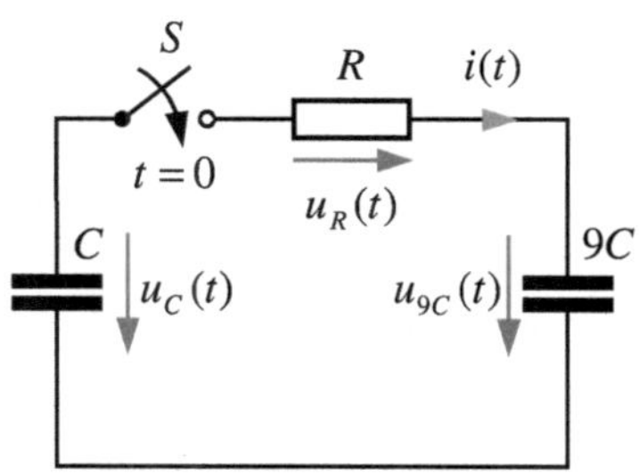

Abbildung 10.30: Betrachtete Anordnung

Im Gegensatz zur Abb. 10.27 ist jetzt die Quellenspannung nicht mehr konstant. Mit zunehmender Aufladung des Ausgangskondensators nimmt die Spannung am Eingangskondensator ab. Mit den Bezeichnungen der Abb. 10.30 gelten die Anfangsbedingungen

$$u_C(0) = U \quad \text{und} \quad u_{9C}(0) = 0. \tag{10.62}$$

Der Maschenumlauf

$$u_C(t) = u_R(t) + u_{9C}(t) \quad \to \quad \frac{\mathrm{d}u_C(t)}{\mathrm{d}t} = \frac{\mathrm{d}u_R(t)}{\mathrm{d}t} + \frac{\mathrm{d}u_{9C}(t)}{\mathrm{d}t} \tag{10.63}$$

führt mit Gl. (7.5) und unter Beachtung der Stromrichtung im Kondensator C auf die homogene Differentialgleichung für den Strom

$$\frac{-1}{C}i(t) = R\frac{\mathrm{d}}{\mathrm{d}t}i(t) + \frac{1}{9C}i(t) \quad \to \quad \frac{9RC}{10}\frac{\mathrm{d}}{\mathrm{d}t}i(t) + i(t) = 0\,, \tag{10.64}$$

deren Lösung durch die Exponentialfunktion

$$i(t) = k\,\mathrm{e}^{\frac{-10t}{9RC}} \tag{10.65}$$

mit der zunächst noch unbestimmten Konstanten k gegeben ist. Diese wird aus der Anfangsbedingung

$$u_C(0) = u_R(0) + u_{9C}(0) \quad \overset{(10.62)}{\to} \quad U = R\,i(0) + 0 \overset{(10.65)}{=} R\,k \tag{10.66}$$

bestimmt. Damit sind alle zeitabhängigen Verläufe bekannt:

$$i(t) = \frac{U}{R}\mathrm{e}^{\frac{-10t}{9RC}}, \quad u_C(t) \overset{(7.5)}{=} U - \frac{9U}{10}\left(1-\mathrm{e}^{\frac{-10t}{9RC}}\right) \text{ und } u_{9C}(t) \overset{(7.5)}{=} \frac{U}{10}\left(1-\mathrm{e}^{\frac{-10t}{9RC}}\right). \tag{10.67}$$

Nach Beendigung des Ausgleichsvorganges nehmen die beiden Kondensatoren die gleiche Spannung $0{,}1U$ an. Für die gespeicherte Energie vor bzw. nach der Umladung gelten die Beziehungen

$$W_e(t<0) = \frac{1}{2}CU^2 \tag{10.68}$$

und

$$W_e(t\to\infty) = W_{eC}(t\to\infty) + W_{e9C}(t\to\infty) = \frac{1}{2}C\left(\frac{U}{10}\right)^2 + \frac{1}{2}9C\left(\frac{U}{10}\right)^2 = \frac{1}{2}C\frac{U^2}{10}, \tag{10.69}$$

d.h., von der zu Beginn in C gespeicherten Energie sind 90 % an dem Widerstand in Wärme umgewandelt worden.

Wir wollen jetzt noch den Wirkungsgrad untersuchen, wenn ein Kondensator aus einer Stromquelle aufgeladen wird. In der Schaltung in ▶Abb. 10.31 wird der Schalter S zum Zeitpunkt $t = 0$ geöffnet und der konstante Strom I fließt in den anfangs ungeladenen Kondensator.

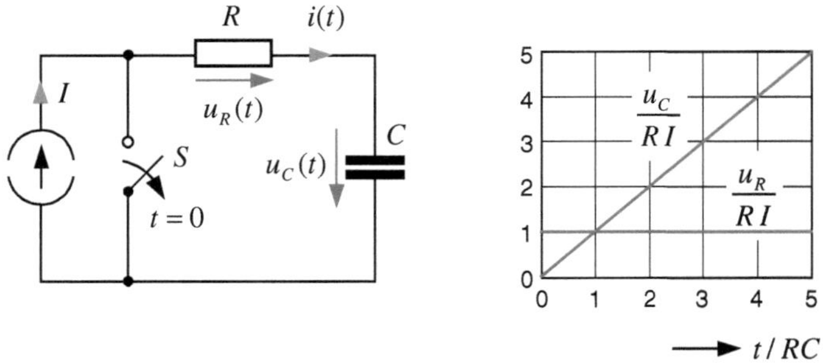

Abbildung 10.31: Aufladen eines Kondensators aus einer Stromquelle

Mit der linear ansteigenden Kondensatorspannung nach Gl. (10.12)

$$u_C(t) = \frac{I}{C} t \tag{10.70}$$

und der konstanten Spannung *RI* am Widerstand setzt sich die von der Quelle gelieferte zeitabhängige Leistung

$$p(t) = \left[u_R(t) + u_C(t)\right] I = \left(R + \frac{t}{C}\right) I^2 \tag{10.71}$$

aus einem konstanten Anteil infolge der Verluste am Widerstand und einem zeitlich linear ansteigenden Anteil zur Erhöhung der Energie im Kondensator zusammen. Den zeitabhängigen Wirkungsgrad erhalten wir wieder aus dem Verhältnis der momentan an den Kondensator abgegebenen Leistung zur momentan von der Quelle gelieferten Leistung

$$\eta(t) = \frac{u_C(t)\, I}{\left[u_R(t) + u_C(t)\right] I} \cdot 100\% = \frac{t}{RC + t} \cdot 100\% . \tag{10.72}$$

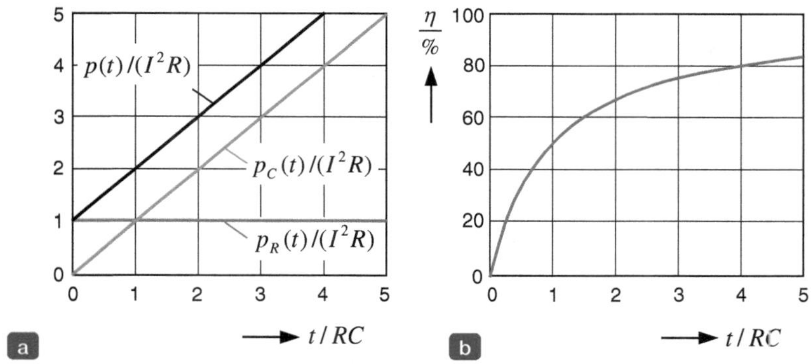

Abbildung 10.32: Momentanleistungen und momentaner Wirkungsgrad

Die zeitabhängigen Leistungen und der Wirkungsgrad (10.72) sind in ▶Abb. 10.32 dargestellt. Im Vergleich mit der Abb. 10.28 erhalten wir jetzt ein völlig anderes Verhalten. Zu Beginn ist der Wirkungsgrad ebenfalls sehr gering, das Gleiche gilt für die in dieser Zeit aus der Quelle entnommene Leistung. Mit zunehmender Zeit steigt die von der Quelle abgegebene Leistung bei kontinuierlich verbessertem Wirkungsgrad. Der Anstieg bei der Leistung ist eine Folge der ansteigenden Kondensatorspannung. Der Gesamtwirkungsgrad wird also umso besser, je länger der Kondensator geladen wird, d.h. je größer das Verhältnis *t*/*RC* wird. Im Grenzfall $R = 0$ wird wegen $\eta(t) = 100\,\%$ nach Gl. (10.72) der Gesamtwirkungsgrad ebenfalls 100 %. Hier liegt die Ursache für den sehr hohen Wirkungsgrad der Spannungswandlerschaltungen (vgl. Abb. 10.23). Die aus einem Kondensator (Spannungsquellenverhalten) entnommene Energie wird zunächst als magnetische Energie in einer Spule zwischengespeichert und anschließend von der Spule (Stromquellenverhalten) an den Ausgangskondensator abgegeben. Die relativ geringen Widerstände von Spule, Schalttransistor und Diode erlauben Wirkungsgrade im Bereich oberhalb von 90 %.

10.11 Zusammenfassung

Bevor wir uns mit der Erweiterung unseres Kenntnisstandes beschäftigen, sollen an dieser Stelle zunächst noch einmal die Voraussetzungen im Überblick zusammengestellt werden, unter denen wir bereits Schaltvorgänge in Netzwerken analysieren können.

Quellen

- Das Netzwerk darf mehrere Quellen besitzen. Wegen der voraussetzungsgemäß linearen Komponenten dürfen die Quellen einzeln betrachtet und die Teillösungen überlagert werden.
- Bei jeder Quelle darf es sich um eine Gleichspannungs- oder Wechselspannungsquelle handeln, ebenso um eine Gleichstrom- oder Wechselstromquelle.
- Unter Einbeziehung der harmonischen Analyse darf der Strom- oder Spannungsverlauf der Quelle einen beliebigen, zeitlich periodischen Verlauf aufweisen.
- Bei bestimmten periodischen Signalformen kann wahlweise im Frequenzbereich mit der harmonischen Analyse oder im Zeitbereich mit einer Abfolge einzelner Schaltvorgänge gerechnet werden (vgl. Kapitel 10.9).

Schalter

- Das Netzwerk darf mehrere Schalter enthalten. Bei jedem Schaltvorgang muss die Stetigkeit der Ströme durch Induktivitäten und der Spannungen an Kondensatoren durch Berücksichtigung der Anfangsbedingungen gewährleistet werden.
- Die Position der Schalter ist im Prinzip beliebig. Die aus den Stetigkeitsforderungen resultierenden Einschränkungen sind in Kapitel 10.7 angegeben.

Komponenten

- Alle Komponenten müssen linear sein, d.h., die Werte der Komponenten sind unabhängig von den Strömen und Spannungen.
- In dem Netzwerk dürfen beliebig viele Widerstände und ideale Übertrager enthalten sein.
- Das Netzwerk darf einen Energiespeicher (Induktivität oder Kapazität) enthalten.

Damit sind wir bereits in der Lage, sehr viele der praktisch auftretenden Probleme zu behandeln. Eine wesentliche Einschränkung werden wir im folgenden Kapitel beseitigen, in dem wir die Erweiterung auf mehrere Energiespeicher betrachten.

10.12 Netzwerke mit mehreren Energiespeichern

Die in den vorangegangenen Kapiteln vorgestellte Methode zur Lösung der Differentialgleichungen (DGL) im Zeitbereich soll jetzt auf den Fall mit mehreren Energiespeichern verallgemeinert werden. Die Herleitung der Lösung wird in mehrere Teilschritte zerlegt, die nacheinander diskutiert und am Beispiel des Reihenschwingkreises anschließend nochmals nachvollzogen werden.

1. Schritt: Aufstellen der Differentialgleichungen

Ein gegebenes Netzwerk mit Energiespeichern (Induktivitäten und Kapazitäten) kann mithilfe der Kirchhoff'schen Maschen- und Knotenregel durch ein gekoppeltes System algebraischer Gleichungen und Differentialgleichungen beschrieben werden. Die Anzahl n der unabhängigen Energiespeicher in dem Netzwerk liefert entsprechend den Gleichungen in Tab. 7.1 n Differentialgleichungen erster Ordnung. Beispiele für nicht unabhängige Energiespeicher sind in Reihe liegende oder parallel geschaltete Komponenten gleichen Typs, die durch eine resultierende Kapazität bzw. Induktivität ersetzt werden können.

Durch Zusammenfassung all dieser Gleichungen lässt sich eine lineare, gewöhnliche, inhomogene DGL n-ter Ordnung

$$\frac{\mathrm{d}^n y(t)}{\mathrm{d}t^n} + a_{n-1}\frac{\mathrm{d}^{n-1} y(t)}{\mathrm{d}t^{n-1}} + ... + a_1\frac{\mathrm{d}y(t)}{\mathrm{d}t} + a_0 y(t) = f(t) \tag{10.73}$$

mit konstanten Koeffizienten a_0 bis a_{n-1} ($a_n = 1$) aufstellen, in der nur noch eine unbekannte zeitabhängige Größe $y(t)$ enthalten ist. Die Funktion $y(t)$ steht stellvertretend für eine der Zustandsgrößen in dem Netzwerk, d.h. für die Spannung an einem Kondensator oder für den Strom durch eine Induktivität. In den Koeffizienten a_0 bis a_{n-1} ist die Information über den Aufbau des Netzwerks, seine Komponenten und deren Verknüpfung untereinander, enthalten.

Die DGL ist *linear*, da $y(t)$ nur in der ersten Potenz auftritt, sie ist *gewöhnlich*, da alle Größen nur von einer Variablen, nämlich der Zeit t, abhängen, und sie ist *inhomogen*, da sie eine von der unbekannten Zustandsgröße $y(t)$ unabhängige **Störfunktion** $f(t)$ enthält. Nach den bisher vorgestellten Lösungsmethoden darf die Störfunktion $f(t)$, die die Quellenströme und -spannungen und eventuell auch deren Ableitungen enthält und somit bekannt ist, aus einem Gleichanteil sowie aus sinusförmigen Funktionen bestehen, für die wir das Netzwerk im eingeschwungenen Zustand mit der symbolischen Methode und unter Zuhilfenahme von Fourier-Reihen berechnen können. Eine Erweiterung auf andere zeitabhängige Funktionen erfolgt in Kapitel 11.

Die Lösung der DGL (10.73) setzt sich aus der *homogenen* und der *partikulären* Lösung zusammen:

$$y(t) = y_h(t) + y_p(t)\,. \tag{10.74}$$

Die partikuläre Lösung beschreibt das Netzwerkverhalten nach Beendigung des Ausgleichsvorganges und muss die DGL

$$\frac{\mathrm{d}^n y_p(t)}{\mathrm{d}t^n} + a_{n-1}\frac{\mathrm{d}^{n-1} y_p(t)}{\mathrm{d}t^{n-1}} + ... + a_1\frac{\mathrm{d}y_p(t)}{\mathrm{d}t} + a_0 y_p(t) = f(t) \tag{10.75}$$

erfüllen. Theoretisch dauert der Ausgleichsvorgang unendlich lang, in der Praxis kann er aber bereits nach relativ kurzer Zeit (nach Ablauf weniger Zeitkonstanten) als beendet angesehen werden. Die partikuläre Lösung kann zwar, ausgehend von der DGL (10.75), ermittelt werden, in vielen Fällen liegt ihre Lösung aber aus einer Berechnung mit den bekannten Methoden bereits vor.

Die homogene Lösung beschreibt den Übergang des Netzwerks von einem stationären Zustand in den anderen. Die zugehörige DGL lautet

$$\frac{\mathrm{d}^n y_h(t)}{\mathrm{d}t^n} + a_{n-1}\frac{\mathrm{d}^{n-1} y_h(t)}{\mathrm{d}t^{n-1}} + ... + a_1\frac{\mathrm{d}\,y_h(t)}{\mathrm{d}t} + a_0 y_h(t) = 0\,. \tag{10.76}$$

Man beachte, dass die Überlagerung $y(t)$ in Gl. (10.74) nach Einsetzen der beiden Gln. (10.75) und (10.76) die Ausgangsgleichung (10.73) erfüllt.

2. Schritt: Bestimmung der partikulären Lösung

Das Netzwerk wird so behandelt, als habe sich der Schaltvorgang schon vor unendlich langer Zeit ereignet. Die Methode zur Berechnung der partikulären Lösung hängt von der Störfunktion ab. Ist $f(t)$ eine Konstante, dann wird das Netzwerk als Gleichstromnetzwerk behandelt, d.h., Induktivitäten werden durch Kurzschluss, Kapazitäten durch Leerlauf ersetzt. Handelt es sich bei der Störfunktion um harmonische Schwingungen, dann werden die Teillösungen mit der komplexen Wechselstromrechnung bestimmt. Die Methoden wurden in den vorangegangenen Kapiteln behandelt, sodass wir an dieser Stelle die partikuläre Lösung als bekannt voraussetzen dürfen.

3. Schritt: Bestimmung der homogenen Lösung

Ausgangspunkt ist jetzt die DGL (10.76). Diese Gleichung hängt nicht von der Störfunktion $f(t)$ ab, d.h., die allgemeine Lösung kann unabhängig von dem zeitlichen Verlauf der Quellenspannungen und -ströme aufgestellt werden. Mit dem Lösungsansatz

$$y_h(t) = k\,\mathrm{e}^{pt}\,, \tag{10.77}$$

in dem die Werte k und p zunächst unbekannte Konstanten darstellen, und den zugehörigen Ableitungen

$$\frac{\mathrm{d}\,y_h(t)}{\mathrm{d}t} = pk\,\mathrm{e}^{pt}, \quad \frac{\mathrm{d}^2 y_h(t)}{\mathrm{d}t^2} = p^2 k\,\mathrm{e}^{pt}, \; ...... \; \frac{\mathrm{d}^n y_h(t)}{\mathrm{d}t^n} = p^n k\,\mathrm{e}^{pt} \tag{10.78}$$

erhalten wir aus der Gl. (10.76) die Beziehung

$$\left(p^n + a_{n-1}p^{n-1} + ... + a_1 p + a_0\right) k\,\mathrm{e}^{pt} = 0\,. \tag{10.79}$$

Unter der Annahme, dass die homogene Lösung (10.77) nicht bereits verschwindet, verbleibt die **charakteristische Gleichung**

$$p^n + a_{n-1}p^{n-1} + ... + a_1 p + a_0 = 0\,. \tag{10.80}$$

Diese besitzt genau n als **Eigenwerte** bezeichnete Lösungen $p_1, p_2, \ldots\, p_n$. Da die Koeffizienten a_0 bis a_{n-1} reelle Werte sind, müssen die Eigenwerte ebenfalls reell oder paarweise konjugiert komplex sein. Zusätzlich kann der Fall eintreten, dass einige Eigenwerte gleich sind, d.h., die Gl. (10.80) besitzt dann eine mehrfache Wurzel. Wir müssen also für den allgemeinen Lösungsansatz einige Fallunterscheidungen treffen:

1. Sind alle Eigenwerte reell und verschieden, dann besitzt die homogene DGL die n linear unabhängigen Lösungen

$$y_h(t) = k_1\,\mathrm{e}^{p_1 t} + k_2\,\mathrm{e}^{p_2 t} + ... + k_n\,\mathrm{e}^{p_n t}\,. \tag{10.81}$$

2. Besitzt die charakteristische Gleichung eine mehrfache Wurzel, z.B. eine dreifache Wurzel mit $p_1 = p_2 = p_3$, dann sind die n linear unabhängigen Lösungen durch

$$y_h(t) = \left(k_1 + k_2 t + k_3 t^2\right) e^{p_1 t} + k_4 e^{p_4 t} + \ldots + k_n e^{p_n t} \tag{10.82}$$

gegeben.

3. Sind zwei Eigenwerte, z.B. p_1 und p_2 konjugiert komplex, dann gelten mit $p_1 = \alpha + j\beta$ und $p_2 = \alpha - j\beta$ die alternativen Ansätze in komplexer bzw. reeller Schreibweise:

$$\begin{aligned} y_h(t) &= k_1 e^{(\alpha+j\beta)t} + k_2 e^{(\alpha-j\beta)t} + k_3 e^{p_3 t} + \ldots + k_n e^{p_n t} \\ &= K_1 e^{\alpha t} \cos \beta t + K_2 e^{\alpha t} \sin \beta t + k_3 e^{p_3 t} + \ldots + k_n e^{p_n t} \,. \end{aligned} \tag{10.83}$$

Bei den betrachteten passiven Netzwerken müssen die Ausgleichsvorgänge mit der Zeit abklingen, d.h., die reellen Eigenwerte p in Gl. (10.77) müssen *negativ* sein, bei den konjugiert komplexen Eigenwerten muss der Realteil ebenfalls negativ sein. Eine Ausnahme bildet ein als verlustlos angenommenes, nur aus Induktivitäten und Kapazitäten bestehendes Netzwerk. In diesem Fall verschwindet der Realteil von p und es stellt sich nach Gl. (10.83) eine ungedämpfte Schwingung ein.

In den Ansätzen (10.82) und (10.83) sind nur eine mehrfache Wurzel und auch nur ein konjugiert komplexes Eigenwertpaar berücksichtigt. Treten diese mehrfach auf, dann sind die Ansätze in der entsprechenden Weise zu modifizieren. Eine Kombination der beiden Situationen mit mehreren gleichen, konjugiert komplexen Eigenwerten wird in dem folgenden Beispiel behandelt:

Beispiel 10.3: Linear unabhängige Lösungen einer DGL

Zu der DGL (10.84) sollen die linear unabhängigen Lösungen angegeben werden:

$$\frac{d^5 y(t)}{dt^5} + 7\frac{d^4 y(t)}{dt^4} + 26\frac{d^3 y(t)}{dt^3} + 62\frac{d^2 y(t)}{dt^2} + 85\frac{dy(t)}{dt} + 75 = 0 \tag{10.84}$$

Die charakteristische Gleichung

$$p^5 + 7p^4 + 26p^3 + 62p^2 + 85p + 75 = 0 \tag{10.85}$$

besitzt eine einfache und zwei doppelte, konjugiert komplexe Nullstellen

$$p_1 = -3, \quad p_2 = p_3 = -1 + j2, \quad p_4 = p_5 = -1 - j2 \,. \tag{10.86}$$

Das gleichzeitige Auftreten von doppelten, konjugiert komplexen Nullstellen führt mit den Ansätzen (10.82) und (10.83) auf die allgemeine Lösung

$$y_h(t) = k_1 e^{-3t} + \left(k_2 + k_3 t\right) e^{-t} \cos 2t + \left(k_4 + k_5 t\right) e^{-t} \sin 2t \,. \tag{10.87}$$

4. Schritt: Bestimmung der unbekannten Konstanten *k*

Die Überlagerung der homogenen und partikulären Lösung entsprechend Gl. (10.74) zur Gesamtlösung enthält noch die n unbekannten Integrationskonstanten k aus der homogenen Lösung. Diese müssen aus den Anfangsbedingungen bestimmt werden, die sich dadurch ergeben, dass an den n Speicherelementen die Energie stetig ist, d.h., die Ströme in den Spulen und die Spannungen an den Kondensatoren müssen beim Schaltvorgang stetig bleiben. Diese Anfangsbedingungen müssen auf die in der DGL (10.73) verwendete Netzwerkgröße umgerechnet werden, wodurch sich Bedingungen für $y(t)$ und für die ersten $n - 1$ Ableitungen von $y(t)$ zum Schaltzeitpunkt ergeben.

Für einen idealen Übertrager, der lediglich durch sein Übersetzungsverhältnis charakterisiert ist und keine Energie speichert, existiert genauso wie für einen Widerstand keine Stetigkeitsforderung. Wird ein im Netzwerk befindlicher Übertrager jedoch durch ein Ersatzschaltbild mit induktiven Komponenten beschrieben, dann trägt jede einzelne Induktivität mit einer zusätzlichen DGL zum Gleichungssystem bei und muss bezüglich der Anfangsbedingungen genauso wie jede andere Induktivität behandelt werden. Bei einem fest gekoppelten Übertrager mit verschwindenden Streuinduktivitäten muss der Magnetisierungsstrom durch die Hauptinduktivität zwar stetig sein, dies erfordert aber nicht unbedingt die Stetigkeit von Eingangs- und Ausgangsstrom.

Findet der Schaltvorgang zu einem Zeitpunkt $t = t_0$ statt, dann sind die Netzwerkgrößen $i_L(t_0 - 0)$ und $u_C(t_0 - 0)$ unmittelbar vor dem Schaltzeitpunkt bekannt. Ohne Überlagerung des Ausgleichsvorganges würden sie unmittelbar nach dem Schaltvorgang, d.h. zum Zeitpunkt $t_0 + 0$, den durch die partikuläre Lösung bestimmten Wert annehmen. Die Unterschiede zwischen diesen beiden Werten, nämlich

$$\begin{aligned} \Delta u_C &= u_{C\,p}(t_0+0) - u_C(t_0-0) \\ \Delta i_L &= i_{L\,p}(t_0+0) - i_L(t_0-0) \end{aligned} \quad \text{bei den} \quad \begin{matrix} \text{Kondensatorspannungen} \\ \text{Spulenströmen} \end{matrix} \tag{10.88}$$

verletzen die Stetigkeitsbedingung und sind verantwortlich für den Ausgleichsvorgang. Daraus lassen sich zwei interessante Konsequenzen ablesen:

- Liefert die partikuläre Lösung zu dem Schaltzeitpunkt genau die gleichen Kondensatorspannungen und die gleichen Spulenströme, die unmittelbar vor dem Schaltzeitpunkt vorlagen, dann verschwinden alle Differenzen (10.88) und es findet kein Ausgleichsvorgang statt. Diese Situation kennen wir bereits aus dem mittleren Diagramm der Abb. 10.10.
- Der weitere zeitliche Verlauf der partikulären Lösung für $t > t_0$ hat keinen Einfluss auf die homogene Lösung. Diese Aussage gilt unabhängig davon, ob es sich dabei um eine Konstante oder um eine durch eine Fourier-Entwicklung beschriebene zeitabhängige Funktion handelt. Allein die durch die partikuläre Lösung beschriebenen Momentanwerte im Schaltaugenblick $t_0 + 0$ beeinflussen die Differenzen (10.88) und damit den Verlauf der homogenen Lösung (vgl. auch Gl. (10.40) bzw. (10.43)).

Die beschriebenen vier Schritte zur Berechnung der Gesamtlösung bei einem Schaltvorgang sind natürlich auch in den bereits betrachteten Beispielen in den vorangegangenen Kapiteln enthalten. Zum Abschluss wollen wir ein Netzwerk mit unterschiedlichen Energiespeichern betrachten, bei dem der Schaltvorgang im Gegensatz zu den bisherigen Beispielen Schwingungen hervorrufen kann.

10.12.1 Serienschwingkreis an Gleichspannung

Wir betrachten den in ▶Abb. 10.33 dargestellten Serienschwingkreis, der zum Zeitpunkt $t = 0$ mit einer Gleichspannungsquelle U verbunden wird. Die Kondensatorspannung und der Strom sollen als Funktion der Zeit für $t > 0$ berechnet werden, und zwar für den allgemeinen Fall, dass sowohl der Spulenstrom als auch die Kondensatorspannung zum Schaltzeitpunkt einen nicht verschwindenden Anfangswert aufweisen.

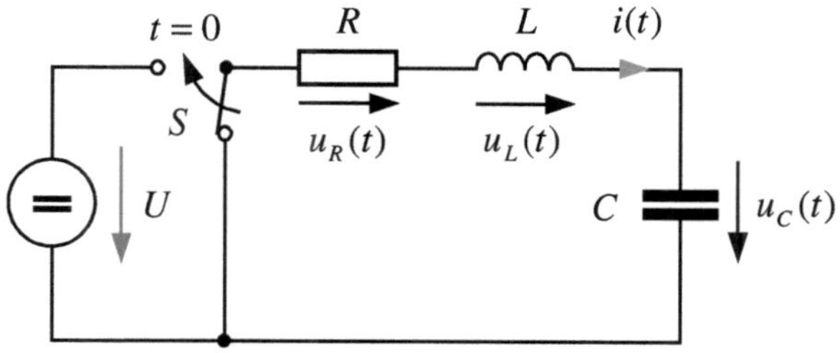

Abbildung 10.33: Serienschwingkreis an Gleichspannung

1. Schritt: Aufstellen der Differentialgleichungen

Die Maschengleichung

$$U = u_R(t) + u_L(t) + u_C(t) \tag{10.89}$$

wird mit den an den Komponenten geltenden Beziehungen

$$u_R(t) = R\,i(t)\,, \quad u_L(t) = L\frac{\mathrm{d}\,i(t)}{\mathrm{d}t} \quad \text{und} \quad i(t) = C\frac{\mathrm{d}\,u_C(t)}{\mathrm{d}t} \tag{10.90}$$

auf eine der Differentialgleichung (10.73) entsprechende Form gebracht

$$\frac{\mathrm{d}^2 u_C(t)}{\mathrm{d}t^2} + \frac{R}{L}\frac{\mathrm{d}u_C(t)}{\mathrm{d}t} + \frac{1}{LC}u_C(t) = \frac{U}{LC}, \tag{10.91}$$

die zusammen mit den Anfangsbedingungen für die Kondensatorspannung und für den Spulenstrom

$$u_C(t = 0) = u_{C0} \quad \text{und} \quad i(t = 0) = i_{L0} \tag{10.92}$$

das Problem eindeutig beschreibt.

2. Schritt: Bestimmung der partikulären Lösung

Die partikuläre Lösung für $t \to \infty$ kann direkt angegeben werden. Wegen der Gleichspannung am Eingang werden die Spule durch einen Kurzschluss und der Kondensator durch einen Leerlauf ersetzt. Die Spannung am Kondensator nimmt den Wert der Quellenspannung an und der Strom verschwindet:

$$u_{Cp}(t) = U \quad \text{und} \quad i_p(t) = 0. \tag{10.93}$$

Wählen wir die DGL (10.75) als Ausgangspunkt zur Bestimmung der partikulären Lösung, dann verschwinden wegen der zeitlich konstanten Störfunktion $f(t) = U$ alle Zeitableitungen auf der linken Gleichungsseite, sodass wir unmittelbar das gleiche Ergebnis erhalten:

$$y_p(t) = \frac{1}{a_0} f(t) \quad \overset{(10.91)}{\rightarrow} \quad u_{C\,p}(t) = U \,. \tag{10.94}$$

3. Schritt: Bestimmung der homogenen Lösung

Mit dem Ansatz für die homogene Lösung

$$u_{C\,h}(t) = k\,\mathrm{e}^{pt} \tag{10.95}$$

erhalten wir die charakteristische Gleichung

$$p^2 + \frac{R}{L} p + \frac{1}{LC} = 0 \tag{10.96}$$

mit den beiden Eigenwerten

$$p_1 = -\frac{R}{2L} + \sqrt{\frac{R^2}{4L^2} - \frac{1}{LC}} \quad \text{und} \quad p_2 = -\frac{R}{2L} - \sqrt{\frac{R^2}{4L^2} - \frac{1}{LC}} \,, \tag{10.97}$$

die mit der **Abklingkonstanten** $\delta = R/(2L)$ und mit der Resonanzkreisfrequenz $\omega_0{}^2 = 1/(LC)$ nach Gl. (8.86) in der folgenden Weise geschrieben werden können:

$$p_1 = -\delta + \sqrt{\delta^2 - \omega_0{}^2} \quad \text{und} \quad p_2 = -\delta - \sqrt{\delta^2 - \omega_0{}^2} \,. \tag{10.98}$$

An dieser Stelle müssen wir drei mögliche Fälle unterscheiden: Die Wurzel kann reell, null oder imaginär werden. Wir werden diese Fälle getrennt betrachten.

Erster Fall: *Die Wurzel ist reell*

Die Voraussetzung für eine reelle Wurzel ist erfüllt unter der Bedingung

$$\frac{R^2}{4L^2} - \frac{1}{LC} > 0 \quad \rightarrow \quad \frac{1}{R}\sqrt{\frac{L}{C}} \overset{(8.90)}{=} Q_s < 0{,}5 \,. \tag{10.99}$$

Mit der homogenen Lösung für die Kondensatorspannung nach Gl. (10.81)

$$u_{C\,h}(t) = k_1\,\mathrm{e}^{p_1 t} + k_2\,\mathrm{e}^{p_2 t} \tag{10.100}$$

erhalten wir die Gesamtlösung entsprechend Gl. (10.74):

$$u_C(t) = U + k_1\,\mathrm{e}^{p_1 t} + k_2\,\mathrm{e}^{p_2 t} \,. \tag{10.101}$$

Sie besteht aus dem konstanten Anteil für $t \rightarrow \infty$ und zwei mit unterschiedlichen Zeitkonstanten abklingenden Exponentialfunktionen. Es werden keine Schwingungen angeregt, sodass man diesen Strom- und Spannungsverlauf als **aperiodischen Fall** bezeichnet.

Zweiter Fall: *Die Wurzel verschwindet*

In diesem Grenzfall erhalten wir eine doppelte Nullstelle $p_1 = p_2$ und nach Gl. (10.82) die homogene Lösung

$$u_{Ch}(t) = (k_1 + k_2\,t)\;\mathrm{e}^{-\delta t} \tag{10.102}$$

sowie die Gesamtlösung

$$u_C(t) = U + (k_1 + k_2\,t)\;\mathrm{e}^{-\delta t}\,. \tag{10.103}$$

In diesem Fall strebt die Kondensatorspannung relativ schnell gegen ihren Endwert, und zwar ebenfalls ohne zu schwingen. Dieser Fall wird als **aperiodischer Grenzfall** bezeichnet.

Dritter Fall: *Die Wurzel ist imaginär*

Die beiden Eigenwerte sind konjugiert komplex:

$$\begin{aligned} p_1 &= -\delta + \mathrm{j}\sqrt{\omega_0{}^2 - \delta^2} = -\delta + \mathrm{j}\omega_d \\ p_2 &= -\delta - \mathrm{j}\sqrt{\omega_0{}^2 - \delta^2} = -\delta - \mathrm{j}\omega_d \end{aligned}\,, \tag{10.104}$$

und wir erhalten nach Gl. (10.83) die homogene Lösung

$$u_{Ch}(t) = \left[k_1 \cos(\omega_d\,t) + k_2 \sin(\omega_d\,t)\right]\mathrm{e}^{-\delta t} \tag{10.105}$$

sowie die Gesamtlösung

$$u_C(t) = U + \left[k_1 \cos(\omega_d\,t) + k_2 \sin(\omega_d\,t)\right]\mathrm{e}^{-\delta t}\,. \tag{10.106}$$

Die homogene Lösung besteht jetzt aus einer Schwingung der Kreisfrequenz ω_d, deren Amplitude entsprechend der Exponentialfunktion abklingt. Diese Situation wird als **periodischer Fall** bezeichnet. Im Grenzfall $R = 0$ bzw. $\delta = 0$ sind die beiden Eigenwerte rein imaginär. Die Exponentialfunktion nimmt den konstanten Wert 1 an und wir erhalten eine ungedämpfte Schwingung mit zeitlich konstanter Amplitude.

4. Schritt: Bestimmung der unbekannten Konstanten k

Zur Bestimmung der beiden Konstanten k_1 und k_2 müssen in allen drei Fällen die Anfangsbedingungen (10.92) erfüllt werden. Wir haben bereits erwähnt, dass diese Bedingungen auf die verwendete Netzwerkgröße umgerechnet werden müssen, im vorliegenden Fall auf $u_C(t)$. Mit Gl. (10.92) erhalten wir die beiden Forderungen für die Kondensatorspannung und ihre erste Ableitung

$$u_C(t=0) = u_{C0} \quad \text{und} \quad i(t) = C\frac{\mathrm{d}u_C(t)}{\mathrm{d}t} \;\rightarrow\; \left.\frac{\mathrm{d}u_C(t)}{\mathrm{d}t}\right|_{t=0} = \frac{i_{L0}}{C}\,. \tag{10.107}$$

Mit der jeweils gültigen Lösung $u_C(t)$ in den drei Fällen erhält man die in der folgenden Tabelle angegebenen Ergebnisse für k_1 und k_2. Als Abkürzungen wurden die Differenzen nach Gl. (10.88) mit den Werten

$$\begin{aligned}\Delta u_C &= u_{Cp}(0) - u_{C0} = U - u_{C0} \\ \Delta i_L &= i_{Lp}(0) - i_{L0} = -i_{L0}\end{aligned} \qquad (10.108)$$

verwendet. Nach Überlagerung mit den partikulären Lösungen aus Gl. (10.93) erhalten wir die in Tab. 10.1 angegebenen zeitabhängigen Verläufe.

Tabelle 10.1

Zeitabhängiger Strom- und Spannungsverlauf bei verschiedenen Schwingkreisgüten

Konstanten	Verläufe
Aperiodischer Fall: $Q_s < 0{,}5$	
$k_1 = \dfrac{p_2 \Delta u_C - \Delta i_L / C}{p_1 - p_2}$, $k_2 = \dfrac{-p_1 \Delta u_C + \Delta i_L / C}{p_1 - p_2}$	$u_C(t) = u_{Cp}(t) + k_1 e^{p_1 t} + k_2 e^{p_2 t}$, $i(t) = i_p(t) + C\left(k_1 p_1 e^{p_1 t} + k_2 p_2 e^{p_2 t}\right)$
Aperiodischer Grenzfall: $Q_s = 0{,}5$	
$k_1 = -\Delta u_C$, $k_2 = -\delta \Delta u_C - \Delta i_L / C$	$u_C(t) = u_{Cp}(t) + (k_1 + k_2 t)\, e^{-\delta t}$, $i(t) = i_p(t) + C\left[k_2 - \delta(k_1 + k_2 t)\right] e^{-\delta t}$
Periodischer Fall: $Q_s > 0{,}5$	
$k_1 = -\Delta u_C$, $k_2 = -\dfrac{\delta}{\omega_d}\Delta u_C - \dfrac{\Delta i_L}{\omega_d C}$	$u_C(t) = u_{Cp}(t) + \left[k_1 \cos(\omega_d t) + k_2 \sin(\omega_d t)\right] e^{-\delta t}$, $i(t) = i_p(t) + C\left[(\omega_d k_2 - \delta k_1)\cos(\omega_d t) - (\omega_d k_1 + \delta k_2)\sin(\omega_d t)\right] e^{-\delta t}$

Es ist zu erkennen, dass die Konstanten k und damit auch die homogenen Lösungen jeweils Linearkombinationen der Differenzen Δu_C und Δi_L sind.

Für eine Auswertung der Kurvenverläufe wählen wir $u_{C0} = 0$ und $i_{L0} = 0$ sowie $L = 1\,\text{mH}$ und $C = 1\,\mu\text{F}$. Die Widerstandswerte R werden so dimensioniert, dass sich nach Gl. (8.90) die angegebenen Schwingkreisgüten Q_s einstellen.

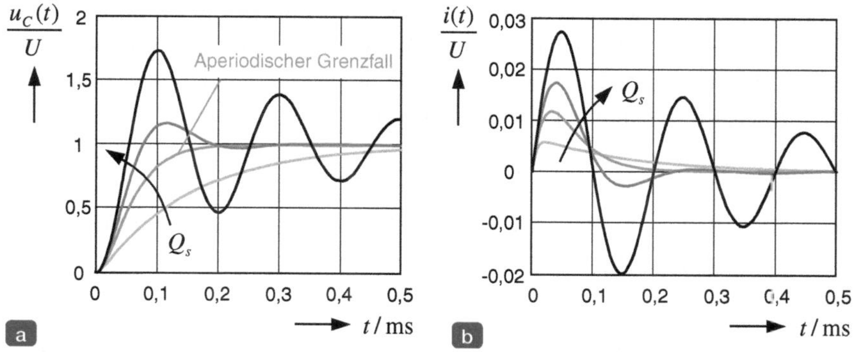

Abbildung 10.34: Einschwingverhalten des Serienschwingkreises für $Q_S = 0{,}2,\ 0{,}5,\ 1$ und 5

Die Spannungs- und Stromverläufe in ▶Abb. 10.34 zeigen sehr deutlich den Unterschied zwischen dem aperiodischen und dem periodischen Verhalten. Die Hüllkurve der Schwingung klingt mit der Zeitkonstanten $\tau = 1/\delta = 2L/R$ ab. Bei geringer Dämpfung eilt der Strom der Kondensatorspannung erwartungsgemäß um $\pi/2$ vor. Im ungedämpften Schwingkreis mit $R = 0$ gilt $\tau \to \infty$ und die Kondensatorspannung schwingt in diesem Fall mit der maximalen Amplitude U um die partikuläre Lösung, d.h., sie steigt bis auf den doppelten Wert der Eingangsspannung.

Merke

In Schaltungen mit unterschiedlichen Energiespeichern können die Eigenwerte reell oder konjugiert komplex werden. Im Falle komplexer Eigenwerte treten Schwingungen auf, bei denen die Feldenergie zwischen magnetischer Energie (Strom in der Spule) und elektrischer Energie (Spannung am Kondensator) hin und her pendelt.

Bei Netzwerken, die entweder keine Induktivitäten oder keine Kapazitäten enthalten, sind die Eigenwerte immer reell und als homogene Lösung kann der periodische Fall nicht auftreten.

10.12.2 Serienschwingkreis an periodischer Spannung

Die Erweiterung der bisherigen Lösung auf den Fall einer beliebigen periodischen Eingangsspannung ist relativ einfach. Wir nehmen an, dass die Quellenspannung in Abb. 10.33 durch eine Fourier-Reihe nach Gl. (9.7)

$$u(t) = U_0 + \sum_{n=1}^{\infty} \hat{u}_n \cos(n\omega t - \psi_n) \tag{10.109}$$

gegeben ist. Bei den vier durchzuführenden Schritten betrachten wir im Folgenden nur noch die Änderungen gegenüber der Schaltung mit Gleichspannungsquelle in Kapitel 10.12.1. Da sich der Schaltvorgang bei periodischer Quellenspannung nur durch die partikuläre Lösung von dem Schaltvorgang bei Gleichspannung unterscheidet, ist der erste Schritt identisch und wir können mit der Bestimmung der partikulären Lösung im zweiten Schritt beginnen. Wir betrachten ein Glied aus der Summe (10.109) mit der Kreisfrequenz $n\omega$ und der komplexen Amplitude

$$\underline{\hat{u}}_n = \hat{u}_n \, e^{-j\psi_n} \tag{10.110}$$

entsprechend Tab. 8.1. Die Beziehung für die Kondensatorspannung erhalten wir aus dem Verhältnis der Impedanzen

$$\underline{\hat{u}}_{Cn} = \frac{\dfrac{1}{jn\omega C}}{R + jn\omega L + \dfrac{1}{jn\omega C}} \, \underline{\hat{u}}_n = \frac{1}{1-(n\omega)^2 LC + jn\omega CR} \hat{u}_n \, e^{-j\psi_n} \tag{10.111}$$

und den zeitabhängigen Verlauf aus dem Realteil der mit $e^{jn\omega t}$ multiplizierten komplexen Amplitude

$$\begin{aligned} u_{Cn}(t) &= \operatorname{Re}\left\{ \frac{1}{1-(n\omega)^2 LC + jn\omega CR} \hat{u}_n \, e^{j(n\omega t - \psi_n)} \right\} \\ &= \frac{\hat{u}_n}{\sqrt{\left[1-(n\omega)^2 LC\right]^2 + (n\omega CR)^2}} \cos\left(n\omega t - \psi_n - \varphi_n\right) \end{aligned} \tag{10.112}$$

mit

$$\varphi_n = \arctan \frac{n\omega CR}{1-(n\omega)^2 LC} + \begin{cases} 0 \\ \pi \end{cases} \text{falls } 1-(n\omega)^2 LC \gtrless 0 \, .$$

Die vollständige partikuläre Lösung ist also gegeben durch die Summe

$$u_{Cp}(t) = U_0 + \sum_{n=1}^{\infty} \frac{\hat{u}_n}{\sqrt{\left[1-(n\omega)^2 LC\right]^2 + (n\omega CR)^2}} \cos\left(n\omega t - \psi_n - \varphi_n\right) \tag{10.113}$$

und für den Strom erhalten wir

$$i_p(t) = -C \sum_{n=1}^{\infty} \frac{\hat{u}_n \, n\omega}{\sqrt{\left[1-(n\omega)^2 LC\right]^2 + (n\omega CR)^2}} \sin\left(n\omega t - \psi_n - \varphi_n\right) . \tag{10.114}$$

Die möglichen homogenen Lösungen sind wieder die gleichen wie bei der Gleichspannungserregung. Als Konsequenz bleiben die Beziehungen für die in Tab. 10.1 angegebenen zeitabhängigen Verläufe von Kondensatorspannung und Maschenstrom unverändert erhalten. Es sind lediglich die gegenüber Gl. (10.93) geänderten partikulären Lösungen (10.113) und (10.114) einzusetzen.

Betrachten wir noch die Bestimmung der Konstanten im vierten Schritt: Auch die Gleichungen für k_1 und k_2 in der Tabelle bleiben erhalten, allerdings müssen auch in den Differenzen (10.108) die partikulären Lösungen zum Schaltzeitpunkt $t = 0$ entsprechend den Beziehungen (10.113) und (10.114) verwendet werden. In ausführlicher Schreibweise gilt

$$\Delta u_C = u_{C\,p}(0) - u_{C0} = \left[U_0 + \sum_{n=1}^{\infty} \frac{\hat{u}_n \cos(\psi_n + \varphi_n)}{\sqrt{\left[1-(n\omega)^2 LC\right]^2 + (n\omega CR)^2}} \right] - u_{C0} \qquad (10.115)$$

und

$$\Delta i_L = i_{L\,p}(0) - i_{L0} = \left[\sum_{n=1}^{\infty} \frac{\hat{u}_n n\omega C \sin(\psi_n + \varphi_n)}{\sqrt{\left[1-(n\omega)^2 LC\right]^2 + (n\omega CR)^2}} \right] - i_{L0}\,. \qquad (10.116)$$

Mit diesen Differenzen bleiben alle Gleichungen in der Tab. 10.1 weiterhin gültig. Damit haben wir den Einschaltvorgang eines Reihenschwingkreises für alle durch eine Fourier-Entwicklung darstellbaren periodischen Spannungsformen angegeben.

Wegen der Besonderheiten beim Schalten von Schwingkreisen an sinusförmigen Quellenspannungen wollen wir noch zwei charakteristische Beispiele auswerten. Ein Reihenschwingkreis mit den Netzwerkelementen $L = 1\,\mathrm{mH}$ und $C = 1\,\mu\mathrm{F}$ und mit der Güte $Q_s >> 0{,}5$ (periodischer Fall) soll an eine Quellenspannung

$$u(t) = \hat{u}\cos(\omega t) \qquad (10.117)$$

angeschlossen werden. Für die Anfangswerte soll $u_{C0} = i_{L0} = 0$ gelten. Die Kondensatorspannung ist dann durch die vereinfachte Beziehung

$$u_C(t) = \frac{\hat{u}}{\sqrt{(1-\omega^2 LC)^2 + (\omega CR)^2}} \cos(\omega t - \varphi) - \left[\Delta u_C \cos(\omega_d t) + \left(\frac{\Delta i_L}{\omega_d C} + \frac{\delta}{\omega_d} \Delta u_C \right) \sin(\omega_d t) \right] \mathrm{e}^{-\delta t} \qquad (10.118)$$

mit

$$\Delta u_C = \frac{\hat{u}\cos(\varphi)}{\sqrt{(1-\omega^2 LC)^2 + (\omega CR)^2}} \quad \text{und} \quad \Delta i_L = \frac{\hat{u}\,\omega C \sin(\varphi)}{\sqrt{(1-\omega^2 LC)^2 + (\omega CR)^2}} \qquad (10.119)$$

gegeben. In der Lösung tritt neben der Frequenz ω der Quellenspannung auch noch die durch die Komponenten des Serienkreises festgelegte Frequenz ω_d der gedämpften Schwingung nach Gl. (10.104) auf. Die Überlagerung der beiden Schwingungen führt wieder zu sehr unterschiedlichen Kurvenformen, je nachdem, in welchem Verhältnis die beiden Frequenzen zueinander stehen. Die ▶Abb. 10.35 zeigt das Einschwingverhalten für $\omega = 0{,}1\omega_d$. In Teilbild a sind die homogene Lösung und die partikuläre Lösung separat dargestellt, Teilbild b zeigt die Gesamtlösung. Diese folgt im Wesentlichen der von der Quelle vorgegebenen Schwingung. Die höherfrequente Schwingung klingt entsprechend der Dämpfung ab und ist der niederfrequenten Schwingung überlagert.

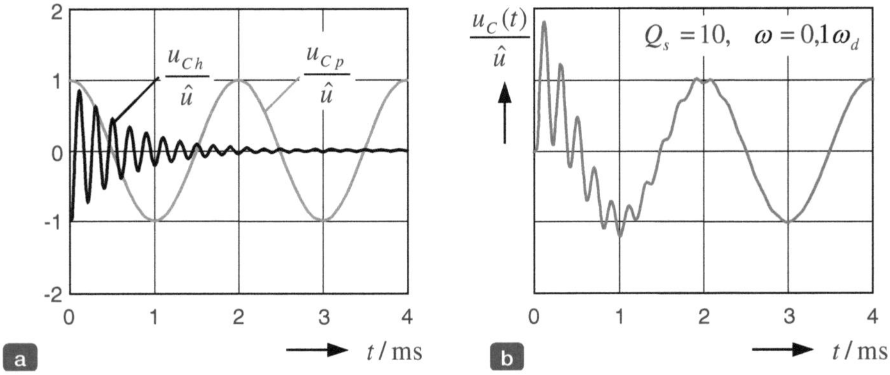

Abbildung 10.35: Einschwingverhalten des Serienschwingkreises bei sinusförmiger Quellenspannung

Ein anderes Verhalten stellt sich ein, wenn sich die beiden Frequenzen nur geringfügig unterscheiden. Für $\omega = 0{,}9\omega_d$ erhalten wir die in ►Abb. 10.36 dargestellte **Schwebung**. Die beiden ausgewerteten Zahlenbeispiele zeigen die gleichen Merkmale, die wir auch schon bei den Überlagerungen in den Abb. 9.2 und 9.3 diskutiert haben.

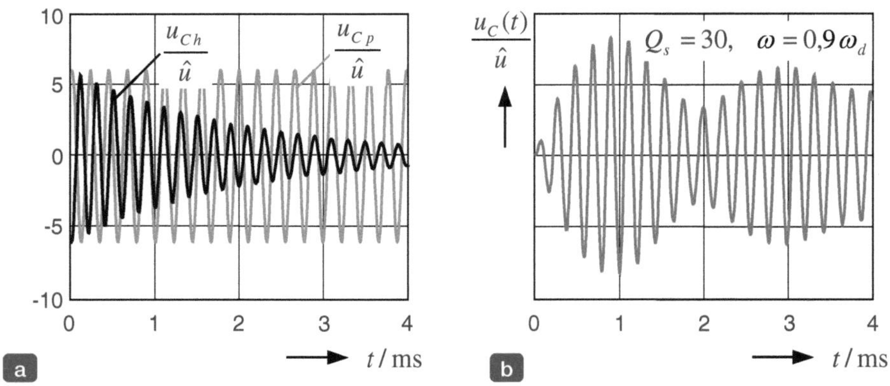

Abbildung 10.36: Einschwingverhalten des Serienschwingkreises bei sinusförmiger Quellenspannung

In den beiden Abb. 10.35 und 10.36 wurden unterschiedliche Güten $Q_s = 10$ bzw. $Q_s = 30$ zugrunde gelegt. Mit kleinerem Widerstand und damit größerer Güte steigt die Amplitude der Schwingung bei der partikulären Lösung. Die daraus resultierenden größeren Differenzen (10.119) haben eine größere Amplitude bei der homogenen Lösung zur Folge. Gleichzeitig reduziert sich die Abklingkonstante δ und der Ausgleichsvorgang dauert entsprechend länger.

ZUSAMMENFASSUNG

- In Netzwerken ohne Energiespeicher, also in reinen **Widerstandsnetzwerken**, können sich Ströme und Spannungen sprungartig ändern, d.h., das Netzwerk geht nach einem Schaltvorgang unmittelbar in den neuen Zustand über. Ein Ausgleichsvorgang findet nicht statt.
- In den **Speicherelementen** kann sich die Energie nicht sprungartig ändern, d.h., Kondensatorspannung und Spulenstrom müssen stetig sein.
- Enthält ein Netzwerk **Energiespeicher**, dann kann der zeitliche Verlauf der Ströme und Spannungen nach einem Schaltvorgang aus zwei Anteilen zusammengesetzt werden. Der erste Anteil beschreibt den **stationären Endzustand**, in den das Netzwerk nach Abklingen aller Ausgleichsvorgänge übergeht. Der zweite Anteil beschreibt den **Ausgleichsvorgang**, also den Übergang von dem Zustand vor dem Schalten zu dem stationären Endzustand. Dieser Anteil verschwindet für $t \to \infty$.
- In **Sonderfällen** kann der Ausgleichsvorgang entfallen, dann nämlich, wenn sich das Netzwerk bereits in einem Zustand befindet, der alle Randbedingungen nach dem Schaltvorgang erfüllt. Ein einfaches Beispiel ist das Ausschalten eines Transistors in einem Zweig, der bereits unmittelbar vor dem Schaltvorgang stromlos ist.
- Die von den **Ausgleichsvorgängen** benötigte Zeit hängt wesentlich von den durch die Netzwerkelemente festgelegten Zeitkonstanten ab.
- Das **Umspeichern** der Energie von einem Speicherelement in ein anderes ruft Verluste hervor. Diese sind in starkem Maße zeitabhängig.
- Schaltvorgänge in Netzwerken mit Induktivitäten und Kapazitäten können **Resonanzerscheinungen** hervorrufen. Diese sind umso stärker ausgeprägt, je größer die Güte der Schwingkreise bzw. je kleiner deren Dämpfung ist.

MyLab | Elektrotechnik

Viele Aufgaben mit wechselnden Zahlenwerten, Schritt-für-Schritt-Lösungen, Klausurtrainer und Empfehlungen finden Sie unter MyLab | Elektrotechnik.

Zugangsdaten vorne im Buch.

Übungsaufgaben

Aufgabe 10.1 *RC*-Reihenschaltung an Rechteckspannung

Die *RC*-Reihenschaltung in ►Abb. 10.37 ist über ein aus zwei Schaltern S_1 und S_2 bestehendes Netzwerk an eine Gleichspannungsquelle U angeschlossen. Die beiden Schalter sollen im **Gegentakt** betrieben werden, d.h., einer der beiden Schalter ist jeweils geschlossen und der andere Schalter geöffnet. Wir wollen annehmen, dass sich die Abfolge der Schaltzustände mit der Periodendauer T wiederholt. Im Zeitbereich $0 \le t < \delta T$ ist der Schalter S_1 geschlossen, im Zeitbereich $\delta T \le t < T$ ist der Schalter S_2 geschlossen.

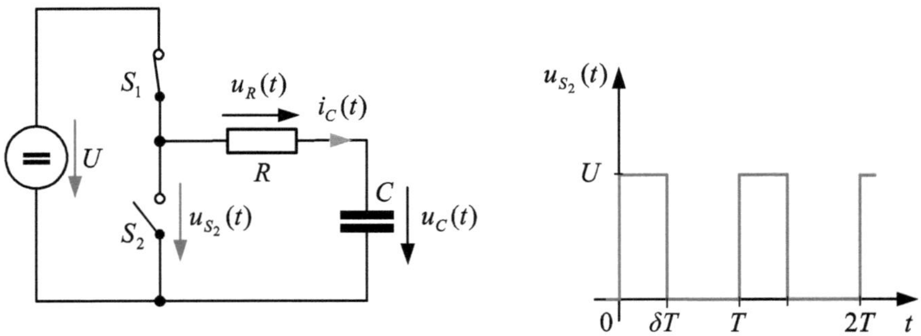

Abbildung 10.37: *RC*-Reihenschaltung an Rechteckspannung

1. Berechnen Sie für einen beliebigen Tastgrad $0 \le \delta \le 1$ den zeitlichen Verlauf der Kondensatorspannung $u_C(t)$ und des Stromes $i_C(t)$ für die beiden folgenden Fälle:
   a. Anlaufverhalten des Netzwerks, wenn es erstmalig an die Rechteckspannung angeschlossen wird
   b. Eingeschwungener Zustand, bei dem alle Signalverläufe periodisch sind mit der Periodendauer T. Dieser Fall tritt ein, nachdem die Rechteckspannung $u_{S_2}(t)$ schon hinreichend lange an dem *RC*-Netzwerk anliegt und die Anlaufphase beendet ist.
2. Berechnen Sie den eingeschwungenen Zustand mithilfe der Fourier-Entwicklung und vergleichen Sie diese Lösung mit der Lösung für den Fall b) aus Teilaufgabe 1.

Aufgabe 10.2 Brückengleichrichter

Eine einfache Schaltung zur Umwandlung einer Wechselspannung in eine Gleichspannung besteht aus einem **Brückengleichrichter** und einem Speicherkondensator. Der Widerstand R in ▶Abb. 10.38 bildet den Verbraucher, der mit einer möglichst konstanten Gleichspannung versorgt werden soll. Die Spannung u_N entspricht der Netzwechselspannung $u_N(t) = \hat{u}\sin(\omega t)$ mit $\hat{u} = \sqrt{2}\ 230\,\text{V}$ und $\omega = 2\pi f = 2\pi\ 50\,\text{Hz}$. Zur Vereinfachung der Rechnung werden die Dioden als ideal angesehen. Bei einer Diodenspannung in Vorwärtsrichtung bilden sie einen Kurzschluss, bei einer Spannung in Sperrrichtung dagegen einen Leerlauf.

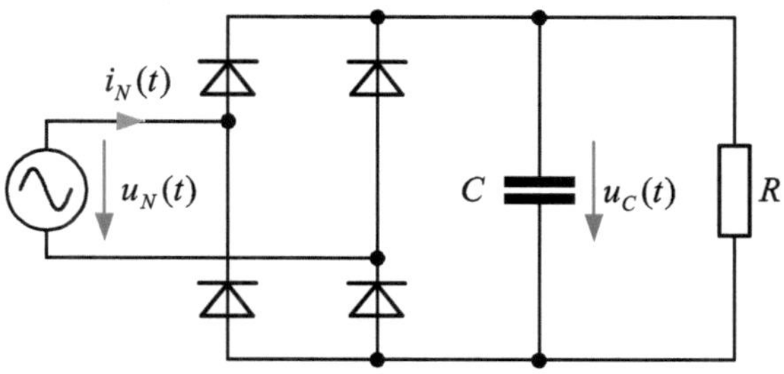

Abbildung 10.38: Netzgleichrichter

1. Beschreiben Sie die Funktionsweise der Schaltung.
2. Berechnen Sie den zeitlichen Verlauf von Eingangsstrom $i_N(t)$ und Ausgangsspannung $u_C(t)$ in Abhängigkeit von den Werten C und R.
3. Berechnen Sie die Ausgangsleistung.
4. Der Kondensator besitzt jetzt die Kapazität $C = 100\,\mu\text{F}$. Stellen Sie die Zeitverläufe von $i_N(t)$ und $u_C(t)$ für die Ausgangsleistungen $P = 100\,\text{W}$, $500\,\text{W}$, $1\,\text{kW}$ und $2\,\text{kW}$ dar.

Aufgabe 10.3 Spannungswandlerschaltung mit galvanischer Trennung zwischen Eingang und Ausgang

Die ▶Abb. 10.39 zeigt eine Schaltung zur Umwandlung einer Eingangsgleichspannung U in eine galvanisch getrennte Ausgangsgleichspannung U_0. Der Schalter wird in der Praxis durch einen Hochfrequenztransistor, z.B. einen MOSFET, realisiert und arbeitet üblicherweise mit einer Schaltfrequenz im Bereich $> 20\,\text{kHz}$. Innerhalb einer Schaltperiode ist der Schalter im Zeitbereich $0 \le t < \delta T$ geschlossen und im Zeitbereich $\delta T \le t < T$ geöffnet. Die Primärseite des Transformators besitzt die Induktivität $L_p = N_p^2\, A_L$, auf der Sekundärseite gilt $L_s = N_s^2\, A_L$. Das Übersetzungsverhältnis $ü = N_p/N_s$ ist durch das Verhältnis der Windungszahlen gegeben. Der Ausgangskondensator ist so bemessen, dass die Spannung U_0 als konstant angesehen werden kann. Zur Vereinfachung der Berechnung werden der Transformator, der Schalter und auch die Diode als verlustfrei angenommen.

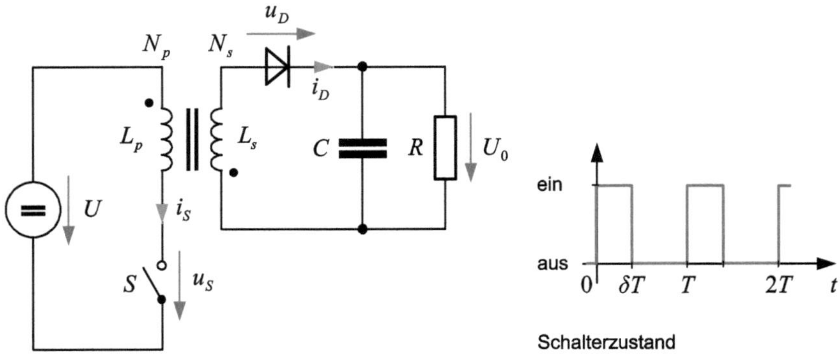

Abbildung 10.39: Sperrwandler

Bestimmen Sie in Abhängigkeit der Spannungen U und U_0 sowie der zu übertragenden Leistung P die Spannungen $u_S(t)$, $u_D(t)$ und die Ströme $i_S(t)$, $i_D(t)$ als Funktion der Zeit für eine Schaltperiode.

Aufgabe 10.4 Einschaltvorgang beim Parallelschwingkreis

Zum Zeitpunkt $t = 0$ wird der Schalter in ▶Abb. 10.40 geöffnet und der Gleichstrom I_0 auf den Parallelschwingkreis geschaltet.

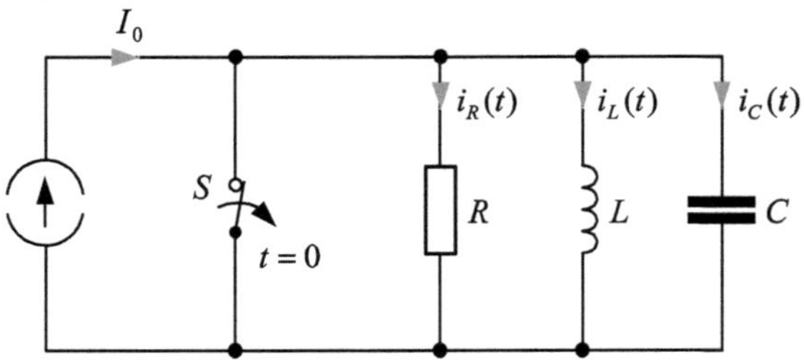

Abbildung 10.40: Parallelschwingkreis

Berechnen Sie für die Werte $L = 1$ mH und $C = 1$ nF die zeitabhängigen Ströme $i_R(t)$, $i_L(t)$ und $i_C(t)$ für die drei Fälle $R = 100\ \Omega$, $R = 500\ \Omega$ und $R = 2500\ \Omega$.

Die Laplace-Transformation

11

ÜBERBLICK

Einführung

» In diesem Kapitel werden wir mit der Laplace-Transformation eine mathematische Methode kennen lernen, die es uns erlaubt, Netzwerke zu analysieren, deren Quellen während einer begrenzten Dauer einen zeitlich beliebigen Strom- bzw. Spannungsverlauf aufweisen. Die in Kapitel 9 vorausgesetzte Periodizität des zeitlichen Verlaufs wird, wie auch bereits in Kapitel 10, fallen gelassen. Während die Berechnung der Schaltvorgänge in Kapitel 10 durch Lösen der im Zeitbereich geltenden gekoppelten Differentialgleichungen erfolgte, wird in diesem Kapitel, ähnlich wie bei der komplexen Wechselstromrechnung, zunächst eine Transformation in den Bildbereich durchgeführt. Das dabei entstehende lineare Gleichungssystem lässt sich in der Regel wesentlich einfacher lösen. Die Reduzierung des Gesamtaufwands wird zusätzlich dadurch begünstigt, dass sowohl die Transformation in den Bildbereich als auch die Rücktransformation in den Zeitbereich mithilfe von Korrespondenztabellen sehr einfach durchführbar ist. «

LERNZIELE

Nach Durcharbeiten dieses Kapitels und dem Lösen der Übungsaufgaben werden Sie in der Lage sein,

- die zeitabhängigen Signalverläufe unter Berücksichtigung der Anfangswerte von Spulenstrom und Kondensatorspannung in den Bildbereich zu transformieren,
- die Berechnung der Laplace-Integrale durch Verwendung verschiedener Hilfssätze zu vereinfachen,
- die Transformation in den Bildbereich mithilfe von Korrespondenztabellen durchzuführen,
- die nach Auflösung des Gleichungssystems im Bildbereich erhaltenen Gleichungen in den Zeitbereich zurückzutransformieren,
- die dabei durchzuführende Integration gegebenenfalls unter Zuhilfenahme von Faltungssatz und Partialbruchzerlegung zu vereinfachen oder
- durch Verwendung von Korrespondenztabellen zu umgehen.

In Kapitel 9 wurde die Darstellung periodischer Funktionen (Periodendauer T) durch Fourier-Reihen behandelt. Die unabhängige Betrachtung des Netzwerks für Gleichanteil, Grund- und Oberschwingungen und die anschließende lineare Überlagerung der Teillösungen erlaubte uns die Analyse von Netzwerken mit zeitlich periodischem Verlauf von Quellenstrom und Quellenspannung. In diesem Kapitel wollen wir versuchen, die Vorgehensweise bei der Anwendung der Fourier-Reihen auf die Netzwerkanalyse auch auf nicht periodische, insbesondere einmalige Vorgänge zu übertragen.

Wird ein Netzwerk einem einmaligen kurzzeitigen Spannungsverlauf der Dauer T_0 und beliebiger Zeitabhängigkeit ausgesetzt, dann können wir im Prinzip einen periodischen Signalverlauf erzwingen, indem wir eine Periodendauer $T > T_0$ definieren und den Spannungsverlauf nach Ablauf von T jeweils wiederholen (▶Abb. 11.1). Für das so entstandene periodische Signal sind die Lösungsmethoden aus Kapitel 9 bekannt. Wollen wir jetzt aber den Einfluss der willkürlich eingeführten Periodizität minimieren und nur die Netzwerkreaktion auf einen einzigen Spannungsimpuls untersuchen, dann müssen wir sicherstellen, dass sich das Netzwerk zu Beginn eines neuen Impulses bereits wieder im Ruhezustand befindet, ohne noch von den vorhergehenden Impulsen beeinflusst zu sein. Wir müssen daher den Zeitabstand $T - T_0$ zwischen den einzelnen Impulsen wegen des im Prinzip unendlich lange dauernden Ausgleichsvorganges ebenfalls unendlich lang wählen.

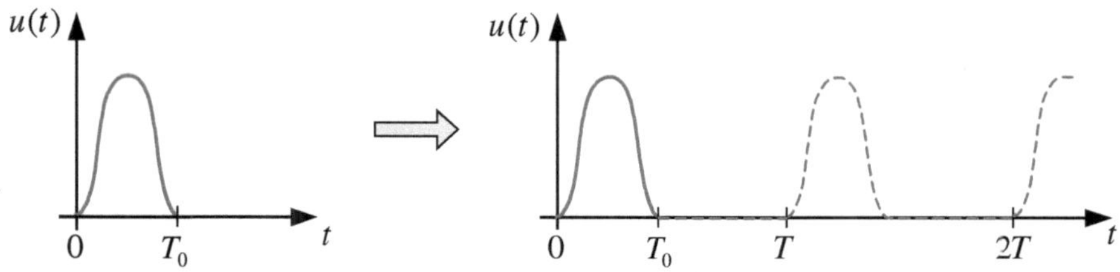

Abbildung 11.1: Umwandlung eines einmaligen Spannungsverlaufs in ein periodisches Signal

Ausgehend von der Lösung für den periodischen Fall ist also ein Grenzübergang $T \to \infty$ durchzuführen. Damit verbunden stellt sich die Frage, welche Auswirkungen dieser Grenzübergang auf die bisherige Fourier-Entwicklung hat.

11.1 Das Fourier-Integral

Wir beginnen die Untersuchungen mit der Reihendarstellung in Gl. (9.6):

$$u(t) = a_0 + \sum_{n=1}^{\infty} \left[\hat{a}_n \cos(n\omega t) + \hat{b}_n \sin(n\omega t) \right]. \tag{11.1}$$

Die zeitabhängige Funktion $u(t)$ wird, abgesehen von dem Mittelwert, dargestellt durch eine Grundschwingung mit der Kreisfrequenz $\omega = \omega_1 = 2\pi/T$ und Oberschwingungen mit den Kreisfrequenzen $\omega_n = n2\pi/T = n\omega_1$. Der Abstand zwischen zwei aufeinanderfolgenden Kreisfrequenzen beträgt jeweils $\Delta\omega = \omega_1$.

Im ersten Schritt werden wir die Koeffizienten in Gl. (11.1) durch ihre Bestimmungsgleichungen (9.21) ersetzen. Da wir aber bisher in beiden Gleichungen den Parameter t für unterschiedliche Zwecke verwenden,[1] werden wir die Bezeichnung bei den Bestimmungsgleichungen zur Vermeidung von Verwechslungen folgendermaßen ändern:

$$\begin{aligned} a_0 &= \frac{1}{T}\int_{-T/2}^{T/2} u(\tau)\,\mathrm{d}\tau, \qquad \hat{a}_n = \frac{2}{T}\int_{-T/2}^{T/2} u(\tau)\cos(n\omega\tau)\,\mathrm{d}\tau \\ \hat{b}_n &= \frac{2}{T}\int_{-T/2}^{T/2} u(\tau)\sin(n\omega\tau)\,\mathrm{d}\tau\,. \end{aligned} \tag{11.2}$$

Die gleichzeitige Änderung der Integrationsgrenzen von $0 \le \tau \le T$ auf $-T/2 \le \tau \le T/2$ hat aufgrund der Periodizität der Funktion keinen Einfluss auf die Koeffizientenberechnung. Setzen wir jetzt diese Bestimmungsgleichungen anstelle der Koeffizienten in Gl. (11.1) ein, dann können wir die Funktion $u(t)$ mit der Bezeichnung $\Delta\omega = \omega_1$ für den Abstand zwischen den Spektrallinien in der folgenden Weise darstellen:

$$\begin{aligned} u(t) &= \frac{1}{T}\int_{-T/2}^{T/2} u(\tau)\,\mathrm{d}\tau + \frac{2}{T}\sum_{n=1}^{\infty}\left[\int_{-T/2}^{T/2} u(\tau)\cos(n\omega\tau)\,\mathrm{d}\tau\,\cos(n\omega t)\right. \\ &\qquad \left. + \int_{-T/2}^{T/2} u(\tau)\sin(n\omega\tau)\,\mathrm{d}\tau\,\sin(n\omega t)\right] \\ &= \Delta\omega\left[\frac{1}{2\pi}\int_{-T/2}^{T/2} u(\tau)\,\mathrm{d}\tau\right] + \sum_{n=1}^{\infty}\Delta\omega\left[\frac{1}{\pi}\int_{-T/2}^{T/2} u(\tau)\cos(\omega_n\tau)\,\mathrm{d}\tau\,\cos(\omega_n t)\right. \\ &\qquad \left. + \frac{1}{\pi}\int_{-T/2}^{T/2} u(\tau)\sin(\omega_n\tau)\,\mathrm{d}\tau\,\sin(\omega_n t)\right]. \end{aligned} \tag{11.3}$$

Für einen beliebig gewählten, aber festen Zeitpunkt $t = t_0$ besitzt die Funktion auf der linken Seite der Gleichung einen bekannten Wert $u(t_0)$. Die in eckigen Klammern auf der rechten Seite stehenden Ausdrücke stellen ein Linienspektrum dar, das wir für den gewählten Zeitpunkt t_0 auswerten und über der Frequenzachse auftragen können. Die Integrale entsprechen, abgesehen von den Vorfaktoren, den Koeffizienten $\hat{a}_n$ und $\hat{b}_n$ und sind somit bekannt. Die erste Klammer infolge des Gleichanteils liefert eine Linie bei der Frequenz null, die Klammer in der Summe liefert die Linien bei den Frequenzen $\omega_n = n\omega_1$ mit $n = 1,2, \ldots$ Dieses Spektrum entspricht nicht dem bisher verwendeten Amplitudenspektrum, da die Werte der trigonometrischen Funktionen zum Zeitpunkt $t = t_0$ in das Ergebnis mit eingehen. Das Spektrum ist also abhängig von dem gewählten Zeitpunkt.

Multiplizieren wir die Länge dieser Spektrallinien mit ihrem Abstand $\Delta\omega$, dann erhalten wir eine unendliche Summe von Rechtecken. Die Integration bzw. Summation über diese Flächen ist entsprechend Gl. (11.3) identisch zu dem Wert $u(t_0)$ auf der linken Gleichungsseite.

1 In Gl. (11.1) stellt er einen bestimmten Zeitpunkt dar, zu dem die Funktion $u(t)$ beispielsweise berechnet werden kann, in Gl. (9.21) wird er als Integrationsvariable über die gesamte Periodendauer verwendet.

Zur Veranschaulichung betrachten wir als Beispiel die Fourier-Entwicklung der Rechteckschwingung Nr. 7 in Tab. H.1 mit einer angenommenen Impulsdauer $T_0 = \delta T = 0{,}2\,\text{ms}$. Zum Vergleich sollen die beiden in ▶Abb. 11.2 dargestellten Fälle mit $T = 1\,\text{ms}$, d.h. $f = 1\,\text{kHz}$, und $T = 4\,\text{ms}$, d.h. $f = 250\,\text{Hz}$, einander gegenübergestellt werden.

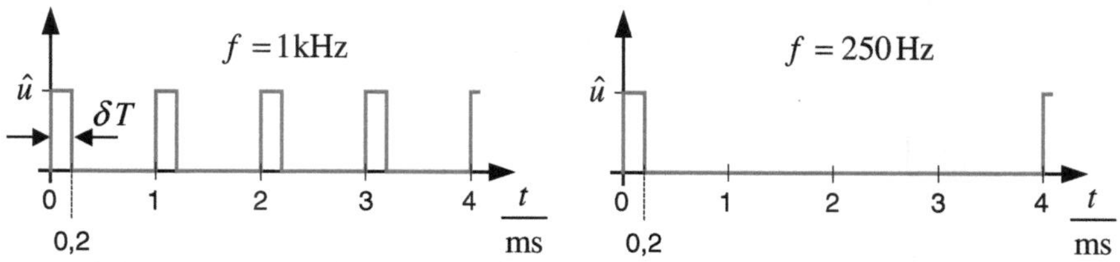

Abbildung 11.2: Rechteckimpulse mit unterschiedlichen Pausenzeiten

Wählen wir den Zeitpunkt $t_0 = \delta T/2$ für die Auswertung und Darstellung des Spektrums in Gl. (11.3), dann nimmt die Reihenentwicklung mithilfe von Additionstheoremen die einfache Form

$$\begin{aligned}\frac{u(\delta T/2)}{\hat{u}} &= 1 = \delta + \frac{1}{\pi}\sum_{n=1}^{\infty}\frac{1}{n}\left\{\sin(n2\pi\delta)\cos(n\pi\delta) + [1-\cos(n2\pi\delta)]\sin(n\pi\delta)\right\} \\ &= \Delta\omega\left[\frac{\delta T}{2\pi}\right] + \sum_{n=1}^{\infty}\Delta\omega\left[\frac{T}{n\pi^2}\sin(n\pi\delta)\right]\end{aligned} \tag{11.4}$$

an. Die ▶Abb. 11.3 zeigt auf der linken Seite das nach Gl. (11.4) berechnete Ergebnis für die Grundschwingungsfrequenz $f_1 = 1/T = 1\,\text{kHz}$. Die Werte der einzelnen Spektrallinien legen die Höhe der Rechtecke fest, ihr Abstand $\Delta\omega = 2\pi f_1$ entspricht der Breite der Rechtecke. Auf der rechten Seite ist das gleiche Ergebnis für $f_1 = 1/T = 250\,\text{Hz}$ dargestellt. Wegen der um den Faktor 4 größeren Periodendauer ist der Abstand zwischen den Spektrallinien um den Faktor 4 kleiner geworden. In beiden Fällen liefert das Integral über die markierte Fläche den Wert 1, entsprechend der linken Seite in Gl. (11.4).

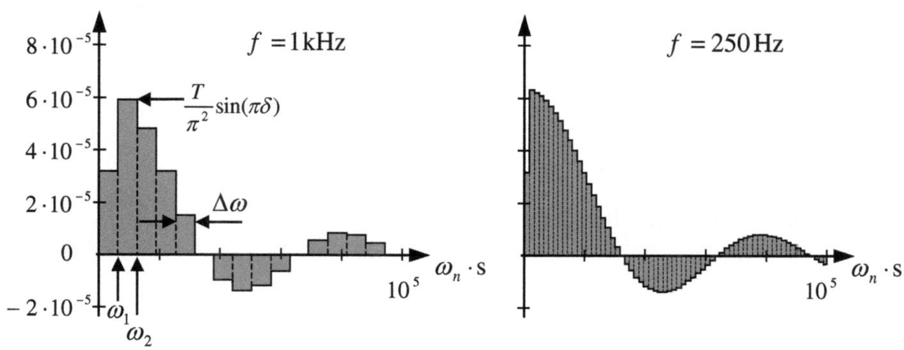

Abbildung 11.3: Spektrum bei gleicher Impulsbreite, aber unterschiedlichen Periodendauern

Aus diesen Darstellungen lassen sich die folgenden Erkenntnisse gewinnen:

- Die Grundschwingungsfrequenz ω_1 und die Abstände $\Delta\omega$ zwischen den Oberschwingungen streben mit wachsender Periodendauer T zu immer kleineren Werten.

- Im Grenzübergang $T \to \infty$ geht das diskrete **Linienspektrum** in ein **kontinuierliches Spektrum** über. Als Konsequenz wird die Summation in Gl. (11.3) für $T \to \infty$ in eine Integration übergehen.

Nach diesen Vorbetrachtungen knüpfen wir wieder an die Gl. (11.3) an und führen die Rechnung weiter. Die trigonometrischen Funktionen mit dem Argument $\omega_n t$ sind unabhängig von der Integrationsvariablen τ, sodass wir die Gl. (11.3) auf die Form

$$\begin{aligned} u(t) &= \Delta\omega \left[\frac{1}{2\pi} \int_{-T/2}^{T/2} u(\tau)\,\mathrm{d}\tau \right] \\ &\quad + \sum_{n=1}^{\infty} \Delta\omega \left[\frac{1}{\pi} \int_{-T/2}^{T/2} u(\tau)\left[\cos(\omega_n \tau)\cos(\omega_n t) + \sin(\omega_n \tau)\sin(\omega_n t)\right] \mathrm{d}\tau \right] \\ &= \Delta\omega \left[\frac{1}{2\pi} \int_{-T/2}^{T/2} u(\tau)\,\mathrm{d}\tau \right] + \sum_{n=1}^{\infty} \Delta\omega \left[\frac{1}{\pi} \int_{-T/2}^{T/2} u(\tau)\,\cos(\omega_n(\tau - t))\,\mathrm{d}\tau \right] \end{aligned} \tag{11.5}$$

bringen können. Wir betrachten jetzt den Grenzübergang $T \to \infty$ und wollen dabei voraussetzen, dass die Integrale endlich bleiben. Der erste Ausdruck auf der rechten Seite verschwindet, wenn die Funktion absolut integrabel ist, d.h., wenn das über den Bereich $-\infty \le \tau \le \infty$ gebildete Integral der Funktion $|u(t)|$ einen endlichen Wert besitzt. In diesem Fall gilt

$$\lim_{T\to\infty} \frac{\Delta\omega}{2\pi} \int_{-T/2}^{T/2} u(\tau)\,\mathrm{d}\tau \le \lim_{T\to\infty} \frac{1}{T} \int_{-T/2}^{T/2} \left|u(\tau)\right| \mathrm{d}\tau = 0\,. \tag{11.6}$$

Das Integral im zweiten Ausdruck ist eine Funktion von ω_n und soll wegen der besseren Übersichtlichkeit zunächst in der abgekürzten Form

$$g(\omega_n) = \lim_{T\to\infty} \int_{-T/2}^{T/2} u(\tau)\,\cos(\omega_n(\tau - t))\,\mathrm{d}\tau = \int_{-\infty}^{\infty} u(\tau)\,\cos(\omega_n(\tau - t))\,\mathrm{d}\tau \tag{11.7}$$

geschrieben werden. Die Summation über die Produkte aus den Werten der diskreten Spektrallinien mit deren Abständen geht im Grenzübergang in eine Integration über, sodass wir die Beziehung

$$u(t) = \lim_{T\to\infty} \sum_{n=1}^{\infty} \frac{1}{\pi} g(\omega_n)\,\Delta\omega = \frac{1}{\pi} \int_0^{\infty} g(\omega)\,\mathrm{d}\omega \tag{11.8}$$

oder in ausführlicher Schreibweise

$$\begin{aligned} u(t) &= \frac{1}{\pi} \int_0^{\infty} \left[\int_{-\infty}^{\infty} u(\tau)\,\cos(\omega(\tau - t))\,\mathrm{d}\tau \right] \mathrm{d}\omega \\ &= \int_0^{\infty} \left[\left(\frac{1}{\pi} \int_{-\infty}^{\infty} u(\tau)\,\cos(\omega\tau)\,\mathrm{d}\tau \right) \cos(\omega t) + \left(\frac{1}{\pi} \int_{-\infty}^{\infty} u(\tau)\,\sin(\omega\tau)\,\mathrm{d}\tau \right) \sin(\omega t) \right] \mathrm{d}\omega \end{aligned} \tag{11.9}$$

erhalten. Die Summation über den diskreten Parameter n bei der Fourier-Reihe ist beim Fourier-Integral in eine Integration über den stetigen Parameter ω übergegangen.

Fassen wir das Ergebnis noch einmal zusammen:

Merke

Genügt eine Funktion $u(t)$ in jedem endlichen Intervall den Dirichlet'schen Bedingungen und besitzt das Integral

$$\int_{-\infty}^{\infty} \left| u(\tau) \right| \mathrm{d}\tau$$

einen endlichen Wert, dann konvergiert das Fourier-Integral und es gilt

$$\int_{0}^{\infty} \left[a(\omega)\cos(\omega t) + b(\omega)\sin(\omega t) \right] \mathrm{d}\omega$$

$$= \begin{cases} u(t) & \text{Stetigkeitsstellen} \\ \frac{1}{2}\left[u(t+0) + u(t-0) \right] & \text{bei} \quad \text{Sprungstellen} \end{cases}$$

$$\text{mit} \quad a(\omega) = \frac{1}{\pi}\int_{-\infty}^{\infty} u(\tau)\cos(\omega\tau)\,\mathrm{d}\tau \quad \text{und} \quad b(\omega) = \frac{1}{\pi}\int_{-\infty}^{\infty} u(\tau)\sin(\omega\tau)\,\mathrm{d}\tau\,, \tag{11.10}$$

wobei $u(t + 0)$ und $u(t - 0)$ die beiden Grenzwerte an einer Unstetigkeitsstelle t bezeichnen.

In den Sonderfällen einer geraden Funktion $u_g(t)$ bzw. einer ungeraden Funktion $u_u(t)$ gilt

$$a(\omega) = \frac{2}{\pi}\int_{0}^{\infty} u(\tau)\cos(\omega\tau)\,\mathrm{d}\tau\,, \qquad b(\omega) = 0 \quad \text{für} \quad u(t) = u_g(t) \tag{11.11}$$

bzw.

$$a(\omega) = 0\,, \qquad b(\omega) = \frac{2}{\pi}\int_{0}^{\infty} u(\tau)\sin(\omega\tau)\,\mathrm{d}\tau \quad \text{für} \quad u(t) = u_u(t). \tag{11.12}$$

Ein Vergleich mit den Beziehungen (9.21) bzw. den Sonderfällen in Tab. 9.1 lässt den analogen Aufbau erkennen.

Entsprechend der komplexen Darstellung der Fourier-Reihe in Kapitel 9.2.1 können wir auch das Fourier-Integral in eine komplexe Form überführen. Dazu knüpfen wir noch einmal an die erste Formulierung in Gl. (11.9) an. Wegen der geraden Funktion $\cos(\omega(\tau - t)) = \cos(\omega(t - \tau))$ liefert das Integral über $\mathrm{d}\omega$ in den Grenzen $-\infty \le \omega \le \infty$ den doppelten Wert, sodass auch die folgende Beziehung gilt:

$$u(t) = \frac{1}{2\pi}\int_{-\infty}^{\infty} \left[\int_{-\infty}^{\infty} u(\tau)\cos(\omega(t-\tau))\,\mathrm{d}\tau \right] \mathrm{d}\omega\,. \tag{11.13}$$

Da die Integration mit der ungeraden Sinusfunktion über den Bereich $-\infty \le \omega \le \infty$ den Wert null ergibt,

$$0 = \frac{1}{2\pi}\int_{-\infty}^{\infty} \left[\int_{-\infty}^{\infty} u(\tau)\sin(\omega(t-\tau))\,\mathrm{d}\tau \right] \mathrm{d}\omega\,, \tag{11.14}$$

kann die mit j multiplizierte Gl. (11.14) zur Gl. (11.13) addiert werden:

$$u(t) = \frac{1}{2\pi} \int_{-\infty}^{\infty} \left[\int_{-\infty}^{\infty} u(\tau) \left[\cos(\omega(t-\tau)) + \mathrm{j} \sin(\omega(t-\tau)) \right] \mathrm{d}\tau \right] \mathrm{d}\omega$$
$$= \frac{1}{2\pi} \int_{-\infty}^{\infty} \left[\int_{-\infty}^{\infty} u(\tau)\, \mathrm{e}^{\mathrm{j}\omega(t-\tau)} \mathrm{d}\tau \right] \mathrm{d}\omega = \frac{1}{2\pi} \int_{-\infty}^{\infty} \left[\int_{-\infty}^{\infty} u(\tau)\, \mathrm{e}^{-\mathrm{j}\omega\tau} \mathrm{d}\tau \right] \mathrm{e}^{\mathrm{j}\omega t} \mathrm{d}\omega . \tag{11.15}$$

Wir hatten zu Beginn des Kapitels den Parameter t in den Bestimmungsgleichungen für die Koeffizienten (9.21) durch τ ersetzt, um Verwechslungen beim Einsetzen der Bestimmungsgleichungen in die Fourier-Reihe zu vermeiden. Wenn wir die Gl. (11.15) jetzt in zwei separate Gleichungen zerlegen, dann können wir diese Umbenennung wieder rückgängig machen. Resultierend erhalten wir die beiden Beziehungen

$$\underline{U}(\omega) = \int_{-\infty}^{\infty} u(t)\, \mathrm{e}^{-\mathrm{j}\omega t} \mathrm{d}t \tag{11.16}$$

für die Transformation in den Frequenzbereich und

$$u(t) = \frac{1}{2\pi} \int_{-\infty}^{\infty} \underline{U}(\omega)\, \mathrm{e}^{\mathrm{j}\omega t} \mathrm{d}\omega \tag{11.17}$$

für die Rücktransformation in den Zeitbereich. Bezüglich der Zuordnung des Faktors $1/(2\pi)$ zu einem der beiden Integrale gibt es in der Literatur keine einheitliche Vorgehensweise.[2] Mit der gleichen Berechtigung kann auch die folgende Darstellung verwendet werden oder eine beliebige andere Aufteilung auf zwei unterschiedliche Faktoren bei den beiden Integralen, deren Produkt wieder $1/(2\pi)$ ergibt

$$\underline{U}'(\omega) = \frac{1}{2\pi} \int_{-\infty}^{\infty} u(t)\, \mathrm{e}^{-\mathrm{j}\omega t} \mathrm{d}t \quad \text{und} \quad u(t) = \int_{-\infty}^{\infty} \underline{U}'(\omega)\, \mathrm{e}^{\mathrm{j}\omega t} \mathrm{d}\omega . \tag{11.18}$$

Üblicherweise bezeichnet man $u(t)$ als **Originalfunktion** und $\underline{U}(\omega)$ als **Bildfunktion** oder **Spektralfunktion** von $u(t)$. Der Übergang vom Zeitbereich in den Frequenzbereich entsprechend der Gl. (11.16) wird als **Fourier-Transformation** bezeichnet, die Rückkehr vom Frequenzbereich in den Zeitbereich entsprechend der Gl. (11.17) heißt **inverse Fourier-Transformation**.

Tabelle 11.1

Fourier-Reihe und Fourier-Integral in komplexer Darstellung

Reihendarstellung	Integraldarstellung
$u(t) = \sum_{n=-\infty}^{\infty} \hat{\underline{c}}_n\, \mathrm{e}^{\mathrm{j}n\omega t}$	$u(t) = \frac{1}{2\pi} \int_{-\infty}^{\infty} \underline{U}(\omega)\, \mathrm{e}^{\mathrm{j}\omega t} \mathrm{d}\omega$
$\hat{\underline{c}}_n = \frac{1}{T} \int_0^T u(t)\, \mathrm{e}^{-\mathrm{j}n\omega t} \mathrm{d}t$	$\underline{U}(\omega) = \int_{-\infty}^{\infty} u(t)\, \mathrm{e}^{-\mathrm{j}\omega t} \mathrm{d}t$

2 In DIN 5487 wird die in den Gln. (11.16) und (11.17) angegebene Version empfohlen.

Zum Vergleich sind die komplexen Formen der Fourier-Reihe und des Fourier-Integrals in Tab. 11.1 nochmals gegenübergestellt.

Die Anwendung der Fourier-Transformation auf die Berechnung von Netzwerken kann auf ähnliche Weise veranschaulicht werden wie die Anwendung der komplexen Rechnung (vgl. Abb. 8.13).

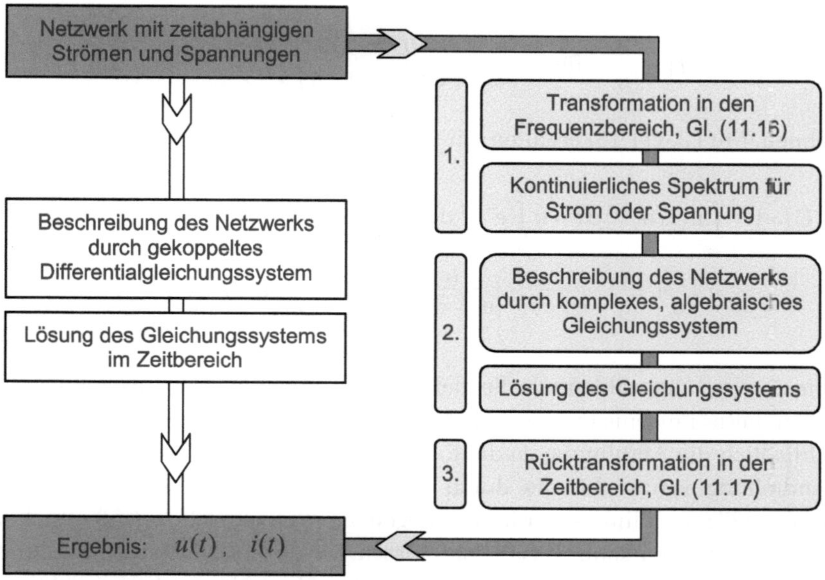

Abbildung 11.4: Gegenüberstellung der unterschiedlichen Vorgehensweisen

Der zeitlich nicht mehr periodische Verlauf von Quellenstrom oder Quellenspannung wird mithilfe der Gl. (11.16) in den Frequenzbereich transformiert. Das Ergebnis besteht jetzt nicht mehr aus harmonischen Schwingungen bei den diskreten Frequenzen $n\omega_1$, sondern es sind alle Frequenzen von $\omega = -\infty$ bis $\omega = +\infty$ vorhanden. Die hier auftretenden negativen Frequenzen sind ausschließlich eine Folge der mathematischen Umformungen und haben physikalisch keine Bedeutung.

Mit den komplexen Amplituden $\underline{U}(\omega)/2\pi$ entsprechend der oberen Zeile in Tab. 11.1 kann das Netzwerk unter Anwendung der komplexen Wechselstromrechnung genauso wie bisher analysiert werden. Die Rücktransformation in den Zeitbereich erfolgt dann mithilfe der Gl. (11.17). Die Motivation für diese Vorgehensweise ist die gleiche wie bei der symbolischen Methode: Die Lösung des Gleichungssystems ist im Bildbereich in der Regel wesentlich einfacher. Für die Transformationen zwischen den beiden Bereichen stehen zum Teil Tabellen für die üblicherweise vorkommenden Funktionen zur Verfügung, sodass die Berechnung der Integrale entfällt. Bei der Benutzung von Transformationstabellen muss allerdings darauf geachtet werden, welche der Formeln (11.16), (11.17) oder (11.18) jeweils zugrunde gelegt sind.

Beispiel 11.1: Spektralfunktion für einen Rechteckimpuls

Wir kehren jetzt noch einmal zur Abb. 11.2 zurück und wollen die Spektralfunktion für den einmaligen Rechteckimpuls

$$u(t)=\begin{cases}\hat{u} & \text{für} \quad 0<t<\delta T\\ 0 & \quad -\infty<t<0 \quad \text{und} \quad \delta T<t<\infty\end{cases} \tag{11.19}$$

berechnen. Mit Gl. (11.16) erhalten wir

$$\begin{aligned}\underline{U}(\omega) &= \int_{-\infty}^{\infty} u(t)\,\mathrm{e}^{-\mathrm{j}\omega t}\,\mathrm{d}t = \hat{u}\int_{0}^{\delta T}\mathrm{e}^{-\mathrm{j}\omega t}\,\mathrm{d}t = \frac{\hat{u}}{-\mathrm{j}\omega}\left(\mathrm{e}^{-\mathrm{j}\omega\delta T}-1\right)\\ &= \frac{\hat{u}}{\mathrm{j}\omega}\left(\mathrm{e}^{+\mathrm{j}\frac{\omega\delta T}{2}}-\mathrm{e}^{-\mathrm{j}\frac{\omega\delta T}{2}}\right)\mathrm{e}^{-\mathrm{j}\frac{\omega\delta T}{2}} \overset{(9.27)}{=} \frac{2\hat{u}}{\omega}\left(\sin\frac{\omega\delta T}{2}\right)\mathrm{e}^{-\mathrm{j}\frac{\omega\delta T}{2}}\,.\end{aligned} \tag{11.20}$$

Für die Auswertung wählen wir die gleiche Impulsdauer $\delta T = 0{,}2\,\mathrm{ms}$ wie in Abb. 11.2. Um dieses Ergebnis mit der Abb. 11.3 vergleichen zu können, betrachten wir ausschließlich die Amplitude, da die Exponentialfunktion in Gl. (11.20) nur eine Phasendrehung verursacht, die durch eine Zeitverschiebung des Rechteckimpulses um $\delta T/2$ nach links – der Impuls liegt dann symmetrisch zu $t = 0$ – auch zu null gemacht werden kann. Zusätzlich müssen wir den verbleibenden Ausdruck auf $\hat{u}$ normieren und den Faktor 2π nach Gl. (11.17) im Nenner berücksichtigen. Damit erhalten wir das in ▶Abb. 11.5 dargestellte kontinuierliche Spektrum

$$f(\omega)=\frac{1}{2\pi}\frac{\left|\underline{U}(\omega)\right|}{\hat{u}}=\frac{1}{\pi\omega}\sin\frac{\omega\delta T}{2} \tag{11.21}$$

als Funktion von ω. Es hat den gleichen Verlauf wie in Abb. 11.3, allerdings ist die Amplitude wegen der Verteilung auch auf den negativen Frequenzbereich um den Faktor 2 geringer.

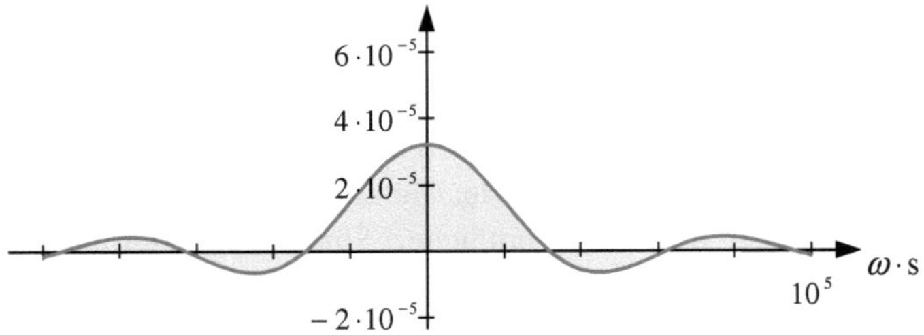

Abbildung 11.5: Kontinuierliches Spektrum eines Rechteckimpulses

Zum Abschluss wollen wir die Vorgehensweise nach Abb. 11.4 an einem einfachen Netzwerk demonstrieren. Die Kondensatorspannung $u_C(t)$ der *RC*-Reihenschaltung in ▶Abb. 11.6 soll für den auf der rechten Seite der Abbildung dargestellten einmaligen Spannungsimpuls mithilfe der Fourier-Transformation berechnet werden.

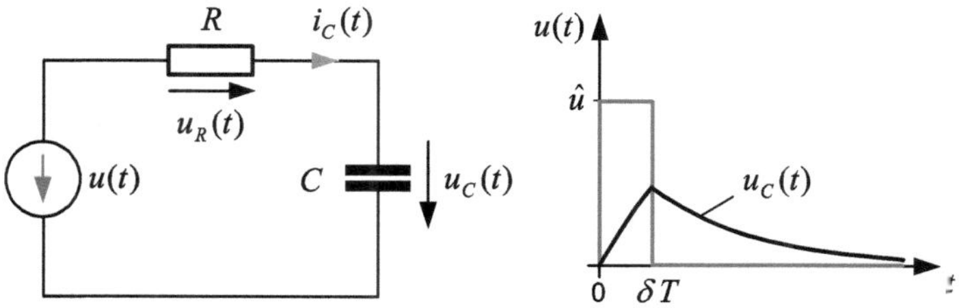

Abbildung 11.6: *RC*-Reihenschaltung an impulsförmiger Spannungsquelle

1. Schritt: Transformation der zeitabhängigen Quellenspannung in den Frequenzbereich

Die Fourier-Transformierte für diesen Rechteckimpuls übernehmen wir aus Gl. (11.20):

$$\underline{U}(\omega) = \frac{2\hat{u}}{\omega}\left(\sin\frac{\omega\,\delta T}{2}\right)\mathrm{e}^{-\mathrm{j}\frac{\omega\,\delta T}{2}}. \tag{11.22}$$

2. Schritt: Lösung des Gleichungssystems

Das Netzwerk besteht nur aus einer Masche, sodass wir auch nur eine einzige Gleichung erhalten. Das Verhältnis von der Kondensatorspannung zur Quellenspannung haben wir bereits in Gl. (8.76) angegeben:

$$\underline{U}_C(\omega) = \frac{1}{1+\mathrm{j}\omega RC}\,\underline{U}(\omega). \tag{11.23}$$

3. Schritt: Rücktransformation in den Zeitbereich

Mit Gl. (11.17) gilt

$$\begin{aligned} u_C(t) &= \frac{1}{2\pi}\int_{-\infty}^{\infty}\underline{U}_C(\omega)\,\mathrm{e}^{\mathrm{j}\omega t}\,\mathrm{d}\omega \overset{(11.23)}{=} \frac{1}{2\pi}\int_{-\infty}^{\infty}\frac{1}{1+\mathrm{j}\omega RC}\,\underline{U}(\omega)\,\mathrm{e}^{\mathrm{j}\omega t}\,\mathrm{d}\omega \\ &\overset{(11.22)}{=} \frac{\hat{u}}{\pi}\int_{-\infty}^{\infty}\frac{1}{\omega(1+\mathrm{j}\omega RC)}\sin\frac{\omega\,\delta T}{2}\,\mathrm{e}^{\mathrm{j}\omega\left(t-\frac{\delta T}{2}\right)}\,\mathrm{d}\omega\,. \end{aligned} \tag{11.24}$$

Die Auswertung des komplexen Integrals liefert den in Abb. 11.6 bereits eingetragenen Kurvenverlauf[3]

$$u_C(t) = \hat{u}\cdot\begin{cases} 1-\mathrm{e}^{-\frac{t}{RC}} & \text{für} \quad 0 \le t \le \delta T \\ \mathrm{e}^{-\frac{t-\delta T}{RC}} - \mathrm{e}^{-\frac{t}{RC}} & \phantom{\text{für}} \quad \delta T \le t\,. \end{cases} \tag{11.25}$$

3 Eine ausführliche Berechnung des Integrals erfolgt hier nicht, da an dieser Stelle lediglich die Vorgehensweise deutlich werden soll.

11.2 Der Übergang zur Laplace-Transformation[4]

Die Anwendbarkeit der Fourier-Transformation ist eng verknüpft mit der Existenz der Integrale. Wegen

$$\left| \int_{-\infty}^{\infty} u(t)\, e^{-j\omega t}\, dt \right| \leq \int_{-\infty}^{\infty} \left| u(t) \right| dt \tag{11.26}$$

existiert die Fourier-Transformierte (11.16), sofern die Bedingung (11.6) erfüllt ist und das Integral über den Betrag der Funktion in dem Bereich $-\infty \leq t \leq \infty$ endlich bleibt. In diesem Fall existiert auch das Integral (11.17). Diese Voraussetzung ist aber schon bei einfachen Funktionen nicht mehr erfüllt. Beim Anschalten eines Netzwerks an eine Gleichspannung entspricht der zeitabhängige Verlauf der Quellenspannung einer **Sprungfunktion**.

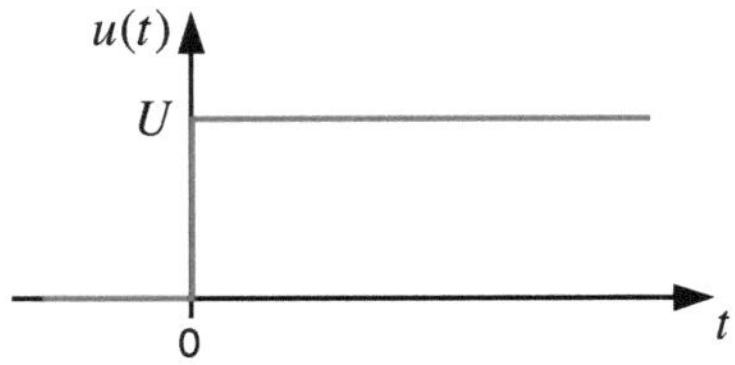

Abbildung 11.7: Sprungfunktion

Es ist offensichtlich, dass die Bedingung (11.26) für diesen Fall nicht erfüllt ist. Zur Beseitigung dieser Konvergenzprobleme werden zwei unterschiedliche Maßnahmen ergriffen. Die erste Maßnahme besteht darin, die Zeitfunktion $u(t)$ mit einer abklingenden Exponentialfunktion $e^{-\sigma t}$ mit $\sigma > 0$ zu multiplizieren, wobei σ einen frei wählbaren Parameter darstellt. Das Fourier-Integral über das Produkt aus Sprungfunktion und Exponentialfunktion konvergiert jetzt zwar für jeden positiven Wert σ, im allgemeinen Fall wird aber das Problem im Bereich $t < 0$ verschärft, da $e^{-\sigma t}$ mit $t \to -\infty$ exponentiell ansteigt. Zur Beseitigung dieser Problematik wird als zweite Maßnahme jede Zeitfunktion $u(t)$ nur noch in dem Bereich $t > 0$ betrachtet und für $t < 0$ zu null gesetzt. Dies entspricht auch der realen Situation, da jeder technische Vorgang zu einem bestimmten Zeitpunkt beginnt, der dann als $t = 0$ festgesetzt werden kann. Der konkrete zeitliche Ablauf der Vorgeschichte spielt keine Rolle mehr. Er beeinflusst den zukünftigen Ablauf nur noch durch die bei $t = 0$ vorliegenden Anfangswerte.

Die bisherige Zeitfunktion $u(t)$ wird also in der folgenden Weise modifiziert:

$$u(t) \;\Rightarrow\; \begin{cases} e^{-\sigma t}\, u(t) & \text{für} \quad t > 0 \\ 0 & \phantom{\text{für}} \quad t < 0 \,. \end{cases} \tag{11.27}$$

Als Konsequenz erhalten wir sowohl eine geänderte Spektralfunktion $\underline{U}_\sigma(\omega)$, die mit Gl. (11.16) die folgende Form annimmt:

$$\underline{U}_\sigma(\omega) = \int_0^{\infty} \left[e^{-\sigma t}\, u(t) \right] e^{-j\omega t}\, dt = \int_0^{\infty} u(t)\, e^{-(\sigma + j\omega)\, t}\, dt, \tag{11.28}$$

4 Pierre Simon Marquis de Laplace, 1749–1827, franz. Mathematiker und Physiker.

als auch eine geänderte Rücktransformation nach Gl. (11.17):

$$\mathrm{e}^{-\sigma t}\, u(t) = \frac{1}{2\pi} \int_{-\infty}^{\infty} \underline{U}_{\sigma}(\omega)\, \mathrm{e}^{\mathrm{j}\omega t}\, \mathrm{d}\omega \quad \text{für} \quad t > 0\,. \tag{11.29}$$

Die von der Integrationsvariablen ω unabhängige Exponentialfunktion kann auch unter das Integralzeichen gezogen werden, sodass wir zunächst die Gleichung

$$u(t) = \frac{1}{2\pi} \int_{-\infty}^{\infty} \underline{U}_{\sigma}(\omega)\, \mathrm{e}^{\sigma t} \mathrm{e}^{\mathrm{j}\omega t}\, \mathrm{d}\omega = \frac{1}{2\pi} \int_{-\infty}^{\infty} \underline{U}_{\sigma}(\omega)\, \mathrm{e}^{(\sigma + \mathrm{j}\omega)\, t}\, \mathrm{d}\omega \tag{11.30}$$

erhalten. Der in den beiden Transformationsvorschriften (11.28) und (11.30) auftretende Ausdruck $\sigma + \mathrm{j}\omega$ wird üblicherweise mit dem Buchstaben s abgekürzt und als **komplexe Frequenz** bezeichnet.[5] Damit können wir $\underline{U}(s)$ anstelle von $\underline{U}_{\sigma}(\omega)$ schreiben und wegen

$$s = \sigma + \mathrm{j}\omega, \quad \mathrm{d}\omega = \frac{1}{\mathrm{j}} \mathrm{d}s \quad \text{und} \quad \begin{matrix} \omega_o = +\infty \\ \omega_u = -\infty \end{matrix} \;\rightarrow\; \begin{matrix} s_o = \sigma + \mathrm{j}\infty \\ s_u = \sigma - \mathrm{j}\infty \end{matrix} \tag{11.31}$$

erhalten wir die resultierenden Darstellungen

$$\underline{U}(s) = \int_{0}^{\infty} u(t)\, \mathrm{e}^{-st}\, \mathrm{d}t \quad \text{und} \quad u(t) = \frac{1}{2\pi \mathrm{j}} \int_{\sigma - \mathrm{j}\infty}^{\sigma + \mathrm{j}\infty} \underline{U}(s)\, \mathrm{e}^{st}\, \mathrm{d}s \quad \text{für} \quad t > 0\,. \tag{11.32}$$

Der Übergang von der Zeitfunktion $u(t)$ zur Spektralfunktion $\underline{U}(s)$ wird als **Laplace-Transformation** bezeichnet und vielfach mit dem folgenden Symbol abgekürzt:

$$\underline{U}(s) = \mathbf{L}\{u(t)\}\,. \tag{11.33}$$

Für die Rücktransformation bzw. inverse Laplace-Transformation ist die Schreibweise

$$u(t) = \mathbf{L}^{-1}\{\underline{U}(s)\} \tag{11.34}$$

üblich. Zur Unterscheidung zwischen Zeit- und Frequenzbereich werden die Begriffe **Originalfunktion** oder **Oberfunktion** für $u(t)$ und **Bildfunktion** oder **Unterfunktion** für $\underline{U}(s)$ verwendet.

Das Laplace-Integral können wir als Weiterentwicklung des Fourier-Integrals auffassen, insbesondere geht die Laplace-Transformation für den Sonderfall $\sigma = 0$ bzw. $s = \mathrm{j}\omega$ wieder in die Fourier-Transformation über. An der Vorgehensweise bei der Berechnung von Netzwerken hat sich dadurch nichts geändert. In dem Ablaufplan in Abb. 11.4 sind lediglich die Transformationsvorschriften (11.16) und (11.17) durch die beiden Gln. (11.32) zu ersetzen. Der Vorteil der durch eine Modifikation aus der Fourier-Transformation hervorgegangenen Laplace-Transformation besteht darin, dass viele Netzwerksituationen berechnet werden können, bei denen die Fourier-Transformation aufgrund von Konvergenzproblemen versagt.

Bei der Sprungfunktion haben wir die Konvergenz mit einer abklingenden Exponentialfunktion erzwungen. Damit die Integrale auch in anderen betrachteten Fällen existieren, wollen wir voraussetzen, dass die zeitabhängigen Funktionen in den folgenden

5 Anstelle von s wird häufig auch der Buchstabe p verwendet.

Beispielen nicht schneller als eine Exponentialfunktion anwachsen. Für eine Zeitfunktion e^{at} ist die Konvergenz des Integrals durch eine Multiplikation mit $e^{-\sigma t}$ zu erreichen, wenn $\mathrm{Re}\{\sigma\} > \mathrm{Re}\{a\}$ gilt.

11.3 Die Berechnung von Netzwerken mit der Laplace-Transformation

Entsprechend dem Schema in Abb. 11.4 sind die drei Schritte

1. Transformation der zeitabhängigen Größen in den Frequenzbereich,
2. Aufstellung und Lösung des Gleichungssystems und
3. Rücktransformation in den Zeitbereich

durchzuführen. Der große Vorteil dieser Vorgehensweise besteht wieder in der wesentlich einfacheren Auflösung des algebraischen, komplexen Gleichungssystems im Bildbereich gegenüber dem gekoppelten Differentialgleichungssystem im Zeitbereich. Ein geringerer Gesamtrechenaufwand ist aber nur dann zu erwarten, wenn der Übergang zwischen den Bereichen einfach bleibt. In der Praxis erfolgen die notwendigen Transformationen nur selten durch Auswertung der Integrale (11.32). Für die üblicherweise auftretenden Zeitfunktionen stehen umfangreiche Korrespondenztabellen zur Verfügung. In Kapitel H.5 ist eine kleine Sammlung enthalten, wesentlich umfangreichere Tabellen können der Literatur, z.B. [4] und [31] entnommen werden.

In den folgenden Abschnitten wollen wir die drei Schritte etwas detaillierter betrachten und dabei einige Möglichkeiten kennen lernen, mit deren Hilfe die Transformationen auch ohne die Verwendung von Tabellen einfach durchführbar sind.

11.3.1 Transformation in den Frequenzbereich

Wir betrachten zunächst einige Beispiele, bei denen das Laplace-Integral auf direktem Weg berechnet werden soll, und beginnen mit der **Sprungfunktion** in Abb. 11.7. Diese ist definiert durch

$$u(t) = \begin{cases} U & \text{für} \quad t > 0 \\ 0 & \phantom{\text{für}} \quad t < 0 \end{cases} \tag{11.35}$$

und liefert mit der elementaren Rechnung

$$\mathbf{L}\{u(t)\} \overset{(11.32)}{=} \int_0^\infty u(t)\,e^{-st}\,dt \overset{(11.35)}{=} \frac{U}{-s} e^{-st}\Big|_0^\infty = \frac{U}{-s}(0-1) = \frac{U}{s} \tag{11.36}$$

die Korrespondenz Nr. 1 in Tab. H.2. Dieses Ergebnis gilt unter der Voraussetzung einer für $t \to \infty$ abklingenden Exponentialfunktion, also $\sigma > 0$. Bei der Rückkehr in den Zeitbereich mithilfe der inversen Laplace-Transformation liefert das Integral an der Sprungstelle $t = 0$ wie auch schon bei den Fourier-Reihen den arithmetischen Mittelwert von links- und rechtsseitigem Grenzwert. Zum besseren Verständnis betrachten wir noch einige spezielle Beispiele:

Beispiel 11.2: Laplace-Transformierte für ausgewählte Funktionen

a) Exponentialfunktion (Korrespondenz Nr. 4, a durch $-a$ ersetzt)

$$u(t)=\begin{cases} U\,\mathrm{e}^{at} \\ 0 \end{cases} \text{für} \quad \begin{matrix} t>0 \\ t<0 \end{matrix} \tag{11.37}$$

$$\mathbf{L}\left\{U\,\mathrm{e}^{at}\right\}=U\int_0^\infty \mathrm{e}^{at}\,\mathrm{e}^{-st}\,\mathrm{d}t=U\int_0^\infty \mathrm{e}^{-(s-a)t}\,\mathrm{d}t=\frac{-U}{s-a}\mathrm{e}^{-(s-a)t}\Big|_0^\infty=\frac{U}{s-a} \tag{11.38}$$

b) Trigonometrische Funktionen (Korrespondenzen Nr. 34 und 35)

$$u(t)=\begin{cases} U\sin(\omega t) \\ 0 \end{cases} \text{für} \quad \begin{matrix} t>0 \\ t<0 \end{matrix} \tag{11.39}$$

$$\begin{aligned}\mathbf{L}\left\{U\sin(\omega t)\right\}&=U\int_0^\infty \sin(\omega t)\,\mathrm{e}^{-st}\,\mathrm{d}t\overset{(9.27)}{=}\frac{U}{2\mathrm{j}}\int_0^\infty\left(\mathrm{e}^{\mathrm{j}\omega t}-\mathrm{e}^{-\mathrm{j}\omega t}\right)\mathrm{e}^{-st}\,\mathrm{d}t\\ &=\frac{U}{2\mathrm{j}}\int_0^\infty\left(\mathrm{e}^{-(s-\mathrm{j}\omega)t}-\mathrm{e}^{-(s+\mathrm{j}\omega)t}\right)\mathrm{d}t=\frac{U}{2\mathrm{j}}\left[\frac{-\mathrm{e}^{-(s-\mathrm{j}\omega)t}}{s-\mathrm{j}\omega}+\frac{\mathrm{e}^{-(s+\mathrm{j}\omega)t}}{s+\mathrm{j}\omega}\right]_0^\infty\\ &=\frac{U}{2\mathrm{j}}\left(\frac{1}{s-\mathrm{j}\omega}-\frac{1}{s+\mathrm{j}\omega}\right)=\frac{U}{2\mathrm{j}}\frac{2\mathrm{j}\omega}{s^2+\omega^2}=U\frac{\omega}{s^2+\omega^2}\end{aligned} \tag{11.40}$$

Das Ergebnis für die Kosinusfunktion erhalten wir ebenfalls mithilfe der Gl. (9.27) auf analoge Weise:

$$u(t)=\begin{cases} U\cos(\omega t) \\ 0 \end{cases} \text{für} \quad \begin{matrix} t>0 \\ t<0 \end{matrix} \tag{11.41}$$

$$\mathbf{L}\left\{U\cos(\omega t)\right\}=\frac{U}{2}\left(\frac{1}{s-\mathrm{j}\omega}+\frac{1}{s+\mathrm{j}\omega}\right)=\frac{U}{2}\frac{2s}{s^2+\omega^2}=U\frac{s}{s^2+\omega^2} \tag{11.42}$$

c) Potenzfunktion (n sei eine natürliche Zahl) (Korrespondenz Nr. 3)

$$u(t)=\begin{cases} U\,t^n \\ 0 \end{cases} \text{für} \quad \begin{matrix} t>0 \\ t<0 \end{matrix} \tag{11.43}$$

Das auftretende Integral kann mithilfe der partiellen Integration berechnet werden,

$$\begin{aligned}\mathbf{L}\left\{u(t)\right\}&=\mathbf{L}\left\{U\,t^n\right\}=U\int_0^\infty t^n\,\mathrm{e}^{-st}\,\mathrm{d}t\\ &=U\left[-t^n\frac{1}{s}\mathrm{e}^{-st}\right]_0^\infty+U\frac{n}{s}\int_0^\infty t^{n-1}\,\mathrm{e}^{-st}\,\mathrm{d}t=0+\frac{n}{s}\mathbf{L}\left\{U\,t^{n-1}\right\},\end{aligned} \tag{11.44}$$

und führt auf eine Rekursionsformel, die nacheinander die Ergebnisse

$$\mathbf{L}\{U t^n\} = \frac{n}{s}\mathbf{L}\{U t^{n-1}\} = \frac{n(n-1)}{s^2}\mathbf{L}\{U t^{n-2}\} = \frac{n(n-1)\cdot\ldots\cdot 2\cdot 1}{s^n}\mathbf{L}\{U t^0\} \quad (11.45)$$

bzw. zusammengefasst das Endergebnis

$$\mathbf{L}\{U t^n\} = \frac{n!}{s^n}\mathbf{L}\{U\} \overset{(11.36)}{=} U\frac{n!}{s^{n+1}} \quad (11.46)$$

liefert.

In vielen Fällen wird die Berechnung des Laplace-Integrals durch die Anwendung bekannter Gesetzmäßigkeiten wesentlich erleichtert. Wir werden daher im Folgenden einige Hilfssätze herleiten und deren Gebrauch an praktischen Beispielen demonstrieren.

1. Lineare Überlagerung

Lässt sich eine Zeitfunktion als eine Summe aus einzelnen Originalfunktionen darstellen:

$$u(t) = a_1 u_1(t) + a_2 u_2(t) + \ldots + a_n u_n(t)\,, \quad (11.47)$$

dann gilt für die Laplace-Transformierte

$$\begin{aligned}\mathbf{L}\{u(t)\} &\overset{(11.32)}{=} \int_0^\infty \left[a_1 u_1(t) + a_2 u_2(t) + \ldots + a_n u_n(t)\right] \mathrm{e}^{-st}\,\mathrm{d}t \\ &= a_1\int_0^\infty u_1(t)\,\mathrm{e}^{-st}\,\mathrm{d}t + a_2\int_0^\infty u_2(t)\,\mathrm{e}^{-st}\,\mathrm{d}t + \ldots + a_n\int_0^\infty u_n(t)\,\mathrm{e}^{-st}\,\mathrm{d}t\end{aligned} \quad (11.48)$$

bzw.

$$\begin{aligned}&\mathbf{L}\{a_1 u_1(t) + a_2 u_2(t) + \ldots + a_n u_n(t)\} \\ &\quad = a_1\mathbf{L}\{u_1(t)\} + a_2\mathbf{L}\{u_2(t)\} + \ldots + a_n\mathbf{L}\{u_n(t)\}.\end{aligned} \quad (11.49)$$

2. Verschiebungssatz

Wir betrachten die Auswirkung einer zeitlichen Verschiebung der Funktion $u(t)$ um t_0 nach rechts auf der Zeitachse.

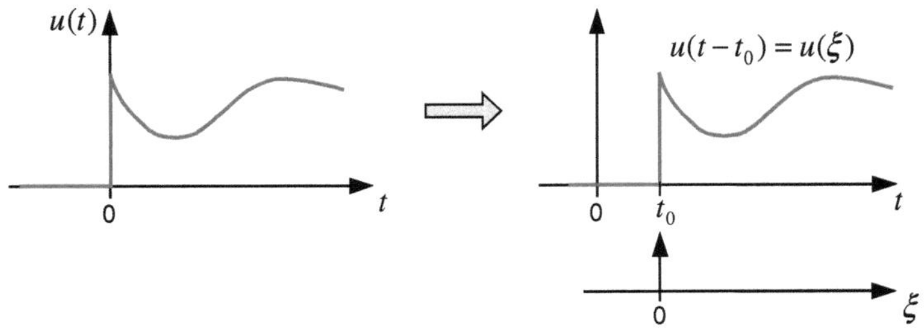

Abbildung 11.8: Zeitliche Verschiebung einer Funktion

Die ursprüngliche Funktion geht nach ▶Abb. 11.8 in die neue Funktion

$$u(\xi) = \begin{cases} u(t-t_0) \\ 0 \end{cases} \text{für} \quad \begin{matrix} t > t_0, \ \xi > 0 \\ t < t_0, \ \xi < 0 \end{matrix} \tag{11.50}$$

über. Mit der Substitution

$$t - t_0 = \xi, \quad \mathrm{d}t = \mathrm{d}\xi \quad \text{und} \quad \begin{matrix} \xi_o = t_o - t_0 = \infty - t_0 = \infty \\ \xi_u = t_u - t_0 = t_0 - t_0 = 0 \end{matrix} \tag{11.51}$$

erhalten wir das Integral

$$\begin{aligned} \mathbf{L}\{u(t-t_0)\} &= \int_{t_0}^{\infty} u(t-t_0)\,\mathrm{e}^{-st}\,\mathrm{d}t = \int_0^{\infty} u(\xi)\,\mathrm{e}^{-s(\xi+t_0)}\,\mathrm{d}\xi \\ &= \mathrm{e}^{-st_0} \int_0^{\infty} u(\xi)\,\mathrm{e}^{-s\xi}\,\mathrm{d}\xi = \mathrm{e}^{-st_0}\,\mathbf{L}\{u(\xi)\}\ . \end{aligned} \tag{11.52}$$

Die Laplace-Transformierte der Funktion $u(\xi)$ mit der eingetragenen ξ-Achse auf der rechten Seite der Abb. 11.8 ist aber identisch zu $\mathbf{L}\{u(t)\}$ auf der linken Seite der Abbildung, sodass resultierend

$$\mathbf{L}\{u(t-t_0)\} = \mathrm{e}^{-st_0}\,\mathbf{L}\{u(t)\} \tag{11.53}$$

mit $t_0 \geq 0$ und $u(t - t_0) = 0$ für $t < t_0$ gilt.

Beispiel 11.3: Rechteckimpuls

Der in ▶Abb. 11.9 dargestellte Rechteckimpuls lässt sich aus der Überlagerung einer Sprungfunktion zum Zeitpunkt $t = 0$ und einer weiteren Sprungfunktion mit negativer Amplitude zum verschobenen Zeitpunkt $t = \delta T$ zusammensetzen.

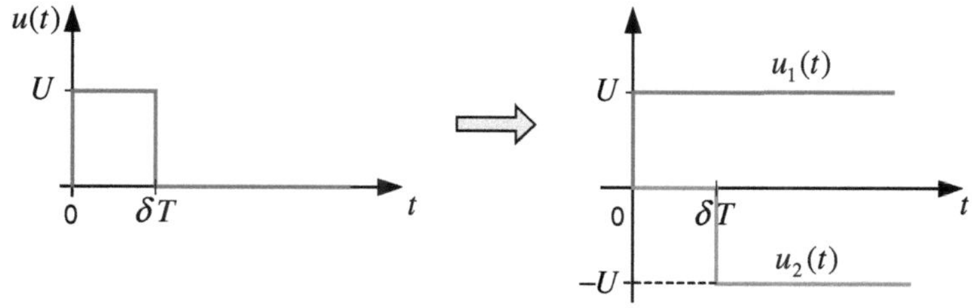

Abbildung 11.9: Zerlegung eines Rechteckimpulses

Für die Laplace-Transformierte erhalten wir durch Überlagerung und Verschiebung das Ergebnis

$$\mathbf{L}\{u(t)\} = \mathbf{L}\{u_1(t)\} + \mathbf{L}\{u_2(t)\} = \frac{U}{s} - \mathrm{e}^{-s\delta T}\frac{U}{s} = \frac{U}{s}\left(1 - \mathrm{e}^{-s\delta T}\right). \tag{11.54}$$

3. Dämpfungssatz

Gegeben sei eine Funktion $u(t)$ mit bekannter Bildfunktion $\mathbf{L}\{u(t)\}$. Gesucht ist die Auswirkung auf die Bildfunktion, wenn die Originalfunktion mit e^{-at} multipliziert wird. Diese Exponentialfunktion bewirkt für reelle Werte $a > 0$ ein Abklingen der Originalfunktion mit zunehmender Zeit. Aus dem Integral erhalten wir

$$\mathbf{L}\left\{u(t)\,\mathrm{e}^{-at}\right\} = \int_0^\infty u(t)\,\mathrm{e}^{-at}\,\mathrm{e}^{-st}\,\mathrm{d}t = \int_0^\infty u(t)\,\mathrm{e}^{-(s+a)t}\,\mathrm{d}t \overset{(11.32)}{=} \underline{U}(s+a)\,. \tag{11.55}$$

In dem Ergebnis

$$\mathbf{L}\left\{u(t)\,\mathrm{e}^{-at}\right\} = \underline{U}(s+a) \tag{11.56}$$

darf a auch komplexe Werte annehmen. Die Bildfunktion zu der mit e^{-at} multiplizierten Ausgangsfunktion $u(t)$ erhalten wir, indem wir in der zu $u(t)$ gehörenden Bildfunktion $\mathbf{L}\{u(t)\}$ den Parameter s durch $s + a$ ersetzen.

Zwischen den Beziehungen (11.53) und (11.56) besteht eine interessante Analogie. Eine *Verschiebung der Originalfunktion* um t_0 nach rechts bewirkt eine *Dämpfung der Bildfunktion* mit e^{-st_0}. Andererseits bewirkt eine *Dämpfung der Originalfunktion* mit e^{-at} eine *Verschiebung bei der Bildfunktion*, in der der Parameter s durch $s + a$ zu ersetzen ist.

Beispiel 11.4: Abklingende Kosinusschwingung

Für die in ▶Abb. 11.10 dargestellte Funktion

$$u(t) = \begin{cases} U\,\mathrm{e}^{-at}\cos(\omega t) & \text{für } t > 0 \\ 0 & t < 0 \end{cases} \tag{11.57}$$

ist die Laplace-Transformierte anzugeben (Korrespondenz Nr. 41).

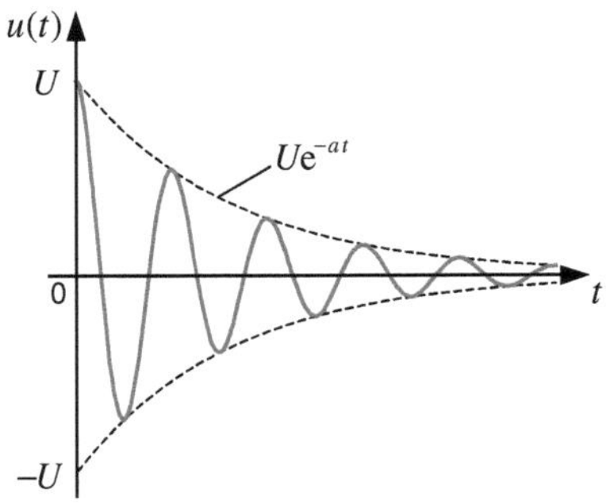

Abbildung 11.10: Abklingende Kosinusschwingung

Ausgehend von der Gl. (11.42) erhalten wir die gesuchte Korrespondenz unmittelbar durch Anwendung der Beziehung (11.56)

$$\mathbf{L}\left\{U\,\mathrm{e}^{-at}\cos(\omega t)\right\} = U\frac{s+a}{(s+a)^2+\omega^2}\,. \tag{11.58}$$

4. Ähnlichkeitssatz

Die Multiplikation der Variablen t in der Originalfunktion mit einem reellen Faktor $a > 0$ bedeutet ein Zusammenschieben oder Auseinanderziehen der Ausgangsfunktion.

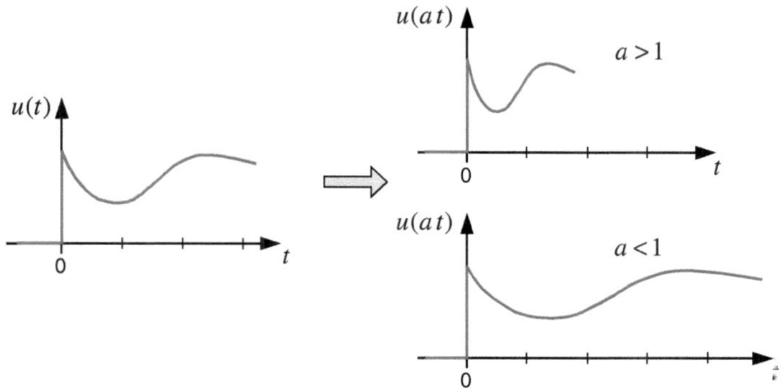

Abbildung 11.11: Stauchung und Streckung der Zeitachse

Mit der Substitution $at = \xi$ und $\mathrm{d}t = (1/a)\mathrm{d}\xi$ sowie den unveränderten Integrationsgrenzen erhalten wir das Integral

$$\mathbf{L}\{u(at)\} = \int_0^\infty u(at)\,\mathrm{e}^{-st}\,\mathrm{d}t = \frac{1}{a}\int_0^\infty u(\xi)\,\mathrm{e}^{-\frac{s}{a}\xi}\,\mathrm{d}\xi \tag{11.59}$$

und damit das Ergebnis

$$\mathbf{L}\{u(at)\} = \frac{1}{a}\underline{U}\left(\frac{s}{a}\right) \quad \text{bzw.} \quad \frac{1}{a}\mathbf{L}\left\{u\left(\frac{t}{a}\right)\right\} = \underline{U}(as). \tag{11.60}$$

Wird in der Originalfunktion die Variable t mit einem positiven reellen Faktor a multipliziert, dann muss in der zu $u(t)$ gehörenden Bildfunktion der Parameter s durch s/a ersetzt und das Ergebnis durch a dividiert werden.

Beispiel 11.5: Kosinusschwingung mit *n*-facher Frequenz

Es ist die Laplace-Transformierte zu der Funktion

$$u(t) = \begin{cases} U\cos(n\omega t) & \text{für } t > 0 \\ 0 & \phantom{\text{für }} t < 0 \end{cases} \tag{11.61}$$

anzugeben. Im Prinzip muss in der Gl. (11.42) lediglich ω durch $n\omega$ ersetzt werden. Wir überprüfen diese Aussage mit dem Ähnlichkeitssatz und erhalten das erwartete Ergebnis

$$\mathbf{L}\{U\cos(n\omega t)\} \overset{(11.60)}{=} \frac{U}{n}\frac{s/n}{(s/n)^2 + \omega^2} = U\frac{s}{s^2 + n^2\omega^2}. \tag{11.62}$$

5. Periodizität von Signalen

Bei einem periodischen Spannungsverlauf entspricht die zeitabhängige Signalform in der n-ten Periode der um $(n-1)T$ verschobenen Signalform aus der ersten Periode (▶Abb. 11.12).

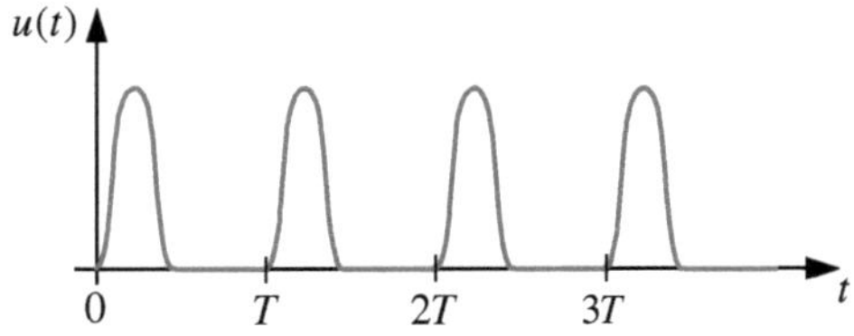

Abbildung 11.12: Periodische Signalform

Die Beschreibung der periodischen Spannung durch eine Überlagerung identischer, aber zeitverschobener Einzelimpulse führt mit dem Verschiebungssatz auf eine unendliche Summe

$$\mathbf{L}\{u(t)\} = \int_0^\infty u(t)\,e^{-st}\,dt = \left[1+e^{-sT}+e^{-2sT}+e^{-3sT}+\dots\right]\int_0^T u(t)\,e^{-st}\,dt\,, \tag{11.63}$$

die nach Zusammenfassung der unendlichen Reihe das folgende Ergebnis liefert:

$$\mathbf{L}\{u(t)\} = \frac{1}{1-e^{-sT}}\int_0^T u(t)\,e^{-st}\,dt\,. \tag{11.64}$$

Zur Berechnung der Laplace-Transformierten eines periodischen Spannungsverlaufs genügt also die Berechnung des Laplace-Integrals (11.32) über den Bereich der ersten Periode $0 \le t \le T$.

Beispiel 11.6: Periodische Rechteckschwingung

Von der periodischen Rechteckschwingung in ▶Abb. 11.13 ist die Laplace-Transformierte anzugeben.

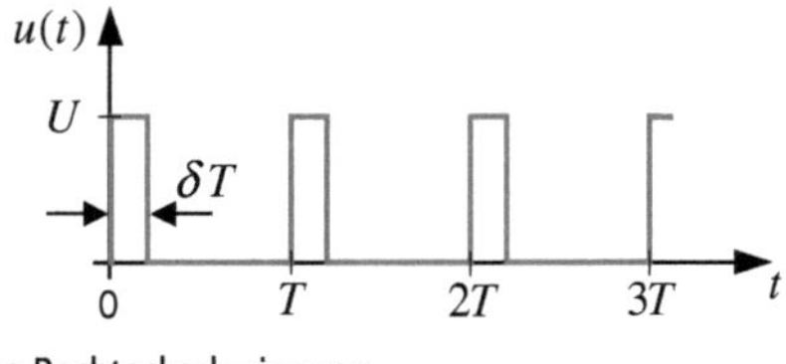

Abbildung 11.13: Periodische Rechteckschwingung

Die Bildfunktion eines einzelnen Impulses ist aus Gl. (11.54) bekannt und mit Gl. (11.64) erhalten wir unmittelbar das Gesamtergebnis

$$\mathbf{L}\{u(t)\} = \frac{1}{1-e^{-sT}}\,\frac{U}{s}\left(1-e^{-s\delta T}\right) = \frac{U}{s}\,\frac{1-e^{-s\delta T}}{1-e^{-sT}}\,. \tag{11.65}$$

6. Differentiationssatz für die Originalfunktion

Die Laplace-Transformierte einer nach der Zeit abgeleiteten Funktion kann mithilfe der partiellen Integration berechnet werden. Mit der Schreibweise $u'(t)$ für die zeitliche Ableitung gilt

$$\mathbf{L}\{u'(t)\} = \mathbf{L}\left\{\frac{\mathrm{d}u(t)}{\mathrm{d}t}\right\} = \int_0^\infty \frac{\mathrm{d}u(t)}{\mathrm{d}t}\,\mathrm{e}^{-st}\,\mathrm{d}t = \left[u(t)\,\mathrm{e}^{-st}\right]\Big|_0^\infty + s\int_0^\infty u(t)\,\mathrm{e}^{-st}\,\mathrm{d}t\,. \tag{11.66}$$

Unter den beiden Voraussetzungen

1. $\lim\limits_{t\to\infty}\left[u(t)e^{-st}\right] = 0$ und

2. der rechtsseitige Grenzwert[6] $u(t \to 0) = u(+0)$ der Funktion $u(t)$ existiert

erhalten wir mit Gl. (11.32) das Ergebnis

$$\mathbf{L}\{u'(t)\} = s\mathbf{L}\{u(t)\} - u(+0) = s\underline{U}(s) - u(+0)\,. \tag{11.67}$$

Die Differentiation im Zeitbereich geht über in eine Multiplikation mit s im Bildbereich. In dieser Vereinfachung steckt der wesentliche Vorteil der Laplace-Transformation bei der Berechnung von Netzwerken bzw. bei der Lösung der entstehenden Differentialgleichungen (10.73). Der zusätzlich auftretende Wert $u(+0)$ erfasst die Anfangsbedingung beim Spulenstrom nach Gl. (7.4) bzw. bei der Kondensatorspannung nach Gl. (7.5).

Mit der gleichen Vorgehensweise erhalten wir die Laplace-Transformierte der zweiten zeitlichen Ableitung einer Funktion:

$$\mathbf{L}\left\{\frac{\mathrm{d}^2u(t)}{\mathrm{d}t^2}\right\} = \mathbf{L}\left\{\frac{\mathrm{d}}{\mathrm{d}t}\left[\frac{\mathrm{d}u(t)}{\mathrm{d}t}\right]\right\} \overset{(11.67)}{=} s\mathbf{L}\left\{\frac{\mathrm{d}u(t)}{\mathrm{d}t}\right\} - \left.\frac{\mathrm{d}u(t)}{\mathrm{d}t}\right|_{t=+0}\,. \tag{11.68}$$

Durch nochmalige Anwendung der Beziehung (11.67) folgt schließlich

$$\mathbf{L}\{u''(t)\} = s\left[s\underline{U}(s) - u(+0)\right] - u'(+0) = s^2\underline{U}(s) - su(+0) - u'(+0)\,. \tag{11.69}$$

Die Verallgemeinerung auf die n-te zeitliche Ableitung der Funktion $u(t)$ liefert das Ergebnis

$$\mathbf{L}\{u^{(n)}(t)\} = s^n\underline{U}(s) - s^{n-1}u(+0) - s^{n-2}u'(+0) - \ldots - su^{(n-2)}(+0) - u^{(n-1)}(+0)\,. \tag{11.70}$$

Die bei der Herleitung der Gl. (11.67) gemachten Voraussetzungen müssen in entsprechender Weise bei jedem weiteren Schritt ebenfalls erfüllt sein. Die Gl. (11.70) gilt somit unter den Voraussetzungen

1. $\lim\limits_{t\to\infty}\left[u(t)e^{-st}\right] = \lim\limits_{t\to\infty}\left[u'(t)e^{-st}\right] = \ldots = \lim\limits_{t\to\infty}\left[u^{(n-1)}(t)e^{-st}\right] = 0$ und

2. die rechtsseitigen Grenzwerte $u(+0), u'(+0), \ldots\ u^{(n-1)}(+0)$ existieren.

6 Unter dem rechtsseitigen Grenzwert wird der Wert verstanden, dem die Funktion $u(t \to 0)$ mit t von positiven Werten kommend zustrebt.

7. Integrationssatz für die Originalfunktion

Wir wollen jetzt die Laplace-Transformierte für das Integral einer Zeitfunktion berechnen. Mit der Definitionsgleichung (11.32) und unter Anwendung der partiellen Integration erhalten wir

$$\begin{aligned}\mathbf{L}\left\{\int_{-\infty}^{t} u(\tau)\,\mathrm{d}\tau\right\} &= \int_{0}^{\infty}\left[\int_{-\infty}^{t} u(\tau)\,\mathrm{d}\tau\right]\mathrm{e}^{-st}\,\mathrm{d}t \\ &= \left[\int_{-\infty}^{t} u(\tau)\,\mathrm{d}\tau\,\frac{-1}{s}\mathrm{e}^{-st}\right]\Bigg|_{0}^{\infty} - \left(\frac{-1}{s}\right)\int_{0}^{\infty} u(t)\,\mathrm{e}^{-st}\,\mathrm{d}t\,.\end{aligned} \tag{11.71}$$

Unter den beiden Voraussetzungen

1. $\lim\limits_{t\to\infty}\left[\frac{1}{s}\int_{-\infty}^{t} u(\tau)\mathrm{d}\tau\,\mathrm{e}^{-st}\right] = 0$ und
2. der Grenzwert $\lim\limits_{t\to 0}\int_{-\infty}^{t} u(\tau)\mathrm{d}\tau$ existiert

erhalten wir mit Gl. (11.32) das Ergebnis

$$\mathbf{L}\left\{\int_{-\infty}^{t} u(\tau)\,\mathrm{d}\tau\right\} = \frac{1}{s}\int_{-\infty}^{0} u(\tau)\,\mathrm{d}\tau + \frac{1}{s}\mathbf{L}\{u(t)\}\,. \tag{11.72}$$

Verschwindet insbesondere das über den Bereich $-\infty < t \le 0$ gebildete Integral der Zeitfunktion, dann gilt die vereinfachte Beziehung

$$\mathbf{L}\left\{\int_{0}^{t} u(\tau)\,\mathrm{d}\tau\right\} = \frac{1}{s}\mathbf{L}\{u(t)\}\,. \tag{11.73}$$

Einer Integration im Zeitbereich entspricht eine Division durch s im Bildbereich. Die Erweiterung auf eine n-fache Integration im Zeitbereich bedeutet eine Division durch s^n im Bildbereich.

11.3.2 Aufstellung und Lösung des Gleichungssystems

Die bisher abgeleiteten Zusammenhänge erlauben uns die Transformation zeitabhängiger Funktionen in den Bildbereich. Die Frage, an welcher Stelle des Rechenablaufs der Übergang in den Frequenzbereich vorgenommen werden sollte, lässt sich aber nicht eindeutig beantworten.

Eine erste Möglichkeit besteht darin, alle Maschen- und Knotengleichungen im Zeitbereich aufzustellen. Für die Zusammenhänge an den Komponenten werden die Gleichungen in Tab. 7.1 zugrunde gelegt. Diese Gleichungen werden zu einer linearen, inhomogenen DGL n-ter Ordnung entsprechend Gl. (10.73) mit nur noch einer Unbekannten zusammengefasst, die mithilfe des Differentiationssatzes und durch Anwendung der Korrespondenztabellen bei den Quellengrößen in den Bildbereich transformiert wird. Die Auflösung dieser algebraischen Gleichung nach der Laplace-Transformierten der gesuchten Netzwerkgröße ist auf einfache Weise durchführbar.

Als weitere Möglichkeiten können die Netzwerkgleichungen bereits im Bildbereich aufgestellt werden. Diese Vorgehensweise ist vergleichbar zur komplexen Wechselstromrechnung. Im ersten Schritt werden die Quellengrößen mit den Korrespondenztabellen in den Bildbereich transformiert. Mit den Kirchhoff'schen Gleichungen

$$\sum_{Masche} \underline{U}(s) = 0 \quad \text{und} \quad \sum_{Knoten} \underline{I}(s) = 0 \tag{11.74}$$

und den in Tab. 11.2 angegebenen Beziehungen an den Komponenten erhalten wir ein komplexes algebraisches Gleichungssystem, das nach der gesuchten Größe aufgelöst werden kann.

Tabelle 11.2

Strom- und Spannungsbeziehungen an den linearen passiven Netzwerkelementen

Komponente	Spannung	Strom	Gleichung
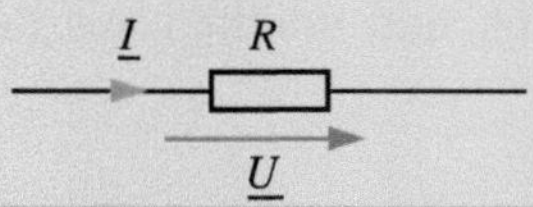	$\underline{U} = R\underline{I}$	$\underline{I} = \underline{U}/R$	(11.75)
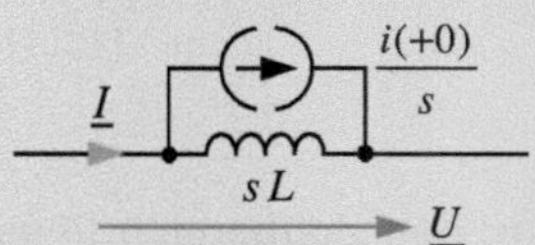	$\underline{U} = sL\underline{I} - Li(+0)$	$\underline{I} = \frac{1}{sL}\underline{U} + \frac{i(+0)}{s}$	(11.76)
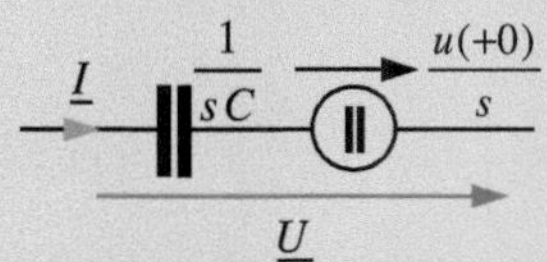	$\underline{U} = \frac{1}{sC}\underline{I} + \frac{u(+0)}{s}$	$\underline{I} = sC\underline{U} - Cu(+0)$	(11.77)

Ein wesentlicher Unterschied zwischen den Gleichungen in den beiden Tab. 8.2 und 11.2 besteht darin, dass in Tab. 11.2 die Anfangswerte von Kondensatorspannung und Spulenstrom berücksichtigt werden. Während die komplexe Rechnung einen quasistationären Zustand beschreibt, liefert die Laplace-Transformation Ergebnisse nur für einen einseitig begrenzten Zeitbereich, z.B. für $t > 0$. Die Vorgeschichte muss daher als Anfangsbedingung erfasst werden, bei der Transformation des Netzwerks in den Bildbereich durch die in Tab. 11.2 eingetragenen zusätzlichen Quellen.

Einen wichtigen Sonderfall erhalten wir, wenn sich das Netzwerk bei einem Einschaltvorgang in einem energielosen Anfangszustand befindet. In diesem Fall kann genauso wie bei der komplexen Wechselstromrechnung vorgegangen werden, es muss lediglich $j\omega$ durch die komplexe Frequenz s ersetzt werden. Die Zusammenhänge zwischen Strom und Spannung an den Netzwerkelementen, die Kirchhoff'schen Gleichungen, die Strom- und Spannungsteilerbeziehungen und auch die Gleichungen für die Reihen- und Parallelschaltung der Netzwerkelemente bleiben erhalten. Ein wesentlicher Unterschied besteht allerdings bei den Transformationsvorschriften zwischen Zeit- und Frequenzbereich.

Beispiel 11.7: Einschaltvorgang

Um diese Aussage zu verdeutlichen, betrachten wir das einfache *RC*-Netzwerk in ▶Abb. 11.14, das zum Zeitpunkt $t = 0$ erstmalig an eine Gleichspannungsquelle angeschlossen wird.

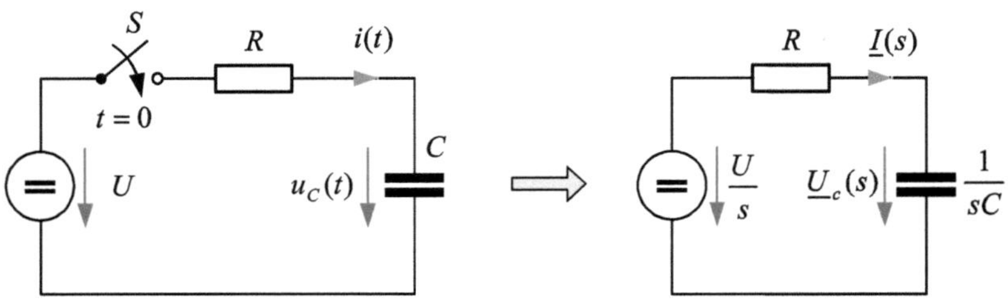

Abbildung 11.14: Aufladen eines Kondensators

Wir übertragen das Netzwerk direkt in den Bildbereich und erhalten aus der Spannungsteilergleichung die Beziehung

$$\underline{U}_C(s) = \frac{\frac{1}{sC}}{R + \frac{1}{sC}} \frac{U}{s} = U \frac{1}{s(sRC+1)} \tag{11.78}$$

für die Kondensatorspannung. Die Rücktransformation in den Zeitbereich liefert mit der Korrespondenz Nr. 9 bereits das Ergebnis

$$u_C(t) = \mathbf{L}^{-1}\left\{\frac{U}{s(sRC+1)}\right\} = U\left(1 - \mathrm{e}^{-\frac{t}{RC}}\right) \tag{11.79}$$

für den Einschaltvorgang (vgl. Gl. (10.8)).

11.3.3 Rücktransformation in den Zeitbereich

Für die Rücktransformation der algebraischen Gleichungen stehen verschiedene Möglichkeiten zur Verfügung. Die wichtigste und einfachste ist die direkte Anwendung der Korrespondenztabellen, so wie im vorangegangenen Beispiel gezeigt. Im Folgenden werden wir noch zwei weitere Möglichkeiten kennen lernen.

1. Faltungssatz

Lässt sich die Bildfunktion als ein Produkt zweier Bildfunktionen darstellen:

$$\underline{U}(s) = \underline{U}_1(s) \cdot \underline{U}_2(s) = \mathbf{L}\{u_1(t)\} \cdot \mathbf{L}\{u_2(t)\}, \tag{11.80}$$

dann besteht die Originalfunktion $u(t)$ nicht aus dem Produkt der beiden einzelnen Originalfunktionen, sondern sie wird durch das so genannte **Faltungsintegral**

$$u(t) = \mathbf{L}^{-1}\{\underline{U}_1(s)\cdot\underline{U}_2(s)\} = \int_0^t u_1(\tau)\,u_2(t-\tau)\,\mathrm{d}\tau = \int_0^t u_1(t-\tau)\,u_2(\tau)\,\mathrm{d}\tau \tag{11.81}$$

beschrieben. Zur besonderen Kennzeichnung wird das Symbol $*$ verwendet:

$$u(t) = u_1(t) * u_2(t) = \int_0^t u_1(\tau)\,u_2(t-\tau)\,\mathrm{d}\tau = \int_0^t u_1(t-\tau)\,u_2(\tau)\,\mathrm{d}\tau\,. \tag{11.82}$$

Beispiel 11.8: Rücktransformation der Korrespondenz Nr. 13

$$\begin{aligned}\mathbf{L}^{-1}\{\underline{U}(s)\} &\overset{\text{Nr.13}}{=} \mathbf{L}^{-1}\left\{\frac{1}{s^2}\cdot\frac{1}{as+1}\right\} \overset{\text{Nr.2, Nr.7}}{=} t*\frac{1}{a}\mathrm{e}^{-\frac{t}{a}} \\ &= \frac{1}{a}\int_0^t \tau\,\mathrm{e}^{-\frac{t-\tau}{a}}\,\mathrm{d}\tau = \frac{1}{a}\,\mathrm{e}^{-\frac{t}{a}}\int_0^t \tau\,\mathrm{e}^{\frac{\tau}{a}}\,\mathrm{d}\tau\end{aligned} \tag{11.83}$$

Nach Anwendung der partiellen Integration

$$\int_0^t \tau\,\mathrm{e}^{\frac{\tau}{a}}\,\mathrm{d}\tau = \tau\,a\,\mathrm{e}^{\frac{\tau}{a}}\Big|_0^t - a\int_0^t \mathrm{e}^{\frac{\tau}{a}}\,\mathrm{d}\tau = t\,a\,\mathrm{e}^{\frac{t}{a}} - a^2\left(\mathrm{e}^{\frac{t}{a}} - 1\right) \tag{11.84}$$

erhalten wir die Originalfunktion entsprechend der Korrespondenz Nr. 13:

$$\mathbf{L}^{-1}\left\{\frac{1}{s^2(as+1)}\right\} = \frac{1}{a}\,\mathrm{e}^{-\frac{t}{a}}\left[t\,a\,\mathrm{e}^{\frac{t}{a}} - a^2\left(\mathrm{e}^{\frac{t}{a}} - 1\right)\right] = t - a + a\,\mathrm{e}^{-\frac{t}{a}}\,. \tag{11.85}$$

2. Partialbruchzerlegung

Bei umfangreicheren Netzwerken führt die Auflösung des Gleichungssystems in vielen Fällen auf eine gebrochen rationale Funktion

$$\underline{U}(s) = \frac{\underline{G}(s)}{\underline{N}(s)} \tag{11.86}$$

mit dem Zählerpolynom $\underline{G}(s)$ und dem Nennerpolynom $\underline{N}(s)$, die zunächst auf eine für die Anwendung der Korrespondenztabellen geeignete Form gebracht werden muss. Für die weitere Vorgehensweise setzen wir voraus, dass der Grad m des Zählerpolynoms kleiner ist als der Grad n des Nennerpolynoms. Ist dies nicht der Fall, dann kann der Zähler durch den Nenner dividiert werden, wobei ein Polynom vom Grad m–n abgespalten werden kann, sodass eine gebrochen rationale Funktion verbleibt. Diese lässt sich durch die **Partialbruchzerlegung** in einfache mithilfe der Tabellen transformierbare Ausdrücke zerlegen. Bezeichnen wir mit s_k und $k = 1 \ldots n$ die Nullstellen des Nennerpolynoms $\underline{N}(s)$, dann kann dieses als Produkt der Linearfaktoren

$$\underline{N}(s)=(s-s_1)(s-s_2)\cdots(s-s_k)\cdots(s-s_{n-1})(s-s_n) \tag{11.87}$$

geschrieben werden. Wir können annehmen, dass die beiden Polynome $\underline{G}(s)$ und $\underline{N}(s)$ teilerfremd sind, da gleiche Nullstellen gekürzt werden können. Bei den möglicherweise auftretenden Nullstellen müssen drei Fälle unterschieden werden:

Erster Fall: ***Alle Nullstellen sind verschieden.***

In diesem Fall kann $\underline{U}(s)$ folgendermaßen dargestellt werden:

$$\underline{U}(s)=\frac{\underline{G}(s)}{\underline{N}(s)}=\frac{A_1}{s-s_1}+\frac{A_2}{s-s_2}+\ldots+\frac{A_n}{s-s_n}=\sum_{k=1}^{n}\frac{A_k}{s-s_k}\,. \tag{11.88}$$

Zweiter Fall: ***Es treten mehrfache Nullstellen auf.***

Besitzt das Nennerpolynom eine mehrfache Wurzel

$$\underline{N}(s)=(s-s_1)^n\,, \tag{11.89}$$

dann nimmt der Ansatz für die Partialbruchzerlegung die folgende Form an:

$$\underline{U}(s)=\frac{\underline{G}(s)}{(s-s_1)^n}=\frac{A_1}{s-s_1}+\frac{A_2}{(s-s_1)^2}+\ldots+\frac{A_n}{(s-s_1)^n}=\sum_{k=1}^{n}\frac{A_k}{(s-s_1)^k}\,. \tag{11.90}$$

Dritter Fall: ***Es treten paarweise konjugiert komplexe Nullstellen auf.***

Der Ausdruck

$$s^2+2bs+a^2=(s-s_1)(s-s_2) \tag{11.91}$$

besitzt für $a^2>b^2$ zwei konjugiert komplexe Nullstellen

$$s_1=-b+\mathrm{j}\sqrt{a^2-b^2} \quad \text{und} \quad s_2=-b-\mathrm{j}\sqrt{a^2-b^2}=s_1^*\,. \tag{11.92}$$

Die Teilbrüche können dann im Prinzip genauso wie in Gl. (11.88) aufgestellt werden. Um die Rechnung mit komplexen Größen zu vermeiden, kann aber auch ein einzelner Teilbruch verwendet werden, in dem die beiden Nullstellen bereits zusammengefasst sind.

Betrachten wir als Beispiel den Fall mit einer doppelten, konjugiert komplexen Nullstelle, dann ist der folgende Ansatz zu verwenden:

$$\underline{U}(s)=\frac{\underline{G}(s)}{(s^2+2bs+a^2)^2}=\frac{A_1+B_1 s}{s^2+2bs+a^2}+\frac{A_2+B_s s}{(s^2+2bs+a^2)^2}\,. \tag{11.93}$$

Zur Bestimmung der unbekannten Konstanten A_k und B_k kann in allen drei Fällen die rechte Seite der Gleichung auf den Hauptnenner gebracht werden. Der Koeffizientenvergleich von dem so entstandenen Zähler mit dem Polynom $\underline{G}(s)$ liefert ein Gleichungssystem zur Bestimmung der Konstanten.

Bei einfachen Nullstellen lässt sich die Auflösung eines Gleichungssystems vermeiden. Wird nämlich die Gl. (11.88) mit einem der Linearfaktoren $(s - s_k)$ multipliziert und anschließend der Grenzübergang $s \to s_k$ durchgeführt, dann verbleibt auf der rechten Gleichungsseite nur der Koeffizient A_k,

$$\lim_{s \to s_k} \left[\frac{\underline{G}(s)}{\underline{N}(s)} (s - s_k) \right] = \underline{G}(s_k) \lim_{s \to s_k} \frac{s - s_k}{\underline{N}(s)} = A_k, \tag{11.94}$$

und auf der linken Gleichungsseite erhält man durch Differentiation von Zähler und Nenner nach s entsprechend der l'Hospital'schen Regel das Ergebnis

$$A_k = \underline{G}(s_k) \frac{1}{\underline{N}'(s_k)}. \tag{11.95}$$

Die zugehörige Zeitfunktion

$$u(t) = \mathbf{L}^{-1} \left\{ \sum_{k=1}^{n} \frac{A_k}{s - s_k} \right\} \overset{(11.95)}{=} \mathbf{L}^{-1} \left\{ \sum_{k=1}^{n} \frac{\underline{G}(s_k)}{\underline{N}'(s_k)} \frac{1}{s - s_k} \right\} \tag{11.96}$$

kann in diesem Fall mithilfe der Korrespondenz Nr. 4 unmittelbar angegeben werden:

$$u(t) = \sum_{k=1}^{n} \frac{\underline{G}(s_k)}{\underline{N}'(s_k)} \mathrm{e}^{s_k t}. \tag{11.97}$$

Diese Beziehung ist als **Heaviside'scher Entwicklungssatz** bekannt.

Für die Rücktransformation existieren noch weitere Verfahren wie z.B. die Reihenentwicklung der Bildfunktion oder auch die direkte Berechnung der inversen Laplace-Transformation mit dem Integral (11.32). An dieser Stelle sei der Leser auf die entsprechende Literatur verwiesen, z.B. [1] und [4]. Fassen wir die durchzuführenden Schritte bei der Analyse eines Netzwerks abschließend noch einmal zusammen:

Erste Möglichkeit

1. Aufstellung des Gleichungssystems mit Knoten- und Maschenregel im Zeitbereich
2. (optional) Zusammenfassung der Gleichungen zu einer DGL n-ter Ordnung entsprechend Gl. (10.73)
3. Transformation des Gleichungssystems bzw. der DGL (10.73) in den Bildbereich mit dem Differentiationssatz
4. Auflösung des algebraischen Gleichungssystems nach der gesuchten Größe
5. Rücktransformation in den Zeitbereich, bevorzugt mit der Korrespondenztabelle

Zweite Möglichkeit (vgl. Beispiel 11.7)

1. Übertragung aller zeitabhängigen Größen in den Bildbereich
2. Berücksichtigung der Anfangswerte von Spulenstrom und Kondensatorspannung durch zusätzliche Quellen im Schaltbild entsprechend Tab. 11.2
3. Aufstellung des Gleichungssystems mit Knoten- und Maschenregel im Bildbereich
4. Auflösung des algebraischen Gleichungssystems nach der gesuchten Größe
5. Rücktransformation in den Zeitbereich, bevorzugt mit der Korrespondenztabelle

Beispiel 11.9: Einschaltvorgang

Wir wollen zum Abschluss nochmals die Vorgehensweise nach der ersten Möglichkeit an einer konkreten Schaltung demonstrieren. Eine *RC*-Reihenschaltung mit einem auf die Anfangsspannung u_{C0} aufgeladenen Kondensator wird gemäß ▶Abb. 11.15 zum Zeitpunkt $t = 0$ an eine zeitabhängige Spannungsquelle mit rampenförmigem Verlauf angeschlossen. Zu bestimmen ist der zeitliche Verlauf der Kondensatorspannung $u_C(t)$.

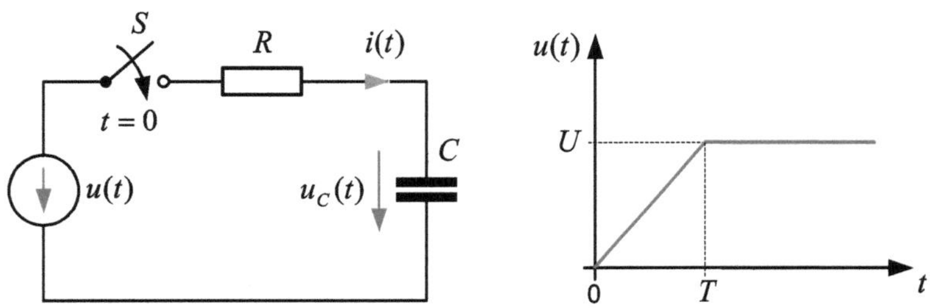

Abbildung 11.15: *RC*-Reihenschaltung an zeitabhängiger Spannungsquelle

Die Maschengleichung für dieses Netzwerk (entsprechend Gl. (10.73))

$$u(t) = RC\frac{\mathrm{d}\,u_C(t)}{\mathrm{d}t} + u_C(t) \tag{11.98}$$

muss in den Bildbereich transformiert werden:

$$\begin{aligned} \mathbf{L}\{u(t)\} &= RC\,\mathbf{L}\left\{\frac{\mathrm{d}\,u_C(t)}{\mathrm{d}t}\right\} + \mathbf{L}\{u_C(t)\} \\ &\overset{(11.67)}{=} RC\left[s\underline{U}_C(s) - u_C(+0)\right] + \underline{U}_C(s)\,. \end{aligned} \tag{11.99}$$

Die Quellenspannung stellen wir nach ▶Abb. 11.16 als eine Überlagerung aus zwei zeitlich linear ansteigenden Spannungsverläufen dar, für die wir mit dem Verschiebungssatz die folgende Bildfunktion erhalten:

$$\begin{aligned}\mathbf{L}\{u(t)\} &= \mathbf{L}\{u_1(t)\} + \mathbf{L}\{u_2(t)\} \\ &= \mathbf{L}\{u_1(t)\} - \mathbf{L}\{u_1(t-T)\} \overset{\text{Nr.2}}{=} \frac{U}{T}\frac{1}{s^2}\left(1-\mathrm{e}^{-sT}\right).\end{aligned} \tag{11.100}$$

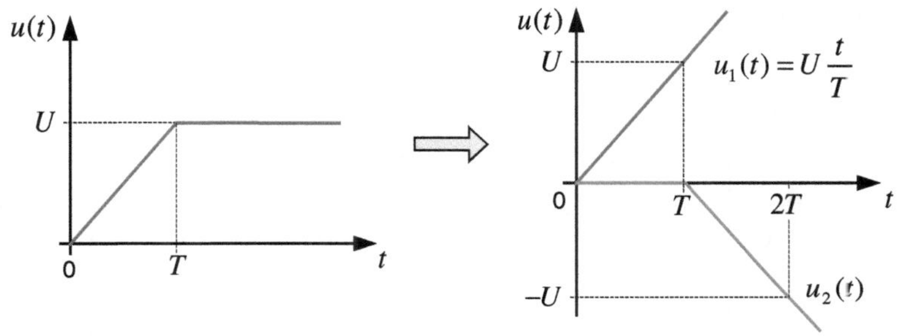

Abbildung 11.16: Zerlegung der Rampenfunktion

Mit $u_C(+0) = u_{C0}$ erhalten wir somit im Bildbereich die nach der Kondensatorspannung aufgelöste Beziehung

$$\underline{U}_C(s) = u_{C0}\frac{RC}{1+sRC} + \frac{U}{T}\frac{1}{(1+sRC)s^2} - \frac{U}{T}\frac{1}{(1+sRC)s^2}\mathrm{e}^{-sT}. \tag{11.101}$$

Nach Rücktransformation der ersten beiden Ausdrücke mit den Korrespondenzen Nr. 7 und Nr. 13 erhalten wir das Zwischenergebnis

$$u_C(t) = u_{C0}\,\mathrm{e}^{-\frac{t}{RC}} + U\left(\frac{t}{T} - \frac{RC}{T} + \frac{RC}{T}\mathrm{e}^{-\frac{t}{RC}}\right) - \mathbf{L}^{-1}\left\{\frac{U}{T}\frac{1}{(1+sRC)s^2}\mathrm{e}^{-sT}\right\}. \tag{11.102}$$

Für den verbleibenden Anteil liefert der Verschiebungssatz in Kombination mit der Korrespondenz Nr. 13 die gleiche Lösung wie bei dem zweiten Ausdruck, wobei jedoch t durch $(t-T)$ zu ersetzen ist. Damit gilt

$$\mathbf{L}^{-1}\left\{\frac{U}{T}\frac{1}{(1+sRC)s^2}\mathrm{e}^{-sT}\right\} = \frac{U}{T}\cdot\begin{cases} 0 & \text{für } t<T \\ t-T-RC+RC\,\mathrm{e}^{-\frac{t-T}{RC}} & \text{für } t\geq T \end{cases}. \tag{11.103}$$

Die resultierende Gesamtlösung

$$\frac{u_C(t)}{U} = \frac{u_{C0}}{U} e^{-\frac{t}{RC}} + \begin{cases} \frac{t}{T} - \frac{RC}{T}\left(1 - e^{-\frac{t}{RC}}\right) & \text{für} \quad t < T \\ 1 - \frac{RC}{T}\left(e^{-\frac{t-T}{RC}} - e^{-\frac{t}{RC}}\right) & \phantom{\text{für}} \quad t \geq T \end{cases} \qquad (11.104)$$

ist für den Anfangswert $u_{C0} = U/2$ und für verschiedene Zeitkonstanten RC in ▶Abb. 11.17 dargestellt.

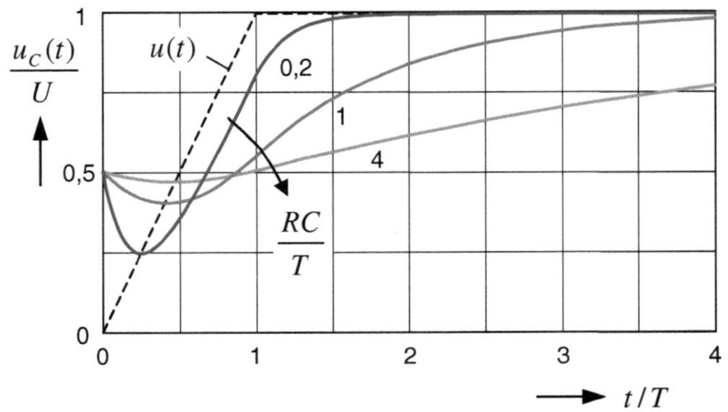

Abbildung 11.17: Zeitabhängiger Verlauf der Kondensatorspannung

ZUSAMMENFASSUNG

- Einmalige, sich nicht periodisch wiederholende **Spannungsverläufe** können als Sonderfall eines periodischen Signals mit unendlich langer Periodendauer aufgefasst werden.
- Da die **Abstände** zwischen den Spektrallinien bei der Fourier-Entwicklung dem Kehrwert der Periodendauer entsprechen, gehen die Abstände für $T \to \infty$ nach null, d.h., das diskrete Eigenwertspektrum im Falle endlicher Periodendauer geht über in ein kontinuierliches Spektrum im Falle eines einmaligen, zeitlich begrenzten Spannungsverlaufs.
- Die **Fourier-Reihe** wird ersetzt durch das Fourier-Integral. Nicht nur bei der Transformation der Zeitfunktion in den Frequenzbereich müssen zur Bestimmung des Spektrums Integrale berechnet werden, sondern auch bei der umgekehrten Operation, nämlich der Transformation von dem Frequenzbereich in den Zeitbereich muss im Gegensatz zur Summation bei den Fourier-Reihen jetzt ebenfalls eine Integration über das kontinuierliche Spektrum durchgeführt werden.
- Zur Vermeidung von **Konvergenzproblemen** bei den Fourier-Integralen wird die zeitliche Funktion nur im Bereich $t > 0$ betrachtet. Die Information über die Vorgeschichte wird durch die Angabe der Anfangswerte von Kondensatorspannungen und Spulenströmen erfasst. Zusätzlich werden die Strom- bzw. Spannungsverläufe mit einer zeitlich abklingenden Exponentialfunktion multipliziert.
- Bei der dadurch entstehenden **Laplace-Transformation** ändern sich zwar die Integrale gegenüber der Fourier-Transformation, die prinzipielle Vorgehensweise bei der Analyse der Netzwerke bleibt aber unverändert.
- Die Transformation zwischen Zeit- und Frequenzbereich kann in vielen Fällen mithilfe von **Korrespondenztabellen** auf einfache Weise durchgeführt werden.
- Alternativ existieren eine Reihe von **Hilfssätzen** und mathematischen Vorgehensweisen, die die Lösung der Integrale vereinfachen.

MyLab | Elektrotechnik

Viele Aufgaben mit wechselnden Zahlenwerten, Schritt-für-Schritt-Lösungen, Klausurtrainer und Empfehlungen finden Sie unter **MyLab | Elektrotechnik**.

Zugangsdaten vorne im Buch.

Übungsaufgaben

Aufgabe 11.1 Sägezahnspannung an *RL*-Schaltung

Die Spannungsquelle in ▶Abb. 11.18 liefert die im rechten Teilbild dargestellte periodische Sägezahnspannung mit der Amplitude $\hat{u}$ und der Periodendauer T. Der Schalter wird zum Zeitpunkt $t = 0$ geschlossen.

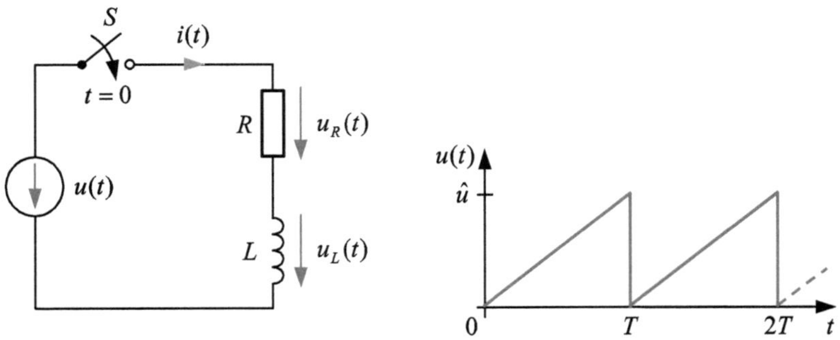

Abbildung 11.18: Sägezahnspannung an *RL*-Schaltung

1. Bestimmen Sie den Verlauf des Stromes $i(t)$ für den Zeitbereich $0 \le t \le 4T$. Stellen Sie den Zeitverlauf für $R = 10\ \Omega$, $L = 1$ mH, $\hat{u} = 10$ V und $T = 100$ µs dar.
2. Berechnen Sie den eingeschwungenen Zustand mithilfe der Fourier-Entwicklung und beurteilen Sie die beiden Lösungen.

Aufgabe 11.2 Nicht abgeglichener Spannungsteiler

Das Oszilloskop mit vorgeschaltetem Tastkopf nach ▶Abb. 11.19 wird zum Zeitpunkt $t = 0$ an eine Spannungsquelle mit dem in Abb. 11.19 dargestellten rechteckförmigen Zeitverlauf angeschlossen. In Kapitel 8.4 wurden die Werte C_V und R_V berechnet, unter der Bedingung, dass die Spannung u_2 unabhängig von der Frequenz dem Wert u_1/n entspricht. In diesem Beispiel soll untersucht werden, welchen Spannungsverlauf das Oszilloskop anzeigt für den Fall, dass der Tastkopf nicht exakt abgeglichen ist.

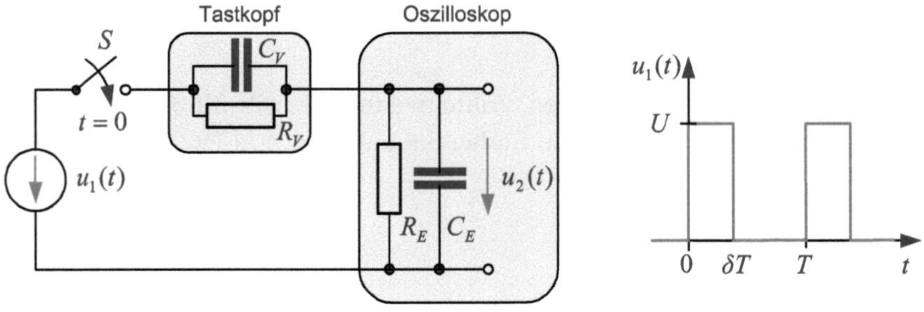

Abbildung 11.19: Oszilloskop mit Tastkopf

1. Berechnen Sie die Spannung $u_2(t)$ für den Zeitbereich $0 \leq t \leq T$.
2. Stellen Sie den zeitlichen Verlauf der Spannung $u_2(t)$ dar. Dabei sollen folgende Werte gelten: $T = 100$ µs, $\delta = 0{,}5$, $n = 10$, $R_E = 1$ MΩ, $C_E = 10$ pF und $R_V = 9$ MΩ. Im abgeglichenen Zustand sollte der Kondensator C_V den Wert $C_E/9$ aufweisen. Für die Auswertung sollen die beiden um jeweils 10 % nach oben bzw. unten abweichenden Werte $C_{V1} = 1{,}1C_E/9$ und $C_{V2} = 0{,}9C_E/9$ verwendet werden.

Aufgabe 11.3 Transformator

Der Transformator in ►Abb. 11.20 wird über einen Widerstand R_1 mit einer Spannungsquelle $u_0(t)$ verbunden, deren zeitlicher Spannungsverlauf auf der rechten Seite der Abbildung dargestellt ist.

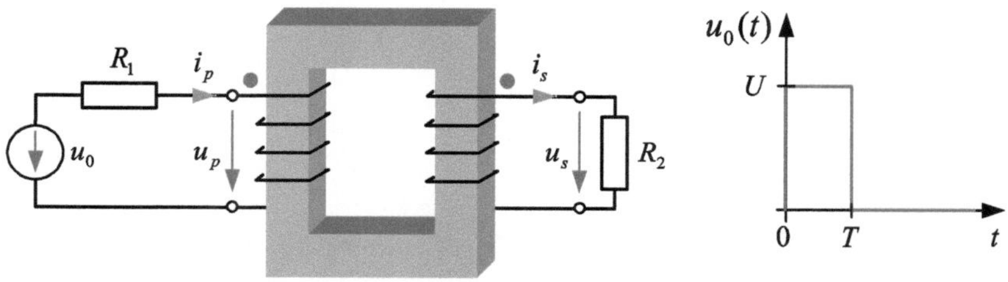

Abbildung 11.20: Transformator mit Rechteckimpuls am Eingang

1. Berechnen Sie den zeitlichen Verlauf der Spannung $u_s(t)$ auf der Sekundärseite des Transformators.
2. Stellen Sie die Ausgangsspannung für den Zeitbereich $0 \leq t \leq 3T$ dar. Dabei sollen folgende Werte gelten: $R_1 = 1$ Ω, $R_2 = 100$ Ω, $L_{11} = L_{22} = 1$ mH und $T = 500$ µs. Als Koppelfaktor sollen die beiden Werte $k = 0{,}95$ und $k = 0{,}75$ verwendet werden.
3. Welchen Einfluss hat der Widerstand R_1? Stellen Sie die Ausgangsspannung für $k = 0{,}95$ bei den Werten $R_1 = 0{,}1$ Ω, $R_1 = 1$ Ω und $R_1 = 10$ Ω zum Vergleich dar.

Komplexe Zahlen

ÜBERBLICK

E

Die Berechnung der Wechselstromschaltungen kann zwar mit den zeitabhängigen Strom- und Spannungsverläufen durchgeführt werden, die wiederholte Anwendung der Additionstheoreme ist jedoch sehr mühsam. Demgegenüber stellt die symbolische Rechnung eine wesentlich elegantere Vorgehensweise mit deutlich reduziertem Aufwand dar (vgl. Beispiel 8.2). Bei dieser Methode wird jede zeitabhängige Größe durch einen so genannten **komplexen Zeiger** symbolisiert. Darunter versteht man eine gerichtete, mit einer Pfeilspitze versehene Strecke von dem Koordinatenursprung zu einem durch eine komplexe Zahl festgelegten Punkt in der komplexen Ebene. Die symbolische Methode basiert also auf der Anwendung der komplexen Rechnung. In diesem Kapitel werden daher die Bezeichnungen und die Rechenregeln für die komplexen Zahlen den Erfordernissen des Kapitels 8 entsprechend in komprimierter Form zusammengestellt.

E.1 Bezeichnungen

Eine komplexe Zahl[1] $\underline{z} = x + \mathrm{j}y$ besteht aus einem Realteil x und einem Imaginärteil y. Die reellen Zahlen x und y heißen kartesische Koordinaten von $\underline{z}$. Um Verwechslungen mit dem Momentanwert des Stromes i zu vermeiden, wird in der Elektrotechnik der Buchstabe j als **imaginäre Einheit** verwendet:

$$\mathrm{j} = +\sqrt{-1} \qquad \text{bzw.} \qquad \mathrm{j}^2 = -1. \tag{E.1}$$

Die komplexen Zahlen werden in einem rechtwinkligen Koordinatensystem, der so genannten komplexen Ebene – auch als **Gauß'sche Zahlenebene** bezeichnet – dargestellt. Der Realteil wird entlang der reellen Achse von links nach rechts und der Imaginärteil mit j als Einheit entlang der imaginären Achse von unten nach oben aufgetragen. Der komplexen Zahl wird der Punkt mit den Koordinaten (x, y) oder der in ▶Abb. E.1 eingezeichnete Zeiger vom Ursprung zum Punkt $\underline{z}$ zugeordnet.

Zwei komplexe Zahlen $\underline{z}_1 = x_1 + \mathrm{j}y_1$ und $\underline{z}_2 = x_2 + \mathrm{j}y_2$ sind dann und nur dann gleich, wenn sowohl die Realteile als auch die Imaginärteile gleich sind. Aus $\underline{z}_1 = \underline{z}_2$ folgt $x_1 = x_2$ und $y_1 = y_2$.

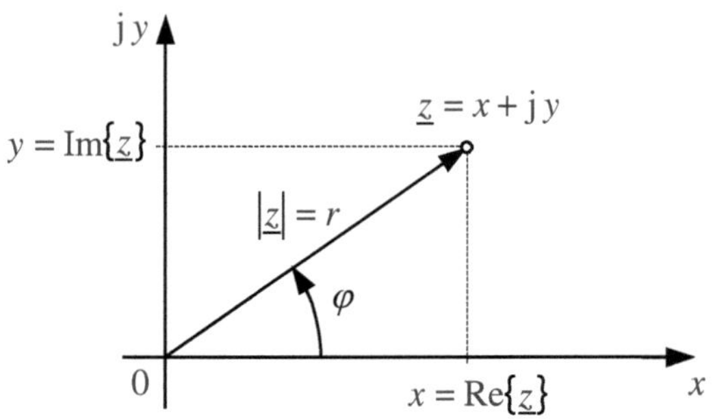

Abbildung E.1: Komplexe Zahlenebene

1 Die komplexen Zahlen werden durch einen untergesetzten Strich gekennzeichnet.

Die Zerlegung von $\underline{z}$ in einen Real- und einen Imaginärteil ist völlig analog zur Zerlegung eines Vektors $\vec{\mathbf{a}} = \vec{\mathbf{e}}_x a_x + \vec{\mathbf{e}}_y a_y$ in seine beiden kartesischen Komponenten a_x und a_y. So wie der Vektor auch in den Koordinaten des Kreiszylinders dargestellt werden kann, so kann auch der Punkt $\underline{z}$ in der komplexen Ebene durch seine Polarkoordinaten r (Länge des Zeigers) und φ (Winkel zwischen dem Zeiger und der reellen Achse) beschrieben werden. Aus der Abb. E.1 können folgende Zusammenhänge für die Umrechnungen zwischen den beiden Darstellungen abgelesen werden:

$$x = r\cos\varphi, \qquad y = r\sin\varphi \tag{E.2}$$

beziehungsweise

$$r = \sqrt{x^2 + y^2}, \qquad \tan\varphi = \frac{y}{x} \quad \text{mit} \quad r \ge 0 \quad \text{und} \quad 0 \le \varphi < 2\pi. \tag{E.3}$$

Bei der Berechnung des Argumentes φ ist die Periodizität der tan-Funktion mit π zu beachten. Für den zwischen 0 und 2π gelegenen Winkel treten die folgenden Fallunterscheidungen auf:

$$\begin{aligned}
&x < 0, \quad \varphi = \pi + \arctan y/x \\
&x = 0, \quad \varphi = \begin{cases} \pi/2 & \text{für} \quad y > 0 \\ 3\pi/2 & \phantom{\text{für}} \quad y < 0 \end{cases} \\
&x > 0, \quad \varphi = \begin{cases} \arctan y/x & \text{für} \quad y > 0 \\ 2\pi + \arctan y/x & \phantom{\text{für}} \quad y < 0\,. \end{cases}
\end{aligned} \tag{E.4}$$

Die aus dieser Umrechnung resultierende trigonometrische Darstellung einer komplexen Zahl

$$\underline{z} = r\cos\varphi + \mathrm{j}\,r\sin\varphi \tag{E.5}$$

kann mithilfe der **Euler'schen Formel**

$$\mathrm{e}^{\mathrm{j}\varphi} = \cos\varphi + \mathrm{j}\sin\varphi \tag{E.6}$$

auch in der Exponentialform geschrieben werden:

$$\underline{z} = r\,\mathrm{e}^{\mathrm{j}\varphi}. \tag{E.7}$$

Aus den Beziehungen (E.5) und (E.7) folgen mit $r = 1$ unmittelbar die Sonderfälle

$$\mathrm{e}^{\mathrm{j}0} = \mathrm{e}^{\mathrm{j}2\pi} = 1, \qquad \mathrm{e}^{\mathrm{j}\pi/2} = \mathrm{j}, \qquad \mathrm{e}^{\mathrm{j}\pi} = -1\,, \qquad \mathrm{e}^{\mathrm{j}3\pi/2} = -\mathrm{j}. \tag{E.8}$$

In der Gl. (E.5) ist der Winkel φ nur bis auf Vielfache von 2π bestimmt. Wegen $\mathrm{e}^{\mathrm{j}2\pi} = 1$ kann jede komplexe Zahl $\underline{z} = r\,\mathrm{e}^{\mathrm{j}\varphi}$ auch in der Form

$$\underline{z} = r\,\mathrm{e}^{\mathrm{j}\varphi} = r\,\mathrm{e}^{\mathrm{j}(\varphi + k2\pi)} = r\left[\cos(\varphi + k2\pi) + \mathrm{j}\sin(\varphi + k2\pi)\right] \quad \text{mit} \quad k = 0, \pm 1, \pm 2, \ldots \tag{E.9}$$

geschrieben werden.

Zwei komplexe Zahlen heißen zueinander **konjugiert komplex**, wenn sie sich nur durch das Vorzeichen ihres Imaginärteils unterscheiden. In der Gauß'schen Zahlenebene findet man die konjugiert komplexe Zahl durch Spiegelung der komplexen Zahl an der reellen Achse. Zur Kennzeichnung einer konjugiert komplexen Zahl wird ein hochgestellter Stern verwendet:

$$\begin{aligned} \underline{z} &= x + \mathrm{j}y = r(\cos\varphi + \mathrm{j}\sin\varphi) = r\,\mathrm{e}^{\mathrm{j}\varphi} \\ \underline{z}^* &= x - \mathrm{j}y = r(\cos\varphi - \mathrm{j}\sin\varphi) = r\,\mathrm{e}^{-\mathrm{j}\varphi}. \end{aligned} \tag{E.10}$$

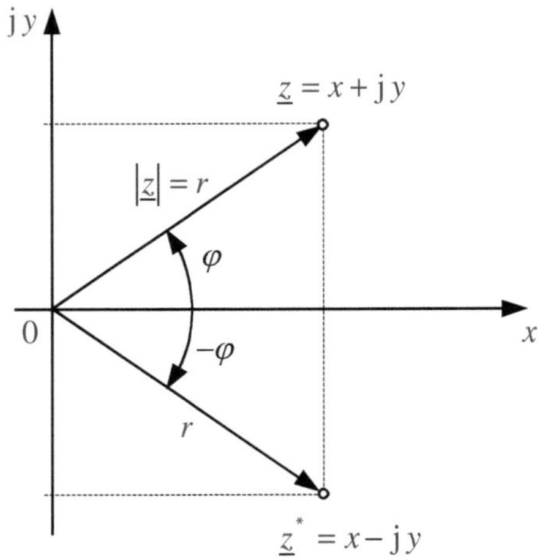

Abbildung E.2: Konjugiert komplexe Zahlen

Fassen wir die Bezeichnungen noch einmal zusammen:

Merke

$x = \mathrm{Re}\{\underline{z}\}$	**Realteil** von $\underline{z}$
$y = \mathrm{Im}\{\underline{z}\}$	**Imaginärteil** von $\underline{z}$
$r = \lvert\underline{z}\rvert$	**Betrag** von $\underline{z}$ (Länge des Zeigers)
$\varphi = \arg\{\underline{z}\}$	**Argument** von $\underline{z}$
$\underline{z} = x + \mathrm{j}y$	algebraische Darstellung (Normalform)
$\underline{z} = r(\cos\varphi + \mathrm{j}\sin\varphi)$	trigonometrische Darstellung
$\underline{z} = r\,\mathrm{e}^{\mathrm{j}\varphi}$	Exponentialdarstellung

E.2 Rechenoperationen

Bei der **Addition** bzw. **Subtraktion** von komplexen Zahlen werden die Real- und Imaginärteile addiert bzw. subtrahiert. Mit $\underline{z}_1 = x_1 + \mathrm{j}\,y_1$ und $\underline{z}_2 = x_2 + \mathrm{j}\,y_2$ gilt

$$\begin{aligned}\underline{z}_1 + \underline{z}_2 &= x_1 + x_2 + \mathrm{j}(y_1 + y_2)\\ \underline{z}_1 - \underline{z}_2 &= x_1 - x_2 + \mathrm{j}(y_1 - y_2)\,.\end{aligned} \tag{E.11}$$

Die Zeiger werden geometrisch addiert bzw. subtrahiert, analog zur Vorgehensweise bei den Vektoren.

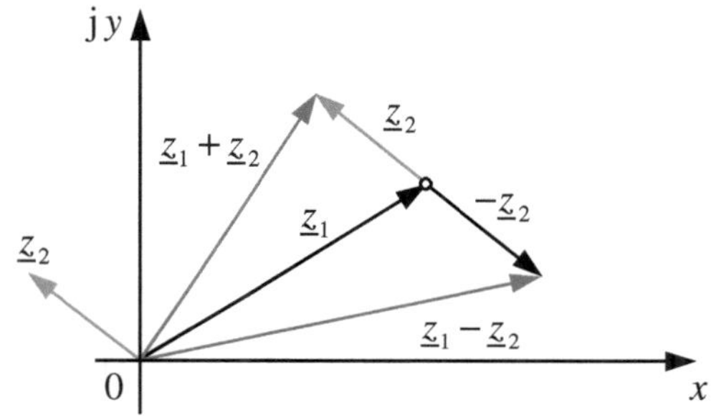

Abbildung E.3: Addition und Subtraktion komplexer Zahlen

Die **Multiplikation** zweier komplexer Zahlen $\underline{z}_1 = x_1 + \mathrm{j}y_1 = r_1\mathrm{e}^{\mathrm{j}\varphi_1}$ und $\underline{z}_2 = x_2 + \mathrm{j}y_2 = r_2\mathrm{e}^{\mathrm{j}\varphi_2}$ liefert mit der algebraischen Darstellung das Ergebnis

$$\underline{z}_1\underline{z}_2 = (x_1 + \mathrm{j}\,y_1)(x_2 + \mathrm{j}\,y_2) = x_1x_2 - y_1y_2 + \mathrm{j}(x_1y_2 + x_2y_1). \tag{E.12}$$

Die Multiplikation der komplexen Zahlen in der Exponentialdarstellung

$$\underline{z}_1\,\underline{z}_2 = r_1\,\mathrm{e}^{\mathrm{j}\varphi_1}\,r_2\,\mathrm{e}^{\mathrm{j}\varphi_2} = r_1r_2\,\mathrm{e}^{\mathrm{j}(\varphi_1+\varphi_2)} = r_1r_2\left[\cos(\varphi_1+\varphi_2) + \mathrm{j}\sin(\varphi_1+\varphi_2)\right] \tag{E.13}$$

lässt erkennen, dass die Beträge multipliziert und die Winkel addiert werden.

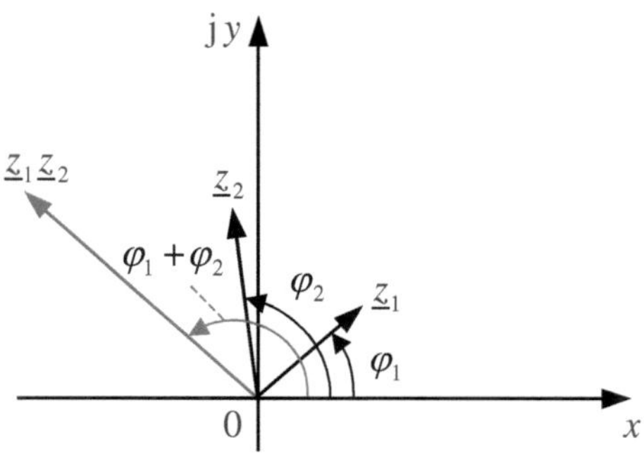

Abbildung E.4: Multiplikation komplexer Zahlen

Für das Produkt zweier konjugiert komplexer Zahlen gilt

$$\underline{z}\,\underline{z}^* = (x + \mathrm{j}y)(x - \mathrm{j}y) = x^2 + y^2 = |\underline{z}|^2 = r^2. \tag{E.14}$$

Bei der **Division** zweier in algebraischer Darstellung vorliegender komplexer Zahlen $\underline{z}_1 = x_1 + \mathrm{j}y_1$ und $\underline{z}_2 = x_2 + \mathrm{j}y_2$ wird der Bruch mit dem konjugiert komplexen Wert des Nenners erweitert, sodass für Real- und Imaginärteil des Quotienten das Ergebnis

$$\frac{\underline{z}_1}{\underline{z}_2} = \frac{x_1 + \mathrm{j}y_1}{x_2 + \mathrm{j}y_2} = \frac{(x_1 + \mathrm{j}y_1)(x_2 - \mathrm{j}y_2)}{(x_2 + \mathrm{j}y_2)(x_2 - \mathrm{j}y_2)} = \frac{1}{x_2^{\,2} + y_2^{\,2}}\left[x_1x_2 + y_1y_2 + \mathrm{j}(x_2y_1 - x_1y_2)\right] \quad \text{(E.15)}$$

folgt. Als Sonderfall dieser Gleichung ergibt sich der Kehrwert einer komplexen Zahl zu

$$\frac{1}{\underline{z}} = \frac{1}{x + \mathrm{j}y} = \frac{x - \mathrm{j}y}{(x + \mathrm{j}y)(x - \mathrm{j}y)} = \frac{x}{x^2 + y^2} - \mathrm{j}\frac{y}{x^2 + y^2}. \quad \text{(E.16)}$$

Mit $x = 0$ und $y = 1$ folgt aus dieser Gleichung unmittelbar

$$\frac{1}{\mathrm{j}} = -\mathrm{j}. \quad \text{(E.17)}$$

Ausgehend von der Exponentialdarstellung stellt man fest, dass die Beträge dividiert und die Winkel subtrahiert werden:

$$\frac{\underline{z}_1}{\underline{z}_2} = \frac{r_1\,\mathrm{e}^{\mathrm{j}\varphi_1}}{r_2\,\mathrm{e}^{\mathrm{j}\varphi_2}} = \frac{r_1}{r_2}\mathrm{e}^{\mathrm{j}(\varphi_1 - \varphi_2)} = \frac{r_1}{r_2}\left[\cos(\varphi_1 - \varphi_2) + \mathrm{j}\sin(\varphi_1 - \varphi_2)\right]. \quad \text{(E.18)}$$

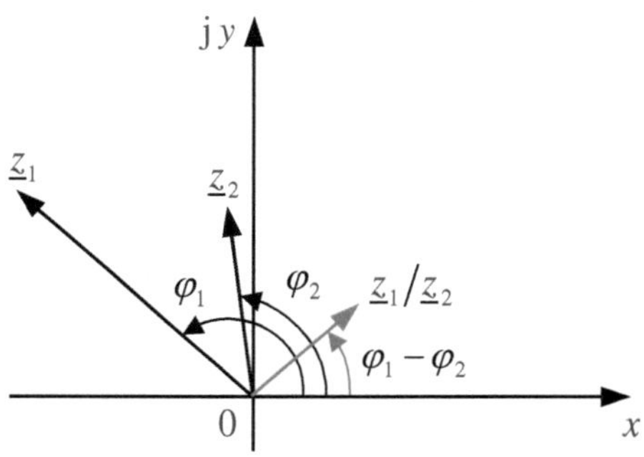

Abbildung E.5: Division komplexer Zahlen

Bei der symbolischen Rechnung hat die Multiplikation mit j bzw. die Division durch j eine besondere Bedeutung. Für die Multiplikation folgt aus der Gl. (E.13) unmittelbar

$$\mathrm{j}\underline{z} = \mathrm{e}^{\mathrm{j}\pi/2}\,r\,\mathrm{e}^{\mathrm{j}\varphi} = r\,\mathrm{e}^{\mathrm{j}(\varphi + \pi/2)}, \quad \text{(E.19)}$$

d.h., der Zeiger $\underline{z}$ wird um den Winkel $\pi/2$ in mathematisch positiver Richtung (Gegenuhrzeigersinn) gedreht. Die Division durch j (= Multiplikation mit –j) bedeutet eine Drehung des Zeigers $\underline{z}$ um den Winkel $-\pi/2$, d.h. in mathematisch negativer Richtung (Uhrzeigersinn).

Merke

Multiplikation mit j bedeutet Drehung um $\pi/2$.

Division durch j bzw. Multiplikation mit –j bedeutet Drehung um $-\pi/2$.

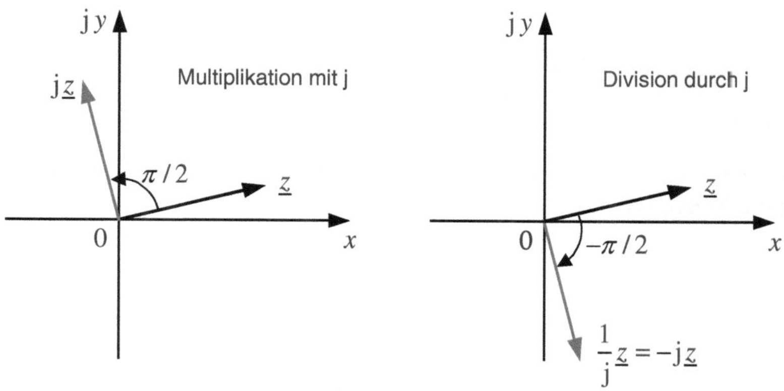

Abbildung E.6: Multiplikation mit j und Division durch j

Beim **Potenzieren** komplexer Zahlen geht man ebenfalls von der Exponentialdarstellung aus

$$\underline{z}^n = \left(r\,\mathrm{e}^{\mathrm{j}\varphi}\right)^n = r^n \left(\mathrm{e}^{\mathrm{j}\varphi}\right)^n = r^n\,\mathrm{e}^{\mathrm{j}n\varphi}. \tag{E.20}$$

Der Betrag der komplexen Zahl wird mit dem Exponenten potenziert, während der Winkel mit dem Exponenten multipliziert wird. Die Darstellung der Beziehung (E.20) in der trigonometrischen Form ist als **Moivre'sche Formel** bekannt

$$\underline{z}^n = r^n\,\mathrm{e}^{\mathrm{j}n\varphi} = r^n\left(\cos n\varphi + \mathrm{j}\sin n\varphi\right). \tag{E.21}$$

Unter der n-ten **Wurzel** aus einer komplexen Zahl $\sqrt[n]{\underline{z}}$ versteht man eine komplexe Zahl $\underline{z}_k$, die der Gleichung $\underline{z}_k{}^n = \underline{z}$ genügt. Während im Reellen die n-te Wurzel einer positiven reellen Zahl x eindeutig als die positive Zahl definiert ist, deren n-te Potenz die Zahl x ergibt (beispielsweise gilt $\sqrt[4]{16} = +2$ und nicht $\sqrt[4]{16} = -2$), wird im Bereich der komplexen Zahlen auf diese Eindeutigkeit verzichtet.

Durch Anwendung der Gl. (E.20) lässt sich leicht bestätigen, dass die n-te Potenz aller Zahlen $r^{1/n}\,\mathrm{e}^{\mathrm{j}(\varphi+k2\pi)/n}$ mit $k = 0, \pm 1, \pm 2, \ldots$ wieder dem Wert $\underline{z} = r\,\mathrm{e}^{\mathrm{j}\varphi}$ entspricht. Anscheinend gibt es unendlich viele Wurzeln. Man stellt aber fest, dass die Wurzeln für $k = 0, \pm n, \pm 2n, ..$ identisch sind. Ebenso sind die Wurzeln für $k = 1, \pm n-1, \pm 2n+1, ..$ identisch, usw. In der Praxis beschränkt man sich daher auf die n Hauptwerte. Die n Lösungen der Gleichung $\underline{z}_k = \sqrt[n]{\underline{z}}$ sind also durch den Ausdruck

$$\sqrt[n]{\underline{z}} = \underline{z}_k = \sqrt[n]{r}\,\mathrm{e}^{\mathrm{j}(\varphi+k2\pi)/n} \qquad \text{mit} \qquad k = 0, \ldots\, n-1 \tag{E.22}$$

gegeben, der in der trigonometrischen Darstellung die Form

$$\sqrt[n]{\underline{z}} = \sqrt[n]{r}\left(\cos\frac{\varphi + k2\pi}{n} + \mathrm{j}\sin\frac{\varphi + k2\pi}{n}\right) \tag{E.23}$$

annimmt.

Beispiel E.1: Wurzeln einer komplexen Zahl

Zu berechnen sind alle Werte $\underline{z}_k = \sqrt[4]{\mathrm{j}}$.

Ausgangspunkt ist die Gl. (E.22). Mit $\mathrm{j} = \mathrm{e}^{\mathrm{j}\pi/2}$ nach Gl. (E.8) erhält man nacheinander die Ergebnisse

$$\begin{aligned}
\underline{z}_0 &= \mathrm{e}^{\mathrm{j}(\pi/2)/4} = \mathrm{e}^{\mathrm{j}\pi/8} \\
\underline{z}_1 &= \mathrm{e}^{\mathrm{j}(\pi/2+2\pi)/4} = \mathrm{e}^{\mathrm{j}5\pi/8} \\
\underline{z}_2 &= \mathrm{e}^{\mathrm{j}(\pi/2+4\pi)/4} = \mathrm{e}^{\mathrm{j}9\pi/8} \\
\underline{z}_3 &= \mathrm{e}^{\mathrm{j}(\pi/2+6\pi)/4} = \mathrm{e}^{\mathrm{j}13\pi/8}.
\end{aligned}$$

Der Wert $\underline{z}_4 = \mathrm{e}^{\mathrm{j}(\pi/2+8\pi)/4} = \mathrm{e}^{\mathrm{j}(\pi/8+2\pi)} = \mathrm{e}^{\mathrm{j}\pi/8}$ entspricht wieder dem Wert $\underline{z}_0$. Die vier Wurzeln liegen auf dem Einheitskreis und teilen ihn in vier gleiche Teile.

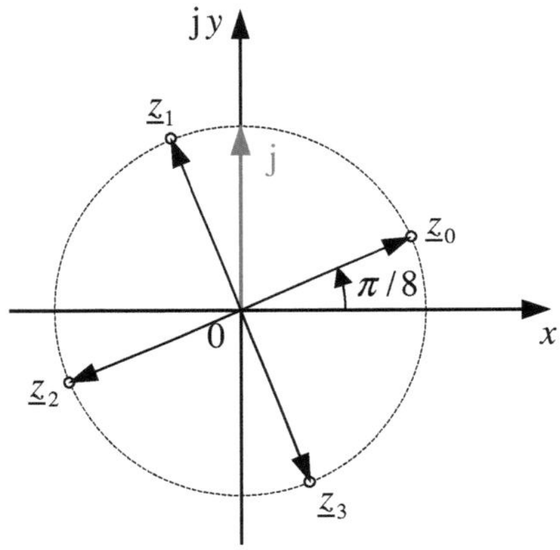

Abbildung E.7: Darstellung der Werte $\sqrt[4]{\mathrm{j}}$ in der komplexen Ebene

Ergänzungen zu den Ortskurven

F

ÜBERBLICK

F.1 Beweis für die Gültigkeit des ersten Verfahrens

Es soll gezeigt werden, dass der in Abb. 8.49 eingetragene Zeiger $\underline{Y}$ dem Kehrwert von $\underline{Z}$ entspricht.

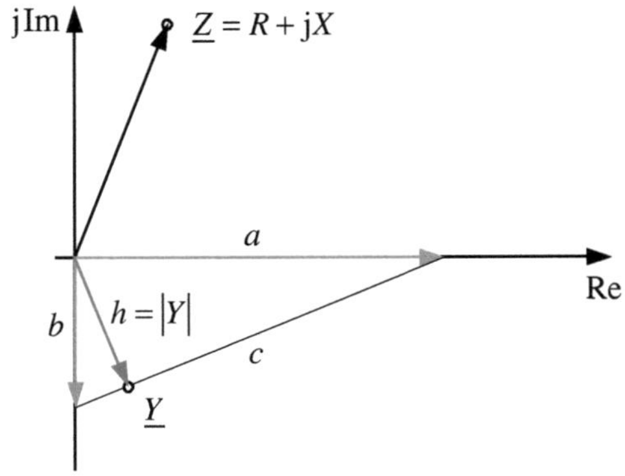

Abbildung F.1: Erstes Verfahren, Schritt 1

Im ersten Schritt werden die beiden Kehrwerte

$$\frac{1}{R} = a \quad \text{und} \quad \frac{1}{\mathrm{j}X} = -\mathrm{j}\frac{1}{X} = -\mathrm{j}b \tag{F.1}$$

entlang der beiden Achsen aufgetragen. Die Verbindungslinie c zwischen den beiden Endpunkten bildet die Hypotenuse des mit den beiden Seiten a und b gebildeten rechtwinkligen Dreiecks. Aus dem Satz von Pythagoras und der Berechnung der doppelten Fläche des Dreiecks folgen die beiden Zusammenhänge

$$c^2 = a^2 + b^2 \quad \text{und} \quad ab = hc. \tag{F.2}$$

Im zweiten Schritt betrachten wir nur noch das Dreieck in einem etwas vergrößerten Maßstab.

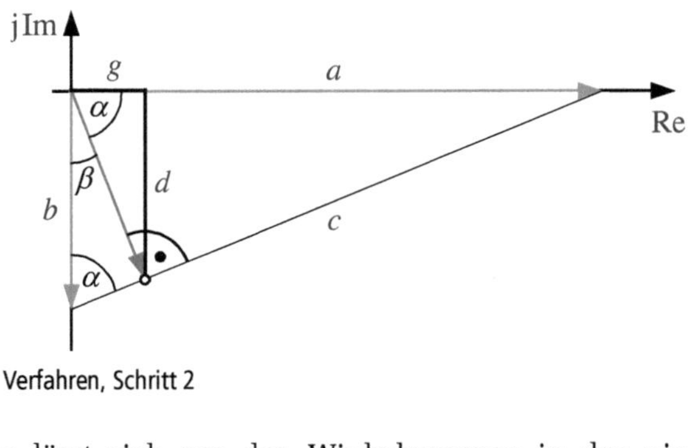

Abbildung F.2: Erstes Verfahren, Schritt 2

Wegen $\beta = \pi/2 - \alpha$ lässt sich aus den Winkelsummen in den einzelnen Dreiecken leicht überprüfen, dass die beiden eingetragenen Winkel α gleich groß sind. Mit der in ►Abb. F.1 eingetragenen Höhe h gelten die beiden Beziehungen

$$\sin\alpha = \frac{h}{b} = \frac{d}{h} \;\rightarrow\; d = \frac{h^2}{b} \quad \text{und} \quad \cos\alpha = \frac{h}{a} = \frac{g}{h} \;\rightarrow\; g = \frac{h^2}{a}, \tag{F.3}$$

die mithilfe der beiden Gln. (F.1) und (F.2) auf die Form

$$d = \frac{h^2}{b} \overset{(F.2)}{=} \frac{a^2 b}{c^2} \overset{(F.2)}{=} \frac{a^2 b}{a^2 + b^2} = \frac{1/b}{1/b^2 + 1/a^2} \overset{(F.1)}{=} \frac{X}{R^2 + X^2} \tag{F.4}$$

bzw.

$$g = \frac{h^2}{a} \overset{(F.2)}{=} \frac{ab^2}{c^2} \overset{(F.2)}{=} \frac{ab^2}{a^2 + b^2} = \frac{1/a}{1/b^2 + 1/a^2} \overset{(F.1)}{=} \frac{R}{R^2 + X^2} \tag{F.5}$$

gebracht werden können. Der gesuchte Kehrwert der komplexen Zahl $\underline{Z}$ ist nach Gl. (8.26) durch den Ausdruck

$$\underline{Y} = \frac{1}{\underline{Z}} = \frac{1}{R + \mathrm{j}X} = \frac{R}{R^2 + X^2} + \mathrm{j}\frac{-X}{R^2 + X^2} \overset{(F.4,F.5)}{=} g - \mathrm{j}d \tag{F.6}$$

gegeben und entspricht in der in Gl. (F.6) bereits angegebenen Form dem in ▶Abb. F.2 dargestellten Zeiger der Länge h.

F.2 Beweis für die Gültigkeit des 2. Verfahrens

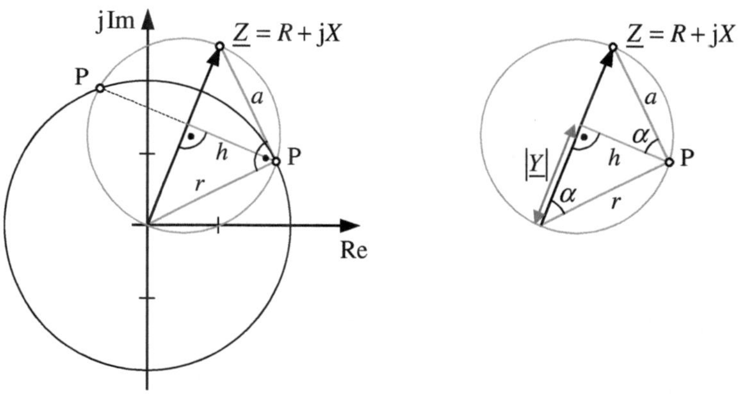

Abbildung F.3: Zweites Verfahren, Schritte 1 und 2

Die Tangente von dem Punkt $\underline{Z}$ an den Einheitskreis besitze die Länge a. Diese bildet mit dem eingezeichneten Radius r einen rechten Winkel. Ähnlich wie beim ersten Verfahren lässt sich aus den Winkelsummen in den einzelnen Dreiecken auf der rechten Seite der ▶Abb. F.3 leicht überprüfen, dass die beiden eingetragenen Winkel α gleich groß sind. Mit der Höhe h des Dreiecks kann die folgende Beziehung aufgestellt werden:

$$\cos\alpha = \frac{|\underline{Y}|}{r} = \frac{h}{a} \quad \rightarrow \quad |\underline{Y}| = \frac{rh}{a}, \tag{F.7}$$

die mit dem doppelten Flächeninhalt des Dreiecks

$$h|\underline{Z}| = ar \quad \rightarrow \quad \frac{h}{a} = \frac{r}{|\underline{Z}|} \tag{F.8}$$

den Zusammenhang

$$\left|\underline{Y}\right| = \frac{rh}{a} = \frac{r^2}{\left|\underline{Z}\right|} \tag{F.9}$$

liefert. Mit dem Radius $r = 1$ des Einheitskreises haben wir bereits die Länge für den Kehrwert von $\underline{Z}$ gefunden. Nach Gl. (8.27) unterscheiden sich die Winkel φ und ψ der komplexen Größen $\underline{Z}$ und $\underline{Y}$ nur durch das Vorzeichen, sodass der gefundene Punkt

$$\frac{1}{\left|\underline{Z}\right|}\mathrm{e}^{\mathrm{j}\varphi} = \left|\underline{Y}\right|\mathrm{e}^{\mathrm{j}\varphi} = \underline{Y}^* \tag{F.10}$$

dem konjugiert komplexen Wert von $\underline{Y}$ entspricht und daher noch an der reellen Achse gespiegelt werden muss.

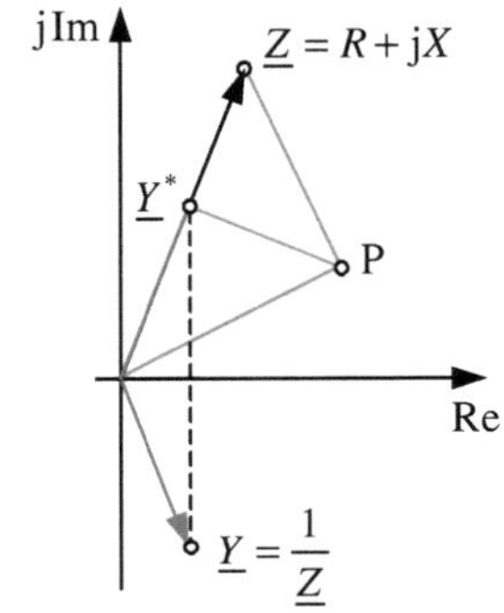

Abbildung F.4: Zweites Verfahren, Schritt 3

F.3 Die Inversion einer Geraden durch den Nullpunkt

In diesem und in den folgenden Abschnitten bezeichnen wir mit $\underline{a} = a_r + \mathrm{j}a_i = \left|\underline{a}\right|\mathrm{e}^{\mathrm{j}\varphi_a}$ und $\underline{b} = b_r + \mathrm{j}b_i = \left|\underline{b}\right|\mathrm{e}^{\mathrm{j}\varphi_b}$ zwei komplexe Zahlen, die in der angegebenen Weise durch Real- und Imaginärteil oder durch Betrag und Phase dargestellt werden können. Sei p ein reeller Parameter, der den Wertebereich $-\infty < p < \infty$ durchläuft, dann beschreibt das Produkt

$$\underline{z}(p) = p\underline{a} = p\left|\underline{a}\right|\mathrm{e}^{\mathrm{j}\varphi_a} \tag{F.11}$$

eine Gerade in der komplexen Ebene $\underline{z} = x + \mathrm{j}y$, die durch den Punkt $\underline{a}$ (für $p = 1$) und den Ursprung (für $p = 0$) verläuft und mit der reellen Achse den Winkel φ_a einschließt (►Abb. F.5). Beim Kehrwert

$$\frac{1}{\underline{z}(p)} = \frac{1}{p\underline{a}} = \frac{1}{p\left|\underline{a}\right|}\mathrm{e}^{-\mathrm{j}\varphi_a} \tag{F.12}$$

beeinflusst der Parameter p ebenfalls nur den Betrag und nicht das Argument, sodass die invertierte Ortskurve wieder eine Gerade ist, die mit der reellen Achse den Winkel $-\varphi_a$ einschließt. Zur Vermeidung von Verwechslungen wird die invertierte Ortskurve in einer zweiten komplexen Ebene dargestellt, für die die Bezeichnung $\underline{w} = u + \mathrm{j}v$ gewählt wird. Alle Punkte, die vorher im 1. Quadranten lagen, liegen jetzt im 4. Quadranten und alle Punkte aus dem 3. Quadranten liegen jetzt im 2. Quadranten. Die Punkte auf der Ortskurve $\underline{z}(p)$ für $p \to \pm\infty$ liegen bei der invertierten Ortskurve im Ursprung.

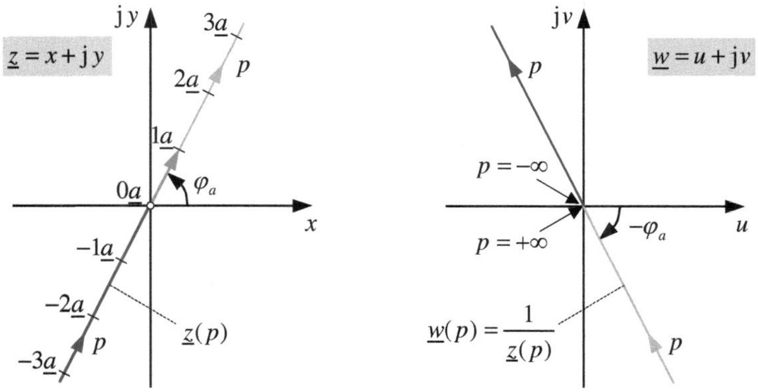

Abbildung F.5: Inversion einer Geraden durch den Nullpunkt

F.4 Die Inversion einer Geraden, die nicht durch den Nullpunkt verläuft

Die allgemeine Darstellung für eine Gerade, die nicht durch den Ursprung verläuft, erhält man auf einfache Weise dadurch, dass die bisherige durch Gl. (F.11) beschriebene Gerade insgesamt um einen konstanten Wert $\underline{b}$ verschoben wird, wobei $\varphi_b \neq \varphi_a$ gelten soll. Die Gleichung für diese Gerade lautet jetzt

$$\underline{z}(p) = \underline{b} + p\underline{a} = \underline{b} + p\left|\underline{a}\right|\mathrm{e}^{\mathrm{j}\varphi_a}. \tag{F.13}$$

Der Punkt $\underline{z}(0)$ liegt jetzt nicht mehr im Ursprung, sondern an der Spitze des Zeigers $\underline{b}$. Allgemein beschreibt $\underline{z}(p)$ einen Zeiger vom Ursprung zu dem Punkt auf der Ortskurve mit dem Wert p (►Abb. F.6 mit dem Beispiel $p = -2$).

In der Gl. (F.13) sind natürlich auch die folgenden Sonderfälle enthalten:

- $\underline{b} = 0 \rightarrow \underline{z}(p) = p\left|\underline{a}\right|\mathrm{e}^{\mathrm{j}\varphi_a}$ — Gerade durch den Nullpunkt, der Wert für $p = 0$ liegt im Ursprung.
- $\varphi_b = \varphi_a \rightarrow \underline{z}(p) = \left(\left|\underline{b}\right| + p\left|\underline{a}\right|\right)\mathrm{e}^{\mathrm{j}\varphi_a}$ — Gerade durch den Nullpunkt, der Wert für $p = 0$ liegt an der Stelle $\underline{b}$.
- $a_i = 0 \rightarrow \underline{z}(p) = \underline{b} + pa_r$ — Gerade parallel zur reellen Achse,
- $a_r = 0 \rightarrow \underline{z}(p) = \underline{b} + \mathrm{j}pa_i$ — Gerade parallel zur imaginären Achse.

Wir wollen jetzt zeigen, dass die Inversion der Ortskurve (F.13) einen Kreis ergibt. Unter der stillschweigenden Annahme, dass diese Aussage zutrifft, werden wir zunächst die Position des Kreismittelpunktes in der $\underline{w}$-Ebene $\underline{w}_M = u_M + \mathrm{j}v_M$ sowie dessen Radius r bestimmen und anschließend nachweisen, dass die Funktion

$$\underline{w}(p) = \frac{1}{\underline{z}(p)} = \frac{1}{\underline{b} + p\underline{a}} = \frac{1}{b_r + pa_r + \mathrm{j}(b_i + pa_i)} = u(p) + \mathrm{j}v(p) \tag{F.14}$$

mit

$$u(p) = \frac{b_r + pa_r}{(b_r + pa_r)^2 + (b_i + pa_i)^2} \quad \text{und} \quad v(p) = \frac{-(b_i + pa_i)}{(b_r + pa_r)^2 + (b_i + pa_i)^2} \tag{F.15}$$

tatsächlich die Kreisgleichung erfüllt.

Zunächst stellen wir fest, dass die im Unendlichen liegenden Punkte $\underline{z}(p \to \pm\infty)$ bei der Inversion in den Ursprung der $\underline{w}$-Ebene fallen. Außerdem muss derjenige Punkt in der $\underline{z}$-Ebene, der den kürzesten Abstand vom Ursprung hat, in der $\underline{w}$-Ebene den größten Abstand zum Ursprung aufweisen. Wir wollen zunächst die Positionen dieser beiden mit $\underline{z}_0$ und $\underline{w}_0$ bezeichneten Punkte bestimmen (vgl. Abb. F.6 und F.7).

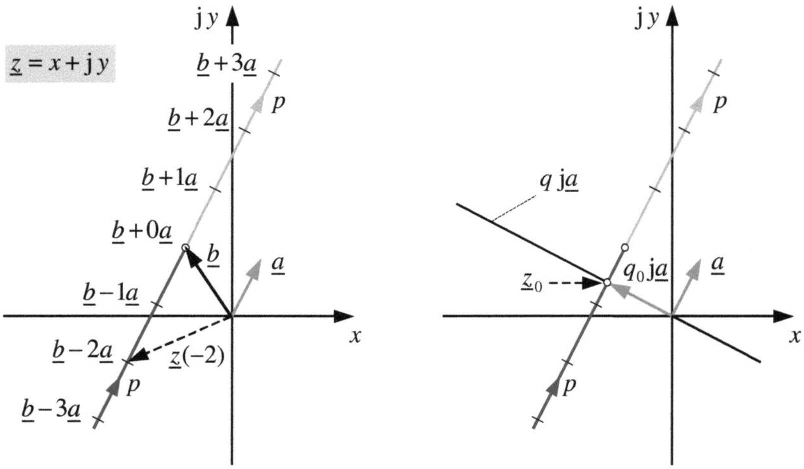

Abbildung F.6: Zur Inversion einer Geraden

Der gesuchte Punkt $\underline{z}_0$ liegt einerseits auf der Ortskurve (F.13), andererseits muss er auf einer Geraden liegen, die die Ortskurve senkrecht schneidet und durch den Ursprung geht. Da diese Gerade auch senkrecht auf dem Zeiger $\underline{a}$ steht, kann sie mit einem reellen Parameter q in der Form $q\,\mathrm{j}\underline{a}$ geschrieben werden (vgl. rechtes Teilbild in Abb. F.6). Aus der Forderung

$$\underline{z}_0 = \underline{b} + p_0\underline{a} \overset{!}{=} q_0\,\mathrm{j}\underline{a} \quad \to \quad \begin{array}{l} b_r + p_0 a_r = -q_0\,a_i \\ b_i + p_0 a_i = +q_0\,a_r \end{array} \tag{F.16}$$

können die beiden Zahlen

$$p_0 = -\frac{b_r a_r + b_i a_i}{a_r^2 + a_i^2} \quad \text{und} \quad q_0 = \frac{-b_r a_i + b_i a_r}{a_r^2 + a_i^2} \tag{F.17}$$

bestimmt werden, sodass der Punkt

$$\underline{z}_0 = \underline{b} + p_0\underline{a} \overset{\text{(F.17)}}{=} \frac{b_r a_i - b_i a_r}{a_r^2 + a_i^2}\left(a_i - \mathrm{j}a_r\right) \tag{F.18}$$

und auch sein Kehrwert

$$\underline{w}_0 = \frac{1}{\underline{z}_0} = \frac{a_i + \mathrm{j}a_r}{b_r a_i - b_i a_r} \tag{F.19}$$

bekannt sind. Der Mittelpunkt des Kreises liegt bei

$$\underline{w}_M = \underline{w}_0/2 = u_M + \mathrm{j}v_M \quad \text{mit} \quad u_M = \frac{1}{2}\frac{a_i}{b_r a_i - b_i a_r}\,, \quad v_M = \frac{1}{2}\frac{a_r}{b_r a_i - b_i a_r} \tag{F.20}$$

und für den Radius muss gelten

$$r=\left|\frac{\underline{w}_0}{2}\right|=\sqrt{{u_M}^2+{v_M}^2}=\frac{1}{2}\frac{\sqrt{{a_r}^2+{a_i}^2}}{\left|b_r a_i-b_i a_r\right|}. \qquad (F.21)$$

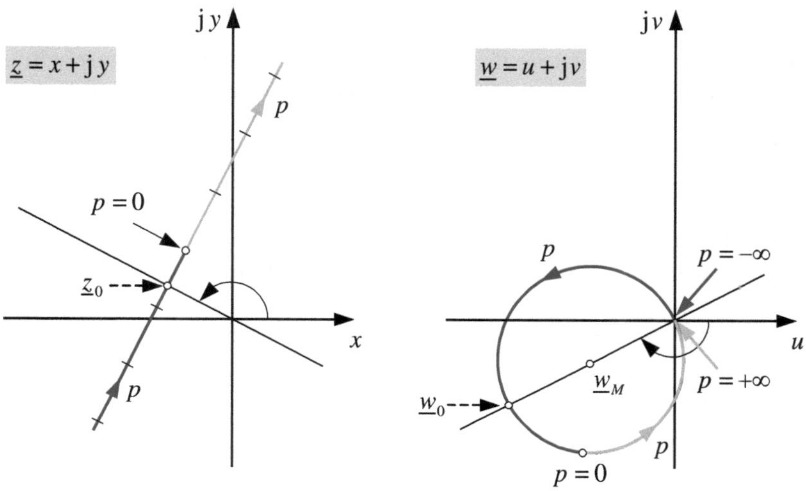

Abbildung F.7: Inversion einer Geraden

Die Gleichung für einen Kreis um den Ursprung mit Radius r lautet

$$u^2+v^2=r^2. \qquad (F.22)$$

Liegt der Kreismittelpunkt an der Stelle u_M, v_M, dann liegen alle diejenigen Punkte u, v auf einem Kreis mit Radius r, die die Gleichung

$$(u-u_M)^2+(v-v_M)^2=r^2 \qquad (F.23)$$

erfüllen. Der Nachweis, dass die Inversion der Ortskurve (F.13) einen Kreis ergibt, lässt sich nun auf einfache Weise erbringen, wenn gezeigt werden kann, dass die Gl. (F.23) mit den bereits berechneten Mittelpunktskoordinaten nach Gl. (F.20), dem Radius nach Gl. (F.21) sowie den von dem Parameter p abhängigen Koordinaten $u(p)$ und $v(p)$ nach Gl. (F.15) erfüllt ist. Es muss also gelten

$$\left[u(p)-\frac{1}{2}\frac{a_i}{b_r a_i-b_i a_r}\right]^2+\left[v(p)-\frac{1}{2}\frac{a_r}{b_r a_i-b_i a_r}\right]^2=\frac{1}{4}\frac{{a_r}^2+{a_i}^2}{\left(b_r a_i-b_i a_r\right)^2}. \qquad (F.24)$$

Durch Einsetzen der Beziehungen für $u(p)$ und $v(p)$ und Ausmultiplizieren lässt sich die Richtigkeit dieser Gleichung leicht bestätigen.

Damit ist der Nachweis erbracht, dass die Inversion einer nicht durch den Ursprung verlaufenden Geraden einen Kreis ergibt, der aber seinerseits durch den Ursprung verläuft (und umgekehrt). Es ist leicht einzusehen, dass der Radius des Kreises (F.21) umso größer wird, je kleiner der minimale Abstand $\left|\underline{z}_0\right|$ zwischen der Geraden und dem Ursprung wird. Im Grenzübergang $\left|\underline{z}_0\right|\to 0$ bzw. $\underline{b}\to 0$ gilt für den Kreisradius $r\to\infty$, d.h., die in Kapitel F.3 beschriebene Inversion einer Geraden durch den Nullpunkt liefert einen Kreis mit unendlich großem Radius und damit eine Gerade. Die in Kapitel F.3 betrachtete Inversion ist lediglich ein Sonderfall der Inversion in Kapitel F.4.

Beispiel F.1: Admittanz der RL-Reihenschaltung

Ausgehend von der Ortskurve für die Impedanz $\underline{Z}(\omega)$ der *RL*-Reihenschaltung in Abb. 8.48b soll die Ortskurve für die Admittanz $\underline{Y}(\omega)$ abgeleitet werden.

Die der Gl. (F.13) entsprechende Beziehung lautet jetzt

$$\underline{Z}(\omega) = R + \mathrm{j}\omega L. \tag{F.25}$$

Damit gilt $b_r = R$, $b_i = 0$ sowie $a_r = 0$, $a_i = L$ und $p = \omega$. Die Inversion nach (F.14) liefert einen Kreis durch den Nullpunkt mit den Mittelpunktskoordinaten

$$u_M \overset{(F.20)}{=} \frac{1}{2}\frac{a_i}{b_r a_i - b_i a_r} = \frac{1}{2R}, \quad v_M \overset{(F.20)}{=} \frac{1}{2}\frac{a_r}{b_r a_i - b_i a_r} = 0 \tag{F.26}$$

und dem Radius

$$r \overset{(F.21)}{=} \sqrt{u_M{}^2 + v_M{}^2} = \frac{1}{2R}. \tag{F.27}$$

Da sich die Ausgangsgerade nicht beidseitig ins Unendliche erstreckt, sondern lediglich alle Punkte im ersten Quadranten enthält, wird die Admittanz auch nur durch denjenigen Teil des Kreises beschrieben, der sich im vierten Quadranten befindet. Als Ergebnis erhalten wir die in Abb. 8.52 dargestellte Ortskurve.

F.5 Die Inversion eines Kreises

In diesem Kapitel wollen wir die bisherigen Betrachtungen nochmals verallgemeinern. Die Gerade in Abb. F.6 kann ja ebenfalls als der Sonderfall eines Kreises mit unendlich großem Radius aufgefasst werden. Diese Gerade ergibt sich als Inversion von einem Kreis durch den Ursprung. Wie sieht aber die Inversion von einem Kreis aus, der nicht durch den Ursprung verläuft?

Ein beliebiger Kreis kann ausgehend von der Gl. (F.14) in der folgenden Form dargestellt werden:

$$\underline{z}(p) = \underline{c} + \frac{q}{\underline{b} + p\underline{a}} = \frac{\underline{c}(\underline{b} + p\underline{a}) + q}{\underline{b} + p\underline{a}} = x(p) + \mathrm{j}y(p). \tag{F.28}$$

Die Multiplikation des bisherigen Ausdrucks (F.14) mit einem reellen Wert $q > 0$ entspricht einer Skalierung des bisherigen Kreises. Sowohl die Mittelpunktskoordinaten als auch der Kreisradius werden mit q multipliziert. Der Kreis verläuft aber noch immer durch den Nullpunkt. Die Addition einer komplexen Zahl $\underline{c} = c_r + \mathrm{j}c_i$ verschiebt den gesamten Kreis um $\underline{c}$. Der in Gl. (F.28) beschriebene Kreis besitzt damit ausgehend von (F.20) die Mittelpunktskoordinaten

$$x_M = c_r + \frac{1}{2}\frac{qa_i}{b_r a_i - b_i a_r} \quad \text{und} \quad y_M = c_i + \frac{1}{2}\frac{qa_r}{b_r a_i - b_i a_r} \tag{F.29}$$

und nach Gl. (F.21) den Radius

$$r = \frac{q}{2}\frac{\sqrt{a_r^{\,2} + a_i^{\,2}}}{\left|b_r a_i - b_i a_r\right|}. \tag{F.30}$$

Zu bestimmen ist jetzt die Inversion des durch Gl. (F.28) beschriebenen Kreises. Der Kehrwert liefert zunächst einen Ausdruck, der nach Ausführung der Division und anschließender Einführung neuer Abkürzungen für die auftretenden komplexen Zahlen eine Form annimmt,

$$\underline{w}(p) = \frac{1}{\underline{z}(p)} = \frac{p\underline{a} + \underline{b}}{p\underline{c}\underline{a} + q + \underline{c}\underline{b}} = \frac{1}{\underline{c}} + \frac{-q}{q\underline{c} + \underline{c}^2\underline{b} + p\underline{c}^2\underline{a}} = \underline{d} + \frac{-q}{\underline{g} + p\underline{h}}, \tag{F.31}$$

die als Funktion des Parameters p den gleichen Aufbau wie die Beziehung (F.28) hat und damit auch wieder einen Kreis beschreibt. Das Minuszeichen im Zähler hat keinen Einfluss auf die geometrische Form der Ortskurve, es bedeutet lediglich, dass der durch den Bruch beschriebene Kreis zunächst nach Gl. (E.8) um den Winkel π gedreht wird, bevor er um den Wert $\underline{d}$ verschoben wird.

Die Ergebnisse aus den Kapitel F.3 bis F.5 können folgendermaßen zusammengefasst werden:

Merke

1. **Allgemeiner Fall:** Die Inversion eines Kreises liefert wieder einen Kreis.
2. **Sonderfall von 1:** Die Inversion eines Kreises, der durch den Nullpunkt geht, liefert einen Kreis mit unendlich großem Radius und damit eine Gerade, die aber nicht durch den Nullpunkt geht.
3. **Umkehrung von 2:** Eine Gerade, die nicht durch den Nullpunkt geht, liefert einen Kreis durch den Nullpunkt.
4. **Sonderfall von 2:** Die Inversion eines Kreises, der durch den Nullpunkt geht und einen unendlich großen Radius besitzt, also eine Gerade durch den Nullpunkt darstellt, liefert wieder einen Kreis mit unendlich großem Radius und damit eine Gerade, die ebenfalls durch den Nullpunkt verläuft.

MyLab | Elektrotechnik

Viele Aufgaben mit wechselnden Zahlenwerten, Schritt-für-Schritt-Lösungen, Klausurtrainer und Empfehlungen finden Sie unter **MyLab | Elektrotechnik**.

Zugangsdaten vorne im Buch.

Ergänzungen zur Fourier-Entwicklung

G

ÜBERBLICK

G.1 Die Konvergenz der Fourier-Reihen

Bei der Schaltungsanalyse mithilfe von Fourier-Reihen entsteht von wenigen Ausnahmen abgesehen immer das Problem, dass die praktische Auswertung nur endlich viele Glieder der unendlichen Summe berücksichtigen kann. Die Ausnahmen beziehen sich auf die Sonderfälle, in denen die unendliche Summe durch einen geschlossenen Ausdruck ersetzt werden kann (vgl. z.B. die Effektivwertberechnung in Gl. (9.59)). Um die dadurch entstehenden Abweichungen zwischen der Ausgangsfunktion $u(t)$ und ihrer Reihenentwicklung besser abschätzen und damit auch minimieren zu können, wollen wir in diesem Kapitel die folgenden Fragen etwas näher untersuchen:

- Wie müssen die Koeffizienten bei einer Reihe mit nur **endlich** vielen Gliedern gewählt werden, damit der Fehler minimal wird?
- Wie schnell konvergiert die Reihendarstellung und von welchen Eigenschaften der Ausgangsfunktion hängt das ab?
- Wie lässt sich der verbleibende Fehler abschätzen?

Ausgangspunkt für die Betrachtungen ist die unendliche Reihe (9.7). Nehmen wir den Gleichanteil als das Glied $n = 0$ mit in die Summe und führen wir für die trigonometrischen Funktionen eine abgekürzte Schreibweise ein, dann erhalten wir für die Spektralform der Fourier-Reihe die Darstellung

$$u(t) = \sum_{n=0}^{\infty} \hat{c}_n \cos(n\omega t - \psi_n) = \sum_{n=0}^{\infty} \hat{c}_n f_n(t) . \tag{G.1}$$

Ein Abbruch der Summation bei der maximalen Ordnungszahl $n_{max} = N$ führt dazu, dass die Funktion $u(t)$ nur noch näherungsweise durch die in Gl. (G.2) definierte **Partialsumme** $g_N(t)$ approximiert werden kann:

$$u(t) \approx g_N(t) = \sum_{n=0}^{N} \hat{c}_n f_n(t) . \tag{G.2}$$

Wir wollen zuerst die Frage untersuchen, ob die *Abweichung* der N-ten Partialsumme $g_N(t)$ von der Ausgangsfunktion $u(t)$ durch eine andere Wahl der Koeffizienten weiter reduziert werden kann. Die folgende Betrachtung wird also zunächst mit der neuen Partialsumme

$$\tilde{g}_N(t) = \sum_{n=0}^{N} \hat{d}_n f_n(t) \tag{G.3}$$

mit den noch frei wählbaren Werten $\hat{d}_n$ durchgeführt. Bevor wir aber die *Güte* der Approximation beurteilen können, müssen wir den Begriff *Abweichung* näher definieren. An jeder Stelle t kann zwar der Unterschied zwischen der Originalfunktion und der Partialsumme durch einfache Differenzbildung $u(t) - \tilde{g}_N(t)$ berechnet werden, in der Praxis besteht aber oft das Problem darin, dass die Funktion $u(t)$ nicht in diskreten Punkten, sondern vielmehr im gesamten betrachteten Gebiet möglichst genau dargestellt werden soll. Diese Zielsetzung lässt sich z.B. durch die mathematische Forderung näher präzisieren, dass der mittlere Fehler, also das auf die Periodendauer T bezogene Integral der Differenz, minimal sein soll. Da sich stückweise positive und negative Abweichungen bei der Integration aber gegenseitig kompensieren, muss der *Betrag* der Differenz integriert werden:

$$\frac{1}{T}\int_0^T \left|u(t)-\tilde{g}_N(t)\right| \mathrm{d}t \stackrel{!}{=} \min . \tag{G.4}$$

Wegen der oft umständlichen Rechnung mit Beträgen verwendet man jedoch das mittlere Fehlerquadrat

$$M_N = \frac{1}{T}\int_0^T \left[u(t)-\tilde{g}_N(t)\right]^2 \mathrm{d}t \tag{G.5}$$

und macht dieses durch geeignete Wahl der Koeffizienten $\hat{d}_n$ zu einem Minimum. Die notwendige Bedingung dafür ist das Verschwinden der ersten Ableitung. Aufgrund der Forderungen

$$\frac{\partial M_N}{\partial \hat{d}_m} = \frac{-2}{T}\int_0^T \left[u(t)-\tilde{g}_N(t)\right]\frac{\partial \tilde{g}_N(t)}{\partial \hat{d}_m} \mathrm{d}t \stackrel{!}{=} 0 \quad \text{mit} \quad m = 0,1,\ldots,N \tag{G.6}$$

erhalten wir genau $N+1$ lineare Gleichungen zur Bestimmung der Koeffizienten. Mit den Ableitungen

$$\frac{\partial \tilde{g}_N(t)}{\partial \hat{d}_1} \stackrel{\text{(G.3)}}{=} f_1(t)\,, \qquad \frac{\partial \tilde{g}_N(t)}{\partial \hat{d}_2} = f_2(t)\,, \ldots \tag{G.7}$$

erhalten wir aus Gl. (G.6) für jeden Wert m eine Gleichung der Form

$$\int_0^T \left[u(t)-\tilde{g}_N(t)\right] f_m(t)\,\mathrm{d}t \stackrel{\text{(G.3)}}{=} \int_0^T \left[u(t)-\sum_{n=0}^{N}\hat{d}_n f_n(t)\right] f_m(t)\,\mathrm{d}t = 0 \tag{G.8}$$

bzw. durch Umstellung

$$\int_0^T u(t) f_m(t)\,\mathrm{d}t = \sum_{n=0}^{N}\hat{d}_n \underbrace{\int_0^T f_n(t) f_m(t)\,\mathrm{d}t}_{0 \text{ für } n\neq m} = \hat{d}_m \int_0^T f_m^{\,2}(t)\,\mathrm{d}t\,. \tag{G.9}$$

Das Integral verschwindet wegen der Orthogonalitätsrelation (9.13) bzw. (H.25) für alle Werte $n \neq m$, sodass von der Summe auf der rechten Seite der Gleichung nur das quadratische Glied mit $n = m$ den folgenden Beitrag liefert:

$$\int_0^T f_m^{\,2}(t)\,\mathrm{d}t = \begin{cases} T & \text{für} \quad m = 0 \\ T/2 & \phantom{\text{für}} \quad m > 0. \end{cases} \tag{G.10}$$

Die Bestimmungsgleichungen für die gesuchten Koeffizienten $\hat{d}_n$ sind damit völlig identisch zu den bisherigen Gleichungen (9.21). Zusammenfassend gelangen wir zu der Aussage:

Merke

Wird eine Funktion $u(t)$ näherungsweise durch die Partialsumme

$$g_N(t) = \sum_{n=0}^{N}\hat{c}_n \cos(n\omega t - \psi_n) = a_0 + \sum_{n=1}^{N}\left[\hat{a}_n \cos(n\omega t) + \hat{b}_n \sin(n\omega t)\right] \tag{G.11}$$

mit trigonometrischen Funktionen beschrieben, dann ist der mittlere quadratische Fehler minimal, wenn für die zunächst frei wählbaren Koeffizienten die Fourier-Koeffizienten eingesetzt werden.

Wir haben zwar jetzt gezeigt, dass das mittlere Fehlerquadrat für $\tilde{g}_N(t) = g_N(t)$ relativ gesehen am kleinsten wird, über seine absolute Größe und über die Konvergenz der Fourier-Entwicklung haben wir aber noch keine Aussage getroffen. Beginnen wir noch einmal mit der Gl. (G.5), die wir jetzt auch in der Form

$$M_N = \frac{1}{T}\int_0^T \left[u(t) - g_N(t)\right]^2 \mathrm{d}t = \frac{1}{T}\int_0^T u^2(t)\,\mathrm{d}t - \frac{2}{T}\int_0^T u(t) g_N(t)\,\mathrm{d}t + \frac{1}{T}\int_0^T g_N{}^2(t)\,\mathrm{d}t \tag{G.12}$$

schreiben können. Die beiden letzten Integrale sind aber wegen der Orthogonalitätsrelation identisch

$$\int_0^T u(t) g_N(t)\,\mathrm{d}t = \int_0^T g_N{}^2(t)\,\mathrm{d}t = c_0{}^2 T + \frac{T}{2}\sum_{n=1}^{N} \hat{c}_n{}^2, \tag{G.13}$$

sodass wir die Beziehung

$$M_N = \frac{1}{T}\int_0^T u^2(t)\,\mathrm{d}t - c_0{}^2 - \frac{\hat{c}_1{}^2}{2} - \frac{\hat{c}_2{}^2}{2} - \ldots - \frac{\hat{c}_N{}^2}{2} \tag{G.14}$$

erhalten. Da jeder Koeffizient $\hat{c}_n$ unabhängig ist von den übrigen Koeffizienten und damit auch von der Anzahl N der verwendeten Funktionen, folgt unmittelbar, dass eine Hinzunahme weiterer Glieder das mittlere Fehlerquadrat verkleinert.

Gilt für eine Funktion $u(t)$, für die das über eine Periodendauer $0 \leq t \leq T$ genommene Integral über das Quadrat der Funktion existiert, die Beziehung

$$M_N = \frac{1}{T}\int_0^T \left[u(t) - \sum_{n=0}^{N} \hat{c}_n f_n(t)\right]^2 \mathrm{d}t < \varepsilon \quad \text{für} \quad N > N_s, \tag{G.15}$$

d.h., das mittlere Fehlerquadrat kann durch geeignete Wahl des Wertes N immer kleiner als eine vorgegebene positive Schranke ε gemacht werden, dann wird das Funktionensystem $f_n(t)$ **vollständig** genannt und die Reihendarstellung $g_N(t)$ konvergiert im Mittel gegen die Funktion $u(t)$. An einer Sprungstelle t_0 der Funktion $u(t)$ konvergiert die Fourier-Reihe gegen das arithmetische Mittel $[u(t_0 + 0) + u(t_0 - 0)]/2$ aus dem links- und rechtsseitigen Grenzwert. Zusammengefasst gilt:

Merke

Erfüllt $u(t)$ die Dirichlet'schen Bedingungen und existieren an einer Unstetigkeitsstelle t_0 die beiden Grenzwerte $u(t_0 + 0)$ und $u(t_0 - 0)$, dann konvergiert die Fourier-Reihe und es gilt

$$\lim_{N\to\infty} g_N(t) = \begin{cases} u(t) & \\ \frac{1}{2}\left[u(t_0+0) + u(t_0-0)\right] & \end{cases} \text{bei} \quad \begin{matrix}\text{Stetigkeitsstellen} \\ \text{Sprungstellen}\end{matrix} \tag{G.16}$$

Wegen $\lim\limits_{N\to\infty} M_N = 0$ folgt aus Gl. (G.14) die so genannte **Parseval'sche Gleichung**

$$\frac{1}{T}\int_0^T u^2(t)\,\mathrm{d}t = c_0{}^2 + \sum_{n=1}^{\infty} \frac{\hat{c}_n{}^2}{2} \overset{(9.10)}{=} a_0{}^2 + \frac{1}{2}\sum_{n=1}^{\infty}\left(\hat{a}_n{}^2 + \hat{b}_n{}^2\right) \tag{G.17}$$

und bei einem Abbruch der Reihe nach N Gliedern gilt die Ungleichung

$$\frac{1}{T}\int_0^T u^2(t)\,\mathrm{d}t \ge c_0{}^2 + \sum_{n=1}^{N}\frac{\hat{c}_n{}^2}{2} = a_0{}^2 + \frac{1}{2}\sum_{n=1}^{N}\left(\hat{a}_n{}^2 + \hat{b}_n{}^2\right). \tag{G.18}$$

Beispiel G.1: Mittlerer quadratischer Fehler bei der Rechteckfunktion

Zu untersuchen ist der mittlere quadratische Fehler M_N für die Entwicklung der Rechteckschwingung in Abb. 9.7 sowie das Verhalten der Reihenentwicklung an den Sprungstellen der Funktion.

Durch Einsetzen der in Gl. (9.37) berechneten Koeffizienten in die Gl. (G.14) gilt

$$M_N = \underbrace{\frac{1}{T}\int_0^T u^2(t)\,\mathrm{d}t}_{\hat{u}^2} - c_0{}^2 - \sum_{n=1}^{N}\frac{\hat{c}_n{}^2}{2} \overset{(9.10)}{=} \hat{u}^2 - a_0{}^2 - \frac{1}{2}\sum_{n=1}^{N}\left(\hat{a}_n{}^2 + \hat{b}_n{}^2\right)$$
$$\overset{(9.37)}{=} \hat{u}^2 - \frac{1}{2}\sum_{n=1,3,..}^{N}\left(\frac{4\hat{u}}{n\pi}\right)^2 = \hat{u}^2 - \frac{8\hat{u}^2}{\pi^2}\sum_{n=1,3,..}^{N}\frac{1}{n^2}. \tag{G.19}$$

Im Grenzübergang $N \to \infty$ liefert die Summe bekanntlich den Wert $\pi^2/8$, sodass die Beziehung (G.15) und damit die Konvergenz im Mittel an diesem Beispiel überprüft wurde.

Die Reihenentwicklung enthält nur Sinusfunktionen, die an den Sprungstellen der Funktion bei $t = nT/2$ jeweils verschwinden, d.h., die Fourier-Reihe nimmt den arithmetischen Mittelwert aus links- und rechtsseitigem Grenzwert an.

Da bei praktisch allen aus der Physik stammenden Problemen die Funktionen den Dirichlet'schen Bedingungen genügen, kann die Konvergenz stets vorausgesetzt werden. Viel wichtiger ist daher die Frage nach der Güte der Konvergenz Diese wird beantwortet durch den folgenden z.B. in [30] bewiesenen Satz:

Merke

Ist eine periodische Funktion $u(t)$ einschließlich ihrer ersten $k-1$ Ableitungen stetig und genügt die k-te Ableitung den Dirichlet'schen Bedingungen, dann gehen die Koeffizienten $\hat{a}_n, \hat{b}_n$ und $\hat{c}_n$ der Entwicklung (9.6) bzw. (9.7) für $n \to \infty$ mindestens wie $1/n^{k+1}$ gegen null.

Beispiel G.2: Konvergenz von Dreieck- und Rechteckfunktion

Die in Abb. 9.6 dargestellte Dreieckschwingung ist eine stetige Funktion. Ihre erste Ableitung ist nicht stetig, genügt aber den Dirichlet'schen Bedingungen. Nach dem obigen Satz müssen die Koeffizienten der Entwicklung wegen $k = 1$ mindestens wie $1/n^2$ gegen null gehen. Man bestätigt dies leicht anhand der Gl. (9.26).

Differenziert man die Dreiecksfunktion (9.22) bzw. ihre Reihendarstellung (9.26) nach t, dann erhält man die durch die Anstiegszeit $T/2$ dividierte Fourier-Entwicklung der Rechteckschwingung (9.38). Bei dieser ist bereits die Funktion $u(t)$ nicht mehr stetig, sodass die Koeffizienten wegen $k = 0$ nur mit mindestens $1/n$ gegen null gehen müssen. Eine nochmalige Differentiation der Gl. (9.26) ergibt eine nicht mehr konvergierende Reihe. Im Falle der Integration einer Fourier-Entwicklung wird die Konvergenz entsprechend verbessert.

Aufgrund der Konvergenz der Reihe

$$\sum_{n=1}^{\infty} \frac{1}{n^2} = \frac{\pi^2}{6} \tag{G.20}$$

lässt sich aus dem obigen Satz noch eine Folgerung hinsichtlich der **gleichmäßigen Konvergenz** der Fourier-Entwicklung ziehen:

Merke

Ist $u(t)$ eine den Dirichlet'schen Bedingungen genügende und im gesamten Intervall stetige Funktion (d.h. $k \geq 1$), dann konvergiert die Reihe *gleichmäßig* für alle t. Handelt es sich bei der Entwicklung um eine nur in einem begrenzten Bereich $0 \leq t \leq T$ vorgegebene Funktion $u(t)$, dann gilt diese Aussage wegen der periodischen Fortsetzung von $u(t)$ unter der Voraussetzung $u(0) = u(T)$.

Zum Schluss dieses Kapitels wollen wir noch eine grobe Abschätzung für die Größe des verbleibenden Fehlers machen, der durch den Abbruch der Reihe bei der Ordnungszahl $n_{max} = N$ entsteht. Da jedes weitere der Summe hinzugefügte Glied nach Gl. (G.14) den mittleren quadratischen Fehler reduziert und da die Glieder der Summe bei höherer Ordnungszahl geringer sind, wird die Größe des Fehlers wesentlich durch das erste fehlende Glied bestimmt. Wir betrachten dazu wieder das Beispiel der Dreiecksfunktion in ▶Abb. G.1. Die Partialsumme mit den ersten drei Gliedern

$$g_N(t) = \frac{\hat{u}}{2} - \frac{4\hat{u}}{\pi^2}\left[\cos(\omega t) + \frac{1}{3^2}\cos(3\omega t)\right] \tag{G.21}$$

ist in Teilbild a dargestellt. Das Teilbild b zeigt den Fehler

$$u(t) - g_N(t) = -\frac{4\hat{u}}{\pi^2} \sum_{n=5,7,..}^{\infty} \frac{1}{n^2} \cos(n\omega t) \tag{G.22}$$

zusammen mit dem ersten vernachlässigten Glied in einem um den Faktor 20 vergrößerten Maßstab.

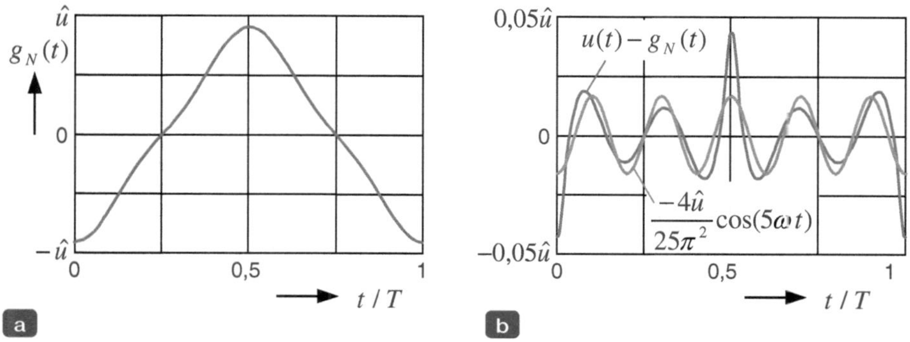

Abbildung G.1: Vergleich des Fehlers mit dem ersten vernachlässigten Glied

G.2 Das Gibbs'sche Phänomen

Wir haben im letzten Abschnitt gezeigt, dass die Fourier-Reihe bei einer Funktion, die den Dirichlet'schen Bedingungen genügt, im Mittel konvergiert, und zwar gegen den Wert der Funktion an einer Stetigkeitsstelle und gegen den arithmetischen Mittelwert bei Sprungstellen. Diese Aussage bedeutet jedoch nicht gleichzeitig, dass im Grenzübergang $N \to \infty$ auch der lokale Fehler $|u(t) - g_N(t)|$ an jeder Stelle t kleiner als eine beliebige Schranke gemacht werden kann.

Als Beispiel für eine solche ungleichmäßige Konvergenz untersuchen wir die Rechteckfunktion aus Abb. 9.7 in der unmittelbaren Umgebung ihrer Sprungstelle bei $t = 0$. Die Reihenentwicklung kann aus Gl. (9.38) übernommen werden:

$$u(t) = \frac{4\hat{u}}{\pi} \sum_{n=1,3,..}^{\infty} \frac{1}{n} \sin(n\omega t)\cdot \tag{G.23}$$

Mit dem neuen Zählindex $\nu = (n+1)/2$, der den Bereich der natürlichen Zahlen $\nu = 1,2,...$ durchläuft, können wir die Partialsumme in der Form

$$g_N(t) = \frac{4\hat{u}}{\pi} \sum_{\nu=1}^{N} \frac{1}{2\nu - 1} \sin[(2\nu-1)\omega t] = \frac{8\hat{u}}{T} \sum_{\nu=1}^{N} \frac{1}{x_\nu} \sin(x_\nu t) \tag{G.24}$$

mit der Abkürzung $x_\nu = (2\nu - 1)\omega$ schreiben. Im nächsten Schritt ersetzen wir die Sinusfunktion durch den folgenden Ausdruck:

$$\frac{1}{x_\nu} \sin(x_\nu t) = \int_0^t \cos(x_\nu \tau)\, \mathrm{d}\tau = \mathrm{Re}\left\{ \int_0^t e^{\mathrm{j} x_\nu \tau}\, \mathrm{d}\tau \right\} \tag{G.25}$$

und erhalten eine neue Darstellung für die Partialsumme

$$g_N(t) = \frac{8\hat{u}}{T}\mathrm{Re}\left\{\int_0^t \sum_{\nu=1}^{N} \mathrm{e}^{\mathrm{j}x_\nu\tau}\,\mathrm{d}\tau\right\}. \tag{G.26}$$

Die im Integrand stehende endliche geometrische Reihe kann zusammengefasst werden:

$$\begin{aligned}\sum_{\nu=1}^{N}\mathrm{e}^{\mathrm{j}x_\nu\tau} &= \sum_{\nu=1}^{N}\mathrm{e}^{\mathrm{j}(2\nu-1)\omega\tau} = \mathrm{e}^{\mathrm{j}\omega\tau}\left[1+\mathrm{e}^{\mathrm{j}2\omega\tau}+\mathrm{e}^{\mathrm{j}4\omega\tau}+\ldots+\mathrm{e}^{\mathrm{j}2(N-1)\omega\tau}\right]\\ &= \mathrm{e}^{\mathrm{j}\omega\tau}\frac{\mathrm{e}^{\mathrm{j}2N\omega\tau}-1}{\mathrm{e}^{\mathrm{j}2\omega\tau}-1} = \mathrm{e}^{\mathrm{j}N\omega\tau}\frac{\sin(N\omega\tau)}{\sin(\omega\tau)}.\end{aligned} \tag{G.27}$$

Nach der Realteilbildung und Zusammenfassung des Zählers mit dem Additionstheorem (H.4) verbleibt die Beziehung

$$g_N(t) = \frac{8\hat{u}}{T}\int_0^t \frac{\cos(N\omega\tau)\sin(N\omega\tau)}{\sin(\omega\tau)}\,\mathrm{d}\tau = \frac{4\hat{u}}{T}\int_0^t \frac{\sin(2N\omega\tau)}{\sin(\omega\tau)}\,\mathrm{d}\tau. \tag{G.28}$$

In der Nähe der Sprungstelle $t = 0$ kann wegen $\tau \ll 1$ und $\sin\varepsilon \approx \varepsilon$ für $|\varepsilon| \ll 1$ die Funktion im Nenner durch ihr Argument ersetzt werden. Im Zähler ist diese Vereinfachung wegen der Multiplikation mit dem sehr großen Wert $2N$ nicht zulässig:

$$g_N(t) = \frac{2\hat{u}}{\pi}\int_0^t \frac{1}{\tau}\sin(2N\omega\tau)\,\mathrm{d}\tau. \tag{G.29}$$

Die Substitution $\xi = 2N\omega\tau$ führt schließlich mit $(1/\tau)\,\mathrm{d}\tau = (1/\xi)\,\mathrm{d}\xi$ und der oberen Integrationsgrenze $2N\omega t$ auf die resultierende Darstellung

$$g_N(t) = \frac{2\hat{u}}{\pi}\int_0^{2N\omega t}\frac{\sin\xi}{\xi}\,\mathrm{d}\xi. \tag{G.30}$$

Das bestimmte Integral

$$\mathrm{Si}(x) = \int_0^x \frac{\sin\xi}{\xi}\,\mathrm{d}\xi = x - \frac{x^3}{3\cdot 3!}+\frac{x^5}{5\cdot 5!}-\frac{x^7}{7\cdot 7!}+\ldots \tag{G.31}$$

wird als **Integralsinus** bezeichnet und mit Si(x) abgekürzt. Die Partialsumme

$$\frac{g_N(t)}{\hat{u}} = \frac{2}{\pi}\,\mathrm{Si}(2\omega t N) \tag{G.32}$$

ist in ▶Abb. G.2 dargestellt. Sie konvergiert mit wachsendem N für eine festgehaltene Stelle $t = \text{const} > 0$ richtig gegen die Amplitude der Rechteckschwingung. Allerdings handelt es sich dabei nicht um eine gleichmäßige Konvergenz.

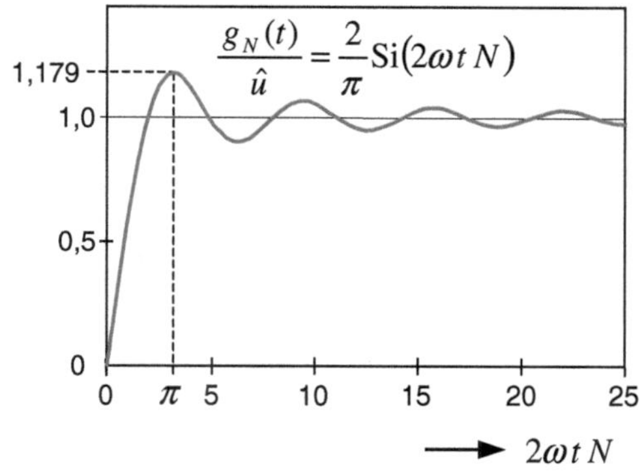

Abbildung G.2: Verlauf der Si-Funktion

An einer Stelle $t = \mathrm{const}$ durchläuft die Partialsumme mit wachsendem N die den Zahlen $2\omega tN$ zugeordneten Funktionswerte $(2/\pi)\cdot \mathrm{Si}(2\omega t N)$. An der Stelle $2\omega tN = \pi$ bzw. $t/T = 1/(4N)$ nimmt sie ein erstes Maximum an, das etwa 18 % über der darzustellenden Funktion $u(t)/\hat{u} = 1$ liegt und sich mit steigendem N zu kleineren t-Werten hin verschiebt. Dieses Verhalten tritt immer bei Fourier-Entwicklungen an Unstetigkeitsstellen auf und wird Gibbs'sches Phänomen genannt.

Als Beispiel sind die Partialsummen für die Rechteckfunktion (G.24) mit $N = 3$ und $N = 20$ in ▶Abb. G.3 dargestellt. An der Sprungstelle treten die Maximalwerte der Überschwinger im Abstand $1/(4N)$ von dem Nulldurchgang der Funktion auf.

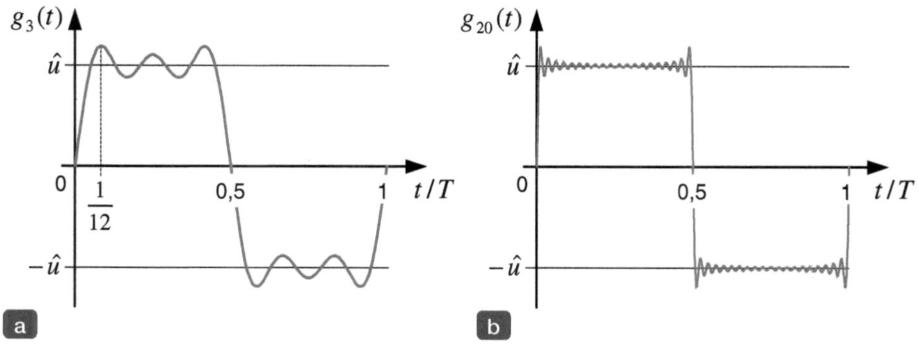

Abbildung G.3: Darstellung der Rechteckfunktion mit $N = 3$ und $N = 20$ Glieder

Kleine mathematische Formelsammlung

H

ÜBERBLICK

In diesem Anhang sind einige ausgewählte Formeln zusammengestellt, auf die in den verschiedenen Kapiteln zurückgegriffen wird. Die Additionstheoreme werden bei der Wechselstromrechnung in Kapitel 8 verwendet, die Integrale bei der Fourier-Entwicklung in Kapitel 9.

H.1 Additionstheoreme

$$\sin^2 x + \cos^2 x = 1 \tag{H.1}$$

$$2\sin^2 x = 1 - \cos(2x) \tag{H.2}$$

$$2\cos^2 x = 1 + \cos(2x) \tag{H.3}$$

$$\sin(\alpha \pm \beta) = \sin\alpha\cos\beta \pm \cos\alpha\sin\beta, \quad \sin\left(\alpha + \frac{\pi}{2}\right) = \cos\alpha \tag{H.4}$$

$$\cos(\alpha \pm \beta) = \cos\alpha\cos\beta \mp \sin\alpha\sin\beta, \quad \cos\left(\alpha - \frac{\pi}{2}\right) = \sin\alpha \tag{H.5}$$

$$2\sin\alpha\sin\beta = \cos(\alpha - \beta) - \cos(\alpha + \beta) \tag{H.6}$$

$$2\cos\alpha\cos\beta = \cos(\alpha - \beta) + \cos(\alpha + \beta) \tag{H.7}$$

$$2\sin\alpha\cos\beta = \sin(\alpha - \beta) + \sin(\alpha + \beta) \tag{H.8}$$

$$\sin\alpha + \sin\beta = 2\sin\frac{\alpha + \beta}{2}\cos\frac{\alpha - \beta}{2} \tag{H.9}$$

$$\cos\alpha + \cos\beta = 2\cos\frac{\alpha + \beta}{2}\cos\frac{\alpha - \beta}{2} \tag{H.10}$$

H.2 Integrale

Bemerkung:
Die Integrationskonstante ist bei den unbestimmten Integralen jeweils weggelassen.

$$\int \sin^2(ax)\,dx = \frac{x}{2} - \frac{1}{4a}\sin(2ax) \tag{H.11}$$

$$\int \sin(ax)\,\sin(bx)\,dx = \frac{\sin(ax - bx)}{2(a-b)} - \frac{\sin(ax + bx)}{2(a+b)} \quad \text{für} \quad a^2 \neq b^2 \tag{H.12}$$

$$\int \cos^2(ax)\,dx = \frac{x}{2} + \frac{1}{4a}\sin(2ax) \tag{H.13}$$

$$\int \cos(ax)\,\cos(bx)\,dx = \frac{\sin(ax - bx)}{2(a-b)} + \frac{\sin(ax + bx)}{2(a+b)} \quad \text{für} \quad a^2 \neq b^2 \tag{H.14}$$

$$\int \sin(ax)\cos(ax)\,\mathrm{d}x = \frac{1}{2a}\sin^2(ax) \tag{H.15}$$

$$\int \sin(ax)\cos(bx)\,\mathrm{d}x = -\frac{\cos(ax-bx)}{2(a-b)} - \frac{\cos(ax+bx)}{2(a+b)} \quad \text{für} \quad a^2 \neq b^2 \tag{H.16}$$

$$\int x\sin(ax)\,\mathrm{d}x = \frac{\sin(ax)}{a^2} - \frac{x}{a}\cos(ax) \tag{H.17}$$

$$\int x\cos(ax)\,\mathrm{d}x = \frac{\cos(ax)}{a^2} + \frac{x}{a}\sin(ax) \tag{H.18}$$

Bemerkung:
Die folgende Liste mit bestimmten Integralen enthält alle in der Orthogonalitätsrelation (9.13) auftretenden Kombinationen. Die Ergebnisse können für $\omega = 2\pi/T$ mit den Gleichungen (H.11) bis (H.16) leicht verifiziert werden. n und m sind natürliche Zahlen. Für die Phasenverschiebungen φ_n und ψ_n gelten die Zusammenhänge (9.11) und (9.12).

$$\int_0^T \mathrm{d}t = T \tag{H.19}$$

$$\int_0^T \sin(n\omega t)\,\mathrm{d}t = \int_0^T \cos(n\omega t)\,\mathrm{d}t = 0 \tag{H.20}$$

$$\int_0^T \sin(n\omega t)\sin(m\omega t)\,\mathrm{d}t = \begin{cases} 0 & \text{für} \quad n \neq m \\ T/2 & \phantom{\text{für}} \quad n = m \end{cases} \tag{H.21}$$

$$\int_0^T \cos(n\omega t)\cos(m\omega t)\,\mathrm{d}t = \begin{cases} 0 & \text{für} \quad n \neq m \\ T/2 & \phantom{\text{für}} \quad n = m \end{cases} \tag{H.22}$$

$$\int_0^T \sin(n\omega t)\cos(m\omega t)\,\mathrm{d}t = 0 \tag{H.23}$$

$$\int_0^T \sin(n\omega t+\varphi_n)\sin(m\omega t+\varphi_m)\,\mathrm{d}t = \begin{cases} 0 & \text{für} \quad n \neq m \\ T/2 & \phantom{\text{für}} \quad n = m \end{cases} \tag{H.24}$$

$$\int_0^T \cos(n\omega t-\psi_n)\cos(m\omega t-\psi_m)\,\mathrm{d}t = \begin{cases} 0 & \text{für} \quad n \neq m \\ T/2 & \phantom{\text{für}} \quad n = m \end{cases} \tag{H.25}$$

H.3 Matrizen

Definition einer $m{\times}n$-Matrix:

$$\mathbf{A}=\begin{pmatrix} a_{11} & a_{12} & a_{13} & .. & a_{1n} \\ a_{21} & a_{22} & a_{23} & .. & a_{2n} \\ .. & .. & .. & .. & .. \\ a_{m1} & a_{m2} & a_{m3} & .. & a_{mn} \end{pmatrix}$$

Bezeichnungen:
Koeffizienten a_{ik}
Zeilennummer i, Spaltennummer k
Anzahl der Zeilen m, Anzahl der Spalten n .(H.26)

Die Einheitsmatrix **E** ist eine quadratische Matrix mit

$$a_{ik}=0 \quad \text{für} \quad i\neq k \quad \text{und} \quad a_{ik}=1 \quad \text{für} \quad i=k. \tag{H.27}$$

Zwei Matrizen sind gleich **A** = **B**, wenn für alle i und k gilt:

$$a_{ik}=b_{ik}. \tag{H.28}$$

Multiplikation einer Matrix mit einem Faktor p:

$$p\cdot\mathbf{A}=\begin{pmatrix} pa_{11} & pa_{12} & pa_{13} & .. & pa_{1n} \\ pa_{21} & pa_{22} & pa_{23} & .. & pa_{2n} \\ .. & .. & .. & .. & .. \\ pa_{m1} & pa_{m2} & pa_{m3} & .. & pa_{mn} \end{pmatrix} \tag{H.29}$$

Addition zweier $m{\times}n$-Matrizen:

$$\mathbf{A}+\mathbf{B}=\mathbf{B}+\mathbf{A}=\mathbf{C}, \text{ für alle } i \text{ und } k \text{ gilt: } a_{ik}+b_{ik}=c_{ik}. \tag{H.30}$$

Multiplikation einer $m{\times}n$-Matrix **A** mit einer $n{\times}l$-Matrix **B**:

Voraussetzung: Die Spaltenzahl von **A** muss gleich sein zur Zeilenzahl von **B**

$$\mathbf{A}\cdot\mathbf{B}=\mathbf{C} \quad \text{mit} \quad c_{ik}=\sum_{q=1}^{n} a_{iq}b_{qk}=a_{i1}b_{1k}+a_{i2}b_{2k}+\ldots+a_{in}b_{nk}. \tag{H.31}$$

Das Ergebnis ist eine $m{\times}l$-Matrix **C**. Diese Beziehung gilt auch für den Sonderfall, dass **B** ein Spaltenvektor, d.h. eine $n{\times}1$-Matrix ist.

$$\text{Es gilt im Allgemeinen} \quad \mathbf{A}\cdot\mathbf{B}\neq\mathbf{B}\cdot\mathbf{A}. \tag{H.32}$$

Weitere Beziehungen:

$$\mathbf{A}\cdot\mathbf{B}\cdot\mathbf{C}=[\mathbf{A}\cdot\mathbf{B}]\cdot\mathbf{C}=\mathbf{A}\cdot[\mathbf{B}\cdot\mathbf{C}]. \tag{H.33}$$

$$\mathbf{A}\cdot[\mathbf{B}+\mathbf{C}]=\mathbf{A}\cdot\mathbf{B}+\mathbf{A}\cdot\mathbf{C}. \tag{H.34}$$

Inverse einer quadratischen $n{\times}n$-Matrix $\mathbf{A}^{-1}$:

$$\text{Es gilt} \quad \mathbf{A}^{-1}\cdot\mathbf{A}=\mathbf{A}\cdot\mathbf{A}^{-1}=\mathbf{E}. \tag{H.35}$$

Sonderfall einer 2×2-Matrix:

$$\mathbf{A} = \begin{pmatrix} a_{11} & a_{12} \\ a_{21} & a_{22} \end{pmatrix}, \quad \mathbf{A}^{-1} = \frac{1}{\det \mathbf{A}} \begin{pmatrix} a_{22} & -a_{12} \\ -a_{21} & a_{11} \end{pmatrix}. \tag{H.36}$$

Determinante einer 2×2-Matrix:

$$\det \mathbf{A} = a_{11}a_{22} - a_{12}a_{21}. \tag{H.37}$$

H.4 Fourier-Entwicklungen

Die folgende Tabelle enthält nur die von null verschiedenen Koeffizienten für die Reihenentwicklung

$$u(t) = a_0 + \sum_{n=1}^{\infty} \left[\hat{a}_n \cos(n\omega t) + \hat{b}_n \sin(n\omega t) \right].$$

Tabelle H.1

Fourier-Reihen

Nr.	Zeitfunktion $u(t)$	U_{eff}	Fourier-Koeffizienten
1	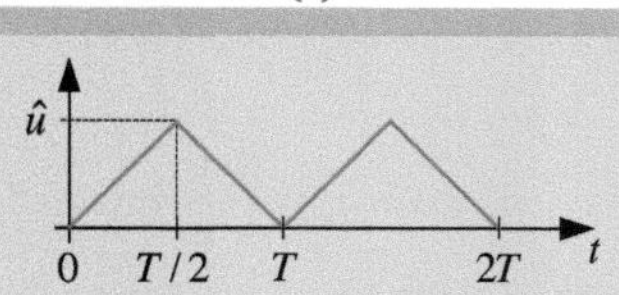 $u(t) = \frac{\hat{u}}{2} - \frac{4\hat{u}}{\pi^2}\left[\cos(\omega t) + \frac{1}{3^2}\cos(3\omega t) + \frac{1}{5^2}\cos(5\omega t) + \ldots\right]$	$\frac{\hat{u}}{\sqrt{3}}$	$a_0 = \frac{1}{2}\hat{u},\ \hat{a}_n = \frac{-4\hat{u}}{\pi^2}\frac{1}{n^2}$ $n = 1, 3, 5, \ldots$
2	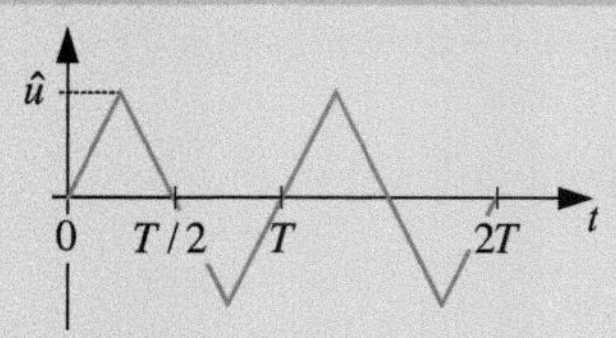 $u(t) = \frac{8\hat{u}}{\pi^2}\left[\sin(\omega t) - \frac{1}{3^2}\sin(3\omega t) + \frac{1}{5^2}\sin(5\omega t) - + \ldots\right]$	$\frac{\hat{u}}{\sqrt{3}}$	$\hat{b}_n = \frac{8\hat{u}}{\pi^2}\cdot\frac{1}{n^2}(-1)^{\frac{n+3}{2}}$ $n = 1, 3, 5, \ldots$
3	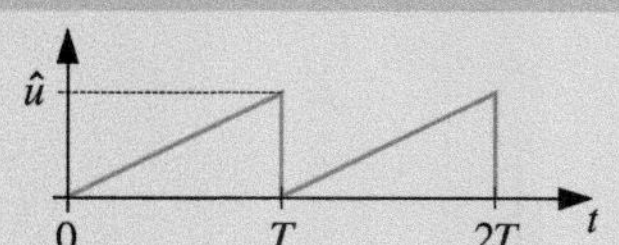 $u(t) = \frac{\hat{u}}{2} - \frac{\hat{u}}{\pi}\left[\sin(\omega t) + \frac{1}{2}\sin(2\omega t) + \frac{1}{3}\sin(3\omega t) + \ldots\right]$	$\frac{\hat{u}}{\sqrt{3}}$	$a_0 = \frac{1}{2}\hat{u},\ \hat{b}_n = \frac{-\hat{u}}{\pi}\frac{1}{n}$ $n = 1, 2, 3, \ldots$

Nr.	Zeitfunktion $u(t)$	U_{eff}	Fourier-Koeffizienten
4	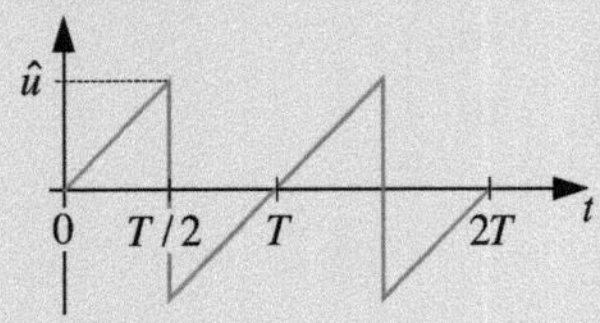 $u(t)=\frac{2\hat{u}}{\pi}\left[\sin(\omega t)-\frac{1}{2}\sin(2\omega t)+\frac{1}{3}\sin(3\omega t)-+\ldots\right]$	$\frac{\hat{u}}{\sqrt{3}}$	$\hat{b}_n=\frac{2\hat{u}}{\pi}\cdot\frac{1}{n}(-1)^{n+1}$ $n=1,2,3,\ldots$
5	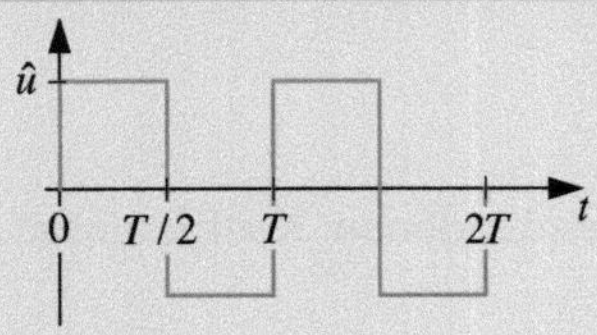 $u(t)=\frac{4\hat{u}}{\pi}\left[\sin(\omega t)+\frac{1}{3}\sin(3\omega t)+\frac{1}{5}\sin(5\omega t)+\ldots\right]$	$\hat{u}$	$\hat{b}_n=\frac{4\hat{u}}{\pi}\frac{1}{n}$ $n=1,3,5,\ldots$
6	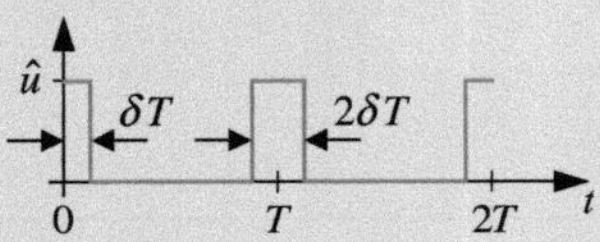 $u(t)=2\delta\hat{u}+\frac{2\hat{u}}{\pi}\left[\sin(2\pi\delta)\cos(\omega t)+\frac{1}{2}\sin(4\pi\delta)\cos(2\omega t)+\frac{1}{3}\sin(6\pi\delta)\cos(3\omega t)+\ldots\right]$	$\hat{u}\sqrt{2\delta}$	$a_0=2\delta\hat{u},\ \hat{a}_n=\frac{2\hat{u}}{\pi}\frac{1}{n}\sin(n2\pi\delta)$ $n=1,2,3,\ldots$
7	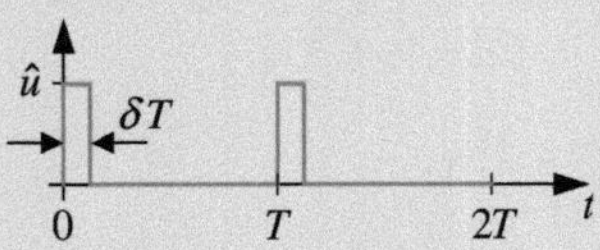 $u(t)=\delta\hat{u}+\frac{\hat{u}}{\pi}\left[\sin(2\pi\delta)\cos(\omega t)+\frac{1}{2}\sin(4\pi\delta)\cos(2\omega t)+\frac{1}{3}\sin(6\pi\delta)\cos(3\omega t)+\ldots\right]$ $+\frac{\hat{u}}{\pi}\left[[1-\cos(2\pi\delta)]\sin(\omega t)+\frac{1}{2}[1-\cos(4\pi\delta)]\sin(2\omega t)+\ldots\right]$	$\hat{u}\sqrt{\delta}$	$a_0=\delta\hat{u},\ \hat{a}_n=\frac{\hat{u}}{\pi}\frac{1}{n}\sin(n2\pi\delta)$ $\hat{b}_n=\frac{\hat{u}}{\pi}\frac{1}{n}[1-\cos(n2\pi\delta)]$ $n=1,2,3,\ldots$
8	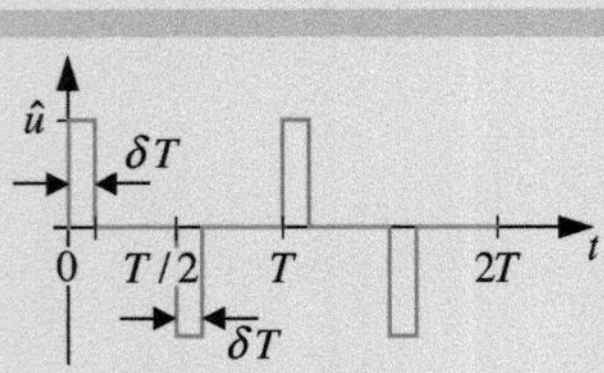 $u(t)=\frac{2\hat{u}}{\pi}\left[\sin(2\pi\delta)\cos(\omega t)+\frac{1}{3}\sin(6\pi\delta)\cos(3\omega t)+\ldots\right]$ $+\frac{2\hat{u}}{\pi}\left[[1-\cos(2\pi\delta)]\sin(\omega t)+\frac{1}{3}[1-\cos(6\pi\delta)]\sin(3\omega t)+\ldots\right]$	$\hat{u}\sqrt{2\delta}$	$\hat{a}_n=\frac{2\hat{u}}{\pi}\frac{1}{n}\sin(n2\pi\delta)$ $\hat{b}_n=\frac{2\hat{u}}{\pi}\frac{1}{n}[1-\cos(2n\pi\delta)]$ $n=1,3,5,\ldots$

Nr.	Zeitfunktion $u(t)$	U_{eff}	Fourier-Koeffizienten
9	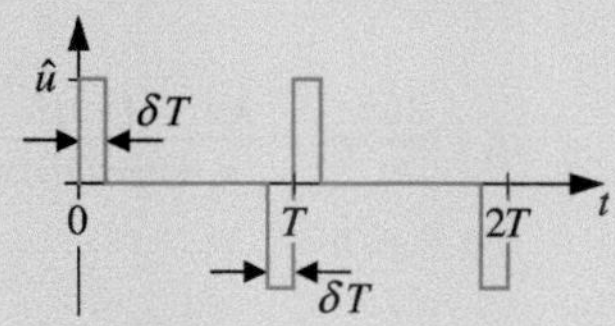	$\hat{u}\sqrt{2\delta}$	$\hat{b}_n = \frac{2\hat{u}}{\pi}\frac{1}{n}[1-\cos(2\pi\delta)]$ $n = 1, 2, 3, \ldots$
	$u(t) = \frac{2\hat{u}}{\pi}\left[[1-\cos(2\pi\delta)]\sin(\omega t) + \frac{1}{2}[1-\cos(4\pi\delta)]\sin(2\omega t) + \ldots\right]$		
10	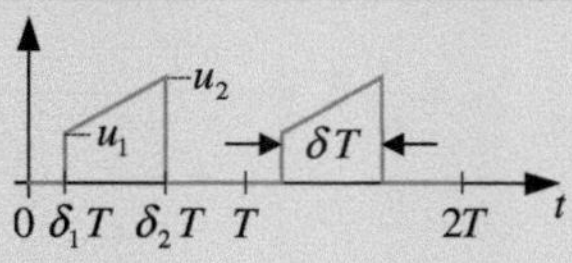	$\sqrt{\frac{\delta}{3}\left(u_1^2 + u_1 u_2 + u_2^2\right)}$ mit $\delta = \delta_2 - \delta_1$	$n = 1, 2, 3, \ldots$ $a_0 = \frac{u_1 + u_2}{2}\delta$
	$\hat{a}_n = \frac{1}{\pi n}\left[u_2\sin(n2\pi\delta_2) - u_1\sin(n2\pi\delta_1)\right] + \frac{u_2 - u_1}{2(n\pi)^2\delta}\left[\cos(n2\pi\delta_2) - \cos(n2\pi\delta_1)\right]$ $\hat{b}_n = \frac{-1}{\pi n}\left[u_2\cos(n2\pi\delta_2) - u_1\cos(n2\pi\delta_1)\right] + \frac{u_2 - u_1}{2(n\pi)^2\delta}\left[\sin(n2\pi\delta_2) - \sin(n2\pi\delta_1)\right]$		
11	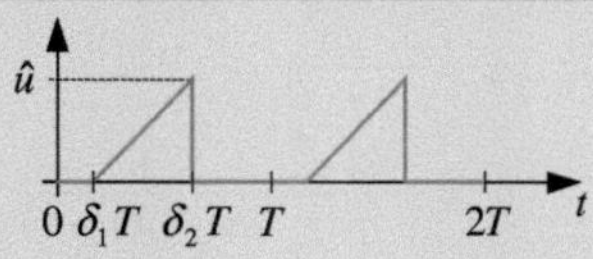	$\hat{u}\sqrt{\frac{\delta}{3}}$ mit $\delta = \delta_2 - \delta_1$	$n = 1, 2, 3, \ldots$ $a_0 = \frac{\hat{u}}{2}\delta$
	$\hat{a}_n = \frac{\hat{u}}{\pi n}\sin(n2\pi\delta_2) + \frac{\hat{u}}{2(n\pi)^2\delta}\left[\cos(n2\pi\delta_2) - \cos(n2\pi\delta_1)\right]$ $\hat{b}_n = \frac{-\hat{u}}{\pi n}\cos(n2\pi\delta_2) + \frac{\hat{u}}{2(n\pi)^2\delta}\left[\sin(n2\pi\delta_2) - \sin(n2\pi\delta_1)\right]$		
12	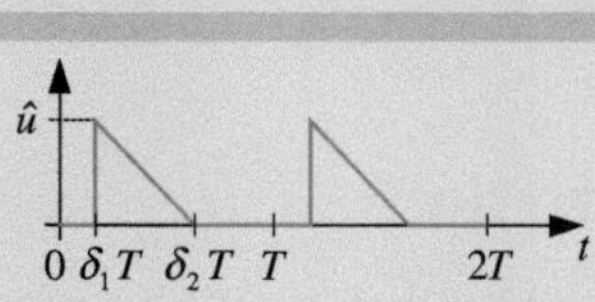	$\hat{u}\sqrt{\frac{\delta}{3}}$ mit $\delta = \delta_2 - \delta_1$	$n = 1, 2, 3, \ldots$ $a_0 = \frac{\hat{u}}{2}\delta$
	$\hat{a}_n = \frac{-\hat{u}}{\pi n}\sin(n2\pi\delta_1) - \frac{\hat{u}}{2(n\pi)^2\delta}\left[\cos(n2\pi\delta_2) - \cos(n2\pi\delta_1)\right]$ $\hat{b}_n = \frac{\hat{u}}{\pi n}\cos(n2\pi\delta_1) - \frac{\hat{u}}{2(n\pi)^2\delta}\left[\sin(n2\pi\delta_2) - \sin(n2\pi\delta_1)\right]$		
13	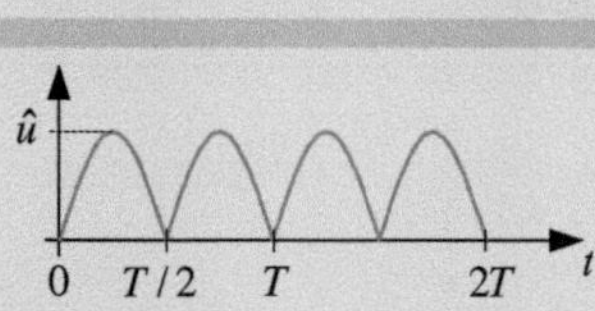 $u(t) = \hat{u}\lvert\sin(\omega t)\rvert$	$\frac{\hat{u}}{\sqrt{2}}$	$a_0 = \frac{2\hat{u}}{\pi}$, $\hat{a}_n = \frac{-4\hat{u}}{\pi}\frac{1}{(n-1)(n+1)}$ $n = 2, 4, 6, \ldots$
	$u(t) = \frac{2\hat{u}}{\pi} - \frac{4\hat{u}}{\pi}\left[\frac{\cos(2\omega t)}{1\cdot 3} + \frac{\cos(4\omega t)}{3\cdot 5} + \frac{\cos(6\omega t)}{5\cdot 7} + \ldots\right]$		

Nr.	Zeitfunktion $u(t)$	U_{eff}	Fourier-Koeffizienten
14	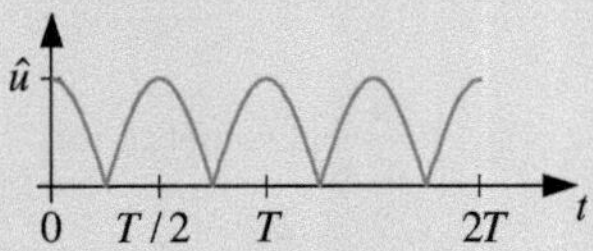 $u(t)=\hat{u}\lvert\cos(\omega t)\rvert$ $u(t)=\frac{2\hat{u}}{\pi}+\frac{4\hat{u}}{\pi}\left[\frac{\cos(2\omega t)}{1\cdot 3}-\frac{\cos(4\omega t)}{3\cdot 5}+\frac{\cos(6\omega t)}{5\cdot 7}-+\ldots\right]$	$\frac{\hat{u}}{\sqrt{2}}$	$a_0=\frac{2\hat{u}}{\pi},\ \hat{a}_n=\frac{4\hat{u}}{\pi}\frac{(-1)^{\frac{n}{2}+1}}{(n-1)(n+1)}$ $n=2,4,6,\ldots$
15	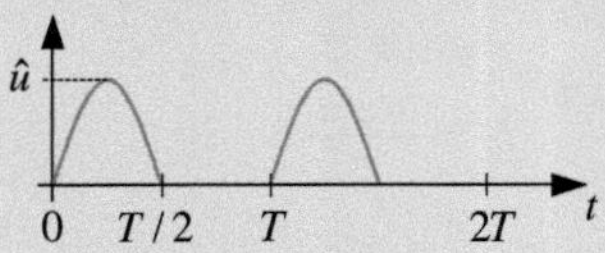 $u(t)=\hat{u}\sin(\omega t)$ für $0\le t\le T/2$ $u(t)=\frac{\hat{u}}{\pi}+\frac{\hat{u}}{2}\sin(\omega t)-\frac{2\hat{u}}{\pi}\left[\frac{\cos(2\omega t)}{1\cdot 3}+\frac{\cos(4\omega t)}{3\cdot 5}+\frac{\cos(6\omega t)}{5\cdot 7}+\ldots\right]$	$\frac{\hat{u}}{2}$	$a_0=\frac{\hat{u}}{\pi},\ \hat{a}_n=\frac{-2\hat{u}}{\pi}\frac{1}{(n-1)(n+1)}$ $\hat{b}_1=\frac{\hat{u}}{2}$ $n=2,4,6,\ldots$
16	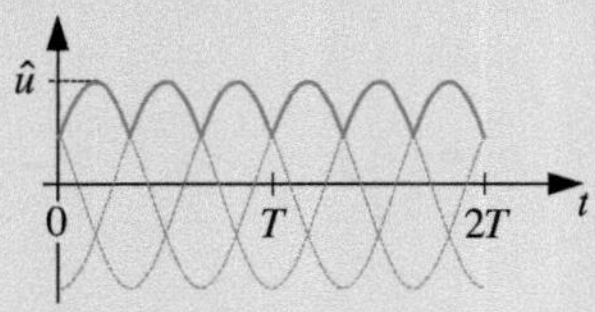 $u(t)=\frac{\hat{u}3\sqrt{3}}{\pi}\left[\frac{1}{2}-\frac{\cos(3\omega t)}{2\cdot 4}-\frac{\cos(6\omega t)}{5\cdot 7}-\frac{\cos(9\omega t)}{8\cdot 10}-\ldots\right]$	$\hat{u}\sqrt{\frac{1}{2}+\frac{3\sqrt{3}}{8\pi}}$	$a_0=\frac{\hat{u}3\sqrt{3}}{2\pi},$ $\hat{a}_n=\frac{-\hat{u}3\sqrt{3}}{\pi}\frac{1}{(n-1)(n+1)}$ $n=3,6,9,\ldots$

H.5 Tabellen zur Laplace-Transformation

Original- und Bildfunktion können jeweils mit der Amplitude U multipliziert werden.

Tabelle H.2

Korrespondenzen zur Laplace-Transformation

Nr.	Originalfunktion $u(t)$, $u(t<0)=0$	Bildfunktion $\underline{U}(s)$
1	1 (Sprungfunktion)	$\frac{1}{s}$
2	t	$\frac{1}{s^2}$
3	t^n, $(n=1,2,\ldots)$	$\frac{n!}{s^{n+1}}$

Nr.	Originalfunktion $u(t)$, $u(t<0) = 0$	Bildfunktion $\underline{U}(s)$
4	e^{-at}	$\frac{1}{s+a}$
5	$t e^{-at}$	$\frac{1}{(s+a)^2}$
6	$t^n e^{-at}$, $(n = 1,2, \ldots)$	$\frac{n!}{(s+a)^{n+1}}$
7	$\frac{1}{a} e^{-\frac{t}{a}}$	$\frac{1}{as+1}$
8	$\frac{1}{a^2} t e^{-\frac{t}{a}}$	$\frac{1}{(as+1)^2}$
9	$1-e^{-\frac{t}{a}}$	$\frac{1}{s(as+1)}$
10	$\frac{1}{a-b}\left(e^{-\frac{t}{a}}-e^{-\frac{t}{b}}\right)$	$\frac{1}{(as+1)(bs+1)}$
11	$\frac{1}{2a^3} t^2 e^{-\frac{t}{a}}$	$\frac{1}{(as+1)^3}$
12	$1-\left(1+\frac{t}{a}\right) e^{-\frac{t}{a}}$	$\frac{1}{s(as+1)^2}$
13	$t-a+a e^{-\frac{t}{a}}$	$\frac{1}{s^2(as+1)}$
14	$1+\frac{1}{b-a}\left(a e^{-\frac{t}{a}}-b e^{-\frac{t}{b}}\right)$	$\frac{1}{s(as+1)(bs+1)}$
15	$\frac{a(c-b) e^{-\frac{t}{a}}+b(a-c) e^{-\frac{t}{b}}+c(b-a) e^{-\frac{t}{c}}}{(a-b)(b-c)(c-a)}$	$\frac{1}{(as+1)(bs+1)(cs+1)}$
16	$\frac{a}{(a-b)^2} e^{-\frac{t}{a}}-\frac{ab+(a-b)t}{(a-b)^2 b} e^{-\frac{t}{b}}$	$\frac{1}{(as+1)(bs+1)^2}$
17	$\frac{1}{b-a}\left(e^{-at}-e^{-bt}\right)$	$\frac{1}{(s+a)(s+b)}$
18	$\frac{1}{(a-b)^2}\left(e^{-at}-e^{-bt}\right)+\frac{t}{a-b} e^{-bt}$	$\frac{1}{(s+a)(s+b)^2}$
19	$\frac{(c-b) e^{-at}+(a-c) e^{-bt}+(b-a) e^{-ct}}{(a-b)(b-c)(c-a)}$	$\frac{1}{(s+a)(s+b)(s+c)}$
20	$(1-at) e^{-at}$	$\frac{s}{(s+a)^2}$

Nr.	Originalfunktion $u(t)$, $u(t<0) = 0$	Bildfunktion $\underline{U}(s)$
21	$\frac{1}{a^3}(a-t)\,\mathrm{e}^{-\frac{t}{a}}$	$\frac{s}{(as+1)^2}$
22	$\frac{1}{ab(a-b)}\left(a\mathrm{e}^{-\frac{t}{b}}-b\mathrm{e}^{-\frac{t}{a}}\right)$	$\frac{s}{(as+1)(bs+1)}$
23	$\frac{-1}{(a-b)^2}\,\mathrm{e}^{-\frac{t}{a}}+\frac{b^2+(a-b)t}{(a-b)^2\,b^2}\,\mathrm{e}^{-\frac{t}{b}}$	$\frac{s}{(as+1)(bs+1)^2}$
24	$\frac{(b-c)\mathrm{e}^{-\frac{t}{a}}+(c-a)\,\mathrm{e}^{-\frac{t}{b}}+(a-b)\,\mathrm{e}^{-\frac{t}{c}}}{(a-b)(b-c)(c-a)}$	$\frac{s}{(as+1)(bs+1)(cs+1)}$
25	$\frac{1}{a-b}\left(a\mathrm{e}^{-at}-b\mathrm{e}^{-bt}\right)$	$\frac{s}{(s+a)(s+b)}$
26	$\frac{-a}{(a-b)^2}\left(\mathrm{e}^{-at}-\mathrm{e}^{-bt}\right)-\frac{b\,t}{a-b}\mathrm{e}^{-bt}$	$\frac{s}{(s+a)(s+b)^2}$
27	$\frac{a(b-c)\,\mathrm{e}^{-at}+b(c-a)\,\mathrm{e}^{-bt}+c(a-b)\,\mathrm{e}^{-ct}}{(a-b)(b-c)(c-a)}$	$\frac{s}{(s+a)(s+b)(s+c)}$
28	$\left(\frac{1}{a^3}-\frac{2t}{a^4}+\frac{t^2}{2a^5}\right)\mathrm{e}^{-\frac{t}{a}}$	$\frac{s^2}{(as+1)^3}$
29	$\frac{1}{(a-b)^2\,a}\mathrm{e}^{-\frac{t}{a}}+\frac{b(a-2b)-(a-b)\,t}{(a-b)^2\,b^3}\,\mathrm{e}^{-\frac{t}{b}}$	$\frac{s^2}{(as+1)(bs+1)^2}$
30	$\frac{bc(c-b)\,\mathrm{e}^{-\frac{t}{a}}+ca(a-c)\,\mathrm{e}^{-\frac{t}{b}}+ab(b-a)\,\mathrm{e}^{-\frac{t}{c}}}{abc(a-b)(b-c)(c-a)}$	$\frac{s^2}{(as+1)(bs+1)(cs+1)}$
31	$\left(1-2at+\frac{1}{2}a^2t^2\right)\mathrm{e}^{-at}$	$\frac{s^2}{(s+a)^3}$
32	$\frac{a^2}{(a-b)^2}\mathrm{e}^{-at}-\frac{2ab-b^2-b^2(a-b)t}{(a-b)^2}\,\mathrm{e}^{-bt}$	$\frac{s^2}{(s+a)(s+b)^2}$
33	$\frac{a^2(c-b)\,\mathrm{e}^{-at}+b^2(a-c)\,\mathrm{e}^{-bt}+c^2(b-a)\,\mathrm{e}^{-ct}}{(a-b)(b-c)(c-a)}$	$\frac{s^2}{(s+a)(s+b)(s+c)}$
34	$\sin(at)$	$\frac{a}{s^2+a^2}$
35	$\cos(at)$	$\frac{s}{s^2+a^2}$
36	$\sin(at+\varphi)$	$\frac{s\sin\varphi+a\cos\varphi}{s^2+a^2}$
37	$\cos(at+\varphi)$	$\frac{s\cos\varphi-a\sin\varphi}{s^2+a^2}$

Nr.	Originalfunktion $u(t)$, $u(t<0) = 0$	Bildfunktion $\underline{U}(s)$
38	$\sin^2(at)$	$\frac{2a^2}{s(s^2+4a^2)}$
39	$\cos^2(at)$	$\frac{s^2+2a^2}{s(s^2+4a^2)}$
40	$e^{-bt}\sin(at)$	$\frac{a}{(s+b)^2+a^2}$
41	$e^{-bt}\cos(at)$	$\frac{s+b}{(s+b)^2+a^2}$
42	$e^{-bt}\sin(at+\varphi)$	$\frac{(s+b)\sin\varphi+a\cos\varphi}{(s+b)^2+a^2}$
43	$e^{-bt}\cos(at+\varphi)$	$\frac{(s+b)\cos\varphi-a\sin\varphi}{(s+b)^2+a^2}$
44	$\frac{1}{\omega_1}e^{-bt}\sin(\omega_1 t),\ a^2>b^2$ $\frac{1}{\omega_2}e^{-bt}\sinh(\omega_2 t),\ a^2<b^2$ mit $\omega_1=\sqrt{a^2-b^2}$, $\omega_2=\sqrt{b^2-a^2}$	$\frac{1}{s^2+2bs+a^2}$
45	$e^{-bt}\cos\left(\sqrt{a^2-b^2}\,t\right),\ a^2>b^2$ $e^{-bt}\cosh\left(\sqrt{b^2-a^2}\,t\right),\ a^2<b^2$	$\frac{s+b}{s^2+2bs+a^2}$
46	$1-e^{-bt}\left[\cos(\omega_1 t)+\frac{b}{\omega_1}\sin(\omega_1 t)\right],\ a^2>b^2$ $1-e^{-bt}\left[\cosh(\omega_2 t)+\frac{b}{\omega_2}\sinh(\omega_2 t)\right],\ a^2<b^2$ mit $\omega_1=\sqrt{a^2-b^2}$, $\omega_2=\sqrt{b^2-a^2}$	$\frac{a^2}{s(s^2+2bs+a^2)}$
47	$t\sin(at)$	$\frac{2as}{(s^2+a^2)^2}$
48	$t\cos(at)$	$\frac{s^2-a^2}{(s^2+a^2)^2}$
49	$t^2\sin(at)$	$2a\frac{3s^2-a^2}{(s^2+a^2)^3}$
50	$t^2\cos(at)$	$2\frac{s^3-3a^2s}{(s^2+a^2)^3}$
51	$\sinh(at)=\frac{1}{2}(e^{at}-e^{-at})$	$\frac{a}{s^2-a^2}$

Nr.	Originalfunktion $u(t)$, $u(t<0) = 0$	Bildfunktion $\underline{U}(s)$
52	$\cosh(at) = \frac{1}{2}\left(e^{at} + e^{-at}\right)$	$\frac{s}{s^2 - a^2}$
53	$\frac{1}{2a^3}\left[at\cosh(at) - \sinh(at)\right]$	$\frac{1}{\left(s^2 - a^2\right)^2}$
54	$\frac{t}{2a}\sinh(at)$	$\frac{s}{\left(s^2 - a^2\right)^2}$
55	$\frac{1}{2a}\left[at\cosh(at) + \sinh(at)\right]$	$\frac{s^2}{\left(s^2 - a^2\right)^2}$

Literaturverzeichnis

[1] Ameling, W., Laplace-Transformation, Vieweg, Wiesbaden, 1984.

[2] Bosse, G., Grundlagen der Elektrotechnik. Bd. 1-4, Springer-Verlag, 1996.

[3] Bronstein, I. N., Semendjajew, K. A., Taschenbuch der Mathematik, Verlag Harri Deutsch, Frankfurt, 2000.

[4] Doetsch, G., Anleitung zum praktischen Gebrauch der Laplace-Transformation, Oldenbourg Verlag, 1961.

[5] Edminster, J.A., Elektrische Netzwerke, McGraw-Hill Book Company GmbH, 1991.

[6] Elschner, H., Grundlagen der Elektrotechnik/Elektronik, Verlag Technik, Berlin, 1990.

[7] Fetzer, A., Fränkel, H., Mathematik I, 7. Aufl., Springer-Verlag, Berlin, 2003.

[8] Feynman, R. P., Vorlesungen über Physik, Band II: Elektromagnetismus und Struktur der Materie, Oldenbourg Verlag, München, 2001.

[9] Föllinger, O., Laplace-, Fourier- und z-Transformation, 8. Aufl., Hüthig, Heidelberg, 2003.

[10] Gräßer, A., Wiese, J., Analyse linearer elektrischer Schaltungen, Hüthig, Heidelberg, 2001.

[11] Greuel, O., Mathematische Ergänzungen und Aufgaben für Elektrotechniker, Carl Hanser Verlag, 1990.

[12] Haase, H., Garbe, H., Elektrotechnik – Theorie und Grundlagen, Springer-Verlag, Berlin, 1997.

[13] Hambley, Allan R., Electrical Engineering – Principles and Applications, Fourth Edition, Prentice Hall, 2008.

[14] Helke, H., Messbrücken und Kompensatoren für Wechselstrom, Oldenbourg Verlag, 1971.

[15] Hering, E., Martin, R., Stohrer, M., Physik für Ingenieure, 6. Aufl., Springer-Verlag, Berlin, 1997.

[16] Kuchling, H., Taschenbuch der Physik, Verlag Harry Deutsch, Frankfurt, 1978.

[17] Kurzweil, P., Frenzel, B., Gebhard, F., Physik Formelsammlung, 1. Aufl., Friedr. Vieweg+Sohn, 2008.

[18] Lerch, R., Elektrische Messtechnik, 5. Aufl., Springer-Verlag, Heidelberg, 2010.

[19] Lunze, K., Einführung in die Elektrotechnik, Hüthig, Heidelberg, 1983.

[20] Meinke, H., Gundlach, F. W., Taschenbuch der Hochfrequenztechnik, 5. Aufl., Springer-Verlag, Berlin, 1992.

[21] Merziger, G., Wirth, Th., Repetitorium der höheren Mathematik, 4. Aufl., Verlag Binomi, Springe, 1999.

[22] Moeller, F., Grundlagen der Elektrotechnik, 13. Aufl., B. G. Teubner, Stuttgart, 1967.

[23] Müller, R., Grundlagen der Halbleiter-Elektronik, 6. Aufl., Springer-Verlag, Berlin, 1991.

[24] Otten, E. W., Repetitorium Experimentalphysik, Springer-Verlag, Berlin, 1998.

[25] Paul, R., Elektrotechnik, 3. Aufl., Springer-Verlag, Berlin, 1993.

[26] Philippow, E., Grundlagen der Elektrotechnik, 8. Aufl., Hüthig, Heidelberg, 1989.

[27] Prechtl, A., Vorlesungen über die Grundlagen der Elektrotechnik, Springer-Verlag, Wien, Band 1, 1994, Band 2, 1995.

[28] Pregla, R., Grundlagen der Elektrotechnik, 6. Aufl., Hüthig, Heidelberg, 2001.

[29] Purcell, E. M., Berkeley Physik Kurs 2, Elektrizität und Magnetismus, 3. Aufl., Friedr. Vieweg+Sohn, Braunschweig, 1983.

[30] Smirnow, W.I., Lehrbuch der höheren Mathematik, Bd. 2, Verlag Harri Deutsch, Frankfurt, 1990.

[31] Spiegel, M.R., Laplace-Transformationen, McGraw-Hill Book Company GmbH, 1977.

[32] Unbehauen, R., Grundlagen der Elektrotechnik, Bd. 1, 5. Aufl., Springer-Verlag, Berlin, 1999, Bd. 2, 4. Aufl., Springer-Verlag, Berlin, 1994.

[33] von Münch, W., Elektrische und magnetische Eigenschaften der Materie, B. G. Teubner, Stuttgart 1987.

[34] von Weiss, A., Die Feldgrößen der Elektrodynamik: Definition, Deutung und Normung der elektromagnetischen Feldgrößen, VDE-Verlag, 1984.

[35] Zinke, O., Seither, H., Widerstände, Kondensatoren, Spulen und ihre Werkstoffe, 2. Aufl., Springer-Verlag, Berlin, 1982.

Verzeichnis der verwendeten Symbole

Generelle Bemerkungen

Die Koordinatenbezeichnungen werden steil gesetzt.

Vektoren werden durch Fettdruck und mit Pfeil gekennzeichnet, z.B. $\vec{\mathbf{s}}$. Ihr Betrag (Länge) wird in der Form $|\vec{\mathbf{s}}| = s$ geschrieben.

Vektoren

$\vec{\mathbf{0}}$		Vektor der Länge null
$\vec{\mathbf{A}}$	m^2	gerichtete Fläche $\vec{\mathbf{A}} = \vec{\mathbf{n}}A$, $\vec{\mathbf{n}}$ steht senkrecht auf A
$d\vec{\mathbf{A}}$	m^2	vektorielles Flächenelement $d\vec{\mathbf{A}} = \vec{\mathbf{n}}\,dA$
$\vec{\mathbf{B}}$	Vs/m^2	magnetische Flussdichte, (Induktion)
$\vec{\mathbf{D}}$	As/m^2	elektrische Flussdichte, Verschiebungsdichte, el. Erregung
$\vec{\mathbf{E}}$	V/m	elektrische Feldstärke
$\vec{\mathbf{e}}$		Einheitsvektor, Vektor mit Betrag $|\vec{\mathbf{e}}| = 1$
$\vec{\mathbf{e}}_x$, $\vec{\mathbf{e}}_y$, $\vec{\mathbf{e}}_z$		Einheitsvektoren in kartesischen Koordinaten
$\vec{\mathbf{e}}_\rho$, $\vec{\mathbf{e}}_\varphi$, $\vec{\mathbf{e}}_z$		Einheitsvektoren in Zylinderkoordinaten
$\vec{\mathbf{e}}_r$, $\vec{\mathbf{e}}_\vartheta$, $\vec{\mathbf{e}}_\varphi$		Einheitsvektoren in Kugelkoordinaten
$\vec{\mathbf{F}}$	VAs/m = N	Kraft
$\vec{\mathbf{H}}$	A/m	magnetische Feldstärke
$\vec{\mathbf{J}}$	A/m^2 Vs/m^2	1) (räumlich verteilte) Stromdichte 2) magnetische Polarisation
$\vec{\mathbf{j}}$	Vsm	magnetisches Dipolmoment
$\vec{\mathbf{M}}$	A/m	Magnetisierung
$\vec{\mathbf{m}}$	Am^2	magnetisches Moment
$\vec{\mathbf{n}}$		senkrecht auf einer Fläche stehender Einheitsvektor
$\vec{\mathbf{P}}$	As/m^2	dielektrische Polarisation
$\vec{\mathbf{p}}$	Asm	elektrisches Dipolmoment
$\vec{\mathbf{r}}$	m m	1) Abstandsvektor vom Quellpunkt zum Aufpunkt 2) Vektor vom Ursprung (Nullpunkt) zum Aufpunkt P
$\vec{\mathbf{r}}_P$	m	Vektor vom Ursprung 0 zum Aufpunkt P
$\vec{\mathbf{r}}_Q$	m	Vektor vom Ursprung 0 zum Quellpunkt Q
$\vec{\mathbf{s}}$	m	gerichtete Strecke

$\vec{\mathbf{v}}$	m/s	Geschwindigkeit
$\vec{\mathbf{v}}_e$	m/s	Driftgeschwindigkeit der Elektronen

Lateinische Buchstaben

A	m^2	Fläche
A_L	nH	A_L-Wert
a	$\mathrm{m/s}^2$	Beschleunigung
a, b, c, d	m	Abmessungen
$\hat{a}, \hat{b}, \hat{c}, \hat{d}$		Koeffizienten der Fourier-Entwicklung
B	1/Ω 1/s $\mathrm{Vs/m}^2$	1) Blindleitwert, Suszeptanz 2) Bandbreite 3) Betrag der magnetischen Flussdichte
B_C	1/Ω	kapazitiver Blindleitwert
B_L	1/Ω	induktiver Blindleitwert
B_r	$\mathrm{Vs/m}^2$	Remanenz
C	As/V = F	Kapazität
c	m/s	Lichtgeschwindigkeit $c = 2{,}99792 \cdot 10^8$ m/s
D	$\mathrm{As/m}^2$ VA	1) Betrag der elektrischen Flussdichte 2) Verzerrungsblindleistung
d_s, d_p		Verlustfaktor = $1/Q_s$, $1/Q_p$
E	V/m	Betrag der elektrischen Feldstärke
e		Euler'sche Konstante 2,71828...
e	As	Elementarladung $e = 1{,}6021892 \cdot 10^{-19}$ As
F	VAs/m = N	Betrag der Kraft
f	1/s = Hz	Frequenz
f_0	1/s = Hz	Resonanzfrequenz
G	1/Ω = A/V	elektrischer Leitwert, $G = 1/R$
H	A/m	Betrag der magnetischen Feldstärke
H_c	A/m	Koerzitivfeldstärke
h	m	Abmessung, (Länge, Höhe)
h_1, h_2, h_3		metrische Faktoren (unterschiedliche Einheiten)
I	A	Gleichstrom
I_K	A	Kurzschlussstrom

i	A	1) zeitabhängiger Strom 2) Zählindex
J	A/m^2	Betrag der Stromdichte
j		imaginäre Einheit = $\sqrt{-1}$
k		1) Koppelfaktor 2) Zählindex 3) Klirrfaktor 4) Konstante
L	Vs/A = H	Induktivität
L_a	Vs/A	äußere Induktivität
L_h	Vs/A	Hauptinduktivität
L_i	Vs/A	innere Induktivität
L_{ii}	Vs/A	Selbstinduktivität des i-ten Leiters
L_{ik}	Vs/A	Gegeninduktivität zwischen dem i-ten und dem k-ten Leiter
L_s	Vs/A	Streuinduktivität
l	m	Länge
l_m	m	mittlere magnetische Weglänge
M	Vs/A	1) Gegeninduktivität 2) mittleres Fehlerquadrat
m	kg	1) Masse 2) Zählindex
m_0	kg	Ruhemasse eines Elektrons $m_0 = 9{,}1094 \cdot 10^{-31}\,\text{kg}$
N		Windungszahl
n		1) Betrag des Normalenvektors $n = \lvert\vec{\mathbf{n}}\rvert$ 2) Zählindex 3) Zahlenverhältnis
P		Aufpunkt (Beobachtungspunkt)
P	VA = W	Leistung, (Wirkleistung)
p	W	1) zeitabhängige Momentanleistung 2) Eigenwerte
p_v	W/m^3	Verlustleistungsdichte
Q		Quellpunkt
Q	As VAr = (W)	1) Ladung bzw. Punktladung 2) Blindleistung
Q_p		Güte des Parallelschwingkreises
Q_s		Güte des Serienschwingkreises

q	As	zeitabhängige Ladung
R	V/A = Ω	ohmscher Widerstand
R_E	V/A = Ω	Eingangswiderstand
R_i	V/A = Ω	Innenwiderstand einer Quelle
R_m	A/Vs	magnetischer Widerstand
r	m	Kugelkoordinate $0 \leq \mathrm{r} < \infty$
r	m	Betrag des Vektors $\vec{\mathbf{r}}$, $r = \lvert\vec{\mathbf{r}}\rvert$
r_P	m	Betrag des Aufpunktvektors, $r_P = \lvert\vec{\mathbf{r}}_P\rvert$
r_Q	m	Betrag des Quellpunktvektors, $r_Q = \lvert\vec{\mathbf{r}}_Q\rvert$
S	VA = (W)	Scheinleistung
$\underline{S}$	VA	komplexe Leistung
Si(x)		Integralsinus
s	m 1/s	1) Strecke 2) komplexe Frequenz = $\sigma + \mathrm{j}\omega$
T	K s	1) Temperatur 2) Periodendauer
t	s	Zeit
U	V	Gleichspannung
U_L	V	Leerlaufspannung
$\underline{U}(\omega)$	Vs	Fourier-Transformierte von $u(t)$
$\underline{U}(s)$	Vs	Laplace-Transformierte von $u(t)$
u	V	zeitabhängige Spannung
ü		Übersetzungsverhältnis
V	m^3	Volumen
V_m	A	magnetische Spannung
v	m/s	1) Betrag der Geschwindigkeit 2) Verstimmung beim Schwingkreis
W	VAs = J	Energie
w	$\mathrm{VAs/m}^3$	1) Energiedichte 2) Welligkeit
$\underline{w}$		komplexe w-Ebene
X	V/A = Ω	Blindwiderstand, Reaktanz
X_C	V/A = Ω	kapazitiver Blindwiderstand
X_L	V/A = Ω	induktiver Blindwiderstand

x		1) Realteil der komplexen Größe $\underline{z}$ 2) normierte Größe
x, y, z	m	kartesische Koordinaten
$\underline{Y}$	A/V = 1/Ω	Admittanz
y		Imaginärteil der komplexen Größe $\underline{z}$
$\underline{Z}$	V/A = Ω	Impedanz
$\lvert\underline{Z}\rvert$	V/A = Ω	Scheinwiderstand
$\underline{z}$		komplexe z-Ebene
z		Wertigkeit eines Ions

Griechische Buchstaben

Φ	Vs	magnetischer Fluss
Φ_A	Vs	magnetischer Fluss durch eine Querschnittsfläche
Λ_m	Vs/A	magnetischer Leitwert
Θ	A	Durchflutung
Ψ	As	elektrischer Fluss
Ω		normierte Verstimmung beim Schwingkreis
α	1/K	1) Temperaturkoeffizient 2) Winkel
δ	 1/s	1) Tastgrad, Tastverhältnis 2) Abklingkonstante
χ		1) dielektrische Suszeptibilität 2) magnetische Suszeptibilität
ε	As/Vm	Dielektrizitätskonstante, (Permittivität), $\varepsilon=\varepsilon_r\ \varepsilon_0$
ε_0	As/Vm	Dielektrizitätskonstante im Vakuum, (elektrische Feldkonstante) $\varepsilon_0 = 8{,}854 \cdot 10^{-12}$ As/Vm
ε_r		Dielektrizitätszahl, = 1 im Vakuum
φ		Zylinderkoordinate, Kugelkoordinate $0 \le \varphi < 2\pi$
φ		1) Phasenwinkel 2) Argument einer komplexen Zahl
φ_e	V	elektrostatisches Potential
η		Wirkungsgrad
κ	A/Vm	spezifische Leitfähigkeit, $\kappa = 1/\rho_R$

λ	As/m	1) Linienladung, Linienladungsdichte
		2) Leistungsfaktor
	m	3) Wellenlänge
μ	Vs/Am	(absolute) Permeabilität, $\mu = \mu_r \; \mu_0$
μ_0	Vs/Am	Permeabilität im Vakuum, (magnetische Feldkonstante) $\mu_0 = 4\pi \cdot 10^{-7}$ Vs/Am
μ_e	m^2/Vs	Beweglichkeit der Ladungsträger
μ_r		Permeabilitätszahl, = 1 im Vakuum
ϑ		Kugelkoordinate $0 \le \vartheta \le \pi$
ρ	m	Zylinderkoordinate $0 \le \rho < \infty$
ρ	As/m^3	freie Raumladung, Raumladungsdichte
ρ_R	Vm/A	spezifischer Widerstand, $\rho_R = 1/\kappa$
σ	As/m^2	1) Flächenladung, Flächenladungsdichte
		2) Streugrad (Streuung)
	1/s	3) Abklingkonstante = Re{s}
τ	s	1) Zeitkonstante
	s	2) Integrationskonstante
ω	1/s	Kreisfrequenz, $\omega = 2\pi f$
ψ		Phasenwinkel bei der Admittanz

Indizes

A	bezieht sich auf eine Querschnittsfläche
E	Eingangsgröße
e	elektrisch
eff	Effektivwert einer Größe
g	1) Grenzfrequenz
	2) Kennzeichnung einer geraden Funktion
h	homogene Lösung einer DGL
i	1) Zählindex
	2) den Strom betreffend
K	bezieht sich auf eine Kugel
k	Zählindex
L	1) bezieht sich auf die Ausgangslast
	2) bezieht sich auf den Luftspalt
	3) bezieht sich auf die Außenleiter
M	bezieht sich auf den Mittelpunkt
m	magnetisch

N	bezieht sich auf den Neutralleiter
n	in Richtung der Flächennormalen
P	bezieht sich auf den Aufpunkt
p	1) Primärseite beim Transformator 2) Parallelschaltung 3) partikuläre Lösung einer DGL
Q	bezieht sich auf den Quellpunkt
R, L, C	das entsprechende Bauelement betreffend
r	1) in Richtung eines Vektors $\vec{\mathbf{r}}$ 2) Reihenschaltung
r	in Richtung der Kugelkoordinate r
s	1) in Richtung der Strecke s 2) Sekundärseite beim Transformator
t	in tangentialer Richtung
u	1) die Spannung betreffend 2) Kennzeichnung einer ungeraden Funktion
V	1) bezieht sich auf einen Vorwiderstand 2) bezieht sich auf die Verbraucherseite
x, y, z	in Richtung der jeweiligen Koordinate
ρ, φ, ϑ	in Richtung der jeweiligen Koordinate

Sonstiges

$\bullet$	Skalarprodukt
$\times$	Kreuzprodukt
$\mathbf{A}$	n×n-Matrix
$\underline{\mathbf{A}}$	n×n-Matrix mit komplexen Koeffizienten
$\lvert\vec{\mathbf{E}}\rvert$	Betrag (Länge) des Vektors $\vec{\mathbf{E}}$
Re{..}	Realteil von ...
Im{..}	Imaginärteil von ...
$\overline{u}$	zeitlicher Mittelwert von $u(t)$
$\hat{u}$	Spitzenwert (Amplitude) von $u(t)$
$\overline{\lvert u\rvert}$	Gleichrichtwert von $u(t)$
$\underline{u}$	komplexe Größe
$\underline{u}^*$	konjugiert komplexer Wert von $\underline{u}$
$\underline{\hat{u}}$	komplexe Amplitude von $u(t)$, (Spitzenwertzeiger)
$\lvert\underline{u}\rvert$	Betrag der komplexen Größe $\underline{u}$

Register